PSYCHOBIOLOGIA
SUBKOMÓRKOWA
Podręcznik diagnozy

Książki wydane przez Institute for the Study of Peak States Press

- *Peak states of consciousness. Theory and applications,* volume 1: *Breakthrough Techniques for Exceptional Quality of Life,* Grant McFetridge, Jacquelyn Aldana, James Hardt (2004)

- *Peak states of consciousness. Theory and applications, volume 2: Acquiring extraordinary spiritual and shamanic states,* Grant McFetridge, Wes Gietz (2008)

- *Peak states of consciousness. Theory and applications, volume 3: Subcellular psychobiology, disease, and immunity,* Grant McFetridge (w przygotowaniu)

- *Subcellular psychobiology diagnosis handbook. Subcellular causes of psychological symptoms – Peak States® Therapy,* volume 1, Grant McFetridge (2014)

- *Silence the Voices. Discovering the biology of mind chatter – Peak States® Therapy,* volume 2, Grant McFetridge (w przygotowaniu)

- *Suicide prevention – Peak States® Therapy,* volume 3, Grant McFetridge (w przygotowaniu)

- *Spiritual emergencies – Peak States® Therapy,* volume 4, Grant McFetridge (w przygotowaniu)

- *Addiction and withdrawal – Peak States® Therapy,* volume 5, Grant McFetridge (w przygotowaniu)

- *The basic Whole-Hearted Healing™ manual* (3. edycja), Grant McFetridge, Mary Pellicer (2004)

- *The Whole-Hearted Healing™ workbook,* volume 1, Paula Courteau (2013).

- *Breakthrough Research: Techniques, Insights, and Mindset,* Grant McFetridge, Ken Solomon, Rene Jaeger (w przygotowaniu)

Książki ISPS, które dotychczas ukazały się w języku polskim:

- *Szczytowe stany świadomości. Teoria i zastosowania,* tom 1, Grant McFetridge, Jacquelyn Aldana, James Hardt, 2009

- *Psychobiologia subkomórkowa. Podręcznik diagnozy. Subkomórkowe przyczyny problemów psychologicznych* – Terapia Peak States®, tom 1, Grant McFetridge, 2017

Do kupienia: www.PeakStates.com

Grant McFetridge

PSYCHOBIOLOGIA SUBKOMÓRKOWA
Podręcznik diagnozy

Subkomórkowe przyczyny problemów psychologicznych

Terapia Peak States®
Tom I

tłumaczenie
Arkadiusz Głowacki, Piotr Niedzieski
Anna Niedzieska

ilustracje
Lorenza Meneghini, Piotr Kawecki

Institute
for the Study
of Peak States

„Metody fundamentalnych zmian w ludzkiej psychice"

Tytuł oryginału:

Subcellular Psychobiology Diagnosis Handbook. Subcellular causes of psychological symptoms

First published in Canada.

ISBN 978-0-9734680-7-6

Redakcja i korekta: Katarzyna Dodd, Grażyna Niedzieska, Agata Szyplińska
Projekt okładki, projekt graficzny książki i skład: Piotr Kawecki

**Peak States®, Whole-Hearted Healing®, Silent Mind Technique™,
Body Association Technique™, Triune Brain Therapy™, Crosby Vortex Technique™,
Courteau Projection Technique™ są zastrzeżonymi znakami towarowymi
Institute for the Study of Peak States.**

Institute for the Study of Peak States Press
3310 Cowie Road Hornby Island, British Columbia
V0R 1Z0 Canada
www.PeakStates.pl

*Niniejszą książkę dedykuję całej mojej rodzinie,
której otucha i wsparcie emocjonalne
przez te wszystkie lata były dla mnie niezwykle cenne.*

*W szczególności chciałbym podziękować:
mojej siostrze, Alison McFetridge (1964-2004)
mojemu bratu, Scottowi McFetridge
mojemu wujowi, Frankowi Downeyowi
mojej ciotce Brendzie oraz jej mężowi Hugh Blairowi,
a także mojemu kuzynowi Ianowi i jego żonie Marinie Harriman.*

Umowa o zakresie odpowiedzialności
Ważne!
Przeczytaj poniższy tekst, zanim przystąpisz do dalszego czytania książki!

Materiał zawarty w tej książce jest przeznaczony wyłącznie do celów edukacyjnych, a *nie* do ogólnego stosowania przez wszystkich jako metoda samopomocy. Procesy opisane w tej książce mają na celu wspomóc certyfikowanych terapeutów w obszarze uzdrawiania traum, nie mogą być stosowane przez amatorów bez *superwizji kompetentnego i wykwalifikowanego terapeuty*. Ponieważ dziedzina ta jest stosunkowo nowa i dość specyficzna, nawet certyfikowani profesjonaliści nie posiadają odpowiedniego zaplecza z zakresu psychologii prenatalnej i okołoporodowej czy terapii mocy.

Jest wielce prawdopodobne i możliwe, że po zastosowaniu procesów opisanych w tej książce doświadczysz bardzo mocnego rozstrojenia, chwilowego lub długotrwałego. Podobnie jak w przypadku każdego intensywnego procesu psychologicznego, mogą wystąpić groźne dla życia sytuacje, jak np. zbyt wielki stres dla słabego serca, zaktywowanie uczuć samobójczych lub inne.

Mimo że w tekście wyraźnie wymieniamy możliwe problemy, które można napotkać przy stosowaniu tych procesów, praktykując je możesz natknąć się na coś, z czym wcześniej nie mieliśmy do czynienia. W wyniku zastosowania każdego procesu opisanego w tej książce możesz doświadczyć poważnych lub zagrażających życiu problemów, *istnieje* również prawdopodobieństwo śmierci. Jeśli nie jesteś gotów wziąć CAŁKOWITEJ odpowiedzialności za to, jak użyjesz tego materiału oraz za wszystkie wynikające z tego konsekwencje, zobowiązujemy cię, byś nie korzystał z procesów opisanych w tej książce. To powinno być oczywiste, ale chcemy wyraźnie to podkreślić.

W związku z powyższym, poniżej przedstawione stwierdzenia stanowią prawną umowę między nami. Dotyczy ona wszystkich, zarówno profesjonalistów, jak i amatorów. Proszę o uważne zapoznanie się z poniższymi sformułowaniami.

1. Autor niniejszego tekstu, osoby wymienione w tekście oraz wszystkie osoby związane z Instytutem Badań nad Stanami Szczytowymi, nie mogą i nie biorą żadnej odpowiedzialności za to, w jaki sposób wykorzystasz materiał zawarty w niniejszej książce i jak użyjesz opisanych tu technik.
2. Jesteś zobowiązany do wzięcia całkowitej odpowiedzialności za własny stan emocjonalny i fizyczny, jeśli użyjesz tych procesów lub ich odmian.
3. Jesteś zobowiązany do poinstruowania osób, z którymi przeprowadzasz te procesy lub ich odmiany, że biorą one całkowitą odpowiedzialność za własny stan emocjonalny i fizyczny.
4. Używaj tych technik pod nadzorem wykwalifikowanego terapeuty lub lekarza (odpowiednio do sytuacji).
5. Zgadzasz się na zwolnienie osób związanych z tym tekstem i z Instytutem Badań nad Stanami Szczytowymi od jakiejkolwiek odpowiedzialności i roszczeń ze strony osób, z którymi przeprowadzałeś procesy i ich odmiany, włączając w to siebie.
6. Wiele nazw procesów przedstawionych w tej książce posiada znaki towarowe, co wiąże się z restrykcjami dotyczącymi publicznego ich stosowania.

Ze względu na bezpieczeństwo innych:
- Jesteś zobowiązany do poinstruowania osób, z którymi przeprowadzasz te procesy lub ich odmiany, o możliwym niebezpieczeństwie oraz że biorą one całkowitą odpowiedzialność za własny stan emocjonalny i fizyczny.
- Jeśli poinformowałeś innych o nowym i eksperymentalnym materiale zawartym w tej książce, zgadzasz się również poinformować ich o możliwym niebezpieczeństwie związanym ze stosowaniem tego materiału i podasz szczegóły, jeśli będą konieczne.

Przystępując do dalszego czytania książki, w świetle prawa wyrażasz zgodę na powyższe warunki. Dziękujemy za zrozumienie.

Spis treści

CZĘŚĆ 1 – Podstawowe zasady

CZĘŚĆ 2 – Diagnoza i terapia

CZĘŚĆ 5 – Dodatki

PODZIĘKOWANIA

Chciałbym zacząć od podziękowania moim obecnym i byłym kolegom w Instytucie Badań nad Stanami Szczytowymi (Institute for the Study of Peak States). Osoby te nieodpłatnie poświęcały swój czas i energię (w niektórych przypadkach na przestrzeni wielu lat), pomagając w prowadzeniu badań niezbędnych do ustalenia tak wielu podstawowych, nieznanych wcześniej faktów z zakresu biologii człowieka. W szczególności chciałbym podziękować Frankowi Downeyowi, prezesowi Instytutu, który przejawia cechy starszego, doświadczonego męża stanu i ma talent do nakłaniania do współpracy bardzo różnych ludzi.

Dziękuję również instruktorom treningów, Nemi Nath i Ingkce Malten, oraz członkom personelu badawczego: Samsarze Salier, Pauli Courteau, Larsowi Vestby oraz Steve'owi Hsu, którzy przejrzeli niniejszy tekst oraz nużące szczegółowe informacje o przypadkach subkomórkowych w poszukiwaniu błędów merytorycznych i przeoczeń. W szczególności podziękowania należą się Lisbeth Ejiertsen, która pierwsza zebrała moje pierwotne notatki z kursu w tabelaryczną postać. Chciałbym także podziękować wielu terapeutom, którzy przez te wszystkie lata brali udział w naszych szkoleniach i uczestniczyli w powolnym i często frustrującym procesie gromadzenia materiału do niniejszego podręcznika, będąc „królikami doświadczalnymi" surowych wersji tego tekstu, na których sprawdzałem jego czytelność i użyteczność.

Dziękuję Lorenzie Meneghini, certyfikowanej terapeutce stanów szczytowych, za jej nieoceniony wkład do tej książki w postaci ilustracji, które wykonała na podstawie moich ogólnych – często niewiele mówiących – szkiców (prosiłem ją, by były to bardzo proste rysunki). Bardzo gorące podziękowania należą się również Piotrowi Kaweckiemu, również naszemu certyfikowanemu terapeucie, który przyszedł mi z pomocą, wymyślając i projektując niezwykłą okładkę do tej książki, którą trzymacie w ręku.

Chciałbym także podziękować przyjaciołom, którzy we mnie wierzyli i pomagali w trudnych czasach, kiedy potrzebowałem zachęty do dalszego prowadzenia badań, a szczególnie Chantowi i Bahar Thomasom, Licie Stone, Sheelo Bolmowi oraz dr. Artowi MacCarleyowi. Dziękuję także dr. Jimowi Harrisowi, kierownikowi Electrical Engineering (Wydziału Elektrotechniki) na uczelni Cal Poly, który wiele lat temu zaryzykował, zatrudnił mnie i był moim mentorem w czasie mojej pierwszej pracy uniwersyteckiej. Wielkie podziękowanie należy się także Tony'emu Clarksonowi, założycielowi Sanctuary of Healing w Wielkiej Brytanii, za finansowy datek, dzięki któremu mogliśmy kontynuować działalność w trudnym dla nas finansowo 2008 roku.

Każdy z modeli i przypadków subkomórkowych opisany w niniejszym podręczniku wiązał się z setkami, a często tysiącami godzin pracy, podczas których stopniowo dokonywaliśmy przełomowych odkryć, pozwalających zrozumieć zasady biologii subkomórkowej. Praca ta była niewiarygodnie bolesna, nużąca i zniechęcająca podczas kolejnych nieudanych prób, aż w końcu udawało się opracować techniki, które naprawdę działały. Tu chciałbym ponownie podziękować byłym i obecnym członkom personelu badawczego, którzy doświadczali bólu i cierpienia w nadziei, że ich wysiłki zmienią świat, a zwłaszcza (wymieniam mniej więcej w porządku chronologicznym): dr Marie Green, dr Deoli Perry, dr Mary Pellicer, Maureen Chandler, Pauli Courteau, Tal Laks, Nemi Nath, Mattowi Foksowi, Samsarze Salier, Larsowi Vestby i Leifowi Pedersenowi. Szczególne podziękowania należą się Kasi Prasałek, której wyjątkowa uczciwość i zaangażowanie na rzecz Instytutu sprawiły, że w latach 2010-2013 nieodpłatnie pomagała wielu ludziom w Polsce, którzy w tym czasie rozpaczliwie tej pomocy potrzebowali.

Chciałbym także wyrazić wdzięczność tym członkom personelu, którzy zostali uszkodzeni podczas badań i czasem czekali wiele lat (pozostając w ciągłym bólu i stanie upośledzenia), aż znaleźliśmy sposób, by im pomóc. I wreszcie wysyłam do wszechświata moje najgłębsze podziękowania kolegom i przyjaciołom, których śmierć w trakcie badań pozwoliła przesunąć granice naszego rozumienia i sprawiła, że droga ich następców była już bezpieczniejsza: Dorothy Gail, Edwardowi Kendricksowi, Brianowi Beardowi, dr. Adamowi Waiselowi i Edwardowi Rodziewiczowi – bardzo mi was brakuje.

WSTĘP

Niniejszy podręcznik został opracowany jako pomoc źródłowa dla terapeutów stosujących terapie stanów szczytowych (Peak States® Therapy) z zastosowaniem techniki Uzdrawiania Całym Sercem (Whole-Hearted Healing®) polegającej na regresji do traumy. Powstał on także z myślą o naszym programie szkoleniowym – załączniki na końcu książki zostały opracowane dla nauczycieli, którzy chcieliby przećwiczyć ze studentami metody identyfikacji różnych przypadków subkomórkowych, które mogą napotkać w pracy z klientami.

Podczas nauczania materiału okazało się, że jedną z największych trudności, z jaką borykają się terapeuci, jest przeprowadzenie diagnozy. Niniejsza książka jest próbą zaradzenia temu problemowi – zawiera łatwy do zastosowania przez terapeutów materiał, który opisuje różne przypadki subkomórkowe oraz podkreśla podstawową zasadę – wspartą ilustracjami – wedle której problemy psychologiczne wywoływane są przez rozmaite problemy w biologii subkomórkowej klienta.

Pierwsze wydanie podręcznika to wciąż projekt w realizacji. Będziemy go ulepszać wraz z dokonywaniem nowych odkryć oraz – tam, gdzie to możliwe – upraszczaniem technik.

Po co pisać kolejną książkę z dziedziny psychologii
Materiał zawarty w niniejszej książce jest fundamentalnie różny od wszystkiego, co przeczytaliście do tej pory, gdyż zawiera przełomowe odkrycia z dziedziny biologii, które znajdują zastosowanie w rozumieniu i leczeniu problemów psychologicznych i medycznych. Jednym z głównych problemów współczesnej psychologii i psychiatrii jest brak zrozumienia przyczyn, dla których klienci cierpią na zaburzenia i choroby psychiczne (a nawet wiele chorób fizycznych). Nowsze terapie stosowane w leczeniu stresu pourazowego i traum okazały się wielkim dobrodziejstwem w tej dziedzinie, ale właściwie nadal nie wiadomo, dlaczego te terapie działają (lub nie działają, jak to się zdarza) ani jak je zastosować do wielu innych problemów.

Na szczęście okazuje się, że *istnieje* fundamentalna podstawa tych problemów i zaburzeń, w dodatku znajduje się w miejscu, które nikomu wcześniej nie przyszło do głowy – wewnątrz samych komórek. W niniejszym podręczniku przestawiamy szczegóły nowej dziedziny – psychobiologii „subkomórkowej". Omawiamy wiele problemów o charakterze subkomórkowym, ich symptomy psychiczne i fizyczne oraz nowe, niefarmakologiczne techniki quasi-psychologiczne, które bezpośrednio oddziałują na owe przypadki, by niezawodnie, skutecznie i szybko je wyeliminować.

Przygotowanie zawodowe czytelnika
Przy pisaniu niniejszego podręcznika przyjęliśmy założenie, że czytelnik jest już wyszkolonym terapeutą stosującym nowoczesne, szybkie i skuteczne techniki leczenia traum, jak EFT (opukiwanie meridianowe), EMDR (stymulacja dwustronna) oraz TIR (regresja), lub je obecnie studiuje. Dobrze też, by czytelnik miał jakąś wiedzę z zakresu psychologii prenatalnej i transpersonalnej. Szkolący się u nas terapeuci to często osoby, które osiągnęły już kres możliwości w innych podejściach, ale chcą pracować skuteczniej niż dotychczas, albo młodzi studenci, którzy chcą poznać praktyczny, spójny system biologiczny łączący psychologię, duchowość i medycynę.

Podczas zajęć wiele czasu poświęcamy na zilustrowanie podstawowych zagadnień z zakresu biologii subkomórkowej. Tym samym bardzo pomocne może okazać się zapoznanie się z elementarzem eukariotycznej biologii subkomórkowej (w Wikipedii znajdują się dobre artykuły na ten temat) oraz obejrzenie kilku znakomitych filmów wideo dostępnych w sieci.

W niniejszej książce *nie* wyjaśniamy terapii ani technik. Zakładamy, że czytelnik zna już technikę Uzdrawiania Całym Sercem (Whole-Hearted Healing) i terapie stanów szczytowych, których zastosowania wymaga uzdrawianie każdego z przypadków subkomórkowych. Technik tych uczymy w ramach naszych szkoleń dla terapeutów, można je też znaleźć w następujących podręcznikach:

* The basic *Whole-Hearted Healing*™ manual, Grant McFetridge i Mary Pellicer
* *The Whole-Hearted Healing*™ *workbook*, Paula Courteau
* Pozostałe książki z serii *Peak States® Therapy*
* *Peak states of consciousness*, tom 1-3, Grant McFetridge i inni.

Jak ewoluował niniejszy podręcznik
Niniejszy podręcznik miał początkowo formę diagramów ściennych, o których wypełnienie prosiliśmy studentów w ramach praktyki podczas szkoleń dla terapeutów. Każda z plansz zawierała przypadek subkomórkowy, zdania używane przez klientów opisujące problem oraz listę innych możliwych przyczyn wystąpienia tych samych symptomów (służącą przeprowadzeniu diagnozy różnicującej). Gdy studenci dochodzili do etapu pracy z klientem (pod superwizją), wiszące na ścianie plansze były dla nich „ściągawką" – podczas diagnozy mogli na nie spoglądać. Niniejsza książka w pewien sposób pełni taką rolę – powstała z myślą o terapeutach, którzy ukończyli szkolenie, ale mogli zapomnieć część zdobytej wiedzy.

Książka *nie* została zorganizowana w oczywisty sposób, kiedy wychodzi się od symptomów i dochodzi do przyczyn, choć byłoby to wygodne – problem polega na tym, że większość symptomów ma wiele różnych przyczyn. Przyjęliśmy więc odmienną taktykę, podobną jak w nauczaniu lekarzy czy mechaników – studenci poznają najpierw problemy subkomórkowe, a potem uczą się, jak je stosować zależnie od symptomów. Na szczęście, większość problemów klientów jest wynikiem traumy *jednego* z kilku konkretnych przypadków subkomórkowych. Tak więc, najpierw kierujemy uwagę studentów na rozumienie i stosowanie tych kilku powszechnie spotykanych przypadków subkomórkowych, a następnie dodajemy bardziej wyspecjalizowane lub rzadkie przypadki. Odkryliśmy, że dzięki rysunkom przedstawiającym problemy w komórce prymarnej studenci łatwiej przypominają sobie przypadki subkomórkowe – zrozumienie tych uszkodzeń sprawia, że symptomy i uzdrawianie stają się bardziej oczywiste. Książka ta przypomina podręcznik użytkownika samochodu (lub podręcznik anatomii) z rysunkami przedstawiającymi problem do naprawy.

Gdy ta część książki była gotowa, zdałem sobie sprawę z tego, że podręcznik powinien zawierać systematyczne metody diagnozowania problemów, gdyż niektórzy klienci wymagają wykonania pewnej pracy detektywistycznej, by określić rzeczywistą naturę ich problemu. Dodałem więc dwa rozdziały, w których omawiamy konkretne problemy, których przyczyny nie są takie oczywiste. Ostatni rozdział jest szczególnie interesujący z punktu widzenia paradygmatu, gdyż stosujemy w nim zasady zachodniej biologii subkomórkowej, by wyjaśnić podstawy (i uzdrawianie) duchowych, parapsychicznych i podobnych temu problemów.

Opłata za rezultat
Rozdział poświęcony „opłacie za rezultat" jest pod wieloma względami najważniejszym rozdziałem tej książki, zarówno z punktu widzenia etycznego, jak i funkcjonalnego. Odkryliśmy, że terapeuci, którzy są opłacani wtedy, gdy odniosą sukces, szybko stają się kompetentni, zaś ci, którym płaci się za czas, podświadomie czują niechęć do uzdrowienia klienta. Ponownie, odwołując się do analogii samochodowej – to jak różnica między mechanikiem, któremu płaci się za godzinę, a mechanikiem, któremu płaci się za wykonane zadanie.

Kwestie bezpieczeństwa – terapeuci a wsparcie kliniczne
Ponieważ wielu ludzi uważa, że terapia przypomina rozmowę z ulubioną ciotką, nie jest sprawą oczywistą, że jednym z największych problemów, jakie pojawiają się przy opracowywaniu technik jest kwestia bezpieczeństwa. Skuteczne procesy uzdrawiania traum (lub bardziej skrajnej wersji – stresu pourazowego) istnieją raptem od dwudziestu lat, toteż dopiero po pewnym czasie uświadomiono sobie, że z tymi bardzo skutecznymi rodzajami terapii (a właściwie z każdą terapią czy praktyką duchową) wiąże się także pewne ryzyko. Ponieważ Instytut opracowywał techniki, które nie istniały nigdy wcześniej, początkowo wprowadziliśmy kilka strategii minimalizacji nieoczekiwanych problemów lub identyfikacji czynników ryzyka w procesie rozwoju nowych produktów. Jedną ze strategii było przeszkolenie terapeutów z naszych technik i modeli, weryfikacja ich odpowiedniego przygotowania zawodowego w takich dziedzinach, jak zapobieganie samobójstwom, następnie udzielenie im licencji na stosowanie nowych technik. To pozwoliło nam na pełnienie przez kliniki Instytutu funkcji

wsparcia działającego przez całą dobę dla tych terapeutów w razie wystąpienia jakich-kolwiek problemów oraz na aktualizację technik za pomocą nowszych wersji poja-wiających się wraz z rozwojem tych technik oraz poszerzaniem naszych zasobów wiedzy. Ponieważ terapeuci zgodzili się na stosowanie wyłącznie zasady „opłaty za rezultat" we wszelkiego rodzaju pracy (klient płaci tylko wtedy, gdy uzgodniona terapia zadziała), grupa badawcza dysponowała bardzo dobrym systemem informacji zwrotnej w przypadku występowania problemów z nowym procesem lub techniką.

A zatem, co będzie, gdy opublikujemy książkę o technikach, którą przeczytać może każdy? Cóż, opisane tu techniki testowaliśmy na tyle długo, by odkryć wszelkie nietypowe reakcje. Jednak niektórym technikom towarzyszą pewne nieodłączne pro-blemy, które terapeuta musi umieć rozpoznawać i uzdrowić – niczym mechanik lub lekarz musi umieć dostrzegać i wyeliminować wszelkie problemy lub skutki uboczne (jak zapach benzyny podczas wymiany pompy wody). Z tego względu niniejsza książka została napisana z myślą o terapeutach, którzy przeszli nasze szkolenie lub obecnie je przechodzą. Tym samym, dla większości czytelników niniejsza książka spełni jedynie cele edukacyjne, nie nauczy ich natomiast przeprowadzania terapii – ale postanowiliśmy ją upublicznić, by zadziałała jak katalizator radykalnych zmian w psychologii, psychiatrii i medycynie w przejściu na nowy, jasny model biologiczny, który pozwala zdecydowanie skuteczniej pomagać klientom.

Licencjonowane procesy stanów szczytowych
Istnieje wiele procesów nauczanych w ramach naszych szkoleń, których uczestnicy zgadzają się nie stosować, o ile nie uzyskali na nie licencji Instytutu – oczywiście ze względów bezpieczeństwa. Takie postępowanie służy ochronie samych terapeutów oraz ich klientów (a także ich rodzin i przyjaciół). Są to zazwyczaj procesy, które ewo-luują z czasem, zwiększając skuteczność albo minimalizując problemy pojawiające się u niektórych klientów. W podręczniku procesy te nazywamy „licencjonowanymi procesami terapii stanów szczytowych". Ogólnie wiążą się one z uzdrowieniem traumy w zdarzeniu rozwojowym, która jest przyczyną konkretnego problemu.

Bezpieczeństwo i znaki towarowe
Historycznie rzecz ujmując, gdy tylko pojawia się nowa terapia odnosząca pewien sukces komercyjny, pojawiają się dwa problemy. Po pierwsze, niektórzy przeczytają książkę i natychmiast stają się „autorytetami" w danej dziedzinie i uczą materiału, ponieważ nauczanie nowych terapii może być czasami bardzo lukratywnym zajęciem lub też sprawia, że nauczyciel czuje się ważny. Niestety, skutek jest taki, że klientom się nie pomaga lub, co gorsza, zostają uszkodzeni, przez co nowa terapia zyskuje cał-kowicie niezasłużoną negatywną reputację. Po drugie, niektórzy uczą czegoś innego, ale stosują tę samą nazwę, by przyciągnąć klientów lub studentów, przez co pierwotna nazwa traci swój sens.

By uniknąć tych problemów, rezultaty naszych prac opatrzyliśmy znakami towaro-wymi, co jest powszechną praktyką w różnych dziedzinach z podanych wyżej powodów.

Tym samym, wyłącznie obecny personel Instytutu Badań nad Stanami Szczytowymi posiada autoryzację, by nauczać terapii Uzdrawiania Całym Sercem (Whole--Hearted Healing®) oraz terapii stanów szczytowych (Peak States® Therapy). Nie robimy tak dlatego, że chcemy na tym zarabiać (choć byłaby to wspaniała odmiana!), ale ze względu na charakter naszego materiału, który cały czas się zmienia i ewoluuje, dlatego też nauczyciele muszą być na bieżąco z nowymi odkryciami. Co ważniejsze, ze względu na bezpieczeństwo studentów, pozwalamy nauczać tylko bardzo wykwalifikowanym i przeszkolonym terapeutom, którzy mają znacznie głębszą wiedzę i umiejętności, wykraczające poza treść zawartą w publikowanych przez nas materiałach, i którzy pracują bezpośrednio z grupą badawczą Instytutu na wypadek wystąpienia nieprzewidzianych problemów lub nowych wydarzeń.

Techniki uzyskiwania stanów szczytowych

W niniejszym podręczniku *nie* omawiamy naszych prac związanych z uzyskiwaniem szczytowych stanów świadomości – koncentrujemy się na psychologicznych problemach i chorobach.

W ostatnim rozdziale krótko omawiamy niektóre problemy psychologiczne związane w szczególności ze stanami szczytowymi i doświadczeniami duchowymi. Pełne omówienie tego zagadnienia znajdzie czytelnik w naszej publikacji *Spiritual emergencies – Peak States® Therapy*, tom 4.

Ograniczenia niniejszego podręcznika

Po pierwsze, cała ta nowa dziedzina to praca stale podlegająca ewolucji. Choć materiał zawarty w niniejszej książce pozwala terapeutom i lekarzom na uzdrawianie i rozumienie wielu problemów, których wcześniej nie dawało się uzdrowić, nie znamy jeszcze metod terapii dla każdej choroby, na którą cierpieć może klient. Problem ten nie dotyczy teoretycznych podstaw naszego podejścia – jest to raczej kwestia ogromu czasu, jakiego wymaga eksploracja nowej, szerokiej dziedziny biologii i zastosowanie jej zasad. Spodziewamy się, że z czasem powstanie coraz więcej terapii dla konkretnych chorób i zaburzeń, ale miną dziesięciolecia, zanim opracowane zostaną wszystkie zastosowania nowej metody. W związku z tym, mówimy studentom, by stosowali wszelkie znane im techniki, nie tylko te, których uczymy, gdyż liczy się przede wszystkim uzdrowienie klienta. Nowy sposób rozumienia terapii i choroby – psychobiologia subkomórkowa – daje studentom solidne ramy, w których mogą umieścić owe pozostałe techniki, dzięki czemu lepiej zrozumieją ich zalety, ograniczenia i obszary zastosowania.

Po drugie, niniejsza książka jest tylko obrazem naszej teorii i technik w konkretnym czasie. W większości przypadków jest to materiał udostępniony naszym terapeutom przed 2010 rokiem. Taka sytuacja wynika z faktu, że zweryfikowanie bezpieczeństwa i niezawodności terapii wymaga czasu i pracy ze znaczną liczbą klientów, toteż zazwyczaj typowe opóźnienie wynosi od czterech do sześciu lat. Tym samym, w podręczniku nie zostały omówione nowsze techniki i przypadki subkomórkowe.

I wreszcie, niniejsza książka *nie* powstała po to, by szczegółowo i solidnie opisać podstawy teoretyczne. Ma być czymś innym – materiałem referencyjnym dla praktykujących terapeutów, by mogli dokonać szybkiego przeglądu możliwych przyczyn i form terapii dla danego klienta. Bardziej szczegółowe omówienie teorii czytelnik znajdzie w tomach 1-3 podręcznika *Peak states of consciousness*.

Mamy także nadzieję, że w przyszłości podręcznik ten stanie się przestarzały. Nasz obecny model teoretyczny i eksperymenty sugerują, że istnieją znacznie prostsze i bardziej wszechstronne metody uzdrawiania problemów psychologicznych i medycznych.

O ilustracji na okładce...

Ilustracja na okładce, autorstwa Piotra Kaweckiego, to stylizowana komórka eukariotyczna zawierająca powiększenia trzech obszarów komórki. Owe trzy ramki, wyglądające jak fotografie, ilustrują trzy problemy subkomórkowe. Górna ramka przedstawia przypadek kopii, w którym bakteryjny organizm pasożytniczy przyczepia kopie genów do rybosomów wzdłuż utkniętej nici mRNA. Środkowa ramka przedstawia przypadek asocjacji, z dwoma rybosomami (zawierającymi skojarzone uczucia) utkniętymi w membranie szorstkiego retikulum endoplazmatycznego. Dolna ramka przedstawia przypadek wiru, kiedy – wskutek uszkodzenia histonu w wewnętrznym genie – mitochondrium stale wsysa do środka cytoplazmę, wywołując efekt wirowania.

dr Grant McFetridge
Instytut Badań nad Stanami Szczytowymi
Hornby Island, Kanada

CZĘŚĆ 1

PODSTAWOWE ZASADY

Rozdział 1

SUBKOMÓRKOWE PRZYCZYNY EMOCJONALNYCH I FIZYCZNYCH SYMPTOMÓW

Jednym z największych problemów w psychologii i medycynie jest to, że pomimo istniejących narzędzi i technik, nadal nie ma jasnego teoretycznego zrozumienia objawów psychologicznych. W niektórych przypadkach są to przyczyny biologiczne, takie jak uszkodzenia mózgu lub toksyny – ale zdecydowanie jest to bardziej wyjątek niż reguła. Od 1950 roku naukowcy zakładają, że objawy mają coś wspólnego ze złą biochemią, ale próby podążenia za tym modelem spełzły na niczym. Do tego stopnia i przez tak długi czas, że duże firmy farmaceutyczne zarzuciły badania nad zaburzeniami psychicznymi. Najnowsza hipoteza wskazuje na uszkodzone sieci neuronowe jako przyczynę zaburzeń, i tu znów pojawiają się ciekawe prace, ale nie czynią żadnych przełomów. Ponieważ te idee wydają się rozsądne zakładamy, że brak postępów wynika z faktu, iż są to po prostu trudne obszary pracy.

A jeśli objawy są spowodowane przez coś, o czym nikt wcześniej nie pomyślał?

Popatrzmy, co byłoby potrzebne do stworzenia radykalnie nowego modelu. Po pierwsze, model musi być zgodny z istniejącymi, eksperymentalnie potwierdzonymi zasadami biologii, a jeśli nie, to powinien identyfikować pomijane, niedokładnie lub nieprawidłowo przeprowadzane obserwacje. Po drugie, musi mierzyć wszystkie dane, a nie tylko wygodne „kąski" lub obserwacje, bez pomijania „niewygodnych prawd". Po trzecie, musi radzić sobie z problemami, z którymi istniejące metody sobie nie poradziły lub zrobiły to tylko częściowo albo z wielką trudnością. I na koniec, miejmy nadzieję, że wyjaśni on wszystko w prosty, elegancki sposób, rozwiewając niejasności w istniejących danych i modelach.

I właśnie takie rozwiązanie, którego nikt nie łączył z objawami psychologicznymi, istnieje w obszarze biologii – wewnątrz samej komórki.

Poniższy podręcznik, napisany dla praktykujących psychoterapeutów przeszkolonych w naszych technikach, skupia się na różnorodnych subkomórkowych problemach i objawach oraz na ich uzdrawianiu. Jest również wprowadzeniem do jednego z najbardziej ekscytujących nowych dziedzin nauki, jakie kiedykolwiek odkryto, a mianowicie do psychobiologii subkomórkowej.

Ten rozdział zawiera krótki przegląd materiału istotnego dla terapeutów, którzy diagnozują problemy psychologiczne z subkomórkowej perspektywy. Istnieje kilka nowych, podstawowych modeli biologicznych, które należy zrozumieć przed podjęciem pracy z problemami subkomórkowymi. Pogłębione opracowanie tych modeli i ich zastosowanie można znaleźć w trzech tomach *Peak states of consciousness: theory and applications*.

Trauma i terapie traumy
Traumę biograficzną (i jej bardziej skrajny przypadek zaburzeń spowodowanych stresem pourazowym – PTSD) do niedawna uznawano za nieuleczalną w ramach głównego nurtu psychologii. W roku 1996, cztery bardzo różne terapie, które rzeczywiście potrafiły wyeliminować objawy traumy, zostały opisane w pierwszym fachowym artykule w „The Family Therapy Networker", co otworzyło drogę do ich legalnego stosowania przez licencjonowanych terapeutów w USA. Niestety akceptacja tych metod przebiega bardzo powoli i wciąż nie jest ujmowana w ramach większości uniwersyteckich programów. Bez względu na to, techniki uzdrawiania traum są niezwykle ważne, ponieważ okazuje się, że większość problemów klientów jest bezpośrednim lub pośrednim wynikiem traumy. Obecnie najbardziej popularnymi technikami są EMDR i EFT.

Opracowana przez Instytut technika uzdrawiania traum Whole-Hearted Healing – WHH (Uzdrawianie Całym Sercem) bazuje na regresji. Rozwinięta na początku wczesnych lat '90, została zaprojektowana zarówno jako modalność służąca uzdrawianiu traum, jak też możliwość łatwego dostępu do doświadczeń prenatalnych w celu zbadania pochodzenia szczytowych stanów świadomości. Jednakże praktykujący terapeuci wytrenowani przez Instytut zazwyczaj używają szybszej i łatwiejszej techniki opukiwania jednego punktu meridianowego. Techniki WHH lub innych używają tylko wtedy, jeśli opukiwanie nie działa; albo używają WHH w połączeniu z opukiwaniem, przeprowadzając regresję do kluczowych prenatalnych momentów rozwojowych.

W trakcie rozwijania techniki WHH stało się jasne, że istnieje kilka zasadniczo różnych rodzajów traum: biograficzne (z przeszłości klienta), asocjacje (jak w przypadku psów Pawłowa) oraz pokoleniowe (dziedziczona trauma). Każdy typ traumy wymagał osobnej techniki lub podejścia, które zostały w tamtym czasie opracowane doświadczalnie, natomiast kryjąca się za traumą subkomórkowa biologiczna przyczyna została odkryta dopiero kilka lat później (w rozdziale 7. omawiamy tego typu traumy, ilustrując ich biologiczne przyczyny).

Model komórki prymarnej
W 2002 roku dokonaliśmy niezwykłego, fundamentalnego odkrycia biologicznego – okazało się, że świadomość znajduje się wewnątrz tylko jednej komórki organizmu. Tę komórkę, która powstaje w trakcie czwartego podziału zapłodnionej komórki

jajowej, nazwaliśmy „komórką prymarną". Wszystkie inne struktury mózgu i ciała są rozszerzeniem organelli znajdujących się wewnątrz tej komórki. To tak, jakby komórka prymarna była mikroprocesorem, a mózg urządzeniem peryferyjnym przeznaczonym do przetwarzania „przed i po". Problemy w tej komórce zostają odzwierciedlone w pozostałej części ciała – to jest nadrzędny wzorzec. Patrząc z perspektywy czasu, model komórki prymarnej ma sens z ewolucyjnego punktu widzenia. Żyjemy w świecie „komórko-centrycznym", organizmy wielokomórkowe są tylko pojedynczymi komórkami zorientowanymi na rozszerzanie się na większe środowisko – to tak, jakby człowiek nosił gigantyczny garnitur robota.

Po tym odkryciu szybko zorientowaliśmy się, że wszystkie typy traum psychicznych zostały spowodowane zablokowaną ekspresją genów wewnątrz tej prymarnej komórki, zawierających uszkodzone białka histonów w genach, utknięte (zablokowane) nici mRNA oraz rybosomy. Nasz model został opublikowany w 2008 roku w tomie 2. *Peak states of consciousness.* Nie wiedzieliśmy, że w tym samym okresie dr Marcus Pembrey odkrył ten sam mechanizm, obserwując odizolowaną społeczność w północnej Szwecji. Jego praca, choć odnosi się tylko do epigenetycznego dziedziczenia i stosuje zupełnie odmienne podejście, potwierdza nasze wyniki. Jednak to, co nie jest jeszcze znane głównemu nurtowi biologii, to fakt, że ten sam epigenetyczny mechanizm odnosi się również do wszystkich typów traum.

Model biologii transpersonalnej

Jednym z najważniejszych aspektów istnienia komórki prymarnej jest zjawisko „nakładania się" świadomości człowieka we wnętrzu tej komórki na jego świadomość świata i ciała – podobnie jak efekty specjalne w filmie nakładających się na siebie dwóch bardzo różnych światów. I to właśnie okazało się być kluczem do wyjaśnienia źródła objawów psychologicznych – problemy biologiczne wewnątrz komórki prymarnej są *doświadczane* jako objawy psychiczne lub fizyczne.

Rozszerzenie modelu komórki prymarnej rozwiązuje również jedną z największych tajemnic naszych czasów, a mianowicie: w jaki sposób zintegrować istnienie duchowych, szamańskich i parapsychicznych doświadczeń z nowoczesną nauką. Obecny paradygmat naukowy odrzuca istnienie tych zjawisk, ale osobiste doświadczenia wielu osób i przytłaczająca ilość fascynujących prac badawczych w tym obszarze wykazały, że one rzeczywiście istnieją. Wśród badaczy tych zjawisk dominuje podejście, że niezwykłych doświadczeń nie można wyjaśnić za pomocą standardowej nauki i należy je badać jako osobny temat, kierując się odrębnymi zasadami. Na szczęście ten konflikt światopoglądów można rozwiązać, stosując nasz „model biologii transpersonalnej", który mówi, że tego rodzaju doświadczenia zawsze mają fizyczną, biologiczną podstawę, ale wewnątrz komórki prymarnej. Ludzie rzeczywiście „widzą", doświadczają lub mają dostęp do biologicznych zjawisk zachodzących wewnątrz komórki – dlatego nie można ich znaleźć w świecie fizycznym lub przeprowadzając badania medyczne.

Model ten odnosi się również do innych bardzo trudnych do zaakceptowania, niezwykłych zjawisk, takich jak doświadczenia bycia „poza ciałem" (*out-of-body*), doświadczanie siebie jako innej osoby lub zwierzęcia, schizofrenicznych głosów itp. Podobnie jak w przypadku fizycznego telefonu komórkowego – gdzie do połączenia potrzebne są „niewidzialne" fale radiowe – biologiczne struktury subkomórkowe w komórce prymarnej wyzwalają tego rodzaju dziwne doświadczenia.

Spojrzenie „biologiczne" lub „duchowe"
Ludzie mogą obserwować wydarzenia w regresji lub zjawiska w komórce prymarnej na dwa różne sposoby: z perspektywy „biologicznej" lub „duchowej". Spojrzenie biologiczne jest tym, czego zazwyczaj oczekuje się w przypadku używania oczu lub patrzenia przez mikroskop (dotyczy to również perspektywy widzianej „spoza ciała" w traumatycznych wspomnieniach, ponieważ są to nadal obserwacje w „świecie rzeczywistym"). Spojrzenie duchowe jest dziwniejsze – osoba widzi obrazy wynikające z rozmieszczenia świadomości w obszarze, który nawiązuje bardziej do struktur biologicznych (podobnie do obrazów rentgenowskich) niż do obrazów struktur samych w sobie. To spojrzenie obejmuje również obszary zjawisk duchowych (takie jak sfery piekieł, doświadczenia kundalini, sznury itp.), które odpowiadają funkcji biologicznej lub podłożu biologicznemu.

Choć możliwe jest przełączanie się między spojrzeniem duchowym i biologicznym, ludzie pozostają w spojrzeniu duchowym z bardzo prostego powodu – by uniknąć bólu fizycznego. Jeśli przełączą się na spojrzenie biologiczne (i wejdą „w ciało"), będą tam odczuwać ból spowodowany jakimś zranieniem lub uszkodzeniem. Niestety, zatrzymanie się w „widzeniu duchowym" ma poważne wady – leżące u podstaw problemy biologiczne pozostają niezauważone lub nieuzdrowione.

Stany szczytowe
Jednym z rezultatów naszej pracy z komórką prymarną jest odkrycie, iż psychiczne odczucia szczytowego doświadczenia lub stanu mają miejsce, gdy dane funkcje biologiczne w komórce działają w optymalny sposób. A to oznacza, że *biologiczne* funkcje subkomórkowe odpowiadają *psychologicznemu* doświadczeniu lub stanowi.

Dla naszej pracy badawczej szczególne znaczenie ma stan szczytowy, który pozwala nam „zobaczyć" wnętrze komórki prymarnej, aby spojrzeć na procesy biologiczne i dysfunkcje. Pełny stan daje widzenie tak przejrzyste, jak rozglądanie się we własnym domu. W ten sposób udało nam się przygotować szkice z poziomu subkomórkowego na potrzeby niniejszego podręcznika (tak na marginesie – uświadomienie sobie, że zaglądamy do środka komórki zajęło nam kilka lat od momentu jej odkrycia). Początkowo myśleliśmy, że to jakiś rodzaj dziwnego doświadczenia duchowego. Ta umiejętność, do pewnego stopnia dość powszechna, jest tłumiona lub źle rozumiana przez osobę, która ją posiada.

Jednak dla badań ta umiejętność *deus ex machina* nie jest tak użyteczna, jak by mogło się wydawać, choć oszczędza czas i pieniądze w porównaniu z mikroskopem elektronowym lub bardziej nowoczesnymi technikami obserwacji komórki na żywo.

Komórka prymarna jest pełna niezwykłych rzeczy w różnych miejscach, o różnych rozmiarach i znalezienie źródła problemu może być bardzo trudne. Na przykład, często nawet nie wiemy, czy coś ma tam być czy też nie, a jeśli tak, to w jaki sposób stwierdzić, czy to działa prawidłowo. Aby zorientować się, jak może to być trudne, wyobraź sobie gigantyczny statek wycieczkowy. A teraz, gdzie szukać problemu o rozmiarze domowego kota, jeśli nawet nie wiesz, że szukasz kota, ani też go nie rozpoznasz, jeśli go zobaczysz? Tak więc przeprowadzenie obserwacji, wypracowanie technik i ich przetestowanie zajęło nam dziesięć lat, aby stworzyć materiał do niniejszego podręcznika. I wciąż jest jeszcze ogrom pracy do wykonania.

Innym ważnym obszarem terapeutycznym jest „kryzys duchowy", kiedy klient przeżywa niezwykłe doświadczenia religijne lub duchowe prowadzące go aż do kryzysu. Te problemy mogą być często uzdrawiane całkiem prosto, mając wiedzę o przyczynach wewnątrzkomórkowych lub rozwojowych. Na przykład przebudzenie kundalini, które powoduje ogromne problemy u wielu ludzi, może być wyeliminowane prostą techniką – jest przypadkiem subkomórkowym opisanym w niniejszym podręczniku (zobacz naszą pozycję: *Spiritual emergencies – Peak States® Therapy*, tom 4 zawierającą pełne opracowanie tego tematu).

Techniki subkomórkowe (psychologiczno-podobne)

„Żyjemy" wewnątrz komórki prymarnej – objawy psychiczne (emocje i odczucia) są po prostu tym, jak doświadczamy subkomórkowych problemów biologicznych. Owe problemy w komórce prymarnej odbijają się „echem" w naszym ciele, powodując medyczne problemy. Jednakże, przekazywanie informacji odbywa się w dwóch kierunkach – także odczucia z naszego ciała fizycznego wracają do komórki prymarnej. Okazuje się, że możemy użyć tej ścieżki, aby stworzyć techniki „psychologiczno-podobne", które oddziałują bezpośrednio na struktury wewnątrzkomórkowe i problemy w komórce prymarnej. To właśnie dlatego wyprowadzone empirycznie techniki traum są tak skuteczne (np. terapie meridianowe działają przez interakcję ze strukturami grzybowymi w komórce prymarnej, zob. rozdział 2.).

Na szczęście możemy teraz obserwować działanie techniki wewnątrz komórki, poznać jej ograniczenia, by móc ją ulepszyć lub dowiedzieć się, z czego wynika jej działanie – czy eliminuje objawy poprzez naprawę lub uszkodzenia komórki? Jeszcze bardziej ekscytujące jest to, że – mając wiedzę o interakcji z wnętrzem komórki – możemy opracowywać nigdy wcześniej nie spotkane techniki. Bardzo dobrym przykładem jest nasza technika asocjacji ciała – wiedząc, że chcemy uwolnić rybosomy osadzone w szorstkim retikulum endoplazmatycznym, wpadliśmy na pomysł prostej wizualizacji, która pozwala typowemu klientowi w ciągu kilku minut wyeliminować asocjację (na przykład taką, która tworzy uzależnienia, objawy odwykowe i wiele innych problemów).

Okazuje się, że istnieje wiele różnych zaburzeń wewnątrz typowej komórki prymarnej. Podczas opracowywania procesu WHH na początku lat '90 stało się jasne, że były takie problemy fizyczne i emocjonalne, które nie mogły być uzdrowione za pomocą naszej techniki regresji lub jakiejkolwiek techniki traum, którą znaliśmy. Sposoby uzdrowienia tych innych problemów były wypracowywane empirycznie i stały się one częścią rosnącej listy „szczególnych przypadków", których musiał nauczyć się terapeuta używający techniki WHH. Dopiero w trakcie następnej dekady zdaliśmy sobie sprawę, że te psychologiczne przypadki odzwierciedlają biologiczne problemy na poziomie subkomórkowym. W tym podręczniku nie odnosimy się do większości z tych „specjalnych przypadków" w ramach WHH (Uzdrawiania Całym Sercem), ponieważ techniki, które je uzdrawiają, nie wykorzystują techniki regresji. Nazywamy je teraz subkomórkowymi przypadkami, a techniki wykorzystywane do ich uzdrowienia stały się częścią PeakStates Therapy (terapii stanów szczytowych).

Nazewnictwo przypadków subkomórkowych
Niestety stosowana konwencja nazewnictwa dla każdego subkomórkowego przypadku nie jest spójna – nazwy ewoluowały w czasie opracowywania tego materiału. Tak więc, niektóre nazwy pasują do standardowych diagnoz (jak np. „uszkodzenie mózgu"), niektóre określenia odnoszą się do skutków psychologicznych (np. „kopia"), inne zaś opisują uszkodzenia lub struktury subkomórkowe (takie jak „potłuczone kryształki"), a niektóre mają charakter hybryd (jak „rybosomalne głosy"). Przepraszamy za zamieszanie!

Subkomórkowe infekcje pasożytnicze
Jak to szczegółowo opisano w następnym rozdziale, jednym z najbardziej niepokojących naszych odkryć jest to, że ludzie (a także ssaki i ptaki oraz – prawdopodobnie – organizmy eukariotyczne) są gospodarzami dla różnego rodzaju pasożytów *wewnątrz* komórki prymarnej. Te subkomórkowe organizmy pasożytnicze mieszczą się w czterech głównych klasach: organizmy podobne do insektów (prawdopodobnie priony), organizmy grzybowe, organizmy bakteryjne oraz wirusy. Obecność lub działanie tych organizmów jest bezpośrednią przyczyną wielu subkomórkowych zaburzeń przedstawionych w tym podręczniku, a pośrednio są źródłem praktycznie wszystkich problemów subkomórkowych (jak np. mechanizmu uszkadzania histonów).

Jednym z przykładów jest zjawisko, które wydaje się być fantazją z konwencjonalnego punktu widzenia, a mianowicie traumy z „poprzednich wcieleń". Czy ktoś wierzy w to, czy nie, ale to zjawisko wywołuje objawy u niektórych klientów, dlatego powstało kilka technik autorstwa różnych osób, aby radzić sobie z tym problemem. Ale model biologii transpersonalnej mówi nam, że musi istnieć subkomórkowa biologiczna podstawa tego zjawiska. I faktycznie jest! Jest to produkt uboczny organizmu grzybowego, który żyje osadzony na wewnętrznej powierzchni membrany komórki prymarnej. Następstwem uszkodzenia tego organizmu są pływające swobodnie struktury, które dołączają się do utkniętych nici traum mRNA i działają jako „bramy" do wcześniejszych doświadczeń życiowych. Kiedy ten biologiczny problem zostanie w pełni zrozumiany, możliwa stanie się globalna eliminacja traum wszystkich poprzednich wcieleń albo naprawienie organizmu grzybowego lub jego wyplenienie.

Z punktu widzenia *terapeuty* praca z problemami klientów obejmuje różne organizmy pasożytnicze i w niektórych przypadkach jest *potencjalnie* niebezpieczna – wymagany jest trening, aby korzystać z technik w bezpieczny sposób. Również przeprowadzanie badań tych organizmów jest bardzo niebezpieczne – z naszego doświadczenia wynika, że możliwe jest trwałe uszkodzenie ciała, a nawet śmierć.

Trauma prenatalna i model wydarzeń rozwojowych

Jak wspomniano wcześniej, opracowana na początku lat '90 technika regresji WHH służy eliminacji traum, choć jej pierwotnym celem było sprawdzenie, czy istnieje związek między traumą prenatalną a wyjątkowym stanem świadomości (co obecnie nazywamy „stanem szczytowym"). Hipoteza okazała się trafna, ale odkryliśmy także, że właściwie nie każda trauma była istotna. Znaczenie miały traumy w kluczowych momentach rozwoju prenatalnego, kiedy organizm nagle staje się bardziej złożony. Jeśli w owych momentach wszystko poszło dobrze, osoba ma odpowiednie doznania stanu lub zdolności szczytowej w teraźniejszości. W przypadku wystąpienia poważnej traumy, zwłaszcza pokoleniowej utrudniającej prawidłowe formowanie się struktur, stan szczytowy jest zredukowany lub zablokowany. Koncepcję tę przedstawia „model zdarzeń rozwojowych stanów, zdolności i doświadczeń szczytowych" (tom 2. *Peak states of consciousness* przedstawia chronologiczną sekwencję kluczowych wydarzeń rozwojowych).

Okazuje się, że tylko kilka konkretnych momentów ma szczególne znaczenie w procesie rozwoju. Oznacza to, że ten sam proces można zastosować wobec każdego przez ukierunkowanie na te wyjątkowe momenty, bez konieczności pracy z każdym klientem jako unikalnym przypadkiem (jak ma to miejsce w terapii ogólnej). Po latach zmagań z tym problemem, w 1998-99, opracowaliśmy metodę ukierunkowaną na te zdarzenia, wykorzystującą konkretne frazy i muzykę do wprowadzania ludzi w te momenty. Nazywamy je „procesami z komendami Gai", a używamy w nich „techniki regresji opartej na frazie".

Te kluczowe prenatalne traumy mogą być również niezwykle ważne dla zrozumienia i uzdrawiania wielu problemów psychologicznych. Czasami połączenie między zdarzeniem rozwojowym a obecnym symptomem wcale nie jest tak oczywiste – ale podobnie jak w przypadku problemów matematycznych rozwiązywanych za pomocą klucza (triku), terapeuta może szybko wyeliminować problem, jeśli jest on znanym przypadkiem. Na przykład samobójcze uczucia są przede wszystkim związane z traumą powstałą podczas przecięcia pępowiny przy porodzie – jest ona zazwyczaj przecięta zbyt szybko i powoduje ogromny stres pourazowy (PTSD) u noworodka.

Podkreślmy to raz jeszcze – model zdarzeń rozwojowych opisuje, jak *przeszłość* biologiczna wpływa na biologię *obecnej* komórki prymarnej. Jak dwie strony monety, te dwa modele opisują te same problemy, albo z perspektywy subkomórkowego aktualnego uszkodzenia, albo z perspektywy przeszłych przyczyn. Tak więc, techniki terapii albo działają na obecne zaburzenia w komórce (*à la* terapia meridianowa), albo eliminują przyczynę w przeszłości (*à la* regresja), albo są połączeniem tych dwóch podejść.

Zastosowanie medyczne

Okazuje się, że model komórki prymarnej i model wydarzeń rozwojowych są również istotne z innego ważnego powodu. Wyjaśniają one wiele problemów medycznych, szczególnie tych, które po prostu wydają się nie mieć żadnych oczywistych przyczyn, a nie reagują na terapie przeciwgrzybiczne, antybiotykowe i leki przeciwwirusowe. Niestety z perspektywy badawczej wygląda to tak, że rozróżnienie przyczyn od objawów nie jest łatwym zadaniem – subkomórkowa biologia jest często dość złożona. Dobrą wiadomością jest to, że po rozwiązaniu problemów pewne poważne choroby można szybko wyeliminować podczas sesji u terapeuty bez konieczności interwencji farmakologicznej. Niniejsza książka wymienia dwie takie choroby, „głosy rybosomalne" przy schizofrenii (organizm grzybowy) oraz zespół Aspergera (organizm bakteryjny). Tom 3. *Peak states of consciousness* zawiera więcej opisów chorób, a także przedstawia nasze aktualne techniki ustalania przyczyn i opracowania terapii.

Modele te również tłumaczą dość zaskakujące obserwacje zarówno w psychologii, jak i w medycynie, a mianowicie – dlaczego różne osoby różnie reagują na ten sam problem? Na przykład wśród osób, które doświadczyły tego samego silnego traumatycznego wydarzenia, jakim jest napad na bank, niektórzy cierpią na PTSD (zespół stresu pourazowego), a jedna trzecia zwykle pozostaje „nienaruszona" – dlaczego? Okazuje się, że są dwa czynniki – niektóre osoby mają już uszkodzony histon genu, który pobudzany (na nowo) w trakcie zdarzenia powoduje powstanie PTSD, a inne osoby mają stan szczytowy, który czyni je odpornymi na uraz. Podobnie stłuczenia głowy mają różny wpływ na ludzi. Byliśmy również w stanie prześledzić ten problem wstecz do bardzo wczesnego wydarzenia rozwojowego, które sprawia (lub nie), że mózg jest odporny na uraz fizyczny. To, co najbardziej ekscytujące, to przekonanie, że patrząc perspektywicznie możemy opracować procesy, w których nie będzie już konieczne indywidualne uzdrawianie choroby. Nasze modele pokazują, że jest możliwość uodpornienia ludzi na całe grupy chorób jednocześnie. Uwzględniając szybki spadek skuteczności antybiotyków, może to mieć niezwykle ważne zastosowanie w nadchodzących latach.

Model mózgu trójjednego

Jednym z pierwszych podstawowych odkryć, którego dokonaliśmy na początku lat '90 w trakcie stosowania terapii WHH na prenatalne traumy, było istnienie „trójni mózgu" (czyli świadomości umysłu, serca i ciała). Chociaż struktura trójni mózgu została już odkryta lata wcześniej przez dra Paula MacLeana, jej zastosowanie do psychologicznej koncepcji „podświadomości" było w tamtym czasie nowe. Co ważniejsze, połączenie tego odkrycia z biologią subkomórkową było (i nadal jest) zupełnie nierozpoznane.

W ciągu następnej dekady prześledziliśmy pochodzenie świadomości tych mózgów do najwcześniejszych etapów rozwoju: struktury przypominające bloki, doświadczane jako „święte byty", najpierw formują się wewnątrz matki i ojca mniej więcej w czasie ich implantacji w babciach. Tam rozpoczyna się etap „komórki Genesis" – każdy blok gromadzi pakiety RNA, które następnie są zamykane w wakuolach, tworząc siedem różnych typów komórek prokariotycznych (typu bakterii). Następnie doświadczają tego, co jest prawdopodobnie „skrótem" endosymbiotycznego pochodzenia eukariotycznego życia na Ziemi – łączą się w celu utworzenia podstawowej komórki zarodkowej, z których każdy staje się inną subkomórkową organellą. Te bloki z otaczającymi je strukturami następnie przechodzą przez komórkę prymarną rodziców do obszaru jajników lub jąder w zygocie rodzica.

Wracając do przykładu traumy i rozwijając go dalej, te bakteriopodobne komórki są również przyczyną, z powodu których istnieją różne rodzaje traum. Każda z nich wniosła własne wyspecjalizowane geny do jądra nowej komórki zarodkowej, a każda organella wciąż używa tych samych genów dla własnych celów w komórce. Wszystkie rodzaje traum mają tę samą przyczynę – jeśli istnieje zapotrzebowanie na wytworzenie białka, uszkodzona powłoka histonów na genie powoduje, że kopia mRNA utyka w genie zamiast odpłynąć do cytoplazmy. Jednakże odpowiadające im doświadczenia psychologiczne różnią się diametralnie. Utknięte nici mRNA dla organelli peroksyzomów (doświadczają siebie w obszarze perineum) tworzą traumy pokoleniowe, nici w retikulum endoplazmatycznym (doświadczają siebie w brzuchu) tworzą asocjacje w ciele, a nici z rybosomami (doświadczają siebie w okolicy serca) tworzą traumy biograficzne.

W teraźniejszości świadomość w każdym z małych bloków świętych bytów rozszerza się na zewnątrz do głównych organelli w komórce prymarnej, stamtąd do odpowiednich organów wielokomórkowych i struktur mózgu. Choć zwykle mówimy o trzech mózgach – ciała (gadzim), serca (ssaczym) i umysłu (naczelnych) – w rzeczywistości jest siedem par świadomości, po siedem od każdego z rodziców. Bezpośrednie lub pośrednie uszkodzenie poszczególnych świadomości trójni mózgu lub też ich sprzeczne programy powoduje wiele problemów u ludzi (kilka subkomórkowych przypadków to odzwierciedla). Ale również możliwa jest sytuacja odwrotna – różne konfiguracje fuzji pomiędzy 14 świadomościami mózgów (które powinny być połączone w jedną całość) – powodują różne stany szczytowe.

Centrum świadomości (CoA)

Model trójni mózgu doskonale wyjaśnia istnienie podświadomości. Jednak nasuwa się pytanie: czym jest świadomość? Zamiast korzystać z wielu zagmatwanych i sprzecznych definicji w psychologii, okazuje się, że można zastosować prostą procedurę kinestetyczną w celu identyfikacji, co rozumiemy pod tym pojęciem. Skieruj swój palec na siebie (nie ma konieczności dotyku w tej procedurze) i powoli przesuń go znad głowy w dół, aby znaleźć obszar, gdzie doświadczasz siebie w swoim ciele. To jest lokalizacja twojego centrum świadomości – może być ono w jednym miejscu lub w kilku. Dla większości ludzi to miejsce, w którym są w swoim ciele, może być czasowo przemieszczane siłą woli. Tę empiryczną koncepcję nazywamy centrum świadomości (CoA). Jak mówi model biologii transpersonalnej – wewnątrz komórki prymarnej istnieje fizyczne podłoże świadomości. Ta koncepcja CoA jest niezwykle ważna dla terapeutów, gdyż używa się jej często w różnych technikach uzdrawiania.

Kluczowe zagadnienia

- Model komórki prymarnej mówi, że świadomość można znaleźć tylko w jednej komórce ciała.
- Codzienne doświadczenie osoby jest mieszanką normalnej percepcji i percepcji z wnętrza komórki prymarnej.
- Psychobiologia subkomórkowa zajmuje się badaniem zaburzeń wewnątrz komórki prymarnej, które powodują problemy psychologiczne.
- Techniki *quasi* psychologiczne mogą powodować interakcje w komórce prymarnej przy uzdrawianiu problemów.
- Model wydarzeń rozwojowych mówi, że stany szczytowe są blokowane przez traumy we wczesnych kluczowych wydarzeniach rozwojowych.
- Stany chorobowe lub podatność na nie występuje również w kluczowych momentach rozwojowych.
- Model biologii transpersonalnej mówi, że wszystkie duchowe, szamańskie i parapsychiczne doświadczenia są oparte na fizycznej biologii wewnątrz komórki prymarnej.
- Istnieją trzy rodzaje traum: pokoleniowe, asocjacyjne i biograficzne.
- Trauma jest pośrednio spowodowana przez uszkodzone powłoki histonów w genach.
- Model trójni mózgu wyjaśnia zjawisko podświadomości, jak też wiele innych problemów oraz różnych stanów szczytowych.
- Organelle wewnątrz komórki prymarnej posiadają świadomości, których przedłużeniem na zewnątrz są różne narządy ciała i struktury mózgu.
- Pasożyty wewnątrz komórki prymarnej są bezpośrednio lub pośrednio odpowiedzialne za zaburzenia subkomórkowe.
- Praca z wewnątrzkomórkowymi pasożytami jest potencjalnie niebezpieczna – wymagane jest specjalistyczne szkolenie.
- Świadomość może być zdefiniowana za pomocą kinestetycznej procedury, która lokalizuje centrum świadomości w ciele.

Sugerowana dalsza lektura

- Grant McFetridge i Mary Pellicer (2004), *The basic Whole-Hearted Healing™ manual* – podręcznik dla terapeutów o technice regresji.
- Bruce Lipton (2010), *Biologia przekonań: uwolnić moc świadomości, materii i cudów* – dobre wprowadzenie do biologii subkomórkowej dla laików, chociaż brak tu idei komórki prymarnej.
- *The ghost in your genes,* British Broadcasting Corporation (BBC) Horizon (2005) – film video, który świetnie objaśnia zjawisko uszkodzeń epigenetycznych

potwierdzone przez dra Pembreya w badaniu rodzin w izolowanej społeczności w Szwecji.

- M. S. Wylie, *Going for the cure*, „Family Therapy Networker" (July/August 1996), 20 (4), ss. 20-37 – jest to pierwszy zrecenzowany artykuł na temat czterech psychologicznych technik pozwalających wyeliminować symptomy traumy.
- *Inner life of the cell*, Harvard University (8:11 minutes, 15MB) – film video prezentujący animację z wnętrza komórki (dostępny na YouTube lub na stronie internetowej Harvarda); bardzo pomocny w zrozumieniu rysunków zamieszczonych w tym podręczniku.
- *Molecular machinery of life*, Harvard University (2:09 minutes, 19MB) – świetny film video prezentujący funkcjonowanie wnętrza komórki (dostępny na YouTube lub na stronie internetowej Harvarda); bardzo pomocny w zrozumieniu rysunków zamieszczonych w tym podręczniku.
- Grant McFetridge (2004, 2008, 2015), *Peak states of consciousness*, tomy 1-3.
- Ueli Grossniklaus, William G. Kelly, Anne C. Ferguson-Smith, Marcus Pembrey & Susan Lindquist (Marzec 2013), *Transgenerational epigenetic inheritance: how important is it?*, „Nature Reviews Genetics", 14, 228-235.
- Paul MacLean (1990), *The triune brain in evolution. Role in paleocerebral functions*, Pleunum Press – praca z zakresu biologii mózgu trójjednego (przeznaczona dla specjalistów) na podstawie jego badań w instytucie NIMH.
- Marta Czepukojc i Grant McFetridge, *Spiritual emergencies – Peak States®️ Therapy*, tom 3 (2015).

Rozdział 2

PASOŻYTY W KOMÓRCE PRYMARNEJ
– SYMPTOMY I BEZPIECZEŃSTWO

Chociaż odnosiłem sukcesy w życiu zawodowym jako inżynier elektryk prowadząc badania, projekty, doradztwo i wykłady na uniwersytecie, w wieku 30 lat rozpocząłem projekt, który bardziej mnie pasjonował – jak doprowadzić ludzkość do stanu fundamentalnego zdrowia. 24 lata później, w roku 2008, poczułem się beznadziejnie i zrozumiałem, że poniosłem porażkę, bo nie potrafiłem rozwiązać kluczowego problemu. Co prawda, odkryłem wiele istotnych zagadnień biologicznych, jak np. genezę trójni mózgu, istnienie komórki prymarnej, subkomórkową biologię traumy itd., ale wciąż nie byłem w stanie zrozumieć najbardziej podstawowych problemów naszego gatunku.

A co gorsze, z mojego punktu widzenia, kilku terapeutów stażystów w Instytucie zaktywowało u siebie długotrwały ból, którego nie umiałem uzdrowić. Z tego powodu, z poczuciem poniesionej porażki w kluczowym projekcie, w 2009 roku odwołałem wszystkie dalsze szkolenia i zacząłem zamykać Instytut. Okazało się to jedną z najlepszych decyzji, jaką kiedykolwiek podjąłem. Wiele osób odeszło, a nieliczni pracownicy, którzy pozostali, byli rzeczywiście skoncentrowani na kluczowym celu. To dało mi czas i przestrzeń, aby zastanowić się nad tymi zagadnieniami.

Co prawda powoli, ale po kolei dokonywaliśmy ważnych przełomowych odkryć, takich jak:

– bezpieczne usuwanie długotrwałego bólu, który męczył ówczesnych studentów (problem z pasożytami klasy 1. opisanymi w tym rozdziale);
– zrozumienie biologicznych podstaw stanów szczytowych: Ścieżki Piękna i Optymalnej Relacji;
– odkrycie subkomórkowej przyczyny wszystkich negatywnych emocji i emocji związanych z samą traumą;
– odkrycie wczesną wiosną 2011 roku (w jednym z najlepszych dni mojego życia) źródła fundamentalnego i kluczowego problemu naszego gatunku (w rzeczywistości dotyczącego wszystkich ssaków).

Gdy piszę tę książkę, nie mamy jeszcze rozwiązania wymienionych wyżej problemów całego gatunku, jednak pełniejsze rozumienie biologii pozwala kontynuować naszą pracę. Śmierć tak wielu moich bliskich przyjaciół i kolegów w trakcie tych badań nie poszła na marne.

Pasożyty subkomórkowe i terapia

Aż do dziś Instytut nie chciał ujawnić opinii publicznej informacji wynikającej z naszych badań nad nowymi procesami terapeutycznymi o największym dla nas zagrożeniu. Powodem była konieczność zachowania pełnego bezpieczeństwa – bowiem znajomość tego problemu może stymulować niektóre osoby do skupiania się na nim tak intensywnie, że może to wywołać długotrwały ból, spowodować uszkodzenia ciała, a potencjalnie nawet śmierć. Problem jest prosty – organizm ludzki jest domem dla różnego rodzaju organizmów pasożytniczych funkcjonujących wewnątrz i naokoło komórki prymarnej. Niestety, z powodu charakteru komórki prymarnej, nasza świadomość może wchodzić w interakcje z tymi organizmami w znacznie głębszy i szkodliwy sposób, niż moglibyśmy przypuszczać. Rezultat tych interakcji nie jest podobny do naszych doświadczeń z kontaktów ze zwykłymi rodzajami organizmów chorobotwórczych w naszych jelitach lub organach, którymi zajmują się rutynowo lekarze.

Problem z pasożytami tkwi w każdym z nas, choć człowiek zazwyczaj wytwarza rodzaj homeostazy, aby zminimalizować symptomy fizyczne i psychiczne. Niestety, praktyki duchowe, psychoterapia, a nawet wydarzenia życiowe mogą zaktywować problemy związane z tymi organizmami. Może to nastąpić podczas każdej terapii, nie tylko naszej – różnica polega na tym, że my umiemy rozpoznać przyczynę problemów, które mogą wystąpić w procesie wewnętrznego rozwoju lub uzdrawiania i potrafimy wiele z nich rozwiązać.

Istnieją cztery główne problemy związane z tymi organizmami pasożytniczymi, których przypadki subkomórkowe są omówione w tej publikacji (zob. Dodatek 8: Klasy pasożytów i wywoływane przez nich przypadki subkomórkowe). Po pierwsze – pasożyty żyją w nas, a ich struktury i funkcje zakłócają budowę i funkcjonowanie naszego organizmu. Po drugie – większość ludzi wchodzi z nimi w interakcje lub nieświadomie się z nimi komunikuje, co prowadzi do powstania różnych symptomów fizycznych i emocjonalnych. Po trzecie – co jest chyba najbardziej niepokojące, można utracić własną tożsamość przez poddanie im swojej świadomości. I wreszcie, w przeciwieństwie do naszych kulturowych założeń, niektóre gatunki pasożytów działają jak telefony komórkowe, umożliwiając interakcje między ludźmi na odległość, powodując rozprzestrzenianie się interpersonalnych i kulturowych problemów.

W przeciwieństwie do typowych chorób, owe organizmy pasożytnicze infekują praktycznie całą rasę ludzką i są przekazywane z rodzica na dziecko bez konieczności istnienia patogenów zewnętrznych. Wywołują poważne problemy w zakresie zdrowia psychicznego i fizycznego (pełne omówienie tego tematu, zob. *Peak states of consciousness*, t. 3). Pasożyty te można podzielić na trzy klasy, z których każda wykorzystuje inny mechanizm oszukiwania ludzkiego układu odpornościowego (niezwykłe jest to, że podstawowe gatunki pasożytów zainfekowały również wszystkie ssaki i ptaki). Co ciekawe, gatunki pasożytów w danej klasie są diametralnie różne co do wielkości (najwyraźniej wykorzystują różne środowiska wewnątrz komórki) – oscylują od niewielkich w stosunku do genu pokrytego histonem, aż po okazy stanowiące znaczący procent całej komórki prymarnej.

W wielu przypadkach przedstawionych w tym podręczniku stosuje się terapie na poziomie obecności pojedynczego pasożyta. Dlatego techniki są zaprojektowane w taki sposób, aby usunąć symptomy u klienta, eliminując pasożyta – a dzieje się to poprzez zmianę interakcji klienta z danym pasożytem lub uzdrawiając pasożyta, pomagając w ten sposób „gospodarzowi" (to podejście do pojedynczego pasożyta jest odpowiednie dla większości problemów psychologicznych, ale niektóre choroby, takie jak zespół Aspergera są spowodowane bardziej złożonymi interakcjami między traumami powstałymi w trakcie wydarzeń rozwojowych a pasożytami różnych klas). Istnieje więcej globalnych technik usuwających problemy związane z tymi pasożytami, np. proces stanów szczytowych, nazywany Techniką Cichego Umysłu działa w ten sposób, że czyni osobę odporną na grzyba borga (opis poniżej) – co jednocześnie eliminuje różnorodne problemy, które ów grzyb wywołuje u człowieka. Nasze obecne badania skupiają się przede wszystkim na poszukiwaniu procesów globalnych, które uczynią osobę odporną na każdy typ tych pasożytów.

ZAGROŻENIE

Zajmowanie się tematem pasożytów może spowodować długotrwały ból lub poważne obrażenia. W skrajnych przypadkach może spowodować śmierć. Tym problemem powinien się zajmować tylko wyszkolony, certyfikowany terapeuta, który ma zarówno doświadczenie, jak i wsparcie ze strony pracowników Kliniki Szczytowych Stanów Świadomości. NIE eksperymentuj z nowymi sposobami uzdrawiania tych problemów, ponieważ łatwo możesz spowodować nagły i nadmierny wzrost ekstremalnych lub zagrażających życiu symptomów.

Kulturowy martwy punkt

Zadziwiające, że obecność subkomórkowych pasożytów, które mogą komunikować się ze sobą zarówno wewnątrz osoby, jak i pomiędzy ludźmi jest akceptowane przez większość naszych studentów. Być może dlatego, że ten model pozwala na łatwe rozwiązywanie problemów klientów, których nie byli w stanie uzdrowić wcześniej.

Jednak jest pewien problem, który napotkaliśmy podczas spotkań z terapeutami oraz w trakcie badań, spowodowany naszym założeniem kulturowym, iż każdy z nas jest odrębną jednostką, a nasze odczucia powodowane są tylko własnym wewnętrznym doświadczeniem, ukształtowanym po urodzeniu. Jednak nic bardziej mylnego! Bowiem na nasze zachowanie wpływają zarówno traumy prenatalne, jak i pasożyty. Niestety to założenie powoduje powstanie specyficznego martwego punktu. Terapeuta (i badacze) zwykle podchodzą do sprawy tak, jakby poczynania subkomórkowego pasożyta były spowodowane wyłącznie traumami lub problemami klienta. Mimo że w pewnym sensie jest to prawdą – nasze traumy pozwalają im tam być i mogą ograniczyć lub poszerzyć zakres ich działania – problemem jest *własny program* pasożytów. Ten program może powodować problemy, nad którymi klient nie ma żadnej bezpośredniej kontroli. W ekstremalnych przypadkach pasożyty mogą zaszkodzić lub nawet przypadkowo zabić swojego „gospodarza" – czego, oczywiście, nikt z nas nie pragnie. Próbując uzdrowić każde działanie pasożyta, traktując je jak problem klienta, nic nie osiągniemy. To tak, jakby starać się uzdrawiać kogoś z sąsiedztwa, pracując tylko z jego małżonką – choć pobrali się i mieszkają w tym samym domu, to zachowanie jednej osoby nie jest jedyną przyczyną zachowania drugiej.

W podobny sposób ludzie doświadczają świadomości pasożytów – tak, jak gdyby była ona ich własną świadomością, oraz wchodząc z nimi w interakcje, jakby byli to inni ludzie. Może to powodować różne problemy, gdyż pasożyt nie jest inną osobą i może reagować w nieoczekiwany lub szkodliwy sposób wobec gospodarza. Trudną rzeczą do zauważenia jest to, że chcemy je w sobie mieć, ponieważ sprawiają, że czujemy się silni, bezpiecznie i komfortowo, nawet jeśli nas uszkadzają. Analogicznie rzecz ujmując – to tak, jakby mieć do czynienia ze skłóconymi małżonkami. Zrozumienie tej dynamiki jest ważne, ponieważ może to zmienić sposób pracy z klientem – na przykład, możemy rozpocząć uzdrawianie od eliminacji powodu, dla którego klient czuje, że pasożyt subkomórkowy jest kimś, kogo on zna.

Prace badawcze w Instytucie
Na początku nie zdawaliśmy sobie sprawy, co było przyczyną wystąpienia różnych krótkich lub długotrwałych, często niewiarygodnie bolesnych i wyniszczających symptomów, które pojawiły się u kilku naszych pracowników, trenerów terapeutów oraz klientów. Niekiedy symptomy miały miejsce już wcześniej, a czasami terapia (jakiegokolwiek rodzaju, nie tylko nasze techniki) aktywowała u nich problemy. Spędziliśmy dziesiątki godzin, pracując nad tą układanką w nas samych i w osobach dotkniętych symptomami i próbując dowiedzieć się, co się dzieje. Na początku mieliśmy nieświadome założenie, że praca ze szczytowymi stanami świadomości, duchowością *i* psychologicznym uzdrawianiem jest całkowicie bezpieczna.

Z czasem ten pogląd zaczął się zmieniać, gdy pojawiało się coraz więcej problemów, których nie rozumieliśmy. Powoli zaczęliśmy podejrzewać (a trwało to prawie pięć lat), że istnieją różne rodzaje pasożytów w komórce prymarnej. Ale nie wystarczyło mieć hipotezę – trzeba było przetestować naszą wiedzę, wynajdując nowe eksperymentalne techniki, a to z kolei wiązało się z długimi godzinami wysiłku, frustracji i niepowodzeń.

W tym okresie wiele osób z naszego zespołu badawczego doznało poważnych obrażeń, a dwie osoby zmarły w czasie pracy nad tematem pasożytów. Ponieważ znajomość tego problemu może powodować objawy u osób podatnych czuliśmy, że musimy znaleźć techniki, które byłyby bezpieczne i skuteczne, zanim mogliśmy udostępnić te informacje opinii publicznej.

Warto zauważyć, że niektóre osoby, czytając o zagrożeniach i ryzyku prowadzenia badań, martwiły się, że przeprowadzanie terapii jest równie niebezpieczne. Jednakże, mamy tu do czynienia z podobną sytuacją, jak przy opracowywania nowych leków czy procedur medycznych – większość z nas przyjmuje ten proces za oczywisty. Zazwyczaj nie słyszymy o błędach i problemach w fazie badań nad jakimś lekiem, ani też o tym nie myślimy, idąc do apteki lub do lekarza. Na szczęście już na początku planowania, w latach 90. XX wieku, zaprojektowaliśmy przyszłą strukturę Instytutu, zajmując się szczególnie problemami bezpieczeństwa, ponieważ nie wiedzieliśmy, jakie niespodzianki nas czekają w pracy nad rozwojem nowych, nieznanych wcześniej technik osiągania szczytowych stanów świadomości. Od wczesnych lat XXI wieku Instytut rozrósł się na tyle, że można było wdrożyć te protokoły i zasady bezpieczeństwa. Testowanie wszystkich naszych projektów badawczych prowadzi najpierw nasz zespół badawczy. Jeśli widzimy, że w danej technice uzdrawiania jest potencjał, wtedy rozszerzamy testowanie na pracowników naszego Instytutu. Jeśli to przynosi dobre rezultaty, wtedy rozszerzamy nasze testy o naszych certyfikowanych terapeutów stanów szczytowych, którzy testują je na sobie. Dopiero wtedy, po przeprowadzeniu badań na wystarczającej liczbie osób, możemy ostrożnie wdrażać proces do pracy z klientami. Jednak nasze badania i system bezpieczeństwa na tym się nie kończą: nasz zaawansowany personel kliniki jest zabezpieczeniem dla certyfikowanych terapeutów w przypadku napotkania przez nich problemów w pracy z klientami. To daje nam wiedzę, której potrzebujemy przy długotrwałym testowaniu naszych procesów. A ponieważ wszyscy nasi certyfikowani terapeuci pracują zgodnie z zasadą „opłaty za rezultat", uzyskujemy również dobrą informację zwrotną, jeśli proces nie jest w pełni skuteczny.

Niektórymi naszymi studentami kierowała chęć prowadzenia badań na własną rękę. Większość ludzi nie wierzy, że może to być niebezpieczne – albo są przekonani (podobnie jak my kiedyś), że „wewnętrzna eksploracja jest korzystna", albo podobnie jak nastolatki – myślą, że złe rzeczy nie mogą się im przytrafić, bo są bystrzejsi, zdolniejsi, mają więcej szczęścia itp. Szczególnie trudne jest dla ludzi wydostanie się z mentalnej izolacji naszej kultury, by zdać sobie sprawę z faktu, że mają do czynienia nie tylko ze sobą, ale że pasożyty mają własną świadomość oraz program działań odmienny od naszych.

Jeśli chodzi o problem pasożytów, mówimy naszym studentom, aby *nie* próbowali szukać alternatywnych lub lepszych sposobów niż te, których uczymy. A to dlatego, że istnieje kilka (co wydaje się oczywiste) sposobów eliminowania pasożytów. Niestety przekonaliśmy się, że te oczywiste sposoby były niebezpieczne. Największym problemem jest to, że nasze ciało wierzy, że potrzebuje tych organizmów. Jeśli zaczniemy zaburzać homeostazę, ciało odpowie kompensacją, pogarszając tylko problem. Niestety, mówimy o organizmach, które posiadają własne programy – a nasze przetrwanie nie jest jednym z nich. Dla indywidualnego pasożyta, nie jest oczywiste, jak poważne następstwa mają ich działania dla „gospodarza".

Projekt dla ludzkości

Dla każdego z nas jedną z trudniejszych rzeczy jest popatrzeć na świat i zobaczyć rozbieżności z własnym paradygmatem. Zwykle bierzemy wszystko za oczywiste, że „tak to jest i już ", że tylko w takich ramach można pracować, by coś poprawić. Ale świat wokół nas nie musi być taki, jak się na ogół zakłada, że jest – i to jest jedno z najważniejszych odkryć Instytutu. To, co uważamy za normalne prawie na każdym poziomie rozwoju człowieka – osobistym, międzyludzkim, społecznym, kulturowym, fizycznym, medycznym i środowiskowym – jest wynikiem powszechnych chorób pasożytniczych całego naszego gatunku.

Instytut został założony w celu rozwiązania jednego problemu – uzdrowienia gatunku ludzkiego. Już nasze wczesne prace wskazywały na to, że jest możliwe osiągnięcie lepszych stanów świadomości, które automatycznie rozwiązałyby mnóstwo problemów planety i gatunku, gdyby większość ludzi je miała. To dotyczy zarówno zniszczenia środowiska, nadmiaru zaludnienia, niesprawiedliwości społecznej, problemów psychicznych, chorób fizycznych, odporności na bakterie i wirusy, regeneracji ciała oraz wielu innych zagadnień. Do 1998 roku zdawaliśmy sobie sprawę, że nasz gatunek potrzebuje tylko trzech głównych stanów świadomości (spośród ponad stu, które zidentyfikowaliśmy), ale dopiero w roku 2011 odkryliśmy, że te kluczowe stany zostały zablokowane przez uszkodzenia rozwojowe wywołane przez organizmy pasożytnicze żyjące wewnątrz komórki prymarnej (organizmy te zainfekowały wszystkie ssaki i dlatego nie widzimy znaczących różnic między gatunkami).

Trzy różne klasy pasożytów, blokujące kluczowy stan szczytowy ważny dla „projektu dla ludzkości", opisujemy poniżej, szeregując je według skali ich dokuczliwości oraz porządku chronologicznego, w jakim prymarnie zainfekowały nasz gatunek. Teraz, gdy rozumiemy naturę problemu, który uszkodził ludzkość, wysiłki naszego Instytutu są skoncentrowane na znalezieniu sposobu uodpornienia ludzi na te trzy typy pasożytów (bardziej szczegółowe omówienie problemu i biologii, zob. *Peak states of consciousness*, t.3).

Pasożyty insektopodobne (1. klasy)
Pasożyty insektopodobne żyją wewnątrz komórki i na komórce prymarnej. Mają jedną wspólną cechę – wszystkie wyglądają jak różne insekty z twardą skorupą i zwykle mają metaliczny „posmak". Te pasożyty mogą powodować odczucie przeszywającego bólu, palenia oraz wywoływać wrażenie, że coś znajduje się na skórze lub coś wgryza się w ciało. Skierowanie na nich uwagi (świadomie lub nieświadomie) powoduje, że reagują jak dzikie zwierzęta – mogą zastygać w bezruchu, wydzielać toksyny, aby się ukryć, wgryzać się w membranę komórki lub atakować pazurami, które powodują przeszywający, rozrywający ból. Zauważyliśmy, że te pasożyty występują w komórce powszechnie i są bardzo różnych rozmiarów. Te, których jest procentowo najwięcej na membranie jądra lub komórki są szczególnie niebezpieczne, ponieważ mogą rozrywać membranę komórki prymarnej, powodując śmierć klienta.

Jeden szczególny gatunek w tej klasie powoduje podstawową blokadę fundamentalnych stanów szczytowych świadomości, w tym zdolność do regeneracji. Częściowe uzdrowienie lub stłumienie tej infekcji skutkuje wystąpieniem różnych stanów, takich jak Ścieżka Piękna (*Beauty Way*), Optymalna Relacja i innych. Bardziej szczegółowa analiza tego gatunku wykracza poza zakres tego podręcznika.

Zaskakujący jest fakt, że klasa pasożytów insektopodobnych nie jest opisana w standardowych podręcznikach biologii. Jest bardzo prawdopodobne, że właściwie są one prionami. Te insektopodobne pasożyty wydają się być pierwotną, nie węglową formą życia. Wiele z nich, a może nawet wszystkie gatunki z tej klasy, jest gwałtownie niszczonych przez ATP (odpowiednik tlenu w komórkach), jeśli naruszony zostanie ich mechanizm obronny.

Subkomórkowe przypadki wywoływane przez różne gatunki pasożytów tej klasy – to utrata duszy, opór wobec pozytywnego doświadczania altruizmu oraz bańki.

Zagrożenia, jakie niesie praca z tymi organizmami, to bardzo silny ból (przejściowy lub ciągły), podskórny strach, urojenia, psychozy, utrata własnej tożsamości, ciężkie nieodwracalne uszkodzenie błon komórkowych, kilka poważnych chorób i dysfunkcje ciała, utrata stanów szczytowych oraz nagły zgon.

Pasożyty grzybowe (2. klasy)
Wszystkie pasożyty grzybowe mają dwie wspólne cechy – posiadają wewnątrz materiał krystaliczny, a kiedy je w pełni odczuwamy, wywołują wrażenie mdłości (jak przy wymiotach). Jednakże różne gatunki przyjmują bardzo różne formy, począwszy od struktur stałych, przez masy białych lub czarnych włókien podobnych do waty cukrowej, do kałamarnic lub meduz. Wiele subkomórkowych przypadków opisanych w tej książce jest wynikiem działania (lub problemów) tych różnych gatunków grzybów wewnątrz komórki prymarnej. Na przykład, różne struktury opisane w tomie 2. *Peak states of consciousness* znajdujące się wewnątrz rdzenia jądra (pusty obszar wewnątrz jąderka) są grzybowe – pierścień, który tworzy kolumnę Ja (będącą przyczyną zjawiska osobowości wielorakiej oraz innych problemów), merkaba, która jest przyczyną problemów we wzajemnych połączeniach w ramach trójni mózgu i typu ADHD, łańcuch, który jest odpowiedzialny za istnienie bazowych traum oraz szyszka, która jest przyczyną problemów z bańkami i pętlami czasowymi.

Wychodząc poza nasze kulturowe przekonania, kilka podgatunków pasożytów grzybowych łączy się również poprzez umysły grupowe (czasem nazywane „zbiorową świadomością" lub „świadomością złożoną") – doświadczają one siebie jako jeden organizm żyjący w wielu ludzkich organizmach jednocześnie. Większość ludzi doświadcza tych organizmów jako części siebie, co czyni spustoszenie, zarówno na poziomie interpersonalnym, jak i społecznym. Prawdopodobnie najlepszym przykładem tego problemu jest subkomórkowy, podobny do ośmiornicy grzyb borg (tak nazywany ze względu na przerażające podobieństwo jego funkcji do gatunku borga w serialu Star Trek). Borg działa w ten sposób, że łączy ze sobą ludzi na poziomie odczuć wynikających z ich traum (otwierając drzwi do czasu rzeczywistego), wywołując wrażenie, że inni mają charakterystyczną „osobowość". Różne parapsychologiczne tradycje opisują te połączenia jako „sznury". Zaskakujące! Nie jest to jednak metafora, jest to nie do końca dobrze rozumiane postrzeganie macek grzybowych borga. W kategoriach terapeutycznych, zjawisko „sznurów" jest główną przyczyną mechanizmu przeniesienia i przeciwprzeniesienia.

Groźniejszym problemem wywoływanym przez tego pasożyta jest jego wpływ na działania i zachowania ludzi, wywołujący zjawisko tzw. blokady plemiennej. Nieświadomie narzuca ludziom zasady swojej kultury, tworząc konflikty kulturowe (większość ludzi wyczuwa, kiedy pojawia się ktoś obcy z innej kultury). To, co ludzie faktycznie czują, są antagonizmami różnych podgatunków borga. Tak więc, w skali makro, krwawa historia ludzkości z jej nacjonalizmem, rasizmem i wojnami jest w rzeczywistości spowodowana przez tego grzyba w jego walce o powiększenie przestrzeni życiowej i zagarnięcie większej liczby ludzi. On nie tylko wpływa na zachowanie – znaczny procent ludzi łączy swoją świadomość ze świadomością borga, aby skompensować sobie uczucie bezsilności i nieudolności w zamian za poczucie siły, ale robiąc to – tracą swoje człowieczeństwo.

Wiele różnych organizmów grzybowych jest błędnie pojmowanych przez różne duchowe czy religijne tradycje jako „duchowe" i „energetyczne" struktury organizmu. Na przykład czakry z łączącymi je meridianami są w rzeczywistości organizmem grzybowym, który żyje na zewnętrznej stronie błony jądrowej. S-dziury i ścieżki życia widoczne na wewnętrznej stronie błony jądrowej, siatka poprzednich żyć znajdująca się na wewnętrznej stronie błony komórkowej, struktura „nadduszy" wewnątrz rdzenia jądrowego, która jest doświadczana nad osobą – to również struktury różnych gatunków grzybowych.

Zagrożenia związane z pracą z tymi organizmami obejmują utratę osobistej tożsamości wywołującą schizofrenię, uczucie osłabienia, blokady w świadomości i w fizycznych odczuciach, odrętwienie fizyczne, ekstremalny strach, zmęczenie (od łagodnego aż po wyniszczające), silne mdłości, odczucie żrącego kwasu wewnątrz komórki, zranienia spowodowane przez pasożyty (choć inicjowane przez innych ludzi), utratę pamięci i nagłą śmierć.

Pasożyty bakteryjne (3. klasy)
Te jednokomórkowe pasożyty bakteryjne mają charakterystyczny wygląd, odczuwane są jak wodne balony – na ogół mają miękkie powierzchnie, są bardzo elastyczne, mogą mieć kształt od amorficznego do doskonale kulistego, zwykle „wyglądają" półprzezroczyście lub przezroczyście, niektóre mają włókna (wypustki), a na ich końcach niekiedy znajdują się dodatkowe struktury. Wszystkie te organizmy obserwowane z zewnątrz wywołują odczucie wewnętrznej „toksyczności" (w przypadku, gdy odczucia nie są blokowane przez świadomość). Mogą również emitować toksyny – kiedy komórka bakteryjna to robi, zmienia kolor na szary, a nawet czarny. Różne gatunki pasożytów bakteryjnych, w różnych rozmiarach, można znaleźć zarówno w cytoplazmie i w jądrze, jak też na zewnątrz komórki prymarnej. Podczas regresji można je spotkać na zewnątrz i wewnątrz plemnika, jaja i zygoty. Niezależnie od rodzaju, wszystkie organizmy należące do tej klasy wykorzystują tę samą słabość komórkową, która pozwala im pozostawać w komórce.

Ludzie mogą wyczuwać każdą komórkę bakterii, odczuwając ton emocjonalny, jakiego doznają, a który może być neutralny, negatywny lub całkowicie zły. Niektóre z nich są doświadczane jako pasywni „ludzie" (lub obecności) z bazowym odczuciem negatywności lub zła. Jeden gatunek spotykany w rdzeniu jądra praktycznie u wszystkich ludzi i ssaków jest doświadczany „pod" osobą, co prowadzi do doświadczenia „podziemnego piekła", jeśli osoba przeniesie tam swoje centrum świadomości. Najważniejszy jest fakt, że uszkodzenia wywołane przez te organizmy na najwcześniejszym etapie rozwoju są główną przyczyną mechanizmu powstawania traum, jak też powodem „negatywnych" emocji doświadczanych przez ludzi.

Te „wodno-balonowe" pasożyty bakteryjne są dla mózgu ciała materiałem do łatania i zaklejania uszkodzeń, takich jak przerwy lub dziury w innych strukturach subkomórkowych. Dlatego z reguły nie da się wyeliminować z tych obszarów bakteryjnych „plastrów", dopóki nie zostanie najpierw uzdrowione główne uszkodzenie.

Przypadki subkomórkowe, które są bezpośrednio spowodowane przez różne organizmy tej klasy, to kopie, pętle dźwiękowe, e-dziury, by-passy, obecność negatywnych „przodków" w teraźniejszości i obecność dziadków w czyjejś świadomości. Powodują one również inne poważne problemy u ludzi, takie jak łagodny autyzm (niemożność nawiązywania kontaktu emocjonalnego), zmęczenie, ból uciskowy, nudności, emocjonalne odrętwienie, paranoję i wiele innych problemów psychologicznych. Rzadziej są używane w nieświadomej reakcji obronnej wobec innej osoby – daje to wrażenie, że osoba jest „w twojej przestrzeni", z odczuciem wypustek wsuwanych do twojego ciała, co wywołuje reakcje od lęku (lub strachu) po irytację (lub gniew).

Zagrożenia związane z pracą z tymi organizmami to: wyzwalanie przerażającego odczucia zła, skrajne wyczerpanie i zmęczenie, paranoja, negatywne myśli i uczucia, ucisk, symptomy autystyczne (zespół Aspergera), odczucie porażenia prądem, skrajne uczucie zimna, duszności, drętwienie części lub całego ciała oraz inne poważne problemy zdrowotne. Może dojść do częściowej lub pełnej identyfikacji z bakterią (gdy centrum świadomości znajdzie się wewnątrz niej), co wywołuje odczucia paranoidalne, negatywności lub zła, drętwienia (stłamszone symptomy fizyczne i pozytywne uczucia) i zmęczenia, może także obejmować całkowitą utratę własnej tożsamości. Motywacją do poddania swojej świadomości tym organizmom jest odczucie większego bezpieczeństwa i komfortu, pomimo wynikających z tego agresywnych, negatywnych uczuć i myśli.

Wirusy

W chwili pisania tego tekstu nasze modele i kilka wstępnych eksperymentów sugerują, że wirusy są obecne w cytoplazmie komórki i w jąderku z racji problemów spowodowanych uszkodzeniem przez pasożyty bakteryjne na wczesnym etapie rozwoju. Tak więc wirusy wydają się być raczej oportunistyczne niż bezpośrednio wykorzystujące słabość biologiczną (co ciekawe, niektórzy ludzie mają stan pełnej odporności na infekcje wirusowe i bakteryjne, osiągnięcie takiego stanu jest jednym z celów naszych działań badawczych). Ponieważ wirusy mogą czasami wywoływać objawy psychiczne (jak również ogromną liczbę chorób), uwzględniamy je w poniższym opisie poszczególnych klas pasożytów.

Wirusy używają sygnałów, aby oszukać mózg ciała swojego „gospodarza" (na przykład wirusowe zapalenie płuc wywołuje wirus, który wygląda trochę jak piłka futbolowa, gdy przemieszcza się w cytoplazmie). Wirusy są „odczuwane" przez gospodarza jak przyjaciele z dzieciństwa i rodzina. Tak więc, gdy osoba czuje się bardzo samotna, jej mózg ciała może przyciągnąć i wspierać tego wirusa, aby złagodzić uczucie samotności, powodując (potencjalnie śmiertelną) chorobę płuc.

Widzieliśmy również problemy psychologiczne związane z działaniem wirusa. U niektórych ludzi siatka wirusowa (wyglądająca podobnie jak delikatna koronkowa chusteczka) znajduje się mniej więcej w połowie odległości między błoną jądrową a jąderkiem. Ta wirusowa siatka może częściowo lub całkowicie otaczać jąderko i powodować ściskający ból w głowie danej osoby (zwykle diagnozowana jako migrenowy ból głowy). Zaskakujące jest to, że ludzie, którzy mają taką wirusową siatkę i którzy chcą wzbudzić negatywną dynamikę grupową, wywołują powstawanie siatki wirusowej u innych podatnych na to osób.

Ameba

Zakładamy prawdopodobieństwo, że wewnątrz cytoplazmy w komórce prymarnej mogą też istnieć organizmy amebowe. Byłyby one raczej protistami (eukariotyczne, z jądrem) niż organizmami bakteryjnymi (prokariotyczne, bez jądra). Nie zidentyfikowaliśmy jeszcze żadnego amebowego przypadku subkomórkowego. Być może jest jakiś, którego jeszcze nie dostrzegliśmy, mogliśmy też błędnie zidentyfikować amebowego pasożyta jako bakterię, nie będąc tego świadomym.

Niezależnie od tego, nasz model zakłada, że amebowy pasożyt może istnieć w komórce tylko dlatego, że jedna z trzech głównych klas pasożytniczych pośrednio na to pozwala.

Kluczowe zagadnienia

- Trzy klasy pasożytów w komórce prymarnej to pasożyty insektopodobne, grzybowe i bakteryjne.
- Różne subkomórkowe gatunki pasożytów wywołują różne symptomy emocjonalne, psychiczne i fizyczne.
- Istnieje wiele rozmiarów i gatunków pasożytów w obrębie każdej subkomórkowej klasie pasożytów; niektóre z nich są mobilne, inne nie.
- Każda klasa pasożytów wykorzystuje specyficzną słabość w komórce.
- Wygląda na to, że wirusy wykorzystują słabości stworzone przez pasożyty bakteryjne.
- Terapeuci muszą stosować tylko sprawdzone techniki ze względu na bezpieczeństwo klientów.
- Badania w tym zakresie są bardzo niebezpieczne.

Sugerowana dalsza lektura

- Sandra B. Andersen (wrzesień 2009), *The life of a dead ant: the expression of an adaptive extended phenotype*, „The American Naturalist" – dostępne online; opisuje zdolność grzyba do kontrolowania mrówek, podaje również inne przykłady.
- Larry Roberts i John Janovy Jr., *Foundations of parasitology* (2008) – podręcznik licencjacki do biologii i zoologii dla studentów.
- Richard Dawkin (2012), *Host manipulation by parasites* – doskonałe podsumowanie z zakresu tej nowej dziedziny.
- Grant McFetridge, *Peak states of consciousness*, tom 3.
- Elizabeth Pennisie (17stycznia 2014) – *Parasitic puppeteers begin to yield their secrets*, „Science Journal" – krótki opis (dostępny online) z nowej dziedziny na temat wpływu pasożytów.
- Carl Zimmer (2001), *Parasite rex: inside the bizarre world of nature's most dangerous creatures* – doskonała książka podsumowująca dla amatorów.
- *Suicidal crickets, zombie roaches and other parasite tales* – seria video online „Ted Talks", zaprezentowana przez Eda Younga w marcu 2014.

CZĘŚĆ 2

DIAGNOZA I TERAPIA

Rozdział 3

OPŁATA ZA REZULTAT

Kiedy rozmawiamy o naszej pracy z klientami lub profesjonalistami, często ich pierwszą reakcją jest pytanie: „Jak to udowodnicie?", a ze strony naukowców pada pytanie: „Czy macie jakieś dowody oparte na badaniach?". Kiedy odpowiadamy, że stosujemy politykę „opłaty za rezultat", a więc nie ma potrzeby szukania dowodów, zapada chwilowo cisza, ich oczy rozbłyskują na chwilę, po czym zazwyczaj zadają te same pytania, jakby nie słyszeli naszej odpowiedzi. Najwyraźniej stosowanie zasady rozliczania na podstawie wyniku osiągniętego podczas terapii jest dla nich obce i niezrozumiałe.

Dlaczego tak się dzieje? No cóż! Klienci czasem mylą ten koncept z oszustwem, kiedy ktoś „gwarantuje" produkt, nie wywiązując się z obietnicy i zatrzymując pieniądze. Albo po prostu nie wierzą, że traktujesz ich serio, ponieważ jest to tak inne od ich poprzednich doświadczeń. Naukowcy mają zazwyczaj inny problem, który spotyka się w praktyce psychologicznej i medycznej – obecnie używa się wielu statystycznych narzędzi w badaniach (często w błędny sposób), ponieważ badacze nie kierują się binarnym zestawem rozwiązania „to działa lub nie działa". W rezultacie, wyniki badań są zazwyczaj tak niejasne lub sprzeczne, że w najlepszym przypadku można tylko liczyć na nieznaczne przekroczenie progu efektu placebo. Ten sposób myślenia może również prowadzić do zupełnie niezrozumiałych sytuacji, w jakich się znalazłem podczas moich studiów doktoranckich, gdzie byliśmy uczeni skal pomiarowych, które ignorowały konkretny problem klienta, jakim się zajmowaliśmy, a zamiast tego wskazywały „ogólną poprawę"! To było przykre, ponieważ tam naprawdę nie było skutecznych metod uzdrawiania konkretnych problemów.

Gdy Frank Downey i ja projektowaliśmy strukturę Instytutu w latach 90., byliśmy w pełni świadomi, że nasze techniki pierwszej generacji po prostu nie zawsze będą działać na wszystkich klientów (lub zadziałają częściowo). Rozwijaliśmy coś zupełnie nowego, było wiele tematów, których jeszcze nie rozumieliśmy, a problemy ludzi były bardzo złożone. Jednak byliśmy zainteresowani tylko całkowitą eliminacją symptomów (zauważ, że używamy takiego właśnie określenia, ponieważ społecznie, a często i pod względem prawnym, nie jest akceptowane określenie „leczenie"). Częściowe sukcesy były cenne z perspektywy badań, ale zasada „opłaty za rezultat" ma sens tylko wówczas, gdy rezultatem jest osiągnięcie tego, co zostało uzgodnione z klientem.

Oznacza to, że terapeuci muszą rzeczywiście dotrzymać uzgodnień, a jeśli nie mogą, to nie „karzą" finansowo klientów za ich własne lub instytutowe ograniczenia. To także ma ogromną zaletę, bo nie musimy przeprowadzać ekstremalnie kosztownych badań dodatkowych – ostatecznie to klient jest osobą, która naprawdę wie, czy problem zniknął, czy pozostał.

Czym jest „opłata (wynagrodzenie) za rezultat"

Instytut Badań nad Stanami Szczytowymi jest pionierem we wprowadzaniu sposobu pobierania opłat od klientów, który różni się od stosowanej przez prawie wszystkich konwencjonalnych terapeutów (choć ta zasada jest stosowana w wielu innych zawodach). Rozmawiając z klientami, mówimy o „opłacie za rezultat", a rozmawiając z terapeutami, nazywamy tę zasadę „pobieraniem opłaty za rezultat". Wszyscy terapeuci, którzy posiadają licencje na nasze procesy i korzystają z naszego znaku towarowego wyrazili zgodę na przestrzeganie tego warunku w każdej pracy, którą wykonują, bez względu na to, czy korzystają z naszych, czy innych technik.

Jak to funkcjonuje? Podczas początkowej sesji terapeuta i klient zawierają pisemną umowę, w której ustala się temat pracy, a także kryteria stanowiące o sukcesie. Negocjowana jest w tym czasie również opłata (choć większość terapeutów stosuje z góry określoną stałą opłatę, która sprawia, że ten krok jest znacznie prostszy). Opłaty o charakterze otwartym, takie jak „za godzinę" nie są akceptowane – klient musi dokładnie wiedzieć, na co się godzi i za co ma zapłacić w ramach umowy. Oczywiście, niektóre osoby nie zdecydują się, by zostać klientem, ale za początkowe konsultacje nie można pobierać opłaty, ponieważ nie osiągnięto żadnego rezultatu. Po terapii, jeżeli kryteria określające sukces nie zostały osiągnięte, certyfikowany terapeuta też nie jest opłacany i nie pobiera opłat za czas, który przeznaczył na terapię. Oczywiście, niektórzy klienci nie będą generować dochodów, a w przypadku nieuczciwych osób, klient otrzyma usługę, ale terapeuta nie otrzyma wynagrodzenia. Jednak taka struktura opłat nie jest niczym niezwykłym – jest to standard w biznesie, a opłaty są tak ustalane, aby wziąć ten fakt pod uwagę. W Dodatku 10. przedstawiamy sposób obliczania minimalnej opłaty pobieranej przez terapeutę, gdy stosuje zasadę rozliczania się według „stałej opłaty".

W niektórych przypadkach Instytut ustanawia niepodlegające negocjacji kryteria sukcesu dla licencjonowanych procesów, stosowanych przez naszych certyfikowanych terapeutów – np. ktoś słyszący głosy przestaje je słyszeć, osoba uzależniona nie odczuwa już głodu, procesy stanów szczytowych przynoszą klientowi odczucia typowe dla danego stanu itd. Innym przykładem wynagrodzenia zgodnie z zasadą „opłaty za rezultat" są badania. Mimo że niekiedy zawieramy z klientem umowę na osiągnięcie konkretnego rezultatu, co wiąże się z potrzebą przeprowadzenia badań mających na celu znalezienie rozwiązania, Instytut nigdy nie zawiera z klientami umów obciążających ich godzinami spędzonymi na poszukiwaniu sposobów uzdrawiania nowych chorób.

Uzasadnienie „opłaty (wynagrodzenia) za rezultat"

Zasada „opłaty za rezultat" rozwiązuje wiele poważnych problemów w obszarze pomocy medycznej i psychologicznej terapii.

W tym rozdziale omówimy kilka praktycznych powodów, dla których „opłata za rezultat" jest dobrym rozwiązaniem dla terapeutów. Z naszego punktu widzenia podstawową sprawą związaną z rozliczeniem „za godzinę" jest kwestia etyczna. To jest po prostu moralnie niedopuszczalne żądać pieniędzy od klientów, którym nie pomagasz. Istota „złotej reguły" określa to wyraźnie: „Czyń drugiemu to, co chcesz, aby i tobie uczynili". Wielu klientów przychodzi do terapeutów w rozpaczliwej potrzebie uzyskania pomocy i często są to ludzie, którzy mają niewielkie możliwości finansowe, zważywszy charakter ich problemów. Ci ludzie chcą za własne pieniądze uzyskać realną pomoc, a nie wspierać byt terapeuty. To przypomina sytuację, kiedy oddajesz samochód do naprawy, a mechanik mówi ci, że nie może go naprawić, ale jesteś mu winny 1000 dolarów za czas, który stracił.

Prawdopodobnie najbardziej poważnym, praktycznym problemem, do którego odnosi się zasada „opłaty za rezultat" jest nieuświadamiana (mam nadzieję) zachęta do niepowodzeń w obecnym systemie. Gdy pobieramy opłatę „za godzinę", jesteśmy wynagradzani za nasze niepowodzenia. Taka zapłata wzmacnia nasze niepowodzenia, bo jak wiadomo – to, co wzmacniamy w sobie, tego otrzymujemy coraz więcej. Ta zasada jest dobrze opisana przez Kylea Taylora w książce *Ethics of Caring*, który przedstawia wiele pułapek, w które terapeuci mogą łatwo wpaść w kontakcie z klientami. Tak więc standardowe praktyki rozliczeniowe, gdzie jesteś rozliczany „za godzinę", a nie w oparciu o efektywność, niesie ze sobą kilka potencjalnych problemów:

- Typowy terapeuta nieświadomie chce zatrzymać swego klienta w terapii, by być w dalszym ciągu wynagradzanym.
- Typowy terapeuta, znów nieświadomie, jest oporny na uczenie się nowych, szybszych technik, ponieważ to zakłóci jego strumień dochodów.
- Terapeuta musi tłumić własne instynkty, wchodząc w system, który odrzuca etykę przy zasadzie, by być opłacanym za zrealizowane cele.

Z naszego punktu widzenia, jako instytucji uczącej i nadającej uprawnienia, „opłata za rezultat" rozwiązuje również ważny problem, jakim jest sprawdzenie kompetencji terapeuty. Zazwyczaj terapeuci i inni pracownicy służby zdrowia zdają egzaminy, aby udowodnić swoje kompetencje. Niestety, ten sposób nie funkcjonuje właściwie, co może potwierdzić każdy, kto przystąpił do egzaminów w szkole średniej lub na studiach! Stosując zasadę pobierania „opłaty za rezultat" zauważyliśmy, że albo terapeuci są lub szybko stają się kompetentni, albo po prostu nie zarabiają na życie. Tak więc ten system sam w sobie automatycznie wnosi korektę – nasi terapeuci są finansowo zmotywowani, by stać się lepszymi terapeutami, a także by szukać lepszych technik uzdrawiania (oczywiście przed licencjonowaniem sprawdzamy ich wiedzę i umiejętności, aby pomóc im zostać terapeutą; wspieramy ich w stawaniu się coraz lepszymi terapeutami w ciągu pierwszego roku, ale kwestia kompetencji rozwiązuje się szybko sama bez finansowego „karania" klientów).

„Opłata za rezultat" rozwiązuje także inny powszechny problem – odrzucania nowszych terapii po prostu tylko dlatego, że terapeuta czuje się komfortowo z czymś, co już zna. Jak powiedział swego czasu laureat nagrody Nobla w fizyce Max Planck, twórca teorii kwantowej: „Nowa prawda naukowa nie zwycięża dlatego, że pokonuje przeciwników i zmusza ich do zobaczenia światła, ale raczej dlatego, że jej przeciwnicy w końcu wymierają, a nowe pokolenie dorasta do tego, by się z nią zapoznać". Na szczęście, zasada „opłaty za rezultat" zmusza terapeutów do aktywnego poszukiwania nowych, bardziej skutecznych technik, a nie unikania zmian lub polegania na organizacjach, które mają swój interes w promowaniu nieaktualnych lub nieefektywnych technik.

Podsumowując, zasada „opłaty za rezultat/sukces" stosowana przez Instytut oznacza, że terapeuta jest wynagradzany za wydajność, a nie za czas. Ma to wiele zalet, a mianowicie:
– zachęca terapeutów do bycia tak kompetentnym, jak to tylko możliwe
– zachęca terapeutów do ustalania z klientami jasnych i realistycznych kryteriów minimalizuje problem nierealnych oczekiwań klienta
– zniechęca terapeutę do stania się „płatnym przyjacielem" – czyli do sytuacji, w której niepotrzebnie przedłuża się cierpienie klienta
– zachęca terapeutów do kierowania klientów do innych terapeutów, którzy potrafią uzdrowić ich problemy
– minimalizuje problem apexu – czyli rozwiązuje sytuację, kiedy klient zapomniał, jaki problem był uzdrawiany podczas terapii
– jest etycznie satysfakcjonująca.

Dzięki „opłacie za rezultat" terapeuta jest motywowany do wzmacniania rezultatów, większej koncentracji na problemach klienta i szybszej pracy z klientami. To jest etycznie satysfakcjonujące i jest to także niemal unikatowa cecha na rynku medycznym i terapeutycznym.

Obawy terapeuty odnośnie zasady „opłaty za rezultat"
W czasie naszego regularnego treningu przygotowującego terapeutów przepracowujemy ze studentami uzdrowienie ich obaw odnośnie stosowania zasady „opłaty za rezultat" w ich dalszej pracy terapeutycznej. Ponieważ te kwestie (często związane z obawą o przeżycie) nieświadomie wpływają na terapeutę odkryliśmy, że racjonalne omówienie tego zagadnienia jest często stratą czasu, dopóki nie zostaną usunięte kryjące się za tym problemy emocjonalne. Niektóre typowe „wyzwalacze" to:
• Czuję się winny, że pobieram tak dużą opłatę za tak prosty/szybki proces.
• Czuję się winny, pobierając zwiększoną opłatę wyrównującą wynagrodzenie za klientów, którym nie mogę pomóc.
• A co w przypadku, gdy klient zostanie uzdrowiony, a powie, że nie?

- Nie rozumiem, czego klient tak naprawdę chce! – nie potrafię odkryć prawdziwego problemu!
- Obawiam się, że klient będzie miał zbyt wysokie oczekiwania wobec mnie.
- To jest zbyt skomplikowane.
- Boję się konsekwencji prawnych.

Spisywanie kontraktu – negocjowanie rezultatu

Jak przedstawimy w kilku dalszych rozdziałach, zasada „opłaty za rezultat" ma duży wpływ dokładnie na to, jak zdiagnozować i przeprowadzić terapie z klientami. Zamiast oferowania jakiegokolwiek wsparcia emocjonalnego i pomocy w doradzaniu, terapeuta ma teraz przed sobą zadanie polegające na dokładnym zdefiniowaniu rzeczywistego problemu klienta w taki sposób, by odnieść sukces w jego uzdrowieniu.

Zauważyliśmy, że początkowo większość naszych studentów ma dużą trudność w przygotowaniu umowy z klientem polegającą na ujęciu w słowa „opłaty za rezultat". Często bywa tak dlatego, że techniki i praktyki, których nauczyli się w przeszłości stają się przeszkodą przy ich wyborze – czy to w przypadku terapii konwencjonalnej, pracy z oddechem, czy innej modalności. Choć diagnoza może być trudna, to rozpoznanie pożądanego *rezultatu* jest znacznie, znacznie łatwiejsze niż ludzie zdają sobie z tego sprawę.

Po prostu zapytaj klienta, co jest jego głównym problemem. Klienci trafiają do ciebie z jakiegoś powodu i zwykle jest to dość proste. Zazwyczaj klient ma tylko jeden poważny problem, nawet jeśli ma kłopot z jego nazwaniem. Główny błąd popełniany przez większość terapeutów ma miejsce na tym właśnie etapie. Jeśli są nieuważni przy formułowaniu pytania, będą mieć pełną listę problemów. Podobna sytuacja jest w przypadku mechanika samochodowego, który zapyta cię o problemy z twoim 15-letnim samochodem – na ogólne pytanie padnie odpowiedź, że drzwi skrzypią, że zamek bagażnika nie działa, że pojawiła się rdza na nadwoziu w miejscu, które uszkodziłeś i tak dalej, ale prawdziwym powodem, dla którego znalazłeś się w warsztacie jest dym buchający z rury wydechowej!

Czasami, rzeczywiście, pojawia się kilka problemów. Nigdy nie sporządzaj jednej umowy dla wielu problemów, ponieważ to oznacza, że gdy któryś z nich nie zostanie rozwiązany, nie otrzymasz wynagrodzenia za żadną część swojej pracy. Zamiast tego zaoferuj pracę nad każdą kwestią z osobna i wyceniaj ją oddzielnie. Kiedy ujmiesz to w ten sposób, klient niezwłocznie określi priorytety i powód, dla którego znalazł się u ciebie. To on zdecyduje, co jest dla niego ważne, biorąc pod uwagę swoje finanse.

Przy sporządzaniu kontraktu pamiętaj, że im mniej tym lepiej! Jeśli koncentrujesz się na prawdziwym problemie, zwykle okazuje się, że to, co należy umieścić w umowie, to ustalenie potrzeby wyeliminowania emocjonalnego bólu związanego z pojedynczą frazą wywołującą maksymalne cierpienie klienta (nazywamy to „frazą wyzwalającą"). Nowi terapeuci błędnie wprowadzają do kontraktu pełną listę objawów, w których mieszczą się różne problemy niepowiązane z ustalonym w umowie tematem do pracy. Ponieważ jednak zostały wprowadzone do kontraktu, terapeuta jest zobowiązany do ich uzdrowienia. Sporządzaj umowy proste i trzymaj się ich treści. (W Dodatku 2. podajemy przykłady różnych typów kontraktów w ramach konwencji „opłaty za rezultat".)

Nowy terapeuta może sporządzić umowę dotyczącą rezultatów, nie mając nawet pojęcia o tym, co jest przyczyną problemu. To jest w porządku – wszelkie niepowodzenia, to dobra nauka dla terapeuty. Jednak wraz z doświadczeniem terapeuta potrafi rozpoznać problem wiedząc, że nie może go uzdrowić. W takim przypadku informuje o tym klienta i oferuje pracę nad kwestiami związanymi z tym problemem, np. klient cierpi z powodu OCD (zaburzeń obsesyjno-kompulsywnych), a terapeuta jeszcze nie wie, jak je wyeliminować. Gdy poinformuje o tym klienta, może go zapytać, czy będzie zadowolony, gdyby został wyeliminowany problem związany z chorobą, jakim jest np. stres czy zawstydzenie. Inny przykład: klient umierał na raka i chociaż terapeuta nie mógł uzdrowić choroby, stwierdził, że drugorzędnym problemem klienta był lęk przed śmiercią, który potrafił skutecznie uzdrowić (zaktywowany przez nowotwór lęk przed śmiercią przypominał klientowi doświadczenie tonięcia, gdy był chłopcem).

Jednym z problemów terapeutów była „nadmierna sprzedaż procesów" – jest to sytuacja, kiedy terapeuta znając daną technikę uzdrawiania, np. Technikę Cichego Umysłu, zamiast naprawdę dowiedzieć się, czego potrzebuje klient, sugeruje klientowi zastosowanie tej techniki (zazwyczaj droższej) zakładając, że prawdopodobnie rozwiąże to problem klienta. To może zakończyć się tylko katastrofą – nawet, jeśli klient wyraził zgodę na taką umowę, gdyż będzie po przeprowadzeniu terapii nieszczęśliwy, bo problem pozostanie. Przeciwieństwem jest terapeuta, który rzeczywiście zorientował się, czego oczekiwał klient i uświadomił sobie, że nie jest w stanie mu tego zapewnić, więc zaproponował inną opcję dotyczącą jego problemu. W tym przypadku, klient jest traktowany jako sprzymierzeniec, a nie jako źródło dochodu.

Sporządź klarowne notatki dotyczące waszego porozumienia! Niech klient przeczyta, co napisałeś i przekonaj się, czy to rozumie. Używaj dokładnie sformułowań klienta, nie staraj się ich parafrazować. To pozwala upewnić się, że oczekiwania klienta są dobrze zdefiniowane („kryteria sukcesu"). Przyda się to, by uniknąć problemu apexu po zakończeniu terapii.

Podsumowując, skup się na tym, co możesz zrobić, a jeśli jest to konieczne, rozłóż problem na elementy kluczowe i zaproponuj klientowi wybór, aby sam zadecydował, co jest dla niego ważne.

Przykład: Klient chce się rozwieść

Klient przychodzi z bolesnym tematem – problemy z partnerką – i chce nauczyć się terapii, by mógł sobie sam pomóc. Wiesz, że zwykle są to dziesiątki problemów z partnerem, więc skupiasz się na tym, który jest dla niego najważniejszy. W tym przypadku, klient po prostu chce być z inną osobą. Nie oceniasz tej sytuacji, ale wyjaśniasz, co można zrobić za pomocą tej terapii (pozwól mu wyciszyć się w jego uczuciach). Klient zauważy, że kluczowym problemem jest jego obawa przed rozmową na ten temat z małżonką i chce dowiedzieć się, jak wykonać EFT jako część pakietu (zakładając, że EFT działa w przypadku problemu tego klienta). Przekazanie instrukcji EFT możesz objąć umową lub wystawić oddzielny rachunek. W każdym przypadku powinieneś określić kryteria rezultatu. W tym przypadku rezultatem może być tylko przedstawienie techniki, bez precyzowania celów, a może to być też osiągnięcie pewnego poziomu umiejętności w posługiwaniu się tą techniką. Określenie, co jest właściwe, zależy od ciebie i możesz negocjować z klientem, aby ustalić, co działa najlepiej dla was obojga.

Doświadczony terapeuta nie zawarłby instrukcji stosowania EFT w podstawowym kontrakcie, a raczej poświęciłby trochę czasu, aby pokazać klientowi zasady opukiwania jako część terapii oraz radząc, by obejrzał darmowe filmy na YouTube.

Przykład: Klient niczego nie odczuwa
Klient nie był w stanie przypomnieć sobie przeszłości, ani odczuwać emocji lub doznań w swoim ciele. Jest to typowe w przypadku seksualnego wykorzystania w ekstremalnej formie we wczesnym dzieciństwie. W przypadku tego klienta akurat to się potwierdziło. Ustalenie, czego oczekuje klient jako rezultatu terapii musi być poparte uświadomieniem sobie, czy terapia regresji byłaby w tym przypadku skuteczna (to zakłada, że terapeuta nie chce podświadomie stłumić u klienta jego skrajnych odczuć związanych z nadużyciami). Tak więc, terapeuta powinien ocenić, czy klient jest dobrym kandydatem do uzdrowienia swych problemów, czy też powinni po prostu zawrzeć umowę dotyczącą coachingu i wsparcia w konkretnych kwestiach. A może klient powinien po prostu złożyć wizytę u konwencjonalnego terapeuty lub przyłączyć się do grupy wsparcia.

Terapeuta z większym doświadczeniem może rozpoznać, że odrętwienie klienta jest problemem związanym z interakcją pasożytów bakteryjnych i skierować klienta do kliniki w celu podjęcia terapii. Mogłoby się wtedy okazać, że po zniknięciu odrętwienia klient zacząłby odczuwać traumatyczne emocje i prawdopodobnie potrzebna byłaby dalsza terapia. Problem może również wiązać się z traumą blokującą pamięć lub też z zaburzeniem MPD (wieloraką osobowością), gdzie dominująca obecnie osobowość nie była tą, która doświadczyła traumy. Klient musi zdecydować, czy chce to uzdrowić, ponieważ trauma lub rozdwojenie pozwala mu uniknąć traumatycznych wspomnień.

Ustalanie opłat i oszacowanie czasu terapii
Przy stosowaniu zasady „opłaty za rezultat" kontrakt obejmuje z góry ustaloną opłatę. Dodatek 10. pokazuje skuteczny, o niskim poziomie ryzyka sposób ustalania tej opłaty przez terapeutów. Przy takim podejściu praktykujący terapeuta oferuje zwyczajowo po prostu jedną opłatę za problem klienta. Jest to typowe dla większości terapeutów stosujących zasadę „opłaty za rezultat" (chociaż w przypadku terapii pewnych specyficznych chorób mogą być wykorzystywane inne, wcześniej określone opłaty). Ponieważ wiemy, że istnieje pewien procent klientów, którym terapeuta nie może pomóc,

trzeba wiedzieć, kiedy zrezygnować z dalszych prób. Na szczęście, ten optymalny „czas odcięcia" minimalizuje koszty klienta, maksymalizując dochody terapeuty. Ten punkt czasu odcięcia mieści się zwykle w ramach 3-6 godzin. Od klientów, którzy potrzebują więcej czasu, nie są pobierane opłaty. Tacy klienci są wysyłani do bardziej zaawansowanych lub wyspecjalizowanych terapeutów, np. pracujących w naszych klinikach.

Możliwe jest stosowanie innych metod rozliczania, takich jak szacowanie czasu terapii i na tej podstawie kalkulowanie opłat. Możliwe jest też połączenie tych różnych sposobów. To jednak zwiększa finansowe ryzyko terapeuty, a także zwiększa koszty, czasem drastycznie, dla mniej więcej połowy klientów. Nie zalecamy tych sposobów, chyba że zdobyłeś specjalizację lub jesteś bardzo doświadczony. Jeśli jesteś zainteresowany zasadami innych sposobów opłat, odsyłamy na stronę internetową naszego Instytutu.

Zasada trzech razy

Terapeuci muszą zaplanować dwa krótkie spotkania z klientami po tym, jak problem zostanie całkowicie uzdrowiony: pierwsze, kilka dni po pełnym uzdrowieniu problemu, a drugie – dwa tygodnie po sesji! To jest optymalne. Należy je zaplanować z klientem jako normalną część terapii. Dlaczego? Spotkania sprawdzające wynikają z epigenetycznego powodu traumy i ograniczeń większości technik uzdrawiania. Odczekanie po „udanej" terapii pozwala uaktywnić się istotnym, ale „ukrytym" lub niepobudzonym traumom, albo traumom, które nie zostały w pełni uzdrowione i zaktywowały się w codziennych sytuacjach życiowych klienta. Może to być również spowodowane „pętlą czasową", która przywraca problem w kliencie. Nie chodzi tutaj o zwykłe przeniesienie uwagi klienta na nowy problem, choć może oczywiście mieć to miejsce i spowodować odrębny zestaw symptomów.

Nie potrafimy dokładnie oszacować, jak często te dodatkowe sesje terapeutyczne są rzeczywiście potrzebne, ale założenie, że to się dzieje w przypadku jednej trzeciej klientów, wydaje się chyba rozsądne. Planowanie tych spotkań z klientem jest dobrą praktyką biznesową i jest częścią „opłaty za rezultat". Niektórzy terapeuci rezerwują wstępnie te dodatkowe terminy i rezygnują z nich, gdy wszystko przebiegnie pomyślnie, inni dodają spotkania, kiedy są one potrzebne.

Czas trwania terapii konwencjonalnej

Czas, który typowy klient poświęci faktycznie na psychoterapię konwencjonalną jest dość krótki. Co ciekawe, bardzo trudno znaleźć (zwłaszcza w ciągu ostatnich 10 lat) jakiekolwiek analizy dokładnie określające ten czas. W jednym podsumowującym artykule z 2000 roku, stwierdzono (bez przytoczenia żadnych odniesień): „Analizując dane o zastosowaniu psychoterapii i jej rezultatach stwierdzono, że nie ma czegoś takiego jak krótkotrwała terapia, ponieważ nie ma czegoś takiego, jak terapia długoterminowa. Około 90% wszystkich pacjentów psychoterapii złożyło mniej niż 10 wizyt, z czasem terapii wynoszącym średnio około 4,6 sesji, a najczęściej występująca liczba wizyt, to tylko 1". W szeroko zakrojonych badaniach z roku 2011 na temat poważnych zaburzeń depresyjnych stwierdzono: „najczęściej występująca liczba sesji dla jakiejkolwiek terapii w lokalnym systemie ochrony zdrowia psychicznego wynosiła 1, zarówno w 1993, jak i 2003 roku. Liczba sesji psychoterapeutycznych zarówno w 1993, jak i 2003 średnio wynosiła 5,0. Typowa liczba sesji psychoterapeutycznych w 1993 roku to 8,5 (SD = 10,0), a w 2003 roku – 9,4 (SD = 10,6)".

Na szczęście nasze podejście do terapii wpisuje się w ten typowy wzorzec klienta. Jak powiedział Gay Hendricks, twórca Body Centered Therapy, podczas prowadzonego przez siebie szkolenia: „Klient powinien zostać uzdrowiony w trakcie 2 sesji. Jeśli trwa to dłużej niż 3 sesje, terapeuta nie wie, co robi". Zgadzamy się z tym! A zatem certyfikowani terapeuci na poziomie podstawowym powinni próbować uzdrowić jak najwięcej klientów w trakcie pierwszej sesji, typowego klienta uzdrowić w ciągu 2 lub 3 sesji (około 2 do 4 godz.), a w najgorszym przypadku zakończyć terapię mniej więcej po 3-4 sesjach (4-6 godz.).

Kryteria rezultatu i czas trwania gwarancji

Pracując z klientem, musisz dokładnie określić kryteria *rezultatu*. W wielu przypadkach może to oznaczać, że rezultat można sprawdzić od razu pod koniec sesji, zaś w innych – sprawdzenie, czy interwencja terapeutyczna była sukcesem, nastąpi wtedy, gdy klient rzeczywiście spotka się z kimś lub dokądś pójdzie. Decyzja zależy od ciebie jako terapeuty i od twojego klienta, w zależności jak długo jesteś gotów czekać, aby przekonać się, czy wyniki są stabilne.

Instytut oferuje np. wyspecjalizowane, często kosztowne terapie mające zastosowanie w różnych stanach lub zaburzeniach. Zazwyczaj oczekujemy płatności od klienta po trzech tygodniach bez nawrotu objawów (dwa tygodnie byłyby wystarczające dla sprawdzenia stabilności efektów terapii, lecz zwykle trzeci tydzień sprawia, że klient czuje się pewniej ze względu na wysokie opłaty). Po tym okresie, jeśli z jakiegoś powodu objawy by powróciły, zwrócilibyśmy po prostu klientowi pieniądze (i/lub spróbowali mu pomóc). W przypadku terapii odpowiedni i bardziej rozsądny byłby znacznie krótszy czas, chyba że uzgodniłeś z klientem w umowie coś innego. Możesz również określić, czy chcesz, aby klient zgodził się na dalszą terapię, zanim zwrócisz otrzymane wynagrodzenie, czy po prostu zrobisz zwrot (zauważ, że jeśli odbędziesz więcej sesji, to zostaną one ujęte w uzgodnionej kwocie i w całkowitym czasie oszacowanym na kontakt z klientem – patrz Dodatek 10.).

Satysfakcja klienta i problem apexu

Kiedy w pełni uzdrowisz problem klienta, możesz natknąć się na problem apexu – czyli klient może zapomnieć, że kiedykolwiek miał problem, którym się zajmowaliście podczas sesji. Dzieje się tak dlatego, że nie pozostaje żadne uczucie związane z uzdrowionym problemem i po prostu klient go „nie pamięta" (to jest jak niepamiętanie, które ramię cię bolało, kiedy nie ma już śladu po bólu!). To może oznaczać, że klient nie będzie chciał ci zapłacić, bo „nigdy nie miał takiego problemu" – a co gorsze, powie innym, że sesja terapeutyczna niczego nie wniosła i była stratą czasu. Dzieje się tak dlatego, że jego *prawdziwym* problemem jest ten problem, który odczuwa w danej chwili.

Możesz zapobiec wystąpieniu takiej sytuacji na kilka sposobów. Po pierwsze, edukacja: problem występowania zjawiska apexu jest opisany w broszurze i powinieneś wyjaśnić to klientowi na początku terapii. Wyjaśnienie charakteru terapii najnowszej generacji i sposobu ich działania jest bardzo ważne. Po drugie: sporządzając zapis musisz pamiętać, by dokładnie opisać, co jest problemem, określić subiektywne odczucie dyskomfortu klienta, gdy ma ten problem (skalę SUDS), a także dobrze zdefiniować parametry określające „opłatę za rezultat", która została uzgodniona. Spisywanie tych uzgodnień jest dobrą praktyką, ale dużo lepszym sposobem jest sporządzanie nagrań audio lub wideo – one dopiero oddają poziom cierpienia klientów. Klienci prawie zawsze są później zaskoczeni i nie pamiętają, że w taki sposób odczuwali swój problem.

Inną korzyścią, jaką odnosisz z określenia ustalonej z góry zapłaty jest to, że klienci wyrazili na nią zgodę w umowie. W jaki sposób odbierzesz opłatę, to zależy od ciebie i oczywiście może to się różnić w zależności od klienta. Klient może wypisać czek na uzgodnioną kwotę, a ty możesz zatrzymać na czas trwania terapii. Ponieważ klient był gotowy to zrobić, przyjmuje, że musiało to być istotnym problemem, skoro wypisał czek!

Niektóre sytuacje nie pozwalają na zastosowanie zasady „opłaty za rezultat" – albo to jest niemożliwe, albo nieodpowiednie, na przykład:
- dla wypłat z zakładów ubezpieczeń zdrowotnych (nie zezwalają na wynagrodzenie za terapię bazującą na strukturze opłat)
- gdy klient chce wypróbować jedną z technik, którą znasz, a która nie ma wyspecyfikowanych kryteriów sukcesu
- gdy klient jest twoim uczniem, a sesja jest częścią programu treningowego lub wsparcia.

Tak długo, jak szczególne okoliczności naprawdę utrudniają zastosowanie kryteriów „opłaty za rezultat" i co jest w pełni jasne dla klienta, terapeuta może zrobić wyjątek w ustaleniach z klientem, przyjmując za podstawę indywidualne podejście. Jednak, poza sytuacjami związanymi z nauczaniem, taka sytuacja rzadko ma miejsce – zasadniczo możesz określić kryteria rezultatu dla niemal każdej działalności.

Niestety zauważyliśmy również, że terapeuci są niechętni, aby zwrócić się do ubezpieczycieli lub innych organizacji, proponując przejście na ten typ rozliczenia we wszystkich albo w konkretnym przypadku (ponieważ jest to korzystne finansowo dla współpracujących firm, ciekawe, czy firmy ubezpieczeniowe pójdą w kierunku tych zmian).

Spory z klientami
Mimo twoich najlepszych starań, pojawią się klienci, z którymi będziesz miał problem. Miejmy nadzieję, że większość z nich nie zdecyduje się na pracę z tobą po wstępnej

rozmowie, ale niektórzy będą chcieli pozostać. Zaakceptuj to jako pewnik, a nie jako pewien rodzaj niedociągnięcia z twojej strony (zakładamy, że wykorzystasz to jako okazję, aby przyjrzeć się własnym problemom).

Jeśli problemem jest to, że klient czuje, iż nie osiągnął uzgodnionego rezultatu, a ty nie możesz dojść do szybkiego i polubownego z nim porozumienia, odpowiedź jest prosta – pamiętaj, że „klient ma zawsze rację"! Prawdopodobnie pozostaniesz w tym biznesie na długi czas, a poczta pantoflowa jest kluczem do twojego sukcesu. Po prostu nie pobieraj opłaty (lub zwróć pieniądze)! Oczywiście, niektórzy ludzie będą chcieć wykorzystać taką sytuację, ale to zdarza się w każdym biznesie. Uwzględnij takie sytuacje w swoich kalkulacjach. Na szczęście, według naszego doświadczenia, nieuczciwi klienci pojawiają się bardzo rzadko.

Jeśli chodzi o terapeutów certyfikowanych przez Instytut, ich klienci wiedzą z broszur (i naszych stron internetowych), że mogą kontaktować się z Instytutem w razie sporów – to jest częścią naszej umowy licencyjnej. A to pozwala klientom poczuć, iż nasi terapeuci są częścią profesjonalnej organizacji. W ciągu wielu lat działalności rzadko mieliśmy problemy z licencjonowanymi terapeutami, ale to się zdarza. W ramach umowy licencyjnej zachowujemy sobie prawo do rozwiązania z nimi umowy – czyli zakończenia współpracy oraz zakazu korzystania z naszych licencjonowanych narzędzi, znaków towarowych i logo.

Znaki towarowe, logo i organizacje partnerskie

Kiedy wyszkolony przez nas terapeuta podpisuje umowę licencyjną z Instytutem, otrzymuje prawo do korzystania z naszych procesów dla uzdrawiania określonych chorób lub problemów, uzyskuje dostęp do zaplecza kliniki dla trudnych klientów oraz do nowych odkryć i aktualizacji w zakresie bezpieczeństwa. Terapeuta certyfikowany ma również przywilej wykorzystywania logo Instytutu na swoich dokumentach i stronach internetowych w celach reklamowych. Ale to logo oznacza więcej niż tylko zastosowanie najnowocześniejszych narzędzi terapeutycznych – oznacza, że zgadza się on stosować zasadę „opłaty za rezultat" we wszystkich aspektach swojej pracy terapeutycznej. Właśnie ci terapeuci zmieniają sposób funkcjonowania terapii i medycyny w świecie.

Instytut zamieszcza także na swoich stronach internetowych informacje o organizacjach partnerskich lub osobach z całego świata. Oprócz tego, że są najnowocześniejszymi organizacjami, które wykonują ważną pracę w różnych dziedzinach, również stosują w swojej pracy zasadę „opłaty za rezultat" (lub darowiznę). Czujemy się uprzywilejowani, że spotkaliśmy tak różne osoby i grupy ludzi, którzy – podobnie jak my – pracują, aby zmieniać świat.

Pytania i odpowiedzi

Pytanie: Czy masz jakieś sugestie, jak reklamować zasadę pobierania „opłaty za rezultat"?

Jeden terapeuta stwierdził, że hasło w jego reklamie „Bez rezultatu – bez opłaty!" działa dobrze.

Zauważ, że oferowanie „gwarantowanego" uzdrowienia nie jest właściwe (podobnie jak hasło „Gwarantowane lub zwrot pieniędzy!"), ponieważ w wielu miejscach przepisy prawa występują przeciwko takim sformułowaniom w odniesieniu do psychoterapii. Zauważ, że te przepisy zostały tak zaprojektowane, aby zwalczać oszustwa, ale nie zabraniają korzystać z modelu rozliczeniowego „opłaty na rezultat".

Pytanie: Wciąż nie jestem pewny, jak ustalić kryteria rezultatu. Czy masz jakąś radę?
Niektórym terapeutom wydaje się, że ten krok jest znacznie trudniejszy, niż jest naprawdę, nawet jeśli już nieświadomie stosują go w swojej praktyce. We współpracy z klientem sporządzasz umowę, obie strony czują, że to jest potrzebne i możliwe. Nie musi to być skomplikowane i trudne – to jest po prostu opis tego, co oboje chcecie osiągnąć. Na przykład: jeśli obie strony zgadzają się, że rezultatem będzie zmniejszenie symptomów o 30%, to jest w porządku – nie musisz zakładać pełnego uzdrowienia.

Kluczowa jest zgoda klienta na zapłatę ustalonej kwoty za to, co ustaliliście w umowie – czyli, czy to co jest do zrobienia zgodnie z umową, jest warte kwoty, którą będzie musiał zapłacić. Umowa może obejmować zaledwie gotowość wysłuchania klienta przez terapeutę, aż po porozumienie mające na celu częściowe lub całkowite pozbycie się przewlekłych, wieloletnich problemów. Nie istnieje żaden zbiór reguł innych niż te, na które oboje się godzicie.

Pytanie: Jak nie zbankrutować, jeśli wciąż nie potrafię postawić dobrej diagnozy?
Zalecamy, byś korzystał z ustalonego wynagrodzenia za umowę (Dodatek 10.). Nie potrwa to długo – prawdopodobnie wystarczy ci mniej więcej 20 klientów, by stwierdzić, że czujesz się bardziej pewny swoich umiejętności w diagnozowaniu i ustalaniu kryteriów rezultatów.

Pytanie: Jestem terapeutą stosującym różne techniki. Jeśli uzyskam certyfikat Instytutu, czy muszę pobierać opłatę za rezultat, mimo że nie korzystam z waszych technik w pracy z klientem?
Tak! W całej swojej praktyce będziesz musiał uwzględniać „opłatę za rezultat" (jeśli jest to możliwe). Być certyfikowanym terapeutą oznacza posiadanie licencji. To tak jakbyś zawarł franczyzę z firmą McDonald's – nie możesz serwować *burritos*, mając Golden Arches i napis McDonald's na drzwiach. Dla niektórych terapeutów wydaje się to zbyt duża i mało komfortowa zmiana, więc nie zdobywają certyfikatu, ale korzystają z technik powszechnie udostępnionych, jak np. techniki Uzdrawiania Całym Sercem (WHH), traktując ją jako jedno z narzędzi i nie wykorzystują materiałów niepublikowanych, które poznali podczas szkolenia.

Pytanie: Moim sporym kłopotem są klienci, którzy mają dużo problemów, a ja nie wiem, jak je sklasyfikować, by uzgodnić rezultat terapii. Klient nie rozumie, że ma wiele różnych problemów, ponieważ on po prostu czuje się źle i chce to zmienić.

Niektórzy klienci są naprawdę zbiorem problemów! W takim przypadku powinieneś wyodrębnić te najważniejsze i zaoferować terapię oddzielnie lub w grupach, w zależności od tego, co wynegocjujesz z klientem. Osoba taka może być dobrym kandydatem do procesu Wewnętrznego Spokoju. Istnieją również procesy stosowane dla specyficznych dolegliwości powodujących taką sytuację, jak np. problemy z s-dziurami lub z pasożytami związanymi z uzależnieniami. Możesz też przekazać takich klientów specjaliście lub zaawansowanemu terapeucie/opiekunowi, jeśli problem jest poważny i zbyt trudny.

Tacy klienci są wyjątkiem – z naszego doświadczenia wynika, że prawdziwym problemem jest fakt, że terapeuta „gubi się w historii klienta". Gdy terapeuta próbuje rozwikłać problem, klient przeskakuje z jednego problemu do drugiego. Utrzymanie koncentracji klienta na jego dominujących emocjach i uczuciach jest kluczowe w dotarciu do sedna sprawy. Pamiętaj – możesz zaoferować mu też osiągnięcie spokoju wokół tego tematu.

Niektórzy klienci chcą po prostu porozmawiać i poczuć, że ktoś ich słucha. W takiej sytuacji jesteś w zasadzie „opłacanym" przyjacielem. Można rozpoznać taką potrzebę i uzgodnić, co dla danej osoby będzie pożądanym rezultatem. Jednakże, jesteś wtedy z reguły droższy niż standardowi terapeuci. Ponieważ jednak w tym przypadku nie jest potrzebne uzdrowienie, możesz obniżyć opłatę, gdyż nie ma ryzyka, że nie uzyskasz wynagrodzenia. W zasadzie pobierasz wynagrodzenie za rozmowę z klientem.

Paula Courteau napisała: „Niektórzy klienci, a dotyczy to większości osób z depresją oraz osób, które doświadczyły przemocy, potrzebują regularnych sesji, aby zacząć normalnie funkcjonować – w przypadku depresji jest tak dlatego, że nie znamy przyczyny każdego jej rodzaju, w przypadku przemocy, często jest to kilka zdarzeń wyzwalających. Jeśli potrafisz być bardzo klarowny z klientami odnośnie ich stanu, a oni naprawdę chcą z tobą pracować, wtedy model uczenia lub coachingu z opłatą za każdą sesję może być bardziej odpowiedni niż system opłaty za uzdrowienie problemu". Jednak, jeśli klient ma jawne lub niejawne oczekiwania odnośnie uzdrowienia, wtedy seria krótkich umów płatnych za rezultat jest właściwym wyborem.

Pytanie: Mam klienta z bardzo złożonymi problemami, a to zajmuje dużo czasu, aby je rozwikłać. Jak w takim przypadku pobierać opłatę?

Określasz główne problemy i proponujesz opłatę za każdy z nich oddzielnie. To sprawi, że klient sam oceni, co jest naprawdę dla niego ważne z finansowego punktu widzenia niż wtedy, gdy próbujesz podjąć decyzję za niego.

Ustalenie maksymalnego czasu pracy z klientem nie pozwoli ci wpaść w tarapaty finansowe związane z ustalaniem opłat za rezultat. Jednak to nie oznacza, że nie możesz pomóc klientowi! Oznacza to, że pracujesz ze swoim specjalistą, zaawansowanym praktykiem czy mentorem, aby poradzić sobie z klientem w bardziej efektywny sposób.

Respektuj własne ograniczenia – nie możesz być wszystkim dla wszystkich.

Pytanie: Jestem sfrustrowany tym systemem i jego ograniczeniami. Powrócę do tego, co już wiem.

Niestety, uczenie się i właściwe wykorzystywanie nowych umiejętności, często wiąże się z dyskomfortem. Jednym z problemów jest to, że wielu terapeutów nigdy nie uczyniło „opłaty za rezultat" zasadą swojego zarobkowania. Jeśli kiedykolwiek przeprowadzałeś konsultację, pracowałeś w salonie samochodowym lub miałeś własną firmę, pewnie myślisz, że to zupełnie normalne. Ludzie w tych wszystkich miejscach pracy otrzymują ustaloną zapłatę i nie zawsze wiedzą, czy ich praca jest skuteczna w przypadku każdego klienta.

Mieliśmy kilku terapeutów, którzy zauważyli, że pod uczuciem frustracji związanej z nowym systemem nie mieli spokoju, co jest istotnym wskaźnikiem, że odczucia frustracji spowodowane były traumami z przeszłości – uzdrowili więc swoje tematy i – ku ich zaskoczeniu – poczuli się komfortowo z tematem opłaty za rezultat.

Pytanie: Istnieje wielu innych terapeutów wykonujących doskonale swoją pracę. Nie rozumiem, dlaczego certyfikacja przez Instytut ma być znacznie lepsza? Materiał jest już w większości dostępny w domenie publicznej.

Tak! Jest wielu terapeutów z tymi samymi umiejętnościami i sukcesami na poziomie certyfikowanych terapeutów Instytutu. To, co cię wyróżnia to:
– pobieranie „opłaty za rezultat"
– wsparcie ze strony kliniki Instytutu dla twojej praktyki
– szansa na pracę ze stanami szczytowymi z niektórymi klientami
– rozpoznanie nazwiska powiązanego z Instytutem
– po opanowaniu podstawowych technik możliwość pracy w jednej z naszych klinik.

Pytanie: Mam wrażenie, że jest za dużo zasad ustalonych przez Instytut. Chcę ufać sobie i korzystać z własnego osądu, bo jestem uczciwy, etyczny, kompetentny. Chciałbym wejść powoli w ten nowy sposób pracy. Nie miałem do czynienia z czymś podobnym w mojej starej profesji bodywork.

Wiele osób niosących pomoc innym ludziom nigdy nie doświadczyło sposobów działania nowoczesnej firmy. Umowa certyfikacyjna z naszymi absolwentami jest licencją na używanie niektórych technik, które opracowaliśmy, a więc na coś, czego wielu nie zna z własnej praktyki. Na szczęście jest to całkiem normalne (choć niezbyt rozpowszechnione) i akceptowane w innych zawodach postępowanie – w tym idea „opłaty za rezultat".

Ponieważ wspieramy naszych certyfikowanych praktyków, m.in. naszą reputacją, umowy przez nas zawierane są bardziej szczegółowe od umów stosowanych w innych modalnościach. Ponadto opracowany przez nas materiał jest eksperymentalny i wymaga dużej ostrożności w jego stosowaniu, co wiąże się z bezpieczeństwem i kontrolą jakości.

Pytanie: Nie udało mi się uzdrowić klienta przed ustalonym czasem 3 godzin. I co teraz?

Musisz zdecydować, czy chcesz kontynuować, czy nie. Jeśli już zorientowałeś się, że w żaden sposób nie możesz pomóc tej osobie i teraz się zatrzymasz, w ogólnym rozrachunku osiągniesz swoje cele finansowe – bo już ująłeś tę możliwość w wynagrodzeniu, które pobierasz od klientów. W tym momencie powinieneś przekazać klienta komuś innemu lub kontynuować pracę, próbując pomóc klientowi i jednocześnie akceptując, że twoje godzinne wynagrodzenie się zmniejszy.

Paula Courteau ujęła to tak: „Zapytałabym również, czy ta osoba w ogóle cokolwiek u siebie uzdrawia? Czy to oznacza, że terapia trwa tak długo, ponieważ klient nie może się uzdrowić (nie ma dostępu do ciała, nie może odczuwać, jest oporny na proces itp.), czy dlatego, że zagadnienie jest tak złożone? Jeżeli jest postęp, a problem wciąż ewoluuje, mogę rozważyć poświęcenie dodatkowego czasu. Lecz jeśli przez większość czasu nie byłoby postępów, bez wahania zrezygnowałabym z kontynuowania terapii, rezygnując z wynagrodzenia".

Pytanie: Zdecydowałem się przekroczyć zaplanowane 3 godziny (prawie się udało!). Czy to był zły pomysł?

Oczywiste jest, że jeśli odniosłeś sukces, uzyskujesz opłatę. Jednak dobrze jest uwzględniać w planach niepowodzenie, co oznacza, że dochody spadną w zależności od czasu przeznaczonego na kontynuowanie terapii. Czasami warto poświęcić czas na naukę, by się rozwijać. Jednak pamiętaj o klinikach Instytutu, gotowych do pomocy (jeśli jesteś certyfikowany przez Instytut).

Pytanie: Nie ma możliwości, żebym miał wystarczająco dużo klientów, jeśli uzdrowię każdego w ciągu trzech sesji!

Jest to zarówno problem, jak i szansa. To plusy i minusy! Charakter terapii zmienia się dzięki wprowadzeniu terapii mocy. Terapeuta musi znaleźć sposoby, jak wciąż pozyskiwać nowych klientów, np. przez współpracę z jakąś instytucją, która będzie kierować klientów do terapeuty. A zatem ważne jest posiadanie czegoś, co da ci przewagę nad konkurencją, np. zasada „opłaty za rezultat". Marketing szeptany też może ci pomóc, jeśli problem apexu temu nie przeszkodzi, ale najlepszym sposobem na ominięcie kłopotu z bazą klientów jest specjalizacja w jednej dziedzinie, bądź w obszarze jednego problemu i zbudowanie na tym własnej reputacji. To lepsze, niż zajmowanie się wszystkim!

Pytanie: Ile sesji potrzebuję, aby właściwie skalkulować opłatę?

Mniej więcej po 10 udanych sesjach zdobędziesz doświadczenie odnośnie wyliczenia twojej standardowej opłaty minimalnej i optymalnego czasu. Ponieważ będziesz coraz lepszy w diagnozowaniu i uzdrawianiu, powinieneś prowadzić na bieżąco rejestr, by upewnić się, że ustalona wysokość dochodu za godzinę jest nadal właściwa.

Jeśli ustalasz opłatę, szacując czas wykonania, potrzebujesz znacznie większego doświadczenia! Polecamy to tylko bardzo doświadczonym terapeutom lub tym, którzy specjalizują się w jakiejś dziedzinie i wiedzą, co może się wydarzyć.

Kluczowe zagadnienia

- „Opłata za rezultat" porusza problemy etyczne poprzez ustalenie precyzyjnych zasad: (1) otrzymujesz wynagrodzenie tylko wtedy, gdy spełnione są wszystkie określone wcześniej kryteria rezultatu; (2) klient wie, ile będzie kosztowała terapia przed jej rozpoczęciem.
- Zasada „opłaty za rezultat" jest standardem w wielu gałęziach przemysłu, niewielka praktyka wystarczy, by włączyć ją do terapii.
- Zasada „opłaty za rezultat" wymaga od terapeuty zidentyfikowania problemu klienta i ustalenia rezultatu terapii (kryteria sukcesu), czego oczekuje klient.
- Najprostszym sposobem rozliczania w systemie „opłaty za rezultat" jest stała opłata dla wszystkich klientów; zawiera ona określony z góry maksymalny czas terapii, po którym można zrezygnować z prób dalszego uzdrawiania.
- Płacąc „za rezultat", klient określa efekt, który chce osiągnąć; wyjątkiem jest zastosowanie specjalnych procesów, mających przynieść z góry ustalone rezultaty.
- Wykorzystanie psychobiologii subkomórkowej i nowoczesnych terapii traum oznacza, że klient jest zazwyczaj uzdrawiany w kilku sesjach – to spotyka się z potrzebami klientów, którzy gotowi są poświęcić na terapię podobną ilość czasu.
- Efekt apexu powoduje, że po pełnym uzdrowieniu problemu wielu klientów zapomina, że go miało – powinieneś wziąć pod uwagę taką ewentualność i zapisać (lub nagrać) problem klienta przed rozpoczęciem terapii.

Sugerowana dalsza lektura

- Kylea Taylor i Jack Kornfield (1995). *The ethics of caring: honoring the web of life in our professional healing relationships.*

Rozdział 4

WYWIAD WSTĘPNY Z KLIENTEM

Kształcąc terapeutów w ramach psychobiologii subkomórkowej, zdarzeń prenatalnych oraz technik uzdrawiania traum, musimy również szkolić ich w nowym sposobie pracy z klientami. Nasz wymóg, żeby terapeuci zawsze stosowali zasadę „opłaty za rezultat", a nie pobierania opłat za godzinę oznacza, że muszą umieć szybko i skutecznie zdiagnozować problem klienta, jak również rozpoznać to, czego nie można uzdrowić. To przejście od tradycyjnej formy zapłaty do formy stosowanej przez wykwalifikowanych mechaników samochodowych, inżynierów czy chirurgów jest ogromną ulgą dla niektórych terapeutów, a trudnością dla innych. Zaobserwowaliśmy, że nawet ci terapeuci, którzy używają najnowocześniejszych metod leczenia traum, muszą być przeszkoleni w tym, jak szybko zidentyfikować problem klienta i jak przygotować kontrakt z „opłatą za rezultat".

Zagadnienia omawiane w tych rozdziałach są tematem naszych szkoleń dla terapeutów i nie są teoretycznym lub akademickim ćwiczeniem – są realizowane przez praktykujących terapeutów w relacji z klientami w różnych krajach na całym świecie.

Wywiad – pierwsze kroki
Kiedy przeprowadzamy wstępny wywiad z nowym klientem, zwykle musimy zrealizować następujące zadania:
- poznać historię klienta (zwykle ma to miejsce przed spotkaniem z klientem)
- zbudować empatię
- wyjaśnić typowy przebieg postępowania podczas terapii
- omówić i podpisać formularze zgody i odpowiedzialności (rozdz. 6.)
- sklaryfikować problem (oraz wydobyć „frazę wyzwalającą")
- ustalić kryteria „opłaty za rezultat" i podpisać umowę (rozdz. 4.)
- zdiagnozować problem/y (rozdz. 5.)
- uzdrowić (jeżeli pozostał na to czas).

Powyższe kroki zwykle są realizowane jednocześnie, choć dla celów dydaktycznych omawiamy je jako odrębne działania. Kolejność może się różnić w zależności od klienta, a także pracy terapeuty. Jeżeli nawet te czynności wykonywane są w przedstawionej kolejności, zwykle konieczna jest iteracja, aby uzyskać odpowiednie rezultaty.

Na przykład diagnostyka i ustalanie „opłaty za rezultat" są zazwyczaj interaktywne – należy uzyskać co najmniej minimalny poziom diagnozy na temat identyfikowanego problemu, by mieć pewność, że można pomóc klientowi. Oznacza to, że terapeuta ocenia problem i rezultaty, wierząc że rzeczywiście można je osiągnąć. Zauważ, że w systemie „opłaty za rezultat" terapeuci nie pobierają na tym poziomie opłat za przeprowadzenie wstępnego wywiadu i diagnozy. Ten czas jest wliczany w kwotę opłaty będącej częścią wstępnego kontraktu z klientem.

Wraz z nabieraniem doświadczenia, przedstawione poniżej podejścia i sposoby, staną się automatyczne. A może znajdziesz własny sposób działania?

Wskazówka: Jak długo powinna trwać wstępna rozmowa?
Po zdobyciu już pewnej praktyki, wywiad z typowym klientem *oraz* postawienie diagnozy powinno zająć około 3-10 minut, a uwzględniając inne aspekty pracy z nowym klientem – w sumie do 20 minut (jeszcze przed rozpoczęciem uzdrawiania). Aby przyspieszyć ten proces, większość terapeutów prosi klientów o wypełnienie ankiety (swojej historii) *przed* pierwszym spotkaniem, a także o podpisanie formularzy zgody i odpowiedzialności.

Historia klienta
Pierwsza, wstępna historia w formie pisemnej jest zwykle spisywana przed bezpośrednim spotkaniem z klientem – oszczędza to czas i pozwala klientowi przemyśleć dokładnie odpowiedzi. Nie dołączamy w tym podręczniku przykładowych formularzy historii, ponieważ to, co trzeba wiedzieć, może się znacznie różnić w zależności od typu klienta, którego spotkasz (np. osoby z uzależnieniami trzeba zwykle prosić o bardziej szczegółową historię niż typowych klientów).

Bez względu na to, zalecamy gromadzenie historii nie tylko dla własnych potrzeb, ale także z kilku innych bardzo praktycznych powodów:
– ze względu bezpieczeństwa, gdyż musisz wiedzieć, czy klient ma kłopoty z sercem lub inny problem medyczny, np. cukrzycę, bo to może spowodować, że terapia traumy będzie dla niego niebezpieczna lub trudniejsza niż dla innych klientów
– czy klient ma obecnie lub miał wcześniej tendencje samobójcze
– by zaoszczędzić czas, ponieważ historia może pomóc skoncentrować się na problemie, zanim klient pojawi się w twoim gabinecie.

Diagnostycznie, może to być również bardzo pomocne:
– jeśli przodkowie lub rodzina klienta mają również podobną dolegliwość – ułatwia postawienie diagnozy albo w kierunku problemów pokoleniowych, lub kopii (oba przypadki są łatwe do uzdrowienia)
– gdyż historia może pomóc oddzielić obecny problem od innych wcześniejszych uwarunkowań, których objawy mogą cię zdezorientować, gdy próbujesz zakończyć obecny problem

– jeśli klient wcześniej pracował nad uzdrowieniem problemu i była to również terapia traumy, może to oznaczać, że ma pętle czasowe wokół danego problemu
– gdy klient zażywa legalne (lub nielegalne) środki psychoaktywne, może to mieć wpływ na skuteczność uzdrawiania.

Budowanie empatii

Częścią efektywnej współpracy z klientami jest umiejętność szybkiego nawiązania relacji zaufania, która złagodzi przeprowadzanie ich przez bolesne niekiedy procesy. Może to również pomóc w późniejszym otrzymaniu informacji zwrotnych (jeśli nie wystąpi u nich efekt apexu).

Podczas naszych szkoleń podkreślamy, że terapeuta nie jest „płatnym przyjacielem" i czas spędzony na diagnozowaniu i uzdrawianiu jest bardziej efektywny niż na pogawędkach z klientami. Pamiętaj, że nie jesteś opłacany za godzinę pracy – otrzymujesz wynagrodzenie za efektywne uzdrowienie problemu klienta. Na zajęciach podkreślamy umiejętność szybkiego przeprowadzenia diagnostyki i uzdrawiania – jeśli terapeuta jest biegły w swojej praktyce, może mieć wyczucie, ile czasu chce poświęcić na pogawędki z klientem. Analogicznie do przypadku mechanika samochodowego – może być ważne, czy jest on pomocny i przyjazny w rozmowach z klientem, ale przede wszystkim liczy się wykonanie zadania.

Powinieneś również zaakceptować fakt, że niektórzy klienci nie będą na ciebie dobrze reagować – a może twoja intuicja podpowie ci, że jest jakiś problem z klientem, który będzie sabotować pracę z tobą. Niezależnie od powodu, powinieneś szybko podjąć decyzję, czy chcesz kontynuować wywiad diagnostyczny. Pamiętaj, że nie pobierasz opłat za taki wywiad – oznacza to stratę czasu i zbyteczny wysiłek, jeśli klient odejdzie po wstępnej rozmowie.

Paula Courteau napisała: „Budowanie empatii jest istotnym aspektem przeprowadzanego przez ciebie wywiadu, ale niekoniecznie jest oddzielnym elementem. Umiejętność utrzymania dobrej komunikacji w trakcie całego wywiadu będzie tworzyć wzajemną empatię, podczas gdy ty wykonujesz swoje zadanie".

Objaśnianie typowego przebiegu terapii

Ponieważ wielu terapeutów nie ma doświadczenia w terapii traum, poniżej zamieszczamy kilka praktycznych zasad przeprowadzenia typowej sesji z klientem. Sesje trwają zwykle od 1,5 do 2 godzin (klient może być jednak zbyt zmęczony, aby kontynuować, jeśli praca trwa dłużej), ale standardowo ustalony czas na 50 minut po prostu nie działa (jeśli to wyjaśnisz klientowi na początku, zwykle zrozumie, gdy sesja wykracza poza ustalony czas). Typowy klient będzie potrzebował od jednej do trzech sesji, aby uzdrowić problem – a potem należy jeszcze dwukrotnie spotkać się na krótko z klientem, aby upewnić się, że terapia była stabilna i trwała (nazywamy to „zasadą trzech razy", patrz poniżej).

Aby zaoszczędzić czas, sugerujemy posiadanie standardowej listy pytań i odpowiedzi, gotowych dla klientów w formie informatora, broszury lub ankiety online. Obejmuje ona oczywiste pytania, na które klient będzie chciał znać odpowiedzi:
- co powinien zrobić przed spotkaniem (np. zapoznać się z formularzami i je wypełnić, zapisać problem itp.)
- czy pracujesz przez skype'a, czy spotykasz się z klientami osobiście (może to zależeć od uzdrawianego problemu oraz od twoich preferencji)
- jakie problemy uzdrawiasz, a jakich nie (np. specjalizujesz się w zakresie uzdrawiania uzależnień, samobójstw itp.)
- jak długo będą trwać sesje i czego klient może się po nich spodziewać
- pytania na temat zażywania lub zmiany leków
- jak wygląda opłata, polityka „opłaty za rezultat" itp.
- co się stanie, jeśli klient zrezygnuje z terapii przed jej zakończeniem.

W zależności od potrzeb klienta, może będziesz musiał wyjaśnić różnicę między uzdrawianiem traumy i prostym doradztwem (na przykład pomoc w znalezieniu pracy itp.). W zależności od zestawu twoich umiejętności, może będziesz musiał skierować klienta gdzie indziej, możliwe też, że uda ci się zadbać o obydwie rzeczy – jednak kryteria „opłaty za rezultat" i tak muszą zostać wyjaśnione. To pozwoli ci również mieć pewność, że klient nie oczekuje, abyś rozwiązał pewne sprawy w ramach doradztwa, gdy tak naprawdę jego problem wymaga terapii traumy.

Często widzieliśmy, że praktykujący terapeuci chcą wyjaśnić klientowi zbyt wiele. Zapominają, że większość klientów jest na terapii po to, aby pozbyć się cierpienia, a nie w celu zrozumienia materiału, którego terapeuta się nauczył. Klienci zakładają, że jesteś ekspertem w swojej dziedzinie – i zrobią to, co im powiesz, nawet jeśli nie ma to dla nich sensu. Patrzą na ciebie w ten sam sposób, w jaki patrzy się na doradcę podatkowego lub mechanika samochodowego – przecież nie zależy ci na szczegółach, po prostu chcesz, aby dobrze wykonali swoją pracę.

Jest oczywiste, że terapeuci muszą zdobyć praktykę, aby czuć się pewnie w tym, co robią. Nie oznacza to, że mają być doskonali, ale powinni wiedzieć, co potrafią, a czego nie, jakie popełnili błędy w trakcie terapii, jeśli coś pójdzie niewłaściwie. Klient może odczuwać twoją pewność siebie, ale może też odczuwać jej brak. Czy chciałbyś pracować z doradcą podatkowym, który jest zdenerwowany, wyliczając twój podatek?

Jeśli chcesz zakończyć sesję, zanim klient jest na to gotowy, może on poczuć się niekomfortowo, a wtedy skupienie uwagi na pozytywnych emocjach (takich jak wdzięczność) może przenieść go z powrotem do chwili obecnej. Upewnij się na koniec sesji, że klient jest w stanie bezpiecznie prowadzić pojazd. Klient może być np. tak zrelaksowany i uwolniony od napięcia, które mu wcześniej towarzyszyło, że może zasnąć podczas jazdy. Przypomnij mu również, że w trakcie terapii powinien powstrzymać się od podejmowania ważnych decyzji życiowych, jeśli to możliwe, aż do zakończenia terapii – odczucia wynikające z pobudzonych traum z niezakończonej terapii mogą poprowadzić klienta w niewłaściwym kierunku. Nawet po zakończeniu terapii zachęcaj klienta, aby dał sobie trochę czasu przed podjęciem ważnych decyzji (takie jak praca zawodowa, relacje partnerskie itp.).

Wskazówka: „zasada trzech razy"
Z naszego doświadczenia wynika, że nawet gdy symptomy u klienta zostały całkiem wyeliminowane, należy zaplanować jeszcze *dwie kolejne (zazwyczaj krótkie) dodatkowe se*sje: jedna z nich powinna mieć miejsce w ciągu kilku dni do tygodnia, a druga od 2 do 3 tygodni. Czasami materiał traumy związany z przepracowywanym problemem nie został zaktywowany podczas sesji, a zostanie wywołany później. Czasem klient ma problem z pętlą czasową, która przywraca traumę. Klient powinien wiedzieć z góry, że jest to standardowa część terapii i może się spodziewać, że objawy, które ustąpiły podczas pracy, mogą powrócić. To radykalnie zmienia twoje relacje z klientem – klient zamiast wpaść w panikę i rozpacz, jeśli problem wraca, spokojnie to przyjmuje i uwzględnia w swoich planach.
Ponieważ pracujesz zgodnie z zasadą „wynagrodzenia za rezultat", czas dla tych dodatkowych dwóch wizyt lub konsultacji telefonicznych powinien być uwzględniony w pierwotnej cenie.

Wskazówka: długość sesji
W tradycyjnej terapii „mówionej' o wiele łatwiej jest znaleźć punkt, w którym można zakończyć sesję i ponownie rozpocząć proces podczas następnej sesji. W naszej pracy, kiedy już rozpocząłeś regres lub inną interwencję, musisz ją zakończyć. I to z kilku powodów:
– pomiędzy sesjami mogą pojawić się nowe problemy, a wtedy trudno ci będzie na kolejnej sesji ponownie odnieść się do pierwotnego problemu, a klient może się czuć zdezorientowany
– powrót do starego problemu może wymagać wyeliminowania bieżącej aktywacji – cenny czas zostanie przeznaczony na inne sprawy, teraz dominujące, które nie mają odniesienia do kryteriów rezultatu, który uzgodniłeś
– klient po sesji może nadal cierpieć, mieć zaburzoną umiejętność prowadzenia pojazdu i radzenia sobie pomimo zastosowania różnych sposobów, aby go wyciągnąć z traumy – nie można go zostawić w takim stanie z powodu, że czas się skończył.

Z drugiej strony, praca z traumą wymaga energii i po pewnym czasie klient może czuć się wyczerpany, wtedy kontynuowanie sesji nie przynosi efektu. To zależy od typu klienta oraz od tego, czy pracuje się z nowym i starym klientem (starzy klienci do pewnego stopnia już znają procesy). Rozsądny maksymalny czas to około 1,5 godziny, choć niektórzy terapeuci planują na terapię maksimum 2 godziny.
Jako certyfikowany terapeuta musisz zadecydować, jak chcesz ustalić czas trwania sesji. Niektórzy klienci będą potrzebować więcej czasu niż określiłeś,

nawet jeśli następna osoba już czeka. Uprzedzenie klienta, że może się tak zdarzyć, zwykle załatwia problem, zwłaszcza jeśli mu uświadomisz, że kiedyś on może będzie potrzebować więcej czasu. Inna strategia polega na zorganizowaniu kolejnych sesji w taki sposób, aby klienci nie spotykali się ze sobą – wtedy jesteś bardziej elastyczny (takie właśnie rozwiązanie stosuje się m.in. w pracy z oddechem, terapii TIR czy EFT, kiedy to terapeuci tej metody coraz częściej przekraczają standardowe 50 minut na sesję).

Odpowiedzialność i świadoma zgoda

Aby zaoszczędzić czas podczas sesji z klientem zalecamy, aby terapeuta przekazał klientowi formularze odpowiedzialności i świadomej zgody wcześniej (np. online) lub gdy klient oczekuje na swoją sesję. Ale niezależnie od tego, czy zrobisz to w swoim gabinecie, czy wcześniej, musisz upewnić się, że klient przeczytał i zrozumiał dokumenty, zanim złożył podpisy. Te dokumenty są prawnie wymagane w większości krajów.

Zapoznawanie się z tymi formularzami ma ciekawy wpływ na większość klientów. Pozwala im przekonać się, że naprawdę rozumiesz problemy, które mogą się pojawić, że jesteś w pełni kompetentny w swojej profesji oraz wiesz, na co zwracać uwagę w przypadku, gdy się pojawią. W rozdziale 6. szczegółowo omawiamy temat wymaganych prawnie formularzy.

Czy przed spotkaniem z klientem przygotowałeś się na nieoczekiwane problemy?

- Czy wiesz, co zrobić w przypadku, gdy u klienta pojawią się myśli samobójcze? Czy wiesz, dokąd zaprowadzić klienta, jeśli konieczny będzie ustawiczny monitoring?
- Czy wiesz, jak (i dlaczego) postępować w przypadku odreagowania ciężkiej traumy (gdy np. zaktywują się u klienta wspomnienia seksualnych nadużyć)?
- Czy formularz wyraźnie zawiera pytania o choroby serca lub inne zagrażające życiu uwarunkowania fizyczne? – to pozwala zidentyfikować klientów, którzy są zagrożeni podczas stosowania technik potencjalnie stresujących, jak również zająć się kwestią odpowiedzialności.
- Czy stan zdrowia klienta może skomplikować pracę, jak np. wcześniejsze leczenie psychiatryczne?
- Jeśli zaktywowałbyś w kliencie problem, którego nie potrafisz uzdrowić, czy ustaliłeś z kimś bardziej wykwalifikowanym przejęcie tej osoby w nagłym przypadku?

Uwaga: Zanim wyspecjalizujesz się w pracy z klientami mającymi za sobą historię myśli lub prób samobójczych zalecamy, abyś nie pracował z takimi osobami. To powinno być jednym z pierwszych wskazówek przy decyzji, czy przyjąć klienta na terapię, czy nie – jest to ważne zarówno w celu ochrony klienta, jak też minimalizacji ich rozczarowania, że nie zostali przyjęci na terapię. Praca na odległość z klientami z myślami samobójczymi (przez skype'a lub telefon) jest niedobrym pomysłem, gdyż tacy klienci muszą być pod kontrolą osób, które w razie czego mogą bezpośrednio interweniować.

Klaryfikacja problemu

Do tego momentu poszczególne etapy przeprowadzania wywiadu są podobne, jak w innych terapiach traum, ale teraz nasi studenci muszą wprowadzić zmianę wzorca znanego z innych terapii – i to jest moment, kiedy uczestnicy szkolenia zaczynają popełniać błędy.

Znajdź pojedynczy problem. Klienci zazwyczaj mają wiele problemów – większość ludzi można porównać do starego samochodu, który przejechał wiele kilometrów. Jako terapeuta musisz utrzymać uwagę klienta na jego głównym problemie, tym który doprowadził go do ciebie, który naprawdę chce wyeliminować i jest gotowy za to zapłacić. I to jest moment, kiedy wielu terapeutów popełnia swój pierwszy błąd. Proszą klienta, aby opisał swoje problemy – takie pytanie jest zbyt ogólne, gdyż wtedy klient będzie próbował przedstawić swoją listę symptomów i problemów. To tak, jakby wziąć twój stary samochód do mechanika licząc, że naprawi wszystko za darmo: mówisz mu o zepsutej klamce, o skrzypiącym zawieszeniu, o chybotaniu kół... a prawdziwy problem – czyli brak silnika – jest dopiero kolejnym elementem na liście.

Terapeuta nie zdaje sobie sprawy, że wielu klientów nie ma pojęcia, co możesz, a czego nie możesz zrobić. Czasami ich oczekiwania są zbyt wysokie, czasem zbyt niskie. Czasem wierzą, że wszystkie ich problemy są ze sobą powiązane. Twoim zadaniem jest doprowadzić ich do skupienia się na temacie, który naprawdę jest dla nich ważny i za który są gotowi zapłacić. Kontynuując analogię do samochodu, musisz dowiedzieć się, co naprawdę chcą naprawić. I pamiętaj, że to nie musi być to, o czym ty myślisz, że powinno być naprawione. Jeśli naprawdę mają więcej niż jeden problem, sporządź dla następnego problemu odrębną umowę. Nie próbuj przerobić więcej niż jeden problem naraz!

Czasami klient opisuje jeden problem, ale nie zdaje sobie sprawy, jak wiele innych, nie powiązanych spraw w nim się zawiera. Wtedy znalezienie przez klienta najbardziej istotnego aspektu problemu jest kluczowe dla powodzenia terapii, tak by klient był zadowolony, a terapeuta osiągnął sukces. Często zdarza się, że gdy kluczowy element zostaje uzdrowiony, klient nie troszczy się już o pozostałe kwestie.

Skupienie na symptomach. Niektórzy klienci będą się starać „wyjaśnić" ci, dlaczego mają problem i co go wywołuje. W przypadku, gdy klientem jest terapeuta, może być trudno uzyskać od niego właściwy opis problemu (z tego powodu zalecamy naszym terapeutom pobieranie trzykrotnie wyższej opłaty od klientów-terapeutów ze względu na ilość zmarnowanego w ten sposób czasu).

Najczęstszym problemem, jaki dostrzegamy jest utrata kontroli przez „praktykanta" podczas prowadzonego wywiadu – a może on trwać przez wiele godzin! Terapeuta musi zdecydowanie sprowadzić klienta do symptomów – wszak musi nimi dysponować w celu zdiagnozowania problemu i sporządzenia kontraktu (niektórzy klienci faktycznie wiedzą, co jest przyczyną ich problemów, ale to są raczej rzadkie przypadki).

Podobny problem ma miejsce, kiedy terapeuta daje się wplątać w opowieści klienta – nazywamy to „zagubieniem się w historii klienta". Nawet jeśli opowieść jest zajmująca, terapeuta marnuje czas, gdyż najważniejsze jest sporządzenie umowy, zdiagnozowanie problemu i jego uzdrowienie.

Niektórzy klienci unikają pewnych tematów z powodu zażenowania lub swojej religii – na przykład wielu osobom przychodzi z trudem rozmowa o własnym życiu seksualnym. Kiedy mówią o swoim związku, krążą wokół tematu, unikając spraw związanych z seksem. Spotkaliśmy również osoby będące w konflikcie między tym, co czują, a ich przekonaniami religijnymi, co wymagało bardziej delikatnych pytań, niż można się było spodziewać.

Terapia skierowana na klienta. Klient przychodzi do ciebie, terapeuty, ponieważ cierpi i jest gotów zapłacić za ulgę. To *nie* oznacza, że terapeuta decyduje, który problem wymaga uzdrowienia (z wyjątkiem klientów sądowych). Klient ma nad sobą kontrolę, nawet jeżeli jest oczywiste, że potrzebuje pomocy w innych obszarach (np. jest paranoikiem) – ale zwykle to nie jest problem, który klient chce wyeliminować. Nie powinieneś więc sugerować klientowi, co ma uzdrowić, chyba że jest to częścią problemu, nad którym klient chce pracować.

Jest też inny problem natury etycznej, związany z tym tematem – kiedy terapeuta próbuje „sprzedać" swój ulubiony (lub lukratywny finansowo) proces uzdrawiania. To prawda, że „płacąc za rezultat" klient otrzymuje to, co zostało uzgodnione, ale często to nie jest to, po co do ciebie przyszedł. Prawie każdy potrzebuje procesu zwanego Cichym Umysłem, gdyż po jego przeprowadzeniu jakość życia większości ludzi znacznie się poprawia. Ale zwykle nie po to klient przychodzi do terapeuty – to jest nieetyczne i oczywiście powoduje niezadowolenie u klientów.

Szczegółowe kryteria chorób. W przeciwieństwie do terapii ogólnej, jeśli terapeuta ustala uzdrowienie konkretnej choroby, dla której nie ma medycznego testu laboratoryjnego (np. zespół Aspergera, syndrom chronicznego zmęczenia, schizofrenia, ADHD itp.), Instytut ustala kryteria, które będą stosowane do sprawdzania, czy problem zniknął. Ponieważ większość kategorii DSM lub podręczników diagnostycznych podaje zestawienie symptomów bez znajomości ich przyczyny, a więc często zawierają one wiele różnych objawów nieistotnych dla danego procesu chorobowego – różne choroby są wrzucane do tego samego worka. Nasze procesy zostały zoptymalizowane dla danej choroby i zdefiniowanych objawów. Po drugie, niektórzy klienci mają objawy wielu chorób lub stanów i błędnie oczekują, że wszystkie ich objawy po terapii znikną. I po trzecie, jeśli po terapii istnieje różnica zdań, możemy sprawdzić, czy po przeprowadzeniu naszego certyfikowanego procesu, uzgodnione na początku warunki zaistniały, czy nie.

Fraza wyzwalająca – kryteria „opłaty za rezultat"

„Klaryfikacja problemu" – „skupienie się na obecnym problemie" – „wyłonienie symptomów" – wszystko brzmi jak dobra rada, ale terapeutom trudno przeprowadzić to w taki sposób, aby klient był przekonany, że jest rozumiany. To nawet nie dotyka całości problemu, jaki terapeuci mają ze sporządzeniem umowy „opłaty za rezultat". Początkujący terapeuta szybko zapisuje kilka stron objawów w tekście umowy, a więc coś, czego nie można przeprowadzić w rozsądnym czasie, czy w ogóle osiągnąć w pełni, biorąc pod uwagę aktualny stan wiedzy. Na szczęście posługujemy się prostą i bezpośrednią sztuczką, pomagającą rozwiązać ten problem – nazywamy ją „frazą wyzwalającą".

Jest to zdanie, które powoduje wystąpienie maksymalnie intensywnych symptomów i dyskomfortu w kliencie, a *nie* opis problemu, historii lub objawów. Aby uzyskać „frazę wyzwalającą", możesz na przykład zwrócić się do klienta: „Powiedz mi zdanie (frazę) lub kilka zdań (fraz), które oddają to, co w tej sytuacji naprawdę ci przeszkadza". I tak, fraza wyzwalająca może brzmieć: „Zostawiła mnie" lub „Ty draniu!" – czyli *nie* jest to opis objawów lub historia. Będę to wciąż podkreślał – frazą wyzwalającą jest zdanie, które wyzwala największy ból emocjonalny.

Prawdziwa fraza wyzwalająca jest oczywista dla klienta, gdy tylko ujmie się ją w słowa – na skali SUDS jest to 10 lub prawie 10 – i klient powie, że to dokładnie ujmuje sedno bólu. Inne możliwe frazy wyzwalające mają mniej punktów na skali SUDS. Kiedy klient podaje kilka fraz, oznacza to, że to jeszcze nie jest ta najmocniejsza, najbardziej bolesna. Ale przy odrobinie praktyki, dla terapeuty będzie oczywiste, kiedy klient trafia naprawdę w sedno problemu – jego poziom cierpienia osiąga maksimum (łatwo to zauważyć w jego mowie ciała).

Kiedy już macie właściwą frazę wyzwalającą, zwykle klient twierdzi, że to jest właśnie to, co chce uzdrowić. Jeśli tak nie jest, na ogół oznacza to, że nie uzyskałeś najlepszej frazy wyzwalającej. Wpisz frazę wyzwalającą do kontraktu wraz z określeniem przez klienta poziomu SUDS i jako kryterium „opłaty za rezultat" zapisz osiągnięcie stanu 0 dla danej frazy. Gdy terapeuta pracuje z klientem nad klaryfikacją problemu, przez kilka minut słucha uważnie opowieści, a potem dość szybko wydobywa z klienta frazę wyzwalającą.

Drugim kluczowym zastosowaniem frazy wyzwalającej jest pomoc w znalezieniu odpowiedniej traumy podczas procesu uzdrawiania. Wypowiadając frazę, klient automatycznie wyzwala symptomy w swojej świadomości.

Wyjątki: Niektóre problemy na poziomie subkomórkowym nie mają lub nie potrzebują frazy wyzwalającej. Na przykład mitochondrialny wir ma stały symptom, tak więc próba uzyskania frazy wyzwalającej nie ma sensu. Natomiast fraza wyzwalająca jest szczególnie przydatna w przypadku problemów wywołanych traumami.

Wskazówka: sporządzanie notatek
Słuchając klienta, zanotuj jego słowa związane z naładowanymi emocjonalnie frazami. To ważne, by zapisać ich dokładne brzmienie – nie nazywaj po swojemu

tego, co usłyszałeś od klienta. Być może będziesz potrzebował niektórych z nich, aby pomóc zaktywować klienta w trakcie szukania frazy wyzwalającej, by sporządzić umowę, jak również w trakcie uzdrawiania, by upewnić się, czy problem został rozwiązany. Przekonasz się, że może to również pomóc w wykrywaniu kluczowych słów odnoszących się do przypadków subkomórkowych.

Sporządzone notatki jeszcze ci się przydadzą – zapisanie traum i innych przypadków, które uzdrawiasz podczas sesji, pomoże ci sprawdzić efekty uzdrawiania podczas następnych spotkań, np. pod kątem „powrotu" symptomów traumy lub innych problemów.

Kiedy uzyskujesz informacje zwrotne od klienta, nie zmieniaj kanału percepcji, co oznacza, że jeśli klient jest kinestetyczny, używaj słów wyrażających doznania kinestetyczne, jeśli głównym kanałem percepcji klienta jest wzrok – używaj słów z obszaru wizji. W ten sposób unikniesz dezorientacji klienta i konieczności przekładania swoich słów na jego pojęcia, a tym samym nie zakłócisz procesu przeprowadzenia wywiadu.

Diagnoza i uzdrawianie
Rozdział 5. przedstawia kilka sposobów przeprowadzenia diagnozy, przy czym większość tego podręcznika obejmuje konkretne przypadki subkomórkowe, a metody uzdrawiania są jedynie wymienione (patrz Dodatek 9., w którym są one wyjaśnione).

Certyfikowani terapeuci stanów szczytowych w większości pracują samodzielnie, mając prywatną praktykę. Jednocześnie objęci są siecią wysoce wykwalifikowanych pracowników kliniki Instytutu, co oznacza, że w przypadku jakichkolwiek problemów lub potrzeby uzyskania wskazówek diagnostycznych, mogą taką pomoc otrzymać (w przeciwieństwie do większości terapeutów innych modalności). Stwierdziliśmy doświadczalnie, że większość terapeutów, przechodząc przez około roczny okres nauki tego materiału, rzadko kiedy potrzebuje pomocy lub wsparcia w pracy z klientami.

Wskazówka: sieć kontaktów wśród terapeutów
Z naszego doświadczenia wynika, że niewielu terapeutów nawiązuje kontakty z kolegami po fachu w swoim sąsiedztwie, czy w swojej specjalizacji. To jest dokładne przeciwieństwo tego, co powinieneś robić! Być może jest to spowodowane obawami finansowymi, ale pamiętaj, że nie możesz uzdrowić wszystkich, a jeśli próbujesz, marnujesz swój czas, gdyż jesteś wynagradzany tylko wtedy, gdy zakończysz swoją pracę sukcesem. Utrzymywanie kontaktów może być nie tylko ciekawe, ale też daje możliwość wysyłania swoich klientów do innych terapeutów, jeśli nie jesteś przygotowany do pracy z ich problemami lub nie ma między wami „chemii".

Praca zespołowa w klinice może również przyciągać klientów, zwłaszcza jeśli klinika zajmuje się tematem, który ma związek z obszarem twojego zainteresowania. To buduje twoją obecność w społeczności, a także reputację i klientelę, ponieważ możesz obsłużyć więcej klientów we współpracy z innymi terapeutami.

Dodatkowo, może to być ciekawsze niż samodzielna praca, okazją do poszerzenia swoich umiejętności i omawiania problemów z kolegami.

Wskazówka: specjalizacja
Podczas naszych treningów nieustannie podkreślamy sprawę specjalizacji – terapeuci mogą być „ogólnymi praktykami", ale *o wiele* lepiej stać się specjalistą w pewnym obszarze. Wtedy nie tylko wzrosną twoje kompetencje w diagnozowaniu i leczeniu, ale specjalizacja w obszarze, którym jesteś szczerze zainteresowany, pozwoli ci również cieszyć się kolejnym dniem pracy. Są też inne zalety:
– klienci na ogół chcą mieć specjalistę od swoich problemów, a nie praktyka ogólnego
– często możesz przyciągnąć klientów z całego świata, nie tylko ze swojej okolicy
– inni terapeuci, którzy nie specjalizują się w tym co robisz, będą czuć się bardziej komfortowo w przesyłaniu ci odpowiednich klientów
– specjalizacja jest jednym z najlepszych i najprostszych sposobów na zwiększenie liczby klientów – bycie ekspertem w konkretnym problemie przyciąga klientów i jest na ogół łatwiejsze, niż bycie ogólnym praktykiem.

Ponadto, specjalizacja pozwala pobierać wyższe wynagrodzenie w porównaniu z terapeutą „ogólnym", zwłaszcza jeśli świadczy się usługi, których nie można znaleźć gdzie indziej. Ponieważ niektóre techniki Instytutu są unikalne, specjalizujemy się w terapii problemów, którymi nie zajmują się (albo zajmują się tylko częściowo) inne terapie – nasze kliniki pobierają wyższe opłaty (co kompensuje koszt części naszych badań).

Kluczowe zagadnienia

• Wstępna rozmowa zwykle trwa 20 minut, w tym stawianie diagnozy zajmuje około 3-5 min.
• Bardzo ważne jest utrzymanie koncentracji klienta na przedstawieniu symptomów – ich własna analiza i szczegółowa historia zazwyczaj nie jest pomocna.
• „Zasada trzech razy" oznacza, że po pomyślnym wyeliminowaniu problemu klienta, powinieneś sprawdzić rezultat terapii dwukrotnie w okresie 2 do 3 tygodni, by potwierdzić lub wzmocnić jej stabilność.
• Zidentyfikowanie „frazy wyzwalającej", która wywołuje największe cierpienie klienta związane z jego problemem, pozwala ustalić proste kryteria zastosowania „opłaty za rezultat".
• Sporządzając umowę – zachowaj krótką, konkretną formę; jeśli istnieje wiele problemów, sporządź kilka kontraktów; zdobądź wystarczająco dużo doświadczenia, aby wiedzieć, czego nie możesz uzdrowić; nie sporządzaj umowy na osiągnięcie czegoś, czego nie można zweryfikować lub zapewnić klientowi (jak np. randka z supermodelką).

• Umowa może być sporządzona bez diagnozy, ale dobrze jest zrobić obydwie rzeczy w tym samym czasie, ponieważ może wpłynąć na to, co oferujesz klientowi.

Sugerowana dalsza lektura
(w kontekście terapii traum)

• Paula Courteau (2013). *The Whole-Hearted Healing™ workbook* – ta zaktualizowana wersja przeznaczona jest dla osób pracujących nad sobą.
• Gary Craig (2011). *The EFT manual.*
• Gerald French i Chrys Harris (1998). *Traumatic Incident Reduction* – wyjątkowa pozycja na temat terapii traumy TIR oraz nieosądzającego słuchania.
• Grant McFetridge i Mary Pellicer (2004). *The basic Whole-Hearted™ Healing manual.*
• *Subcellular psychobiology diagnosis handbook, str. 54.*
• Francine Shapiro (2001). *Eye Movement Desensitization and Reprocessing (EMDR): basic principles, protocols, and procedures,* II wydanie.

Rozdział 5

PODEJŚCIA DIAGNOSTYCZNE

W trakcie naszych treningów dla terapeutów spędzamy dużo czasu nauczając technik, a także pozwalając studentom ćwiczyć na sobie i swoich kolegach. W pierwszych latach próbowaliśmy zamknąć wszystko w 5-, a później 9-dniowym treningu (aby zminimalizować koszty ponoszone przez studentów) zakładając, że studenci będą wystarczająco zmotywowani, by praktykować to, czego ich nauczyliśmy. Niestety, okazało się, że bardzo niewielu terapeutów rzeczywiście opanowało nowy materiał – praktykowanie na własną rękę okazało się zbyt trudne. Reagując na problem, w 2010 roku wydłużyliśmy czas trwania szkolenia do miesiąca i wtedy poziom certyfikacji wzrósł z około 5% do około 70%.

Wówczas zauważyliśmy, jak niezwykle cenna dla studenta była możliwość praktyki pod okiem superwizora – przeprowadzania początkowego wywiadu, diagnozy i terapii z trzema lub większą liczbą prawdziwych klientów. Byliśmy zaskoczeni faktem, jak wielu studentom „wystarczało" przyswajanie teorii, a konieczność kontaktu twarzą w twarz z klientem i zastosowanie tego, co już znali, prawie zawsze budziła ogromne opory (wręcz mini-bunty!) u większości studentów, a nawet u terapeutów, którzy pracowali z klientami już od wielu lat. To było nawet zabawne – mówić nieprzekonanym studentom, że ich uczucia są typowe, ale że do końca sesji treningowych przekonają się, iż diagnozowanie i uzdrawianie nowych klientów będzie dla nich przyjemnym doświadczeniem, na które będą czekać z niecierpliwością. Zauważyliśmy też, że radość wzrastała w trakcie sesji, gdy jeden ze studentów zajmował „gorące" miejsce „terapeuty", a inni przyglądali się sesjom, proponując własne rozwiązania – ich aktywność była fascynująca, a jednocześnie społecznie wspierająca dla wszystkich, również dla klientów!

Nauczyciel może zdiagnozować klienta poddawanego terapii w ciągu pierwszej minuty lub dwóch, ale studentom diagnoza zajmuje zwykle do 30 minut, zanim w pełni zaczną wykorzystywać swoje umiejętności. Ciekawym doświadczeniem w czasie treningu było zatrzymanie wywiadu z klientem po pierwszych trzech minutach, by zapytać studentów o diagnozę. Ta różnica czasowa częściowo była związana ze znajomością przypadków subkomórkowych, ale wynikała także z faktu, że umiejętności diagnostyczne stały się drugą naturą nauczycieli. Aby wypróbować i rozwinąć te umiejętności, w 2013 r. Paula Courteau opublikowała doskonały podręcznik na temat techniki regresji Whole-Hearted Healing (WHH), w którym przekazała model diagnozowania obejmujący wiele subkomórkowych przypadków. Metody przedstawione w niniejszym rozdziale są nieco inne – oba sposoby są równie użyteczne. Mam nadzieję, że uznasz je za pomocne w swojej praktyce.

Nowy kierunek dla terapeutów

Nawet, jeśli dowiesz się tylko o jednej nowej rzeczy, czytając jakiś akapit tego rozdziału, będzie to bardzo ważne! Podczas stawiania diagnozy, powinieneś *zawsze* mieć z tyłu głowy pomysły co do problemu, z jakim dany klient przychodzi, jeszcze zanim on się odezwie. *Nie możesz* być tylko biernym słuchaczem!

To bardzo różni się od kierunku, w którym została wyszkolona większość terapeutów – posiedli oni umiejętności współczującego słuchania, które jest przydatne, ale z naszego doświadczenia wynika, że takie podejście nie pomaga w stawianiu diagnozy. Stawiając diagnozę, terapeuta musi być proaktywny, a nie reaktywny.

Ta nowa orientacja zmienia wszystko, ale nie oznacza, że twoje początkowe pomysły będą słuszne. Pozwala ci jednak od razu zadać odpowiednie pytania w taki sposób, że możesz szybko i dokładnie klienta zdiagnozować. Musimy to mocno podkreślać, bo wciąż widzimy terapeutów stawiających bezsensowne pytania, próbujących usłyszeć od klienta coś, co mogą rozpoznać lub coś, co mogą emocjonalnie połączyć. Gdy zadaje się niewłaściwe pytania lub stawia zbyt ogólne pytania typu: „Jak się czujesz?", klient będzie próbował się do nich dostosować, a to prowadzi do nieporozumień, dyskusji na temat przypadkowych symptomów lub problemów i niweczy cały proces diagnozowania.

Z naszych doświadczeń ze studentami wynika, że błądzą, ponieważ nie są ukierunkowani podczas stawiania diagnozy. Mając wszystkie subkomórkowe przypadki w swojej głowie, będziesz naprawdę chciał powiązać klienta z opisem tego, co mu dolega i zadać ukierunkowane pytania, aby dowiedzieć się, czy jest to prosta trauma, przypadek subkomórkowy, czy problem strukturalny? Oczywiście, terapeuta musi dokładnie znać przypadki subkomórkowe, aby mógł zadać istotne pytania pozwalające mu zdiagnozować problem. Ponowne zadawanie przypadkowych pytań (lub pytań pełnych empatii, które nie są diagnostyczne), *nie* jest to dobrym pomysłem – z takiego podejścia powinno się korzystać tylko w ostateczności.

Jak powiedzieliśmy we wstępie do tego rozdziału, nasi studenci wykonują ćwiczenie, mając do dyspozycji trzy minuty na postawienie wstępnej diagnozy. Jeśli w jakimś konkretnym przypadku nie są pewni, polecamy im przygotować listę możliwych problemów subkomórkowych, przejrzeć istotne pytania w diagnozie różnicującej, choć zwykle w 9 przypadkach na 10 diagnoza klienta jest oczywista, a wszelkie dodatkowe pytania diagnostyczne tylko ją weryfikują.

W czasie treningu wykorzystujemy kilka ćwiczeń, by dobrze przygotować naszych studentów do pracy z klientami. W Dodatku 4. przedstawiamy krótkie przykłady symptomów, które podajemy studentom, by praktykowali rozpoznawanie przypadków subkomórkowych, a w Dodatku 5. – listę rzeczywistych historii, aby dać im możliwość diagnozowania, zanim jeszcze rozpoczną terapię z prawdziwymi klientami.

Dodatek 1. zawiera listę problemów emocjonalnych, z którymi mogą spotkać u siebie przy stawianiu diagnozy. Studenci zapoznają się z listą i – myśląc o diagnozie – sprawdzają, które z wymienionych problemów wywołują w nich reakcje emocjonalne. Celem praktyki jest ich uzdrowienie, tak by zniknęły wszystkie treści emocjonalne.

Koncentracja na obecnych symptomach

Kolejnym kluczowym punktem jest utrzymanie uwagi klienta na opisie symptomów, których doświadcza teraz, a nie na historii jego problemów i ich wyjaśnianiu lub na informacjach o jego poprzednim terapeucie, lekarzu lub o jego własnej diagnozie. I chociaż jest to sprzeczne ze standardowym treningiem w terapii werbalnej, to kiedy naprawdę zaczniesz rozumieć psychologię subkomórkową i traumy w zdarzeniach rozwojowych, zdasz sobie sprawę, że większość problemów rozpoczęła się w łonie mamy, a utrzymują się one z powodu uszkodzeń wewnątrz komórek. Jak tylko emocjonalnie zaakceptujesz zasadę, że symptomy nie są logicznym rezultatem obecnej sytuacji klienta, a raczej wyzwalaczami na poziomie biologii, zdasz sobie sprawę, że mówienie o jego problemach jest nie tylko marnowaniem czasu, ale tak naprawdę zakłóca proces diagnozowania. Tego rodzaju dyskusje jedynie przekierowują klienta na poboczne sprawy, co sprawia, że traci on koncentrację na rzeczywistym problemie.

Chociaż czasami trzeba wysłuchać klienta, aby dowiedzieć się, co tak naprawdę jest problemem, w przypadku większości osób opowiadanie historii rzeczywiście nie jest potrzebne. Oni po prostu dodają do swej listy coraz więcej spraw, ponieważ próbują wyjaśniać przyczynę swojego samopoczucia (czasami klient naprawdę nie wie, co jest nie tak, więc przyglądaj się temu).

Niektórzy klienci nie potrafią opisać symptomów fizycznych zupełnie z innego powodu – doświadczają „kryzysu duchowego" i ich opisy są w swej naturze empirycznie „duchowe" (to nie są kwestie religii lub wiary, które uzdrawia się przy zastosowaniu standardowych technik). W tych przypadkach (które nie zdarzają się często) klient przełącza się na tryb widzenia i doświadczania, które nazywamy „duchowym spojrzeniem". To komplikuje diagnozę, ponieważ przyczyna biologiczna ich problemu nie jest rozpoznawalna z tej perspektywy. Terapeuta diagnozuje podstawowy problem biologiczny albo na podstawie opisu klienta, jeśli to łączy się z przypadkiem standardowym, albo poprzez przełączenie klienta na bolesne, ale bardziej przydatne „widzenie fizyczne", aby podstawowe problemy biologiczne mogły być dostrzeżone (rozdział 13. zajmuje się tymi problemami bardziej szczegółowo).

Strach przed pomyłką

Innym częstym problemem terapeutów, dla których ten materiał jest nowy, jest strach przed popełnieniem błędu w diagnozowaniu. Oczywiście jest to częściowo wywołane ich doświadczeniami z przeszłości w trudnym środowisku akademickim, ale część terapeutów naprawdę boi się zaszkodzić klientowi. Terapeucie zwykle zajmuje trochę czasu, by się przekonać, że popełnienie błędu diagnostycznego to nic poważnego.

Jeśli jego terapia nie działa, może przestać oceniać dlaczego! Być może klient po prostu nie zrozumiał wskazówek w uzdrawianiu. Czy to zostało zakłócone jakimś problemem, czy jest to rzeczywisty błąd w diagnozie? Niezależnie od odpowiedzi, terapeuta może spokojnie przeprowadzić ponownie ocenę i zacząć od nowa. Podczas naszych zajęć szkoleniowych, zawsze pozwalamy studentom popełniać błędy w diagnozie, tak aby czuli się komfortowo rozpoczynając uzdrawianie, zdając sobie sprawę, że problem co prawda nie zniknie, ale można zacząć od nowa.

Czasami terapeuta może mieć kilka alternatywnych diagnoz dotyczących problemu klienta. Choć może kontynuować zadawanie pytań diagnostycznych i wybrać jedną z nich, lepiej sprawdza się inne podejście – wybrać najbardziej prawdopodobną przyczynę i rozpocząć terapię lub wyeliminować inne możliwości, jeśli dana technika jest bardzo szybka (jak np. w przypadku zwykłej traumy biograficznej). Takie podejście, oparte na próbach i błędach, szybko pokaże terapeucie, czy jest na właściwej drodze, czy nie.

Inne częste błędy podczas diagnozowania

Gdy terapeuci mają wątpliwości co do swojej diagnozy, najbardziej powszechnym błędem jest rozmowa lub zadawanie pytań, aby wypełnić ciszę. Ale uwierzcie mi – znacznie lepiej jest nic nie mówić, niż zadawać przypadkowe pytania! Gdy zadajesz pytanie (lub mówisz klientowi, aby zrobił coś, czego nie rozumie), klient zwykle stara się być pomocny i zrobi co może, by zadowolić terapeutę. Tak więc wybór nieprawidłowego pytania przekieruje cię do niepowiązanych problemów w życiu klienta lub spowoduje jego dezorientację. Podkreślmy to jeszcze raz – zadaj pytanie tylko wtedy, jeśli masz ku temu dobry powód i miej świadomość, że może trzeba będzie pomóc klientowi wrócić na właściwy tor po zadaniu mu pytania.

Ponadto na tym etapie diagnozowania bądź uważny, aby nie zadać pytań, które sprawią, że klient musi się zastanawiać! (to są te pytania, po których klient robi przerwę przed udzieleniem odpowiedzi). Klient może wtedy zmienić temat, wprowadzając nowe kwestie, które są bez znaczenia dla prawdziwego problemu, który klient chce naprawić (i jest gotów za to zapłacić).

Terapeuta musi również być bardzo ostrożny w doborze słów, tak aby klient nie był zdezorientowany. Zadawanie klientowi zorientowanemu kinestetycznie pytania o charakterze wizualnym, może spowodować nieporozumienia, które będą wymagały czasu, by je wyjaśnić. Klient zrobi to, o co prosisz, nawet jeśli to tylko wprowadzi dodatkowe zamieszanie. Uważaj, co mówisz!

Jak już powiedzieliśmy, terapeuta powinien być aktywny, a nie pasywny. Zawsze miej pomysł, czym dany problem może być spowodowany i sprawdź, czy klient temu nie zaprzecza. To jest przeciwieństwo typowych terapii i bądź przygotowany, że wyszkolenie się w nowym sposobie pracy może trochę potrwać. Możesz też spróbować innego sposobu: kiedy klient przekracza próg twojego biura, spojrzawszy na niego, miej w swojej głowie pomysły diagnostyczne lub przynajmniej najczęstsze podobne przypadki.

Chociaż wydaje się, że tworzenie osądu przed wywiadem może doprowadzić do błędów, w rzeczywistości jest odwrotnie. Pozwala bowiem zadać odpowiednie pytania i *naprawdę* słuchać tego, co mówi klient, by sprawdzić, czy pasuje do twoich pomysłów.

Innym, częstym problemem, który zauważamy u nowych terapeutów jest niesprawdzanie istniejących wcześniej symptomów. Oznacza to, że klient ma aktualny problem, ale również i starszy, przewlekły symptom, które nie są ze sobą powiązane. Może to zarówno wprowadzić bałagan w diagnozie, jak i zamieszanie w dalszej terapii, ponieważ klient nie będzie rozróżniał między dwoma zestawami symptomów, dopóki się tego nie wyjaśni. Pamiętaj, by to sprawdzić!

Często widzimy, jak nowi terapeuci tracą kontrolę podczas sesji diagnostycznej, kiedy klient przez dłuższy czas wchodzi w historię lub objaśnienia. Większość terapeutów potrzebuje praktyki, aby w delikatny sposób uciąć snucie historii wyjaśniając, że w tej terapii potrzebują rzeczywistych, fizycznych symptomów pomocnych w diagnozowaniu.

Wreszcie, podczas diagnozowania i przeprowadzania wywiadu nie pozwól, aby się przeciągały w czasie. Utrzymuj skoncentrowanego na problemie klienta, który potrzebuje uzdrowienia, czyli bądź aktywnie dyrektywny w kontakcie z większością klientów (ale nie popełniaj błędu kierowania ich uwagi na inne kwestie – pozostań w danym temacie). W większości przypadków jest tylko kilka rzeczy, na które powinieneś zwrócić uwagę już na samym początku:

– czy jest to problem medyczny – terapeuci często zapominają, że niektóre problemy spowodowane są przez uszkodzenia ciała, choroby lub różne substancje
– czy ma to charakter pokoleniowy, czy inni krewni mają ten problem – uzdrowienie tych traum ma ogromny wpływ na klientów.

Zrozumienie traumy, symptomów strukturalnych i pasożytniczych
Ponieważ pracujemy z przypadkami subkomórkowymi, bardzo ważne jest, abyś zrozumiał różnicę pomiędzy prostą traumą, problemem strukturalnym i subkomórkowym. Jak już powiedzieliśmy, proste biograficzne i pokoleniowe traumy mogą i powodują mnóstwo problemów u ludzi. Te traumy wywołują uczucia, które są ciągle obecne w ich świadomości albo też od czasu do czasu są uruchamiane przez zewnętrzne okoliczności lub myśli. Asocjacje ciała powstają także podczas traumatycznych wydarzeń, a zwłaszcza wywołują zachowania uzależniające.

Subkomórkowe problemy strukturalne są inne. Tutaj emocjonalny symptom u klienta jest spowodowany przez strukturalny defekt komórki prymarnej i *nie* jest wynikiem traum o podobnych uczuciach. Objawy fizyczne i emocjonalne spowodowane strukturalnymi problemami w komórce prymarnej są uszkodzeniami komórki, nie pochodzą z odczuwania traum, które spowodowały uszkodzenie. Mówiąc inaczej – w przypadku problemu strukturalnego jest jak z dziurą w dachu, która powoduje, że meble są mokre i zbutwiałe. Problemy strukturalne są pośrednio spowodowane traumami pokoleniowymi. Aby pomóc klientowi, musisz potrafić rozpoznać symptomy uszkodzenia strukturalnego i dowiedzieć się, jak znaleźć przyczyny traum. Owe problemy są przyczyną wielu subkomórkowych przypadków lub sytuacji opisanych w tym podręczniku albo w podręczniku *Whole-Hearted Healing*. Ponadto, większość szczytowych stanów świadomości, których uczymy, odzyskuje się poprzez naprawę problemów strukturalnych w komórce prymarnej.

Tematy związane z subkomórkowymi chorobami to trzeci rodzaj problemów. Mogą być one podzielone na dwie grupy: oczywiste, gdy symptom jest wynikiem aktywności pasożyta w komórce, np. kiedy pasożyt insektopodobny powoduje ból, rozrywając membranę komórkową. Szukanie traumy z tym samym uczuciem bólu w niej zawartym jest stratą czasu, gdyż symptom nie jest bezpośrednio związany z traumą. Drugi rodzaj problemów z pasożytami jest bardziej powszechny, ale znacznie gorszy. W tym przypadku klient doświadcza pasożyta jak siebie. Wszelkie problemy lub uszkodzenia pasożyta są doświadczane, jakby to były własne problemy klienta. Te dwa efekty mogą również nakładać się na siebie, kiedy symptomy klienta są zarówno uszkodzeniem wywołanym przez pasożyta, jak i cierpieniem samego pasożyta. Aby zdiagnozować i uzdrowić te problemy, musisz rozpoznać stosunkowo niewiele objawów, które te pasożyty mogą wywoływać i dowiedzieć się, jak postąpić. Problemem może też być zniszczenie pasożytów – trzeba wytłumaczyć klientowi, aby przestał nieświadomie je prowokować, wtedy przestaną mu szkodzić, ani też ich nie uzdrawiał, by uwolnić się od symptomów.

Założenia dotyczące tła terapeutycznego

Podczas naszych szkoleń zakładamy, że terapeuta ma już doświadczenie w stosowaniu terapii traumy: EMDR, TIR, terapii meridianowych (np. EFT) itp. Faktycznie, większość terapeutów biorących udział w naszych treningach używa już profesjonalnie tych technik, ale chcą mieć lepsze narzędzia, aby móc lepiej uzdrawiać klientów, niż mogli dotychczas. Zalecamy terapeutom poznanie tak wielu technik, jak to jest tylko możliwe – nie tylko naszych – szczególnie w przypadku, gdy dana technika nie jest wystarczająca lub w ogóle nie działa na danego klienta. W ramach naszych szkoleń uczymy naszych skutecznych technik, które są ukierunkowane na różne typy traum, ale inne techniki też są pomocne.

Diagnostyka różnicująca a kody ICD-10

Bez względu na to, z jakiego podejścia korzystasz przeprowadzając diagnozę swojego klienta, powinieneś pamiętać o wszystkich bieżących problemach subkomórkowych, które do tej pory zidentyfikowaliśmy. Prawdopodobnie w tym momencie nasi studenci jęknęli, ale tak naprawdę, nie ma sposobu, aby to sobie „odpuścić". Niestety, różne przypadki wymagają różnych technik, więc terapeuta zwykle musi dowiedzieć się, co jest przyczyną, aby prawidłowo przeprowadzić uzdrawianie.

W przypadku wielu klientów rozpoznanie jest oczywiste, ponieważ symptomy pasują tylko do konkretnego przypadku subkomórkowego – tak dzieje się w większości przypadków.

Jednak w przypadku niektórych klientów, podczas stawiania diagnozy, przyjdzie ci na myśl kilka możliwych subkomórkowych przypadków. Wtedy musisz przeprowadzić „diagnostykę różnicującą", aby dowiedzieć się, do jakiego rzeczywiście pasuje przypadku. Niekiedy trzeba będzie sprawdzić inne symptomy, które pozwolą zidentyfikować konkretny przypadek – czasami trzeba będzie rozpocząć właściwą terapię, by przetestować hipotezy i sprawdzić, czy pojawiają się jakiekolwiek zmiany w symptomach. Jak widać, różne metody diagnostyczne pozwalają zredukować listę możliwych przyczyn. Jeśli podczas pracy z typowym średnio lub nisko funkcjonującym klientem istnieje kilka możliwości, uczymy studentów, aby zaczynali od najczęstszego przypadku. Na szczęście, różne podejścia diagnostyczne mogą być stosowane jednocześnie – jak ma to miejsce w diagramie Venna – co sprowadza liczbę przypadków jedynie do tych, które zachodzą na siebie w każdej z tych metod.

W każdym opisie subkomórkowego przypadku w tym podręczniku przedstawiamy też inne przypadki, które mają podobne objawy i proponujemy kroki sprawdzające dla przeprowadzenia diagnostyki różnicującej. Poniżej znajdują się dwa przykłady ilustrujące, jak to robić. Wyselekcjonowaliśmy dowolnie dwa typowe objawy emocjonalne i wymieniliśmy ich najbardziej prawdopodobne subkomórkowe przyczyny – zawarte są tu szybkie sposoby diagnozowania i identyfikowania, co jest przyczyną danego przypadku. Możliwości te są mniej więcej uporządkowane od najbardziej powszechnych do najrzadszych. Studenci powinni umieć automatycznie przywołać taką listę, diagnozując klienta podczas pierwszego z nim wywiadu. W rozdziale 12. omówiliśmy bardziej szczegółowo standardowe symptomy i diagnostykę różnicującą.

Przykład: klient odczuwa długotrwały, głęboki smutek
– utrata duszy: czy jest smutny, bo brakuje mu kogoś lub tęskni za kimś
– trauma biograficzna (prosta): czy występuje tu obraz traumy lub moment, z którym wiąże się to uczucie
– kopia: testowanie poprzez zadanie pytań: czy to uczucie jest częściowo na zewnątrz ciała, czy to uczucie ma osobowość (uważaj, aby klient nie ignorował osobowości rodzica) lub w przypadku, gdy opukiwanie na to uczucie nie działa
– trauma pokoleniowa: odczucie jest osobiste, wiele osób w rodzinie klienta to ma
– blokada plemienna: klient tak naprawdę czuje się „ciężki", a nie smutny.

Przykład: klient odczuwa długo utrzymujący się strach lub lęk
– dziury: czy jest takie miejsce wewnątrz ciała (jest to bardzo prawdopodobna przyczyna)
– trauma: czy opukiwanie działa (zwróć uwagę na psychologiczne odwrócenie)
– kopia: czy jest to częściowo na zewnątrz ciała, czy strach ma czyjąś osobowość
– blokada plemienna: czy lęk jest odpowiedzią na emocje, które napływają do pępka.

Z drugiej strony, niekiedy nie będziesz miał pojęcia, co powoduje problem klienta. To zdarza się wtedy, gdy umiejętności i doświadczenie stają się praktyką terapii. W dalszej części książki podajemy niektóre z najczęstszych powodów, dlaczego terapeuta nie rozpoznaje standardowego przypadku i co można wtedy zrobić. Ale czasami po prostu musisz zgadywać, a najlepszym zgadywaniem jest rozpoczęcie terapii za pomocą technik. Na szczęście, nasi certyfikowani terapeuci mają dostęp do innego zasobu – nasz wysoko wykwalifikowany personel kliniczny może w razie potrzeby asystować terapeucie w diagnostyce i w terapii.

Obecny stan wiedzy

Ale w terapii chodzi o coś więcej niż tylko dopasowanie klienta do jednej z szuflad opisywanego w tym podręczniku szczególnego przypadku subkomórkowego. Niestety, ponieważ jest to nowa technologia, istnieje wiele problemów, dla których nie znamy jeszcze sposobu leczenia. W ramach treningu jest bardzo ważne, abyś dowiedział się, czego nie potrafisz uzdrawiać i jak uzdrawiać to, co umiesz uzdrawiać. Wykaz jednostek chorobowych ICD-10 (Międzynarodowa Klasyfikacja Chorób) zamieszczony w Dodatku 11. pokazuje prawdopodobne subkomórkowe przyczyny różnych problemów, ale pokazuje też wszystkie te obszary, dla których nie mamy jeszcze rozwiązań. Kiedy znasz swoje ograniczenia, możesz zaoferować klientowi to, co potrafisz zrobić i pozwolić mu zadecydować, czy to jest warte ustalonej ceny, a także nie zawiedziesz go w tych momentach, gdy nie będziesz wiedział, co robić.

Ale zmiany w tej dziedzinie następują bardzo szybko. Aby być na bieżąco, odwiedź naszą stronę internetową www.peakstates.com, która zawiera aktualizacje. Lista ta ciągle się zmienia, ponieważ rozwijamy nowe techniki i znajdujemy przyczyny większej liczby chorób. Jednym z powodów, dlaczego warto być certyfikowanym przez Instytut – oprócz przyjemności obcowania z innymi terapeutami stosującymi najnowocześniejsze techniki, którzy również stosują „opłatę za rezultat" – jest otrzymywanie na bieżąco informacji o nowych rozwiązaniach i technikach.

Podejście w psychobiologii subkomórkowej pozwala nam zrozumieć i uzdrawiać różne „nieuleczalne" problemy lub dolegliwości o nieznanej etiologii, ponieważ łączy ze sobą psychologię i biologię. Na przykład rozumiemy teraz przyczynę zespołu chronicznego zmęczenia (i pracujemy nad metodą uzdrawiania tej dolegliwości), o czym możesz przeczytać na naszej stronie internetowej. Po przeprowadzeniu wystarczającej liczby testów, jeśli proces okaże się bezpieczny i poprawny, ostatecznie opublikujemy go dla dobra ogółu. Jeszcze nieopublikowany tom 3. *Peak states of consciousness* obejmuje teorię, metody analiz i uzdrawiania wielu istotnych chorób. Opisujemy też wiele z naszych projektów badawczych (to dla osób zainteresowanych), ale mamy też inne, nad którymi pracujemy wtedy, kiedy mamy czas i możliwości. Obecnie są to trzy projekty z naszych wysoko priorytetowych badań:

– poważny autyzm, który jest już opisanym projektem
– cukrzyca typu 1: wierzymy, że zidentyfikowaliśmy przyczynę i pracujemy nad sposobem jej uzdrawiania

– OCD: wierzymy, że zidentyfikowaliśmy przyczynę i pracujemy nad sposobem jej uzdrawiania (jest to projekt niewymieniony na liście).

Diagnoza – szybka metoda oceny funkcjonowania

Jednym z trików, które stosujemy, jest niemal natychmiastowa ocena klienta i umieszczenie go w jednej z trzech kategorii:

a) wysoko funkcjonujący – myśli, uczucia i działania są zgodne; klient czuje się stabilny, porusza go jeden lub dwa tematy; z pozostałymi problemami nie ma kłopotu; jest dobrym kandydatem do doświadczania szczytowych stanów świadomości

b) przeciętnie (lub średnio) funkcjonujący – typowa osoba, przeżywa wiele emocjonalnych dramatów w swoim życiu, ale potrafi funkcjonować; w tej kategorii przeważnie są to klienci większości prywatnych praktyk terapeutycznych, a także większość terapeutów

c) nisko funkcjonujący – mają wiele problemów, mogą być zdiagnozowani jako psychicznie chorzy.

Powodem stosowania tej ogólnej i natychmiastowej kategoryzacji jest to, że osoby wysokofunkcjonujące zazwyczaj bardzo łatwo jest uzdrowić, prawie zawsze występuje tylko jeden problem, który przeszkadza im w bezproblemowym życiu. Zazwyczaj są to dobrzy klienci, z którymi kontrakt uzgadnia się bez trudu. Te osoby zdarzają się stosunkowo rzadko wśród klientów, ale mogą przyjść do ciebie po stan szczytowy, a do tego są idealne. Zazwyczaj ich problem pochodzi z blokady plemiennej, z ciężkich lub oporujących uczuć pojawiających się w ich życiu, gdy starają się i żyją pełniej niż przeciętna osoba. Sztuczka z kategoryzacją zwykle zajmuje nowemu terapeucie trochę czasu, ponieważ na ogół nie ma do czynienia z wysoko funkcjonującymi osobami w swojej praktyce lub we prywatnym życiu.

Osoby średnio lub nisko funkcjonujące zazwyczaj nie są dobrymi kandydaci do stanów szczytowych. Jeśli przyjdą do ciebie po jeden z nich, prawie zawsze chcą go stosować do „samoleczenia" – po to, by przykryć lub zablokować pewne bolesne uczucia lub problemy w swoim życiu. Z doświadczenia wynika, że musisz dowiedzieć się, co starają się „zakryć" stanem szczytowym i najpierw uzdrowić ten problem. Zwykle okazuje się, że po uzdrowieniu nie mają żadnego interesu w osiąganiu stanu szczytowego. Jeśli zamiast tego zaczniesz od procesu stanu szczytowego, ich problem zwykle pozostanie nieuzdrowiony i będziesz miał niezadowolonego klienta – należy pamiętać, że kilka procesów osiągania szczytowych stanów świadomości, takich jak Technika Cichego Umysłu lub proces Wewnętrznego Spokoju przynosi efekt poprzez wyeliminowanie szczególnego problemu i terapeuta musi umieć rozpoznać, czy ich zastosowanie rozwiąże problem klienta.

Z osobami nisko funkcjonującymi trzeba bardzo uważnie sporządzać kontrakt, ponieważ mają tak wiele problemów w swoim życiu, że musisz dokładnie określić, co podejmujesz się uzdrowić. Jest mało prawdopodobne, że będą czuć się znacznie lepiej po przeprowadzonej terapii, ponieważ jednocześnie występuje u nich tak wiele problemów, że wyeliminowanie jednego z nich zwykle nie wystarcza, by poczuli się inaczej czy lepiej.

Jednakże istnieją wyjątki – niektóre zaburzenia psychiczne powodowane przez proces chorobowy (takie jak głosy rybosomalne, s-dziury lub pasożyty insektopodobne odpowiedzialne za uzależnienia) mogą wpływać na inne obszary ich życia, kaskadowo wywołując inne problemy. Wtedy wyeliminowanie choroby może znacznie poprawić klientowi życie w wielu jego obszarach.

Kluczowe pytania
- Jeśli klient prosi o szczytowy stan świadomości, czy w ten sposób chce uzdrowić jakiś swój problem – jeśli tak, to uzdrowienie problemu usunie potrzebę stanu; a jeśli dasz mu stan szczytowy, klient nie będzie zadowolony z rezultatu, gdyż jest mało prawdopodobne, by to pomogło rozwiązać jego problem).

Diagnoza – metoda słów kluczowych
Pierwszą umiejętnością diagnostyczną, której uczymy terapeutów, jest odnajdywanie słów kluczowych i fraz podczas rozmowy z klientem. Pomaga to szybko zidentyfikować problem – czy jest to prosta trauma, czy specjalny przypadek subkomórkowy (oczywiście, przy założeniu, że naprawdę nauczyłeś się i zinternalizowałeś przypadki subkomórkowe na tyle, że słuchając klienta potrafisz rozpoznać, jaki to przypadek.) W tym podręczniku zamieszczamy wiele przykładów, w jaki sposób klient może opisywać swój przypadek, i jeśli to możliwe, pozwalamy terapeucie doświadczyć przypadku na sobie, by mógł go rozpoznać, nawet jeśli klient opisuje go w inny sposób. Oczywiście, terapeuta może zadać więcej pytań, aby upewnić się, że przypadek, który ma na myśli, jest tym właściwym. Ale uważaj, aby nie skierować uwagi klienta na temat niepowiązany!

Metoda „słów kluczowych" nie jest niezawodna, ale wraz z praktyką może być często stosowana do szybkiego zdiagnozowania problemu. Poniżej przytaczamy niektóre przykłady z tego podręcznika.

Przykład: proste przypadki traum utkniętych genów
- problem jest bardzo osobisty; to jest o tym, kim jestem, jaki jestem uszkodzony w swojej istocie: trauma pokoleniowa
- członkowie rodziny mają ten sam problem: trauma pokoleniowa
- uzależnienia: asocjacje ciała
- pozytywne odczucie problemu: trauma pozytywna
- odczucie bycia rozdzieranym w dwóch kierunkach: dylemat.

Przykład: problem strukturalny lub pasożyt
- terapia „opukiwania" danego symptomu nie przynosi efektu: kopia
- odczucie ciężkości, opór przed zmianą swojego życia: blokada plemienna

- lęk/strach: dziury
- utrata, tęsknota, samotność, smutek: utrata duszy
- ból podczas poruszania się: struktura korony
- głosy, uzależnienia seksualne, opętania demoniczne, channeling: głosy rybosomalne
- kilka osób, które znam, przejawiają ten sam problem: projekcja
- ostry ból, uczucie zmęczenia, ciężkości: klątwy
- utrata zdolności do tworzenia osądów, odczuwanie ludzi jako obiekty: zatrzaśnięcie mózgu umysłu lub mózgu serca
- wąski zakres odczuwania emocji: spłaszczone emocje.

Diagnoza – podejście oparte na prawdopodobieństwie wystąpienia
Przypadki subkomórkowe opisane w tym podręczniku są przeznaczone dla praktykujących terapeutów w różnych obszarach. Ponieważ terapeuci mogą spotkać się praktycznie z każdym problemem w swojej karierze, przedstawione zostały trzy grupy przypadków, mniej więcej w kolejności częstości ich występowania w populacji klientów. Najczęstsze przypadki są opisane w rozdziale 8., które kandydaci na terapeutów powinni umieć rozpoznawać nawet „we śnie". Przypadki z rozdziału 9. są mniej powszechne, ale również oczekujemy, aby terapeuta je dobrze znał. W rozdziale 10. przedstawiamy przypadki, które występują jeszcze rzadziej, ale terapeuta musi wiedzieć, że istnieją i gdyby zaszła potrzeba zastosowania bardziej specjalistycznego uzdrawiania, będzie musiał się z nimi zapoznać (terapeuci-specjaliści zazwyczaj pracują z jednym lub z kilkoma z tych nietypowych subkomórkowych przypadków).

Prosta trauma jest zdecydowanie najbardziej prawdopodobną przyczyną problemu. Nowi studenci terapii diagnozując klienta, często przechodzą do rzadkich przypadków subkomórkowych, podczas gdy przyczyną jest zwykła prosta trauma, którą już poznali (podobnie jak studenci pierwszego roku medycyny, którzy błędnie diagnozują u siebie większość chorób). Nawet jeśli nie diagnozujesz, nadal możesz używać tylko techniki traumy oczekując, że w pełni uzdrowisz klienta (zakładając, że wcześniej nie stosował on terapii traum bez rezultatu). To jest dobra wiadomość. Zastosuj skalę SUDS, ustal opłatę za rezultat, uzyskaj frazę traumy i jesteś gotów do pracy!

Złą wiadomością jest to, że wielu klientów przyjdzie do was dlatego, że próbowało wszystkiego i nie było w stanie pozbyć się swojego problemu. To nie musi oznaczać, że problemem nadal nie jest prosta trauma, ponieważ może to być związane z pętlami czasowymi (patrz rozdział 11.) lub ukrytym problemem przyczynowości (patrz poniżej). A może techniki traum, które stosowali nie były odpowiednie dla traum biograficznych, pokoleniowych lub asocjacji ciała. A to oznacza, że prawdopodobnie mają inny problem subkomórkowy (taki jak kopia) lub problem strukturalny.

W tym podręczniku nie będziemy zagłębiać się w inne techniki i metody diagnostyczne dla prostych traum, które zostały opracowane dla innych terapii (takich jak EMDR, EFT, TIR) – zakładamy, że już je znacie. Jednak skupimy się na problemie ukrytych lub wypartych traum, ponieważ nasi studenci na ogół mają trudności z ich rozpoznaniem podczas sesji z klientami. Z grubsza szacując, ta kwestia pojawia się mniej więcej 1 na 15 lub więcej klientów. Istnieje również wiele problemów subkomórkowych, które odwracają uzdrawianie lub je tylko udają (w rozdziale 11. omawiamy je szczegółowo).

I jeszcze ostatnia uwaga! Kiedy diagnozowanie nie idzie dobrze i nie można dowiedzieć się, co jest przyczyną problemu klienta, okoliczności będą działać na twoją korzyść, jeśli wypróbujesz terapię traumy, przyglądając się temu, co się wydarzy. W rzeczywistości, dla niektórych „złożonych" klientów, możesz zakończyć diagnozowanie przyczyn, podejmując próbę uzdrawiania, stosując jedną technikę naraz.

Wskazówka: kopie wyglądają jak proste traumy, a nie dają się uzdrowić
Jeśli to, co wygląda jak zwykła trauma, nie zmienia się po upływie dwóch minut opukiwania punktu gamut, to najbardziej prawdopodobną przyczyną jest „kopia"! Kopie nie reagują na *żadną* terapię uzdrawiania traumy, ponieważ emocje nie pochodzą z utkniętej rybosomalnej nitki traumy. W takim przypadku organizm bakteryjny w kliencie wykonał „kopię" emocji innej osoby lub odczuć podczas powstawania traumy. Blokowanie uzdrowienia może być też wynikiem działania „traumy strażniczki" (tzn. odwrócenia psychologicznego), lecz jest to mniej rozpowszechnione niż problem kopii. Można szybko przeprowadzić diagnozę różnicującą pytając klienta, czy to uczucie ma w sobie osobowość kogoś innego lub czy odczucie rozciąga się poza ciało klienta.

Kluczowe pytania
- Czy stosowałeś opukiwanie, by uzdrowić swój problem – jeśli tak, to prawdopodobnie nie jest to zwykła trauma
- Czy stosowałeś inne terapie, by rozwiązać swój problem – to może nie być istotne, ale może pomóc wyeliminować możliwe przyczyny.

Jaki rodzaj traumy uzdrawiamy w pierwszej kolejności
Powiedzmy, że zdiagnozowałeś klienta i stwierdziłeś, że ma pewien problem związany z traumą, którą można uzdrowić. Czy istnieje optymalna kolejność uzdrawiania traum i od jakiego rodzaju traum należy zacząć? Odpowiedź brzmi: „tak". Obowiązuje zasada – jeśli *nie* jest oczywiste, co należy uzdrawiać najpierw, zacznij od traum pokoleniowych, następnie uzdrawiaj asocjacje ciała, a dopiero potem traumę biograficzną.

Dobrze tę zasadę zapamiętać jako uzdrawianie „z dołu ciała do góry". Dolna część ciała – perineum (krocze) – to świadomość trójni mózgu, która przyczynia się do tworzenia traum pokoleniowych. Często właśnie traumy pokoleniowe mają największy wpływ na osobę, będąc źródłem problemów klienta. Jeśli klient odczuwa problem jako uszkodzenie (wadliwość) na najgłębszym poziomie lub jeśli odczuwa problem jako bardzo osobisty, wtedy możesz podejrzewać, że trauma pokoleniowa jest albo źródłem problemu, albo się do tego przyczynia. Jeśli tak – uzdrów je w pierwszej kolejności.

Traumy pokoleniowe nie tylko są odczuwane jako „osobiste", one determinują budowę komórki prymarnej, a więc mają też ogromny wpływ na problemy strukturalne. Wiele osób może uzdrowić kwestie pokoleniowe, po prostu odczuwając emocje i opukując punkt gamma – inni muszą poczuć całą pokoleniową linię przodków, zanim opukiwanie (lub technika regresji) przyniesie sukces.

Następnym mózgiem (idąc w górę) jest mózg ciała (nasz brzuch), który tworzy asocjacje – wywierając również znaczący wpływ na przeciętną osobę. Jeśli problemem klienta jest uzależnienie albo stale powtarzane objawy, to oczywiście należałoby zacząć właśnie od asocjacji, a nie od traumy pokoleniowej.

Kontynuując wędrówkę w górę ciała – geny związane z mózgiem serca tworzą traumy biograficzne i zwykle wywierają mniejszy wpływ na przeciętną osobę. To nie znaczy, że nie wywierają wpływu w ogóle (o ich sile mogą zaświadczyć osoby, które doświadczyły nadużyć), ale względne efekty ich oddziaływania są proporcjonalnie mniejsze. Ten rodzaj traumy powoduje „utknięcie" odczuć emocjonalnych, które zazwyczaj przejawiają się jako symptom, ale ich wpływ jest inny – powodują „utknięcie" przekonań i decyzji, czasami wywołując wielki zamęt w kliencie. Oczywiście, jeśli „utknięte" przekonanie jest problemem klienta, zacznij od uzdrawiania traumy biograficznej, nie zważając na wcześniejszą zasadę.

Kluczowe pytania
• Czy inne osoby w twojej rodzinie, zwłaszcza przodkowie, mają również ten problem – jeśli tak, to prawdopodobnie jest to problem pokoleniowy i uzdrowienie traumy pokoleniowej będzie wystarczające; zauważ, że większość klientów nie posługuje się tymi określeniami i nie pomyśli, aby zawrzeć te informacje w swojej historii lub jej opisie – musisz o to zapytać.
• Czy problem jest odczuwany, jakby był w twoim rdzeniu – jeśli tak, poszukaj traumy pokoleniowej.

Diagnoza – sposób podejścia do problemu
Często możemy od razu zaklasyfikować problem klienta jako fizyczny, emocjonalny, umysłowy, relacyjny lub osobisty. To daje nam małą grupę prawdopodobnych przyczyn subkomórkowych, które należy sprawdzić, zadając konkretne, ukierunkowane pytania. Nasi studenci uważają to podejście za niezwykle przydatne podczas prowadzonych przez nich sesji diagnostycznych. Lista przyczyn podana poniżej jest tylko orientacyjna, gdyż te same symptomy mogą mieć kilka różnych możliwych przyczyn. Lista nie zawiera wszystkich możliwych przypadków, tylko stosunkowo powszechnie spotykane (w rozdziale 11. znajdziesz bardziej szczegółowe informacje).

Problemy fizyczne (upewnij się, że nie jest to problem medyczny)
    – bóle pleców: proste urazy powodujące, że mięśnie kręgosłupa są napięte i wypychają kręgosłup z prawidłowej pozycji

- ból, gdy klient się porusza: struktura mózgu korony
- odczucie ciężkości: blokada plemienna
- piekące, przeszywające, rozrywające odczucie: pasożyty insektopodobne
- stały ostry ból, jakby gwóźdź w ciele: klątwa
- odczucie zmęczenia w niektórych obszarach ciała: klątwa kocykowa
- problemy ze spaniem: kundalini, niepokój (trauma, dziura) lub głosy.

Problemy emocjonalne
- traumy (pokoleniowe, asocjacje, biograficzne)
- smutek, utrata, samotność: utrata duszy
- odczucia, które nie odchodzą: kopie
- traumy nieustannie wywoływane: asocjacje ciała lub problem zakotwiczenia nitki traumy mRNA
- brak pełnego zakresu emocji: spłaszczone emocje lub przykrywające bakterie
- emocje ekstremalne: uzdrawianie techniką Waisela.

Problemy psychiczne
- sztywne lub dogmatyczne przekonania: trauma biograficzna lub bazowa
- paplanina w głowie lub obsesyjne myśli: zastosowanie Techniki Cichego Umysłu
- niemożność pozbycia się z głowy powtarzających się „nagrań": uzdrawianie pętli dźwiękowych.

Problemy w relacjach
- problemy ze współmałżonkiem: najprawdopodobniej sznury, projekcje, mniej prawdopodobne e-sznury
- problemy z tym, jak inni czują: zwykle problem sznura lub rzadziej projekcja
- odczucie, że inni blokują jego życie: blokada plemienna
- odczuwanie braku jakiejś osoby: utrata duszy
- inne kultury są przerażające, ciężar: wywoływane przez grzyba borga (uzdrawianie Techniką Cichego Umysłu)
- odczuwanie tego, co ktoś inny czuł: kopie
- nieodpowiednie przyciąganie seksualne: głosy rybosomalne.

Problemy osobowościowe
- utrata tożsamości (gospodyni domowa, praca itp.): problem pustki w kolumnie Ja
- śmierć/unicestwienie/samobójstwo: trauma śmierci łożyska
- cierpiące grupy ludzkości: projekcje.

Diagnoza – wewnątrz lub na zewnątrz ciała
Jednym ze sposobów diagnozowania różnicowego jest ustalenie, czy objawy są wewnątrz, czy na zewnątrz ciała klienta (odsyłamy cię do książki *Whole-Hearted Healing workbook*, Pauli Courteau, która stworzyła to użyteczne podejście do diagnozy, gdzie

znajdziesz bardzo przydatny diagram diagnostyczny). Subkomórkowe przypadki problemów odczuwane jako zewnętrzne (lub częściowo na zewnątrz) ciała to:
- kopie (częściowo wewnątrz, częściowo na zewnątrz ciała)
- głosy rybosomalne (w określonych miejscach w przestrzeni wokół ciała)
- blokada plemienna (odczucia manipulujące płynące z zewnątrz ciała)
- klątwa kocykowa (na powierzchni ciała)
- obrazy traumy OBE (jak oglądanie sztuki lub filmu)
- projekcje (osoby lub przedmioty promieniują uczuciem)
- sznury (problemy osobowościowe odczuwane w innych)
- emocje pasożytów insektopodobnych (chociaż mogą one być czasami wewnątrz ciała).

Inne symptomy przypadków subkomórkowych są odczuwane wewnątrz ciała.

Niekończący się problem lub klient nieuleczalny
Przez lata widzieliśmy niewielki odsetek klientów przychodzących na terapię z niekończącą się serią problemów. Bez względu na to, jak dobre osiągasz rezultaty, są niezadowoleni, szybko wracają twierdząc, że im nie pomogłeś tak, jak obiecałeś. Za każdym razem mówią „to jest mój prawdziwy problem", ale gdy go już nie ma, znów powracają z nowym. Czasami to są ludzie „średnio" funkcjonujący, choć częściej – „nisko" funkcjonujący. W niektórych przypadkach problem ten jest powiązany z poważną chorobą psychiczną lub zaburzeniem borderline, w innych – klient funkcjonuje normalnie. Ponieważ tego typu osoby były też naszymi studentami, mieliśmy okazję zobaczyć, co się w nich dzieje. W trakcie pisania tego podręcznika było oczywiste, że wciąż nie znamy wszystkich subkomórkowych mechanizmów, które mogą powodować ten problem, ale poniżej podajemy te, które dotychczas odkryliśmy (w przybliżonej częstości ich występowania).
- S-dziury: klient czuje, że musi zwracać uwagę innych na siebie, gdyż inaczej umrze; osoby z tym problemem często nie zdają sobie sprawy z tego uczucia; mogą też wykorzystywać pasożyty do „wysysania" innych, aby stłumić to uczucie – to jest bardzo częsty problem.
- Pasożyty insektopodobne odpowiedzialne za uzależnienia: klient jest uzależniony od negatywnych odczuć; bez względu na to, co uzdrawiasz, wkrótce powróci do tej negatywności – to również jest bardzo częste. Osoba mająca tego typu pasożyty zauważa, że trudno jej (albo w ogóle nie może) przesunąć centrum świadomości z jakiegoś punktu (często to jest głowa). Uzdrów tramę pokoleniową związaną z tonem emocjonalnym pasożyta.
- Asocjacje ciała: z jakiegoś powodu klient kojarzy śmierć lub cierpienie z jednym (lub więcej) pozytywnym odczuciem; jego ciało będzie wciąż „dostarczać" nieograniczoną ilość traum, aby uniknąć „umierania".
- Kundalini: klient doświadcza aktywacji niekończącej się serii traum; zazwyczaj doświadcza inflacji i deflacji ego, jak również zaburzenia snu – ten problem wywołuje mózg ciała.

- Konflikty w ramach trójni mózgu: symptomy wynikają z trójni mózgu, gdy jeden mózg atakuje inny na poziomie fizycznym i/lub emocjonalnym; symptomy pojawiają się w różnych obszarach ciała (np. w głowie, sercu); symptomy mogą dotyczyć różnych rodzajów bólów; dziwne problemy pasożytów.
- Dziury w całym ciele: klient zwykle nie narzeka, ale nigdy nie czuje się dobrze po uzdrowieniu różnych problemów; w istocie nie ma ciała, najczęściej jest to dziura; często czuje się beznadziejny i „szary", wiedząc, że nigdy nie będzie się czuł dobrze.
- Całkowita paranoja: w tym przypadku klient nie może zaakceptować tego, że można mu pomóc – czuje, że terapeuta musi być winny, bez względu na to, jak skuteczne było uzdrawianie.

Ukryta przyczynowość i stłumione traumy

W przypadku prostych traum symptom doświadczany przez klienta jest taki sam, jak symptom traumy. Ponieważ zazwyczaj taka sytuacja ma miejsce, to terapia traumy działa dobrze na wielu klientów.

Jednak w przypadku niektórych osób konieczne jest ustalenie, kiedy zaczął się problem, ponieważ symptomy, na które się uskarżają, nie są powodem ich problemów. Próba ich usunięcia nie rozwiązuje problemu klienta. Okazuje się, że wiele osób korzysta z mechanizmów obronnych, które pozwalają im skutecznie tłumić ich własne, głównie emocjonalne (lub fizyczne) traumatyczne uczucia. Chociaż trudno w to uwierzyć, często są oni zupełnie nieświadomi swych bardzo bolesnych uczuć, które kierują ich działaniem i tworzą inne emocjonalnie bolesne doświadczenia w ich życiu. Tak więc, sprawdzanie pierwotnego zdarzenia jest niekiedy mądrym posunięciem, *zwłaszcza* wówczas, gdy klient uskarża się na liczne odczucia, a nie tylko na jeden główny problem.

Terapeuta szybko uczy się rozpoznawać te ukryte przyczyny traum. Może dostrzec, że z pewnością istnieje moment, w którym zaczęły się problemy klienta, choć klient nieświadomie stara się uniknąć tego bolesnego momentu decyzji i bolesnego uczucia. Dotarcie do niego może wymagać nieco walki, ponieważ klient będzie opierał się przed powrotem do tego momentu w czasie, gdy po raz pierwszy to się zdarzyło, aby uniknąć kontaktu z bolesną emocjonalnie treścią. Wtedy kluczem jest wytrwałość – pomaga, jeśli wiesz, że musi istnieć stłumiony moment traumy, będący przyczyną kreującą u klienta „zastępcze" symptomy. Jeśli istnieje taka potrzeba, zalecamy zastosowanie podejścia TIR, gdy macie do czynienia z takimi stłumionymi rodzajami traum. Problem ten jest jeszcze łatwiej sprawdzić, jeśli problem klienta jest cykliczny. Przechodzi on przez okres, w którym wszystko jest w porządku, a następnie problem zostaje ponownie aktywowany, wraz z bolesnymi symptomami, na które klient uskarża się, że się na nowo pojawiły.

Jeden ze studentów napisał: „Myślę, że trudno posunąć się do przodu w diagnozowaniu, jeśli klient nie jest w stanie odczuwać. Obydwoje zatrzymaliśmy się na chwilę (nie przesuwając się do przodu), dopóki klientka nie zaczęła odczuwać tego, co jej przeszkadza. Rozmawialiśmy o tobie, personelu, jej reakcji itp. I w tym momencie w rozmowie zaczęły pojawiać się kluczowe słowa, które pomogły mi rozpoznać, o co chodzi w tym przypadku".

Poniższy przykład przedstawia sekwencję odczuć klienta w czasie. Prawdziwa przyczyna traumy, która niesie w sobie zarówno bolesne uczucie, jak i nieświadomą decyzję podjętą w traumie, często ukrywa się w momencie przejścia od odczuć lekkich i radosnych do bolesnych.

Przykład: klient z długami
Klient zgłosił się na terapię, by uzdrowić swoje odczucia związane z ciągłym zadłużeniem i zapożyczaniem się oraz odczucie nieufności, z jakim traktował ludzi z powodu swojej sytuacji finansowej. Okazało się, że jest to powtarzający się wzorzec od wielu lat. Cofnąłem klienta do momentu, w którym postanowił nie pracować, rozpoczynając swój okres biedy (co wymagało trochę pracy), i gdy dotarł do uczucia, że się boi i nie jest wystarczająco dobry, w tym co robi zarabiając na życie, poczuł coś, co ignorował i czego unikał, opowiadając o swoim problemie. Kiedy ten moment został zidentyfikowany, zwykłe opukiwanie uczuć, które się pojawiły, nie tylko wyeliminowały mechanizm „spustowy", ale też pozostałe uczucia dominujące w chwili jego złego wyboru.

Właściwie najważniejsze było utrzymanie koncentracji klienta na momencie, w którym jego sytuacja uległa zmianie – czyli przesunięciu się od pozytywnych do negatywnych uczuć – aż do chwili, kiedy traumatyczne uczucie kierujące jego zachowaniem dotarły do świadomości.

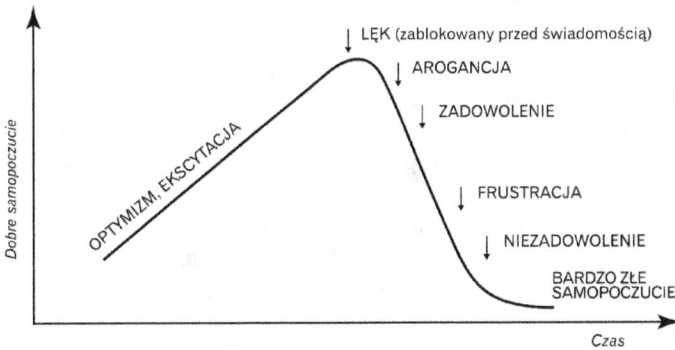

Przykład ukrytej przyczynowości u klienta

Ryc 5.1. Przykład klienta z ukrytą przyczyną traumy – przyczyna zablokowana dla świadomości, ale oczywista w jego lokalizacji czasowej.

Kluczowe pytania
- Kiedy zaczął się problem? Jakie symptomy pojawiły się w tym momencie? – możesz uzdrawiać traumę w tamtym momencie albo sprawdzić, czy jest to początek przypadku subkomórkowego.

Kompensacja za pomocą pasożytów

Poniżej opisany problem nie jest – na szczęście – powszechny wśród losowo wybranych klientów, ale często występuje u tych osób, którym – jak się wydaje – nie można pomóc w specyficznych tematach. To może być dość zagadkowe, jeśli nie rozumiesz tego mechanizmu i sposobu jego identyfikacji. W tym przypadku ukrytą przyczyną jest też traumatyczne odczucie, którego klient nie chce odczuwać, ale zamiast unikania lub tłumienia doznanej traumy, znajduje sposób, aby zrekompensować to uczucie. Na przykład klient czuje się niewystarczająco dobry, ale unika tego uczucia, znajdując się w sytuacjach, kiedy wciąż dostaje pochwały. Może też obawiać się biedy, dlatego wciąż gromadzi pieniądze i przedmioty, próbując zrekompensować sobie strach przed nią – klient jest jak ostryga, która tworzy twardą perłę wokół drażniącego ją ziarenka piasku.

Niestety, świadomość człowieka znajduje się jednocześnie wewnątrz komórki, jak i w świecie zewnętrznym – czyli to, co robi w komórce, odczuwa tak samo w świecie zewnętrznym. A to oznacza, że klient będzie próbował i znajdował sposoby, aby zrekompensować swoje uczucia poprzez interakcje z pasożytami lub innymi organizmami chorobotwórczymi wewnątrz komórki prymarnej. W oczywisty sposób klient działa w świecie zewnętrznym, ale w niejawny wewnątrz komórki (choć w niektórych przypadkach kompensacja na poziomie subkomórkowym działa tak dobrze, że nie odgrywa tego w realnym świecie).

Przykład: infekcja wirusowa płuc

Jedna z klientek przechodziła długotrwałe zapalenie płuc. Chciała uwolnić się od tego przewlekłego problemu, jednak choroba kompensowała jej ukryte, bolesne emocje. Próba uzdrowienia problemu nie działałaby bezpośrednio na wirusa, ponieważ klientka stawiałaby nieświadomie opór jakiejkolwiek zmianie, trzymając się choroby. Pierwotnym bodźcem jej choroby (problemu) było poczucie osamotnienia i choć to uczucie samotności znała, pragnęła go unikać w swoim życiu – jeśli by ją o to zapytać, odpowiedziałaby, że jest zadowolona, żyjąc samotnie. Okazało się, że jej ciało odczuwało wirusa jak przyjaciela z dzieciństwa – wirus był tak skuteczną rekompensatą, że klientka nie czuła się już samotna. Uzdrowienie pierwotnego, głęboko ukrytego poczucia samotności i bycia niekochaną sprawiło, że wtórna potrzeba „trzymania" wirusa zniknęła, a wraz z nią choroba płuc.

Przykład: poczucie siły

Klient miał przewlekłe, głęboko w nim tkwiące poczucie bezsilności aż do 19. roku życia, gdy nagle znalazł sposób, aby poczuć się mocnym i stłumić swoją bezsilność – poddał swoją świadomość pasożytowi zwanego borgiem. Ceną była utrata zdolności odczuwania empatii do innych ludzi – zaczął ich postrzegać jak obiekty do kształtowania według własnej woli lub usuwania ich z drogi. Klient również wykorzystywał to grzybowe połączenie do manipulowania i krzywdzenia innych. Niestety, szacujemy, że ten mechanizm jest bardzo powszechny dla około 20 do 30% ogółu populacji. W terapii zastosowano Technikę Cichego Umysłu plus uzdrawianie traumatycznego odczucia bezsilności.

Doznania zastępcze jako uzależnienia

Innym sposobem kompensacji stosowanym przez klientów w odczuwaniu traum jest „doznanie zastępcze". W tym przypadku klient doświadczał jakiegoś traumatycznego przeżycia (prawie zawsze w okresie przed lub okołoporodowym). Na poziomie ciała klient kojarzy owo przeżycie z tym, co go otacza w momencie traumy. W późniejszym życiu poszukuje substytutów, które dają to samo (lub bliskie) *odczucie*, jakie było obecne podczas traumatycznego doznania (w środowisku prenatalnym). Ponieważ dla ciała „im więcej, tym lepiej", taka osoba nieświadomie trzyma się tych zastępczych doznań w życiu, a także znajduje je w swojej komórce.

Przykład: pociąg seksualny

Ten bardzo częsty problem spowodowany jest uszkodzeniem płodu *w macicy* – w takim traumatycznym momencie płód rozpaczliwie próbuje się połączyć z matką i szuka jej pomocy, aby przetrwać, a odczucia są podobne do desperackich prób złapania powietrza, gdy się tonie. W momencie doświadczania tej traumy mózg ciała automatycznie kojarzy przetrwanie z *tonem emocjonalnym*, którego doświadczała wtedy matka. Po narodzinach klient poszukuje osób mających taki sam ton emocjonalny, a po okresie dojrzewania czują pociąg seksualny do takich osób, choć rzadko zdają sobie z tego sprawę, że przyczyną odczuwania ich atrakcyjności jest owa emocja. W życiu substytutem tamtego uczucia są partnerzy seksualni, a wewnątrz komórki – rybosomalne „głosy", które również pasują do matczynych tonów emocjonalnych.

To nieświadome kierowanie się zastępczymi doznaniami jest katastrofalne na wielu poziomach – klient będzie nieświadomie próbował wywoływać te uczucia w otaczających go ludziach, w konsekwencji powodując problemy w relacjach (np. napady złości u dzieci są wyrazem „wymuszenia" tego samego uczucia w rodzicu).

W jaki sposób terapeuta może zidentyfikować ukryte uczucia? Na szczęście nie zawsze musi to robić – jeśli potrafi zidentyfikować doznania lub uczucia, które są dla klienta „atrakcyjne", proste asocjacje ciała pozwolą pozbyć się tego „przymusu" i wyeliminować cały problem. Ale czasami ta docelowa emocja nie jest wcale tak oczywista – nie od razu widać, że seksualne odczucia mają coś wspólnego z emocjonalnym tonem drugiej osoby!

Najprostszym sposobem, aby znaleźć jedną z tych ukrytych, napędzających traum jest poproszenie klienta, aby wyobraził sobie, że substytut jest nieosiągalny i poczuł, co się wtedy dzieje. To może zadziałać lub nie, w zależności, jak bardzo klient unika ukrytego uczucia. Sztuczka, która często działa na klienta, to poprosić, by wyobraził sobie kogoś, kto nie jest już substytutem i sprawdził, jak tę osobę odczuje – takie zdystansowanie zwykle pozwala klientowi rozpoznać w innych odczucie, którego unika w sobie.

Inną odmianą tej sztuczki to wyobrażenie sobie skrajne przeciwieństwo – jeśli np. klient ma lęk przed brakiem pieniędzy, może sobie wyobrazić, że nie ma swojego konta oszczędnościowego, ale może też wyobrazić sobie, że jest po uszy w długach i bez grosza wylądował na ulicy. Jednak należy to zrobić ostrożnie, aby uniknąć stymulowania niepowiązanych problemów. W podobny sposób można blokować kompensacyjną aktywność lub uczucie. Jeśli np. klient jest spragniony kawy, niech sobie wyobrazi, że nigdy już nie wypije filiżanki kawy. Często sprawdzenie skrajnego przypadku może pomóc klientowi rozpoznać bardziej subtelne odczucia, których unika.

Takie podejścia zwykle odsłaniają ukrytą siłę napędową lub traumatyczne odczucia, które popychają klientów do kompensowania uczuć lub doznań. Może również odsłonić traumy „strażniczki", które powodują odwrócenie psychologiczne i potrzebę blokowania wszelkich zmian w danym temacie. Bez względu na to, jak to zrobisz, gdy „napędzające" uczucie zostanie zidentyfikowane, uzdrowienie traumy za pomocą regresu lub bezpośrednie wyeliminowanie przez asocjacje ciała załatwia sprawę.

Wydarzenia przyczynowe i interakcje pasożytów

Innym sposobem na znalezienie pierwotnych, skompensowanych uczuć jest szukanie ukrytej przyczynowości. W poprzedniej części powiedzieliśmy, że czasem dobrze przyjrzeć się, kiedy problem się zaczął. To może pomóc nam w znalezieniu traumatycznej przyczyny problemu klienta lub zidentyfikowaniu go jako przypadek subkomórkowy lub prostej traumy na podstawie opisu tego, co się stało. Gdy mamy do czynienia z prostą traumą, pierwotne uczucie będzie trudne, ponieważ klient zrobi wszystko, aby go uniknąć. Jednak, kiedy uwzględni się problemy strukturalne i pasożyty, pierwotna przyczyna może być dużo łagodniejsza. Kolejne doznania i problemy mogą być bardziej ekstremalne niż przyczyna.

Studenci często mylą dotkliwość symptomów z przyczynami. Zapominają, że symptom – bez względu na to, jak jest trudny – może wynikać pośrednio z problemu strukturalnego lub działania pasożyta. Sprawdzanie, kiedy to się stało (by zobaczyć, czy jest coś, co występuje również u krewnych i co pozwala zidentyfikować przyczynę pokoleniową) może pomóc terapeucie ustalić pierwotną przyczynę. Po zidentyfikowaniu i uzdrowieniu znikną kolejne objawy. Jednakże terapeuci muszą pamiętać, że w niektórych procesach chorobowych nie sprawdzi się takie podejście – uzdrowienie traumy pierwotnej (przyczynowej) nie cofnie kaskady problemów, które rozpoczęła. Tak, jak podczas strzelania z broni – kula nie wróci do lufy po zwolnieniu spustu. Takie problemy zwykle dotyczą pasożytów i potrzebny jest głębszy poziom uzdrowienia –

niektóre subkomórkowe przypadki przedstawione w tym podręczniku obejmują tego typu problemy chorobowe.

Wskazówka: ignorowane (łagodniejsze) symptomy
Kiedy klient ma mocny symptom, który nie reaguje na uzdrowienie, może jednocześnie odczuwać łagodniejsze symptomy w innym miejscu w swoim ciele, które w istocie mogą być przyczyną owego widocznego problemu! Na przykład migrena powodowała silny ból głowy klienta, ale to łagodne, subtelne odczucia w splocie słonecznym były za ten ból odpowiedzialne poprzez oddziaływanie pasożyta. Kiedy zostały uzdrowione, ból głowy zniknął.

Unikane obszary ciała
Choć może się to wydawać zaskakujące, większość ludzi całkowicie unika czucia w niektórych obszarach swego ciała. Na szczęście takie problemy zwykle nie mają znaczenia dla aktualnej przypadłości. Jednak jeśli uzdrawianie nie idzie dobrze albo przyczyna problemu nie jest oczywista, terapeuta może poprosić klienta, aby sprawdził pewne obszary ciała w celu znalezienia „brakujących" symptomów. Obszarem, którego wszyscy klienci nie czują, jest pępek. Okazuje się, że nawet prośba o odczucie pępka często nie wystarcza – klient musi faktycznie dotknąć go własną ręką, zanim zacznie zauważać jakiekolwiek objawy (jest to spowodowane różnymi traumami, takimi jak przecięcie pępowiny lub oddziaływanie w tym miejscu pasożytów we wczesnym okresie rozwojowym).

Brak świadomości pewnych obszarów ciała jest często spowodowany problemem MPD opisanym w dalszej części podręcznika, ale może być też skutkiem ulokowania się w tym miejscu pasożyta, na przykład bakterii. W takim przypadku klient wykorzystuje je jako kocyk, by poczuć się komfortowo, albo do znieczulenia głębokiego uszkodzenia lub symptomów. Na przykład w s-dziurach często znajduje się pasożyt, który zakrywa dziurę, blokując odczuwanie niekończącego się braku. Wygaszone lub odrętwiałe obszary ciała mogą również być spowodowane przez traumatyczne przeżycia, takie jak wykorzystanie seksualne lub urazowe obrażenia, może to również być utrata duszy lub dziury w miejscach zablokowanych odczuć lub symptomów.

Traumy dominujące i stany szczytowe
Niektóre osoby mają jeden konkretny problem w swym życiu, który przysłania inne. Zazwyczaj jest to spowodowane przez poważną traumę, która z jakiegoś powodu jest nieustannie aktywowana. Dla celów diagnostyki i uzdrawiania jest on traktowany jak inne problemy klienta.

Jednak wspominamy tutaj o tym, ponieważ jest to istotne dla umów dotyczących szczytowych stanów świadomości. Traumy dominujące powodują bardzo dziwny efekt u niektórych klientów – blokują osiągnięcie stanów szczytowych podczas uzdrawiania traumy w zdarzeniu rozwojowym. Nawet jeśli proces stanu szczytowego jest wykonany poprawnie, nie pojawiają się żadne zmiany w kliencie, ale gdy uzdrowi się traumę dominującą, nagle u klienta pojawia się stan szczytowy.

Pozwolenie klientowi na wybór stanu szczytowego z listy, ponieważ ma nadzieję, że ten stan naprawi jego ból, nie sprawdza się (w przypadku stanów obecnie dostępnych), a tylko pozostawia niezadowolonego klienta – nawet jeśli otrzymał dokładnie to, o co prosił w umowie. Terapeuta musi zidentyfikować i uzdrowić prawdziwy problem klienta przed próbą podjęcia pracy nad stanami szczytowymi.

Kluczowe zagadnienia

- Podczas przeprowadzania diagnozy terapeuta musi pamiętać o różnych przypadkach subkomórkowych.
- Diagnozowanie wymaga od terapeuty bycia proaktywnym w identyfikacji możliwych przypadków subkomórkowych.
- Diagnozowanie jest zwykle bardzo szybkie, doświadczonym terapeutom zwykle zajmuje tylko kilka minut.
- W połowie przypadków przyczyną symptomów klienta są proste traumy.
- Wiele diagnoz z ICD-10 nie zostało jeszcze uwzględnionych w aktualnych przypadkach subkomórkowych, jednak dokonujemy coraz więcej odkryć w tej nowej dziedzinie.
- Jest wiele różnych podejść, które mogą być stosowane jednocześnie, aby pomóc w identyfikacji (lub przyspieszyć rozpoznanie) przypadku subkomórkowego:
  - szybka ocena funkcjonowania
  - symptomy a słowa kluczowe
  - prawdopodobieństwo wystąpienia
  - rodzaj problemu
  - wewnątrz ciała lub na zewnątrz.
- Niektórzy klienci mają niekończące się serie problemów – znamy kilka subkomórkowych przypadków, które mogą powodować to zjawisko.
- Przyczyną niektórych problemów klientów jest ukryta trauma – aby poprawnie zdiagnozować takich klientów, trzeba wziąć pod uwagę mechanizmy takie, jak: stłumione przyczynowe traumy, kompensacja za pomocą pasożytów, łagodne symptomy przyczynowe, brak świadomości w pewnych obszarach ciała.

Sugerowana dalsza lektura

- Grant McFetridge (jeszcze nieopublikowana). *Peak states of consciousness*, tom 3. – teoria i sposoby uzdrawiania różnych chorób, powodujących psychologiczne i fizyczne dolegliwości.
- Grant McFetridge i Mary Pellicer (2004). *The basic Whole Hearted Healing manual* – podręcznik opisuje wiele subkomórkowych przypadków, lecz nie wyjaśnia ich pochodzenia.

- Paula Courteau (2013). *The Whole-Hearted Healing workbook* – ta książka, przeznaczona do pracy ze sobą, proponuje systematyczne podejście do diagnozy dla wielu subkomórkowych przypadków.
- ICD-10 – Międzynarodowa statystyczna klasyfikacja chorób i problemów online: http://apps.who.int/classifications/icd10/browse/2016/en; wersja polska online: www.csioz.gov.pl/interoperacyjnosc/klasyfikacje/.

Rozdział 6

RYZYKO, ŚWIADOMA ZGODA
I KWESTIE ETYCZNE

„Jestem tutaj, aby stać się lepszym człowiekiem."

To odpowiedź jednego z moich studentów na treningu terapeutów w 2012 r. na pytanie, co chcą wynieść z naszego szkolenia. Patrząc z perspektywy prawie tysiąca uczniów i ich odpowiedzi, ta była wyjątkowa, gdyż jest to rzeczywisty cel badań Instytutu.

Ponieważ moje pierwotne wykształcenie związane jest z zupełnie inną dziedziną (z elektrotechniką), oczekiwałem od terapeutów, nauczycieli duchowych, trenerów rozwoju osobistego i uzdrowicieli altruistycznej postawy i wysokich norm etycznych. I miałem wielką przyjemność spotkać wielu wspaniałych, takich właśnie ludzi. Jednak najbardziej niepokojącym problemem, z jakim spotkałem się na przestrzeni lat, był zupełny brak moralnego i etycznego zachowania u wielu terapeutów, którzy przyszli do mnie na szkolenie lub do pracy w charakterze wolontariuszy w Instytucie.

Co gorsza, problem ten dotyczy całej dziedziny terapii i rozwoju osobistego. Czasami odkrywamy błędy w innych technikach rozwojowych, ponieważ zdajemy sobie sprawę z ich biologicznych przyczyn. Kiedyś zgłosił się do nas klient, który odniósł szkodę w wyniku działania pewnego procesu, ale kiedy skontaktowałem się z twórcą tej techniki w celu omówienia problemu, który napotkaliśmy, okazało się, że go to po prostu nie obchodzi – a znaczenie mają dla niego tylko dochody i pozycja społeczna. Niestety, po tym i kilku innych złych doświadczeniach, zdecydowaliśmy że nie będziemy omawiać problemów dotyczących działania innych ludzi, ponieważ to nie daje szans na wygraną.

Innym przykładem systemowych problemów etycznych jest historia jednej kobiety, która zgodziła się zaprezentować postępy w stosowaniu i prowadzeniu nowych technik na konferencjach, które sama organizowała. Kiedy to zaczęło przynosić zyski, niewielka grupa osób postronnych zaczęła sabotować jej działalność, celowo psuć jej reputację, uciekając się do kłamstw, emocjonalnych manipulacji i oszustw, aby przejąć kontrolę nad jej pracą. Przykro było patrzeć, jak wielu ludzi tak łatwo za tym poszło! To tak ją to przygniotło, że zarzuciła swoją działalność.

Próbując zrozumieć, co wywołało takie zachowanie i co sprawiło, że inni ludzie okazali się na nie tak podatni, odkryliśmy kilka nowych subkomórkowych przypadków.

Na przykład w wyniku uszkodzenia, które nazywamy s-dziurami, potrzeba zwrócenia na siebie uwagi staje się tak silna, że krzywdzenie innych nie ma wtedy znaczenia. Podobnie ludzi, którzy poddają swoją świadomość borgowi (infekcji grzybowej), charakteryzuje chęć krzywdzenia innych dla własnych celów (lub dokładniej mówiąc – dla korzyści pasożytów). Okazuje się jednak, że jest to głębszy, bardziej fundamentalny problem dotyczący całego gatunku ludzkiego – leży to poza zakresem tego podręcznika, jednak jest to celem naszej pracy w Instytucie.

Konwencjonalny trening a bezpieczeństwo klienta

Podczas naszych szkoleń dla terapeutów staramy się, by studenci naprawdę poczuli – a nie tylko zrozumieli intelektualnie – że w uzdrawianiu, medytacji i innych praktykach duchowych istnieje realne zagrożenie. Wciąż widzimy studentów, którzy nie wierzą, że oni lub ich klienci mogą być narażeni na poważne problemy przy stosowaniu technik uzdrawiania traum. Powodem może być brak osobistych doświadczeń (nigdy niczego poważnego nie doświadczyli podczas takich procesów, dlatego nie mogą uwierzyć, że jest to możliwe), brak doświadczenia zawodowego (niewiedza z zakresu interwencji kryzysowej, gorącej linii dla osób z tendencjami samobójczymi i ofiar gwałtów) lub przekonania religijne czy światopoglądowe (typu: „Nigdy nie dostajemy więcej, niż możemy udźwignąć", „Medytacja zawsze przynosi korzyści"). Co gorsza, oni są całkowicie nieświadomi niebezpieczeństwa, na które narażają siebie i swoich klientów. A gdy pojawiają się problemy, nie są do tego przygotowani, a to może doprowadzić do tragedii.

Oczywiście, konwencjonalne szkolenie terapeutów zwykle obejmuje zagadnienia związane z bezpieczeństwem klienta. Jednak, moim zdaniem, to nie wystarcza! W wielu wypadkach programy szkoleniowe nie zapewniają terapeutom odpowiedniego przygotowania. Na przykład około połowa programów kształcenia specjalistów w psychoterapii nie zapewnia żadnego formalnego szkolenia w zakresie zapobiegania samobójstwom (American Psychological Association, 2003). Jeśli masz zamiar zostać certyfikowanym terapeutą w zakresie technik Instytutu, dla bezpieczeństwa twojego i twoich klientów będziemy wymagać od ciebie odbycia specjalistycznych szkoleń w wymienionych poniżej tematach (zwykle są oferowane w większości miejsc kształcenia terapeutów). Tym bardziej, jeśli masz zamiar korzystać z tego podręcznika, zalecamy ci jak najszybciej przeszkolić się w zakresie:
- interwencji w przypadku tendencji samobójczych
- interwencji kryzysowej, seksualnej i fizycznej przemocy
- rozpoznawania psychozy oraz innych chorób psychicznych
- kryzysu duchowego.

Samobójstwo

Jak już powiedzieliśmy wcześniej, od wszystkich terapeutów certyfikowanych przez Instytut wymagamy przeszkolenia w zakresie samobójstw, ponieważ traumy i różne rodzaje terapii mogą odsłonić istniejące u klienta odczucia samobójcze lub też mogą się one u niego pojawić po przekroczeniu progu twojego gabinetu (istnieje kilka znakomitych szkoleń z zakresu rozpoznawania i radzenia sobie z osobami z tendencjami samobójczymi). Musisz umieć rozpoznawać takie sytuacje, by móc odwołać się do dostępnych środków pomocy, a także musisz znać odpowiednie przepisy prawne obowiązujące na twoim obszarze działania.

Powodem, dla którego trauma lub doświadczenia wywołane przez inne rodzaje terapii (lub praktyki duchowe) mogą uaktywnić tendencje samobójcze jest wzbudzenie traumy śmierci łożyska z momentu narodzin. Mogą one zostać wywołane również kopią lub traumą pokoleniową powiązaną z odczuciami samobójczymi. Wiemy z naszego gorzkiego doświadczenia, że wspomnienia tych traum mogą aktywować przemożną chęć popełnienia samobójstwa – osoba odczuwa w ciele konieczność natychmiastowego pozbawienia się życia. To odczucie nie potrzebuje żadnego emocjonalnego powodu, ponieważ nie bierze się z chęci ucieczki. Osoba w tym stanie po prostu czuje, że musi się poddać temu odczuciu. Problem ten jest bardzo poważny także dlatego, że klient może podążyć za tym odczuciem od razu lub – co jest znacznie gorsze – poczekać aż zostanie sam, kiedy nikt go nie będzie obserwować lub powstrzymywać.

Traumy indukujące przymus popełnienia samobójstwa to:
– trauma śmierci łożyska (placenty) w momencie narodzin (zwykle jest to więcej niż jedna trauma)
– moment przecięcia pępowiny podczas narodzin (prawie zawsze stymuluje samobójcze uczucia)
– mniej powszechny przypadek, taki jak owinięcie szyi pępowiną podczas porodu.

Ten problem może wystąpić u klientów, którzy nigdy wcześniej nie mieli takich odczuć! Szczególnie tacy klienci nie posiadają żadnej strategii radzenia sobie z tym doświadczeniem, ponieważ jest ono dla nich nowe. Dlatego może nieść jeszcze większe ryzyko niż w przypadku klientów z historią tendencji samobójczych. Co gorsze, nawet jeśli uzdrowicie zaktywowaną traumę, klient może potem wywołać w sobie inną z okresu tego zdarzenia i wciąż odczuwać przymus zabicia się. To jest obszar pracy dla przeszkolonych i licencjonowanych specjalistów, nie dla amatorów.

Jeśli klient ma za sobą historię tendencji samobójczych, kategorycznie wymagamy, abyś nie próbował wywoływać u niego żadnych stanów szczytowych, nawet jeśli jesteś wykwalifikowanym terapeutą. Problem odczuć samobójczych musi być potraktowany jako pierwszorzędny, ponieważ nawet jeśli stan klienta się poprawi, to nowy przypływ energii może dać mu siłę do popełnienia samobójstwa.

W rozdziale 11. omawiamy temat bardziej szczegółowo, przytaczając inne przypadki subkomórkowe, które mogą wywoływać odczucia samobójcze.

Psychoza i inne poważne zaburzenia psychiczne
Niestety, każda silna terapia lub praktyka duchowa może obudzić stłumiony materiał, prowadzący do poważnego kryzysu emocjonalnego i fizycznego. Niektórzy klienci mogą rzeczywiście doświadczyć poważnego psychotycznego epizodu. Jako terapeuci

możemy powiedzieć, że niektórzy ludzie mogą być na tyle słabi, że wyraźnie nie są gotowi stawić czoła bolesnym lub trudnym problemom. Jednak nawet zastosowanie silnych metod u klientów, którzy nie mają za sobą tego rodzaju doświadczeń, którzy są stabilni i psychicznie zdrowi, może wywołać u nich różnego rodzaju poważne choroby psychiczne.

Nawet prosta regresja może czasem wywołać psychopatologiczne objawy. U niektórych osób może wywołać np. zaburzenie dwubiegunowe (maniakalno-depresyjne), gdy klient dotrze w regresie do okresu skurczów porodowych. Może się to wydarzyć nawet u klientów, którzy nigdy wcześniej nie mieli z tym problemu (dr Stanislav Grof również ten fakt zaobserwował).

Inny problem, który zaobserwowaliśmy, to dysocjacyjne zaburzenie tożsamości, czyli osobowość wieloraka (MPD), które jest bardziej powszechne, niż się zwykle uważa (szacujemy, że w pewnym stopniu występuje u około 70% ogólnej populacji). Zazwyczaj nie jest to oczywiste, ponieważ klientowi udaje się gładko przełączać pomiędzy osobowościami, w związku z tym nie zdaje sobie sprawy, że owo zaburzenie u niego występuje. Niestety, skuteczne uzdrowienie może pogorszyć sprawę, gdy np. usunie problemy, które *de facto* maskowały inne, często poważniejsze uszkodzenia.

Zalecamy więc, aby terapeuci, którzy używają tzw. terapii mocy i technik regresu, przeszli konwencjonalne szkolenie z psychopatologii nie tylko po to, by nauczyli się rozpoznawać te problemy, ale też by umieli rozpoznać moment, kiedy ich kwalifikacje przestają wystarczać i lepiej przekierować klienta do kogoś innego.

Kryzys duchowy

Regres, terapia traum, praktyki duchowe lub praca ze szczytowymi stanami świadomości mogą celowo lub przypadkowo wywołać stany, doświadczenia i umiejętności, które uznawane są w naszej kulturze za „duchowe". Niestety, niektórzy ludzie doświadczają tych wydarzeń, wchodząc w tzw. kryzys duchowy. Termin ten obejmuje szeroką gamę problemów, które mogą się pojawić. Studenci certyfikowani przez Instytut są zobowiązani do poszerzenia wiedzy w tym zakresie.

Niektóre przykłady problemów związanych z kryzysem duchowym, na które możesz prawdopodobnie natrafić podczas swojej praktyki, to:
– poczucie wielkości i mani
– przerażające doświadczenia zła lub Boga
– przebudzenie kundalini
– nieumiejętność powściągania, moderowania zdolności parapsychicznych.

Istnieje w tym obszarze wiele innych ważnych kwestii, z którymi należy się zapoznać, a które można znaleźć w publikacjach dotyczących kryzysu duchowego. Rekomendujemy dwie znakomite książki: *Spiritual emergency* Stanislava Grofa (która definiuje ten obszar) i Emmy Bragdon *A sourcebook for helping people with spiritual problems*, która jest bardziej ukierunkowana na pomoc i interwencję. Część egzaminu certyfikacyjnego Instytutu ISPS dotycząca tego zakresu opiera się na materiałach zawartych w tych książkach. Zalecamy (ale nie wymagamy) uczestnictwo w kursach internetowych dra Davida Lukoffa „DSM-IV: problemy religijne i duchowe" oraz „Zagadnienia etyczne w przewodnictwie duchowym" dostępne na www.spiritual-compentency.com.

Warto zauważyć, że kryzys duchowy jest zazwyczaj mylony przez konwencjonalnych terapeutów i psychiatrów z psychozą. Leki, które w takich przypadkach podaje się klientom, spowalniają lub zatrzymują integrację, która powinna nastąpić sama, a przekonania klienta, że jest psychotykiem, może zablokować korzystną zmianę. Rozdział 12. bardziej szczegółowo omawia poszczególne przypadki subkomórkowe.

Ryzyko związane ze standardową psychoterapią

Większość terapii mocy nowej generacji może przypadkowo wywołać traumatyczny materiał i spowodować u klienta (lub u terapeuty) pewne zaburzenie. *Terapie traum nie są ani bezpieczne, ani nieszkodliwe.* Owym zaburzeniem może być zarówno krótkotrwałe zaniepokojenie czy niezdolność do pracy po sesji, jak też długotrwałe psychiczne i fizyczne dolegliwości (takie jak ból lub niesprawność), dwubiegunowa choroba afektywna, psychoza, kryzysy duchowe, śmierć samobójcza. Mogą one wystąpić nawet u osób, które nie miały wcześniej żadnych objawów. Na szczęście owe zaburzenia zdarzają się stosunkowo rzadko i zazwyczaj można je uzdrowić. Mimo wszystko w większości przypadków korzyści znacznie przewyższają ryzyko.

Tego typu problemy występują sporadycznie nawet przy zupełnie łagodnych terapiach „mówionych", stosowanych przez większość terapeutów. Jednak w terapii traum dużo łatwiej o *przypadkowe* zaktywowanie stłumionego materiału, którego uzdrowienie może być niemożliwe nie tylko podczas sesji, ale w ciągu całej terapii. Fakt ten nie jest podkreślany w większości literatury dotyczącej terapii, niemniej jednak istnieje. Jest to jeden z powodów, dla których np. technika EMDR jest przeznaczona tylko dla licencjonowanych terapeutów, którzy przeszli szkolenie radzenia sobie z tego typu problemami.

W tym rozdziale nie będziemy powtarzać informacji dotyczących sposobów rozpoznawania i uzdrawiania tego rodzaju problemów, bo powinieneś je otrzymać podczas treningu, poruszymy tylko kwestie, które często są pomijane, oraz które mogą być bardziej zrozumiałe z perspektywy biologicznej.

Leki na receptę a terapia traum

Ciekawa rzecz dotyczy klientów zażywających leki psychoaktywne – gdy terapia zaczyna przynosić rezultaty i poprawę samopoczucia, przy pierwszych objawach polepszenia pojawia się u tych klientów pokusa, by zmniejszyć dawki leków lub je po prostu odstawić. Gdzie tu może pojawić się problem?

Po pierwsze, wiele z tych środków wywołuje poważne symptomy odstawienia zarówno fizyczne, jak i psychiczne, zwłaszcza przy raptownym zaprzestaniu zażywania.

Musisz przypominać swoim klientom: „Jeśli twój stan się poprawia, zwróć się do lekarza o ponowną ocenę przed odstawieniem leków. Nie odstawiaj leków bez konsultacji z lekarzem!".

Po drugie, mimo uzdrowienia aktualnych symptomów, leki mogą maskować wtórny temat, który jest ukryty lub kontrolowany przez leki. I może to być problem, którego nie potrafisz uzdrowić (jak np. zaburzenia afektywne dwubiegunowe lub OCD), albo który powoduje wystąpienie poważnych symptomów u klienta, takich jak psychoza, paranoja czy odczucia samobójcze. Natomiast powolne zmniejszanie dawki pozwala ujawnić te problemy i w każdej chwili można kontrolować odstawianie leku.

Innym częstym problemem związanym z zażywaniem leków psychoaktywnych to jego skutki uboczne. Istnieje duża liczba psychologicznych (i fizycznych) uwarunkowań, które mogą być przez nie wywołane, z czego wielu klientów nie zdaje sobie sprawy. To może całkowicie zniweczyć twoją diagnozę, chyba że zdajesz sobie z tego sprawę.

Istnieje też wiele leków na receptę, które nie są psychoaktywne, ale mogą wywoływać takie symptomy, jak dezorientację, depresję, paranoidalne urojenia, wizualne i słuchowe omamy i psychozy. „Jeśli lek może wywoływać objawy psychotyczne jako efekt uboczny, prawie zawsze je wywoła na początku zażywania. Czasem objawy te mogą zanikać od razu, w innych przypadkach dopiero, gdy lek jest odstawiony" (cyt. z *Surviving Schizophrenia*). A zatem, zanim terapeuta zdiagnozuje problem, musi dokładnie sprawdzić, kiedy zaczęły się objawy u klienta.

Pamiętaj, jeśli nie jesteś lekarzem, nie jesteś uprawniony do udzielania klientowi porad na temat leków na receptę.

Przykład: Klient nie mógł normalnie spać przez wiele miesięcy, w rezultacie był bardzo znerwicowany i niezdolny do działania. Okazało się, że ten stan wywołała jego reakcja na nowe, drogie witaminy. Nie zdając sobie sprawy z tego faktu, brał ich jeszcze więcej, próbując sobie pomóc. Wystarczyło, że przestał je przyjmować, a problem zniknął w ciągu kilku dni.

Ponowne doświadczenie traumy

Ponieważ bardzo wielu terapeutów nie zna terapii traum, często sami wywołują problemy, których nie rozumieją i nie potrafią sobie z nimi poradzić. Potrafią empatycznie wysłuchać klienta, lecz czasem – zamiast pomóc – aktywują u niego bolesne wspomnienia, niepotrzebnie przysparzając mu dodatkowego cierpienia. Prawdopodobnie nie zdarzy się to terapeutom przeszkolonym w terapiach traum, chociaż może zająć im nieco czasu, zanim dotrą do źródła cierpienia klienta.

Naszym zdaniem, jeśli terapeuta nie zna kilku skutecznych terapii traum, przyjmowanie przez nich klientów powinno być uznane za błąd w sztuce. Nie musi to oznaczać, że trzeba owe terapie stosować, ale znajomość tych technik nawet na minimalnym poziomie kompetencji jest konieczna.

Destabilizacja lub dekompensacja

W pracy z klientem może się zdarzyć sytuacja, że uzdrowicie objaw, który był nieświadomie przez niego używany do podtrzymywania funkcjonowania. W odniesieniu do typowej terapii traum, aktualny problem może przykrywać bardziej bolesne odczucia, np. nadużycia lub innego doświadczenia PTSD, zazwyczaj utrzymywane poza świadomością. Jeden z klientów miał problem związany z utratą pracy, ale uzdrowienie tego tematu tylko pogorszyło sytuację – wywołało poczucie głębokiego unicestwienia. Na szczęście taki stan również można uzdrowić, chociaż klient może być tym doświadczeniem wstrząśnięty. Dlatego tak ważne jest poinformowanie klienta na początku terapii, np. przy omawianiu formularza zgody, że coś takiego może się zdarzyć – świadomość tego faktu uchroni go przed poczuciem kryzysu lub niepowodzenia terapii.

W niektórych przypadkach klient może stać się całkowicie „unieruchomiony" przez poważniejszy problem psychopatologiczny. Jest to niezwykle rzadkie w przypadku klientów na średnim poziomie funkcjonowania, ale prawdopodobne w przypadku klientów nisko funkcjonujących, którzy mają za sobą doświadczenia choroby psychicznej.

Ryzyko związane z przypadkami subkomórkowymi lub procesami wydarzeń rozwojowych

W poprzednich rozdziałach zidentyfikowaliśmy niektóre z typowych zagrożeń wiążących się z terapiami traumy. W przypadkach psychobiologii subkomórkowej, obejmujących problemy strukturalne lub pasożytnicze, gdzie zazwyczaj do uzdrowienia wykorzystuje się terapie traumy, oprócz zagrożeń związanych ze stosowaniem tych terapii, pojawiają się nowe, ponieważ występuje tu większy zakres problemów, które mogą być tematem uzdrowienia. Ale dzięki szkoleniu terapeuty z zakresu psychobiologii subkomórkowej ryzyko klienta jest *obniżone* – a wynika to z lepszego zrozumienia działania standardowej terapii na poziomie biologicznym. To trochę tak, jakby powiedzieć, że konwencjonalny terapeuta ma tylko młotek i każdy symptom u klienta traktuje jako gwóźdź – zatem potencjalne problemy wynikające z tego siłowego „wbijania" są pomijane.

W tym podręczniku nie będziemy zajmować się problemem bezpieczeństwa związanych z traumami powstałymi w trakcie zdarzeń rozwojowych. W celu pogłębienia wiedzy na ten temat odsyłamy do naszych podręczników: *Peak states of consciousness, volume 2, Appendix A* oraz do technik WHH – Whole-Hearted Healing.

Ukryte nieświadome założenia dotyczące uzdrawiania i ryzyka

Podczas szkolenia terapeutów nieustannie okazuje się, że pomimo wszystkiego, co mówimy i demonstrujemy lub pozwalamy im doświadczyć na sobie, wielu studentów wciąż nie wierzy (nie przyjmuje na poziomie emocjonalnym), że uzdrowienie (lub medytacja i inne praktyki duchowe) mogą wywoływać problemy. A to jest kwestią bezpieczeństwa zarówno dla nich, jak i ich klientów, gdyż muszą być zachowane konieczne środki ostrożności i nie można unikać omawiania kwestii bezpieczeństwa z klientami. Dlatego należy bezwzględnie poświęcić temu czas podczas szkolenia.

Niektóre przekonania na temat bezpieczeństwa biorą się z prostej traumy, ludzie czują, że muszą wierzyć, udawać, że nic złego się im nie zdarzy, że nigdy się nie zestarzeją i nie umrą, myśląc np.: „Jestem tak dojrzały, że nie będę miał żadnych problemów", „To tylko lekcja, po którą przyszedłem na ten świat" itp. W Dodatku 1. podajemy przykłady niektórych tego typu bazujących na traumach przekonań i studenci uzdrawiają je w czasie treningu.

Jednak istnieją również inne powody, dla których ludzie zachowują się w ten sposób, pomimo zaprzeczającym temu dowodom. Najprostszym powodem jest to, że nigdy nie spotkali się z tą ideą lub co zdarza się częściej – uczono ich czegoś wręcz przeciwnego (może wpłynęli na nich nauczyciele akademiccy, może religijne wychowanie lub inne kręgi społeczne). Jak zapewne wiecie, idee przekazane przez autorytety budzą zaufanie, ich zmiana zajmuje sporo czasu i jest o wiele trudniejsza niż uczenie się jakiejś idei od początku. Ten konflikt powoduje nieuniknione wewnętrzne zamieszanie i niepokój u studentów, ale po kilku tygodniach poznawania materiału szkoleniowego, zazwyczaj przyswajają nowe informacje we właściwy sposób.

Innym, o wiele trudniejszym, ale bardzo powszechnym problemem są nieuświadomione modele, których ludzie używają, próbując przyswoić nowe informacje lub zrozumieć funkcjonowanie czegoś nowego – np. używają prostych, znanych analogii. Wielu terapeutów wyobraża sobie, że uzdrowienie jest jak naprawa pękniętej misy, być może z brakującym jej fragmentem. A zatem założeniem jest, że trzeba wiedzieć, jak znaleźć ten fragment i jaki klej najlepiej utrzyma ów kawałek z powrotem na miejscu. Inną powszechnie wykorzystywaną analogią jest porównanie uzdrawiania do czyszczenia misy. Zadaniem terapeuty jest pomóc klientowi wypłukać stare, pozostałe po jedzeniu resztki. Te analogie często nawet działają, ale są przykładem – jakby to nazwał inżynier – „liniowych modeli małych sygnałów". Oznacza to, że tak długo, jak dokonywane zmiany są niewielkie w stosunku do pozostałych części całości, psychika pozostaje stosunkowo stabilna, a klient może uzdrowić swój problem w prosty sposób. Jeśli pomyślisz o misie jak o psychice, reszta misy pozostaje stała i skrobanie misy lub jej klejenie działa całkiem dobrze.

Ale spójrzmy na nasz sprawdzony model człowieka podobnego do starego zepsutego samochodu. Kiedy nadchodzi czas naprawy, zaczynasz odkręcać części i zardzewiałe śruby wewnątrz silnika, wyrzucasz stary przekaźnik elektryczny, który faktycznie jest przyczyną przerw w pracy rozrusznika. Albo instalujesz nowy amortyzator, a zużyte części, które hałasują lub przerywają pracę silnika, zastępujesz nowymi. W odniesieniu do terapii, przyczyny symptomów mogą być niebezpośrednie lub uporanie się z jednym problemem może spowodować kolejny, albo uzdrowienie jednego problemu może ujawnić inny. Terapeuta traumy może stosować ten model, gdy ma do czynienia z trudnym klientem.

Niestety niektórzy klienci mają problemy, które nie pasują do żadnej z tych analogii. Tak naprawdę działanie psychiki jest podobne do zjawiska śnieżnej lawiny

– wczesne problemy rozwojowe (subkomórkowe uszkodzenia i działanie pasożytów) są jej początkiem, które potem – niczym kolejne płatki śniegu zbierane przez toczącą się kulę śniegu – powiększają problemy w późniejszym życiu. W teraźniejszości komórka prymarna (psychika) jest dnem owej lawiny – niektórzy szczęśliwcy zgromadzili niewiele śniegu, u innych przetoczyła się lawina, która zmiażdżyła narciarski ośrodek. Co dzieje się z lawiną, zależy również od jakości terenu – niektóre stabilne obszary mogą zminimalizować szkody. Uderzenie zależy od tego, gdzie sprawy poszły źle, a nie tylko od ilości śniegu. Większość uzdrowień jest jak odnalezienie człowieka we właściwej zaspie śniegu przez wyszkolonego psa. Ale kiedy uzdrawiamy duże problemy, to tak, jakbyśmy kopali w gruzach zawalonego budynku, szukając ocalałych ludzi. Jeśli poruszysz zbyt wiele elementów, przestrzeń zapadnie się i będzie gorzej niż wtedy, kiedy zaczynałeś. Inżynierowie nazywają to „nieliniowym modelem dużego sygnału", ponieważ nie jesteś w stanie przewidzieć, gdzie podeprzeć dach, zanim zaczniesz kopać. Z punktu widzenia subkomórkowego, być może pozbyłeś się pasożyta, ale w efekcie zwolnił on przestrzeń na rzecz bardziej agresywnego gatunku. Albo pozbyłeś się symptomu, który twój organizm odczuwał jako potrzebny do przeżycia, więc znajdzie nowy sposób na wytworzenie innego, który może być nawet bardziej szkodliwy.

Do pewnych problemów pasuje również analogia z „miną" lub „pociągnięciem za spust pistoletu". Są to zazwyczaj traumy prenatalne, które cicho czekają aż do chwili, gdy pewne zdarzenie w życiu je wyzwoli, a wtedy ujawniają się z całą siłą. Podobnie jest z wieloma chorobami (takimi jak cukrzyca, zespół chronicznego zmęczenia czy schizofrenia) oraz poważnymi problemami psychologicznymi (takimi jak tendencje samobójcze). Najczęstszym „wyzwalaczem" jest zdarzenie, które klient odczuwa jako zagrożenie życia, np. choroba lub poród dziecka, innym razem jest to coś bardziej unikalnego tylko dla danej osoby. Zwykle klient pojawia się na terapii, ponieważ aktywowana została jedna z jego traum albo czasami są one wyzwalane podczas terapii. Jeśli terapeuta ma szczęście, to jej uzdrowienie odwraca problem, jeśli zaś ma pecha, to zdarzenie wyzwala lawinę lub kaskadę problemów, a uzdrowienie inicjującego zdarzenia nie przynosi efektu. Ten ostatni przypadek jest jak oczekiwanie, że kula wróci do pistoletu po zwolnieniu spustu lub że noga ofiary zrośnie się z korpusem ciała po wybuchu miny. Częścią treningu terapeuty jest poznanie takich możliwości, by ich albo unikać (tak jak w przypadku śmierci łożyska), albo dowiedzieć się, jak sobie z nimi radzić.

Częścią szkolenia z psychobiologii subkomórkowej to zdobycie umiejętności i doświadczenia w wyborze najlepszego modelu dla konkretnego klienta i jego problemu: czy będzie to praca z ceramiczną misą, starym zardzewiałym samochodem, lawiną lub miną?

Bezpieczeństwo a stan komórki prymarnej
Niestety jedno z największych zagrożeń w pracy w obszarze psychobiologii subkomórkowej wcale nie jest oczywiste. Jeśli klient (lub terapeuta) nabywa zdolność do pracy wewnątrz własnej komórki prymarnej, to możliwe jest przypadkowe uszkodzenie

samego siebie. Ponieważ taka osoba może teraz „zobaczyć" i „dotknąć" wnętrza swojej komórki, pokusa „wtrącania się" staje się zbyt wielka, zwłaszcza dla osób, które wierzą, że są tak zdolne i „duchowo rozwinięte", iż nic nie może się im stać. Lecz niestety – to jest tak, jakby podarować 15-latkowi kluczyki do nowego ferrari z przekonaniem, że nie będzie miał wypadku.

Inny rodzaj ryzyka to możliwość „zobaczenia" subkomórkowych pasożytów i mimowolnego wejścia z nimi w interakcję. Niestety, podobnie jak dzikie zwierzęta, one nie lubią, gdy ktoś skupia na nich uwagę. Jeśli zareagują agresywnie (a tak zazwyczaj zachowują się pasożyty) powoduje to uszkodzenia wewnątrz komórki prymarnej. Wchodzenie z nimi w interakcję jest zwykle przypadkowe – po prostu nie jesteś w stanie przewidzieć, co możesz zaktywować lub jaki będzie stopień uszkodzenia.

Podczas naszych szkoleń zawsze zapraszamy kogoś, aby opowiedział, jak poważnie się uszkodził, igrając z wnętrzem własnej komórki prymarnej (mimo że zostali ostrzeżeni o niebezpieczeństwie). Na przykład jedna z takich osób przez lata doznawała ciągłego, przytłaczającego bólu (pozostając bez pracy i bez środków do życia), ponieważ nie mieliśmy pojęcia, jak naprawić uszkodzenie, które sama sobie wyrządziła. Dlatego, aby uniknąć takich problemów, *nie* uczymy ludzi, jak bezpośrednio wchodzić w interakcję z komórką prymarną. Przeciwnie, uczymy technik psychologicznych, które umożliwiają skutecznie wchodzić w reakcję z komórką bez konieczności stosowania tzw. stanu komórki prymarnej (umiejętności szczytowej). Nasi studenci również podpisują umowę zachowania w tajemnicy pewnych technik, których ich uczymy, ponieważ wiemy, że są one zbyt ryzykowne dla klientów (i dla ludzi w ogóle), ponieważ zbyt bezpośrednio oddziałują na komórkę.

Z drugiej jednak strony, badacze z kręgu biologów komórkowych mogliby uznać umiejętność widzenia komórki prymarnej za bezcenny. W tym stanie można dokładnie obserwować wnętrze komórki – to tak, jakby mieć do dyspozycji niezwykle precyzyjny mikroskop z możliwością regulacji ruchu w czasie rzeczywistym i robieniem stopklatki. Można by wykorzystywać ten stan do badania *in situ* biologicznych struktur, sieci i czynników infekcyjnych w połączeniu ze standardowymi narzędziami.

Grupowy proces uzdrawiania wydarzeń rozwojowych

Na ogół zniechęcamy naszych certyfikowanych terapeutów (ale nie zabraniamy) do przeprowadzania uzdrawiania wydarzeń rozwojowych w grupach. Załóżmy, że terapeuta chce przeprowadzić proces szczytowego stanu świadomości (np. proces Cichego Umysłu) w grupie, aby zminimalizować koszty klientów i zmaksymalizować swój dochód. Jednak musi być świadomy, że podczas takiej pracy zazwyczaj u jednego klienta na pięciu „odpala się" problem na tyle ważny, że trzeba go przepracować z nim samodzielnie – tak wynika z naszych doświadczeń. Dlatego jeśli terapeuta chce prowadzić pracę grupową, pozwalamy na to pod warunkiem zapewnienia wsparcia innych terapeutów w miejscu prowadzenia procesu lub terapeutów zaawansowanych z kliniki dostępnych pod telefonem. Dobrze zatem zaplanować jednego terapeutę na 5-6 klientów, aby poradzić sobie z ewentualną sytuacją kryzysową. Również ze względu bezpieczeństwa ograniczamy liczebność grupy do 15 osób, bez względu na liczbę obecnych terapeutów. Odnosi się to również do szkoleń terapeutów w grupach. Oprócz kwestii bezpieczeństwa ważna jest skuteczność. Wykonywanie pracy w grupach (poza szkoleniem terapeutów) nie zwalnia terapeuty z odpowiedzialności za osiągnięcie właściwego kryterium „opłaty za rezultat". To zazwyczaj oznacza, że terapeuta będzie musiał doprowadzić uczestników do końca procesu, co może oznaczać pracę indywidualną z częścią uczestników po warsztacie. Pomimo to wciąż praca grupowa może zaoszczędzić trochę czasu. Z czasem jednak większość terapeutów pracujących grupowo rezygnuje z tego, bo nie jest to tak opłacalne, jak przeprowadzanie innego rodzaju procesów lub aktywności grupowej. Istnieją jednak sytuacje, w których praca w grupie jest bardziej sensowna, np. w przypadku niektórych dość prostych technik uzdrawiania, takich jak np. eliminowanie wirów.

Praca z klientami na odległość (poprzez skype'a lub telefonicznie)

Wielu z naszych certyfikowanych terapeutów pracuje na odległość przez skype'a (lub inny komunikator) w bardzo bezpieczny i skuteczny sposób. Niekiedy konieczne jest użycie kamery internetowej, jak np. w przypadku klientów z historią prób samobójczych, lecz nie powinno się pracować z osobami, którzy mają zaktywowany materiał samobójczy z powodu ryzyka pogorszenia problemu. Praca na odległość z klientami z inklinacjami samobójczymi powinna być przeprowadzana tylko przez terapeutów, którzy są specjalnie do tego przeszkoleni i tylko wtedy, gdy terapeuta zagwarantował wsparcie klientowi (o tym w dalszej części) oraz ma innego terapeutę w sąsiedztwie, który pomoże w przypadku wystąpienia problemów. W pracy z bardziej typowymi klientami wystarczy upewnić się, że ma on wsparcie zarówno w trakcie, jak i po sesji, np. ze strony członków rodziny, oraz odpowiednie przygotowanie na wypadek sytuacji kryzysowych, takich jak skrajne emocje, przytłaczający ból lub nagłe odczucia samobójcze (należy dodatkowo wyjaśnić ewentualne problemy, z którymi może zetknąć się klient w terapii i uzyskać podpis na formularzu odpowiedzialności, tak aby podpisujący wiedział, na co się decyduje).

Nadal istnieją pewne problemy, na które mogą natrafić terapeuci korzystający z formy pracy na odległość. Może się zdarzyć, że klient powie, iż czuje jakiś symptom, a w rzeczywistości przeżywa coś innego, do czego nie chce się przyznać. Zwykle można zauważyć tę niespójność w języku jego ciała, gdy klient jest w twoim gabinecie, a w pracy przez skype'a łatwo to przegapić.

Zagrożenia uzdrawiania „duchowego" lub „na odległość"

Nasze społeczeństwo i większość terapeutów uważa uzdrawianie „na odległość" lub „duchowe" za fantazję, ale ono istnieje i może spowodować niezamierzone szkody, ponieważ może wywołać takie same problemy, jak uzdrawianie jakiejkolwiek traumy. Ze względu na te zagrożenia terapeuci certyfikowani lub terapeuci klinik Instytutu stosujący te techniki muszą przestrzegać pewnych etycznych reguł – mogą korzystać z technik uzdrawiania na odległość tylko wtedy, gdy osoby zaangażowane są obecne, mogą dać informację zwrotną oraz zgodziły się na to (wraz ze zgodą oraz umową odpowiedzialności). Oprócz problemów bezpieczeństwa i ryzyka, cały ten obszar wnosi zupełnie nowe problemy etyczne.

Udział klienta w sesjach „uzdrawiania na odległość" jest konieczny przede wszystkim ze względu na jego bezpieczeństwo. Po pierwsze, terapeuta może nie wiedzieć, że coś poszło nie tak, jeśli nie otrzyma werbalnej informacji zwrotnej – klient musi mieć kontakt z terapeutą, by go informować, jeśli nie czuje się dobrze, lub opisać symptomy, aby można było mu pomóc. Po drugie, ponieważ techniki te mogą wywołać nagłe i niespodziewane pojawienie się u klienta fizycznych lub emocjonalnych symptomów – może to być niebezpieczne w sytuacji, gdy klient wykonuje pracę wymagającą niezakłóconej uwagi (jak np. prowadzenie pojazdu) lub używa w tym czasie niebezpiecznych narzędzi (piła, nóż itp.). Po trzecie, ponieważ klient nie będzie miał pojęcia, dlaczego tak nagle pojawił się u niego symptom, a to może niepotrzebnie wywołać w nim niepokój lub spowodować chęć szukania pomocy lub nawet długoterminowej interwencji medycznej.

Przykład: „duchowe uzdrawianie" jest często przeprowadzane z chorymi na raka Niestety rak (a także kilka innych chorób) jest chorobą „psychologicznego odwrócenia". Oznacza to, że ciało klienta czuje, że musi mieć tę chorobę, by przetrwać, nawet jeśli w rzeczywistości choroba go zabija. Jeżeli uzdrawianie faktycznie zaczyna eliminować objawy, reakcja jego ciała – aby zrekompensować rezultat interwencji – pogorszy stan choroby lub sprawi, że będzie ona jeszcze bardziej agresywna. Przy zastosowaniu standardowych technik, klient poczuje ten efekt i będzie unikać dalszego leczenia. Ponieważ „duchowe/zdalne" uzdrawianie jest realizowane na odległość, bez udziału klienta, nie może on powstrzymać interwencji. Dla przeważającej części ludzi nie ma to znaczenia, ponieważ techniki uzdrawiania na odległość są zwykle tak ubogie, że właściwie nie przynoszą one rezultatu. Jeśli jednak uzdrawianie pozytywnie wpływa na symptomy, może to przyśpieszyć śmierć klienta, ponieważ jego organizm próbuje to skompensować, przywracając lub pogłębiając objawy.

Należy tu wspomnieć o technice opublikowanej w 2004 r., którą nazwaliśmy Uwalnianiem Osobowości na Odległość (Distant Personality Release – DPR). Chociaż może ona być spostrzegana jako kolejna technika uzdrowienia, to faktycznie eliminuje traumę w innej osobie na odległość przez ograniczenie interakcji z organizmem grzybowym – borgiem. Ze względu na eliminację traum technika ta może potencjalnie spowodować problematyczne reakcje osoby, której dotyczy to uzdrawianie, ale na szczęście zdarza się to bardzo rzadko. Ta technika działa tylko między dwiema osobami, które są połączone ze sobą poprzez tzw. sznury powodujące problemy w ich relacji. Tak więc, uwzględniając przewagę korzyści nad ewentualnym niskim ryzykiem, zezwalamy na stosowanie techniki DPR, gdy jest to konieczne, także wtedy, gdy okoliczności nie pozwalają obu osobom być obecnymi w czasie uzdrawiania i wyrażenia na to zgody.

Inną dobrze znaną techniką uzdrawiania na odległość (której nie nauczamy) jest tzw. zastępcze EFT. Ta technika może powodować te same problemy, które powoduje terapia traum EFT. Niestety, w przeciwieństwie do DPR, może ona również stymulować zupełnie nierozpoznany powszechnie problem (opisany w niniejszym podręczniku jako jeden z przypadków subkomórkowych), który nazywamy pasożytem stanów szczytowych. Powoduje on, że osoby wrażliwe (klient, terapeuta albo oboje) trwale tracą szczytowy stan (stany) świadomości (możliwe są też inne interakcje pasożytnicze pomiędzy uzdrowicielem a klientem, które czasami mogą powodować poważne i niekiedy trwałe symptomy). Zakładając, że uzdrowiciel potrafi używać tego rodzaju technik, problemy te zwykle występują przypadkowo, wskutek dynamiki traumy i pasożyta między tymi osobami. Jednak niektórzy uzdrowiciele mają systemowe problemy pasożytnicze oraz wewnętrzne uszkodzenia lub traumy, znacznie częściej powodując problemy u klientów. Natomiast terapeuci, którzy mają stabilny stan Ścieżki Piękna (*Beauty Way*) nie wchodzą w interakcje z pasożytami, nawet jeśli są one obecne, a więc nie powodują takich problemów u klientów.

W przypadku stosowania uzdrawiania na odległość, np. u członków rodziny, problemy pasożytnicze rzadko są problemem, ponieważ przez całe życie są oni nieświadomi tego połączenia ze sobą. Innymi słowy – uszkodzenie i tak się już wydarzyło, a homeostaza pasożytnicza powstała w czasie, gdy te osoby się rozwijały.

Przykład: Widzieliśmy bardzo nietypowy przypadek, w którym wysoko funkcjonujący syn unikał bliskości z matką, bo podświadomie wyczuwał, że to go uszkadza. Był całkowicie zaskoczony własnymi uczuciami dotyczącymi tego tematu, bo wiedział, że matka była dobrą osobą, która bardzo się o niego troszczyła. Wszystkie próby uzdrowienia problemu z zastosowaniem terapii traum nie dawały rezultatu, ponieważ nie był to problem traumy, a rzeczywisty problem związany z pasożytem nie był tematem terapii.

Czasami do Instytutu zgłaszają się klienci z uszkodzeniami, szukający pomocy po interwencji „uzdrowicieli", którzy próbowali uzdrawiać ich „na odległość". Stwierdzenie, co wymaga naprawy jest często bardzo trudne, ponieważ klient nie potrafi określić, co zostało zrobione, a to często wiąże się z nietypowymi interakcjami pasożytniczymi.

Uzdrawianie regeneracyjne

Niemal każdy z nas myli uzdrawianie duchowe lub na odległość z uzdrawianiem regeneracyjnym z powodu naszych kulturowych, chrześcijańskich założeń. Uzdrowienie regeneracyjne ma kilka charakterystycznych parametrów: będzie uzdrawiać praktycznie wszystko w człowieku, począwszy od zębów po brakujące narządy i jest ono szybkie – trwa od kilku sekund do kilku minut. Prostym i rozstrzygającym testem kogoś, kto twierdzi, że jest w stanie zaindukować regeneracyjne uzdrawianie, jest znalezienie blizny na swoim (lub jego) ciele i poprosić go o jej usunięcie – jeśli potrafi regeneracyjnie uzdrawiać, blizna powinna całkowicie zniknąć w ciągu kilku sekund, pozostanie w tym miejscu tylko gładka skóra. Jednak osoby z tą umiejętnością są wyjątkową rzadkością – w ciągu prawie 30 lat poszukiwań na całym świecie spotkałem tylko trzy osoby, które na stałe posiadały tę zdolność.

Uzdrowiciele przeprowadzający uzdrowienie na odległość (o ile ich działania są zgodne z prawem i spójne) stosują dokładnie ten rodzaj uzdrawiania, jaki przedstawiamy w tym podręczniku – czyli to, co normalny człowiek może zrobić samodzielnie na podstawie wytycznych i treningu. Natomiast regeneracyjne uzdrawianie używa zupełnie odmiennego podejścia, które nie polega na uzdrawianiu wszelkiego rodzaju traumy, lecz pozwala na chwilowe ominięcie uszkodzenia, jakie mamy jako gatunek. Co ciekawe, podejście regeneracyjne nie niesie zagrożeń ani problemów związanych z pasożytami, a to co się pojawia jest rozwiązywane automatycznie. Jednak ludzie mają tego rodzaju umiejętności zazwyczaj tylko przez jakiś czas. Kiedy je utracą, szkodliwe interakcje pasożytnicze będą u nich nadal występować (o ile nie są w stabilnym stanie Ścieżki Piękna). W naszej małej liczebnie grupie, dwie osoby miały stabilny stan Ścieżki Piękna, a trzecia osoba, która nie miała tego stanu, spowodowała uszkodzenia u niektórych klientów.

Niezrozumienie różnicy pomiędzy uzdrawianiem na odległość a uzdrawianiem regeneracyjnym może spowodować wiele szkód. Z naszego doświadczenia wynika, że uzdrowiciele pracujący na odległość często przeceniają swoje zdolności twierdząc, że potrafią uzdrawiać o wiele więcej niż rzeczywiście mogą, a robią to po to, by otrzymać uwagę lub wynagrodzenie. Niestety, narażają w ten sposób poważnie chorych klientów, którzy za wszelką cenę próbują uzyskać od nich pomoc, na marnowanie czasu i pieniędzy.

Szkolenie terapeutów i środki ostrożności

Podczas naszych treningów studenci uczą się i ćwiczą na sobie, robiąc o wiele więcej, niż wolno im potem robić z klientami. Ponadto, czasem pytamy, czy zgłaszają się na ochotnika do testowania nowych eksperymentalnych procesów. A zatem, istnieje potencjalnie większe ryzyko dla naszych studentów, niż dla klientów.

Z naszych wieloletnich doświadczeń wynika, że zdecydowanie warto podkreślać kwestie bezpieczeństwa jeszcze *przed* szkoleniem. To zarówno odfiltrowuje nieodpowiednich studentów, których problemy z lękiem mogłyby spowolnić lub skłócić grupę, jak też wyraźnie ostrzega studentów, że jest to nowa i eksperymentalna praca. „Najpierw musisz zaakceptować, że przystępując do tego treningu ryzykujesz swoim zdrowiem i życiem. Jeśli ty i twój partner nie chcecie uznać, że jest to aktywność potencjalnie niebezpieczna lub zagrażająca życiu, nie powinieneś brać udziału w zajęciach. Ten obszar jest zbyt nowy, aby zagwarantować ci, że nie będzie problemów – co gorsza, możesz natknąć się na problemy, których nigdy wcześniej nie doświadczyłeś". Na szczęście, nasze zrozumienie i nasze techniki w ciągu ostatnich kilku lat poprawiły się do tego stopnia, że tego rodzaju obawy są dużo mniejsze. I to właśnie dlatego jesteśmy teraz gotowi do opublikowania tego podręcznika.

Po drugie, nasz trening jest przeznaczony dla osób stabilnych, które nie mają doświadczeń z chorobami psychicznymi lub myślami samobójczymi. To stwierdzenie nie odnosi się do twojej wartości jako osoby, lecz raczej rozpoznaje, że przyszedłeś na świat z traumami powodującymi u ciebie problemy, które powinny być rozwiązane w pierwszej kolejności, jeszcze przed rozpoczęciem treningu. Jeśli aktualny stan wiedzy w Instytucie (czy gdziekolwiek indziej) nie pozwala na uzdrowienie danej kondycji, musisz poczekać, aż będzie ono dostępne. Ponadto pamiętaj, że osiągnięcie różnych stanów szczytowych prawdopodobnie nie rozwiąże twojego problemu.

Po szkoleniu
Podczas warsztatów nauczyciele radzą sobie z większością sytuacji, które mogą się pojawić. Jednak, gdy już skończysz trening, musisz podjąć odpowiednie środki ostrożności dla własnego bezpieczeństwa. Możliwe, że któregoś dnia po warsztatach traumatyczne wspomnienia staną się aktywne. Inaczej mówiąc – usunęliśmy część zapory i woda może zacząć płynąć. W rzadkich przypadkach aktywacja nowego materiału może być jak powódź (zauważ, że to może występować w każdej mocnej terapii, nie tylko w naszej pracy). Aby poradzić sobie z potencjalnym materiałem, który pojawi się po warsztacie, podajemy ci nasze numery telefonów – skorzystaj z nich, jeśli będzie taka potrzeba!

Nowym studentom dajemy trzy miesiące na przystąpienie do egzaminu certyfikacyjnego w Instytucie. Po tym czasie tracą oni uprawnienia do uzyskania certyfikatu, chyba że wezmą udział w kolejnym kursie. Prowadzimy taką politykę z dwóch powodów: zmiany w naszym materiale szkoleniowym zachodzą dość szybko, więc trzeba być z nimi na bieżąco, a także dlatego, że to rozwiązuje problem studentów, którzy nigdy „nie kończą", ale którzy chcą nadal korzystać z naszego darmowego wsparcia.

Praktyka w domu
Jeśli zdecydujesz się praktykować na własną rękę, musisz być przygotowany na wystąpienie potencjalnych problemów. Nic nie będzie pewne! Musisz przyjąć, że istnieje element nieuniknionego ryzyka, ale możesz inteligentnie i z wyprzedzeniem przygotować się, aby je zminimalizować. Po pierwsze – poinformuj swoich bliskich o możliwych zagrożeniach i z góry wypracuj z nimi odpowiednią strategię. Jednym z najprostszych i najbardziej przydatnych kroków jest ustalenie z kimś, aby skontaktował się z tobą po przeprowadzonej pracy własnej, żeby sprawdzić, jak się czujesz. Możesz bowiem natknąć się na materiał, który sprawi, że zachowasz się jak szaleniec albo możesz poczuć oczywistą chęć, by się zabić. Twój tzw. buddy, czyli osoba, z którą się umawiasz na sprawdzanie, może pomóc ci w takiej sytuacji albo przynajmniej zadzwonić po pomoc. Chociaż współmałżonkowie powinni być częścią sieci wsparcia zalecamy, aby „buddy" był spoza rodziny – widzieliśmy sytuacje, w których student stał się niekomunikatywny, a małżonka to zignorowała myśląc, że wszystko jest w porządku.

Inne praktyczne kroki, które powinieneś podjąć:
- znajdź lokalną infolinię interwencji kryzysowej
- znajdź lokalną infolinią interwencji w przypadku zagrożenia samobójstwem oraz ośrodki dostępne całą dobę
- znajdź kolegę z grupy lub przyjaciela, który będzie twoim „buddy"
- ustanów relację praktykowania z innymi studentami Instytutu; wykonuj przynajmniej część swojej pracy wspólnie z innymi studentami, którzy mogą zapewnić ci wgląd w twój stan psychiczny (być może stałeś się maniakalny, masz urojenia lub myśli samobójcze) i ustalcie jakieś hasło, które będzie oznaczać, że wchodzisz w traumę, która jest dla ciebie zbyt ciężka, aby zachować pozycję „obserwatora"
- znajdź miejscowego terapeutę pracującego najnowszymi terapiami mocy
- stwórz relację mentor/terapeuta z certyfikowanym terapeutą Instytutu.

Gdy pojawią się problemy
Po powrocie do domu z treningu dla terapeutów mogą ujawnić się sprawy i problemy, które nie pojawiły się podczas szkolenia. Dotyczy to zwłaszcza krótkich i intensywnych treningów, kiedy nie było czasu w trakcie zajęć na monitorowanie studentów po przeprowadzeniu jakiegoś ważnego procesu czy uzdrawiania. Studenci mogą nie zdawać sobie sprawy, że są w tarapatach lub że ich zachowanie radykalnie się zmieniło, ponieważ na powierzchnię wypłynął jakiś traumatyczny materiał. Dlatego też, na wszelki wypadek, przez kilka dni bezpośrednio po treningu nauczyciele pozostają w intensywnym kontakcie ze studentami.

Oto kilka prostych rzeczy, które możesz zrobić, jeśli masz problemy:
- natychmiast skontaktuj się z trenerem szkolenia – jeśli to niemożliwe, może to być każdy terapeuta z kliniki Instytutu
- skontaktuj się ze swoim „buddy" – z osobą, z którą będziesz w regularnym w kontakcie i do której możesz zadzwonić, jeśli poczujesz się źle
- sprawdź na stronie internetowej, co zrobić, jeśli zauważysz u siebie tendencje samobójcze (www.metanoia.org).

Po certyfikacji w Instytucie
Nowo certyfikowani terapeuci odbywają comiesięczne spotkania z mentorem przez okres roku, które służą poprawianiu i wzbogacaniu ich umiejętności poprzez omawianie trudności w pracy własnej, z klientami, z mentorem i z kolegami.

Prowadzimy również seminaria dla naszych certyfikowanych terapeutów w formie telekonferencji. Korzystamy z tej formy, aby zapoznać ich z nowym materiałem, którego nie poznali na swoim szkoleniu lub aby bardziej szczegółowo omówić znany już materiał. Ponieważ jednak wszystkie te działania niosą potencjalne ryzyko, uczestnicy tych seminariów *muszą* przejść przez wszystkie kroki bezpieczeństwa, które minimalizuje siatka bezpieczeństwa.

Świadoma zgoda

Formularz świadomej zgody pozwala klientom dowiedzieć się, jakie ryzyko wiąże się z uzdrawianiem. Dzięki temu mogą zadecydować, czy chcą pracować nad swoimi problemami. W niektórych krajach, np. w USA, prawo wymaga, aby klienci przeczytali i podpisali formularz świadomej zgody przed rozpoczęciem uzdrawiania. Istnieje wiele wzorów formularzy spełniających ten wymóg, np. w Internecie.

Wszyscy certyfikowani terapeuci Instytutu są zobowiązani do stosowania formularza świadomej zgody bez względu na to, czy w ich kraju jest to wymagane, czy nie. Nasz standardowy formularz znajduje się w Dodatku 3. – obejmuje on wszystkie wymogi prawne wymagane w Stanach Zjednoczonych i Kanadzie. To nie oznacza, że nasi certyfikowani terapeuci muszą używać tej akurat formy – mogą ją przerobić według własnego uznania, uwzględniając wymagania swojego kraju.

Obawy terapeuty przed stosowaniem formularza świadomej zgody

Jednym z problemów, który zauważyliśmy u terapeutów był lęk, że jeśli będą stosowali w pracy z klientami formularz świadomej zgody, to klienci będą się obawiać terapii.

W krajach, w których wymóg świadomej zgody jest prawnie obowiązujący, terapeuta nie ma możliwości wyboru. W krajach, gdzie nie wymaga się takiej zgody, niektórzy terapeuci obawiają się o swoją sytuację finansową, bowiem inni koledzy po fachu nie informują swoich klientów o ryzyku w terapii. Jednak nawet w krajach, gdzie jest to prawnie wymagane, wielu „alternatywnych" terapeutów unika udzielania takich informacji, co prowadzi do konfliktu interesów z licencjonowanymi terapeutami.

Po pierwsze, spójrzmy na to z moralnego punktu widzenia (moim zdaniem jedyną istotną kwestię). Złotą zasadą w chrześcijaństwie jest idea, że traktujesz innych tak, jak chciałbyś, aby ciebie traktowano. Chciałbyś zapewne wiedzieć o tych sprawach przed rozpoczęciem terapii, więc klienci zasługują na taką samą szczerość. Niestety, ten argument nie likwiduje obaw wielu terapeutów i racjonalizacji tej kwestii.

Spójrzmy w takim razie na praktyczne zagadnienia:

1. Twoi klienci mogą faktycznie mieć problemy podczas lub po terapii. Nie są oni ekspertami w tej materii i zazwyczaj nie mają nawet pojęcia, że problemy mogą istnieć. Poinformowanie ich o tym przed rozpoczęciem terapii, zwiększa ich komfort i bezpieczeństwo, jeśli problem się pojawi i zwiększa szanse na to, że zareagują w odpowiedni sposób.

2. Jeśli nie masz podpisanego oświadczenia, możesz zostać pozwany – może to się zdarzyć w przypadku klientów mających problemy z zaufaniem i faktycznie mających problemy podczas terapii (nawiasem mówiąc, zalecamy zawsze nagrywanie sesji z klientami, zarówno dla własnej ochrony prawnej, a także, by móc zaprezentować zmiany u klientów, którzy doświadczają zjawiska apexu, czyli nie pamiętają aspektu lub całości problemu po jego uzdrowieniu).

Zamiana świadomej zgody w cechę

Odkryliśmy również, iż terapeuci, którzy mają obawy związane z formularzem świadomej zgody, nie zdają sobie sprawy, że może on się stać potężnym narzędziem marketingowym. Klienci chcą poczuć, że jesteś najlepszym terapeutą, jakiego mogą mieć, że jesteś ekspertem i potrafisz im pomóc, jeśli ktokolwiek może, to tylko ty! Wyjaśniając im, że jesteś ekspertem świadomym problemów, które mogą zaistnieć, i bierzesz je pod uwagę w swojej praktyce, możesz zwiększyć ich zaufanie do siebie. Pamiętaj, jesteś ekspertem – i jeśli jesteś spokojny i rzeczowy w tych kwestiach, to klient również będzie tak reagował. Jeśli ty się obawiasz lub jesteś niechętny, klienci będą to odczuwać. Zauważyliśmy, że klienci nie przejmują się formularzem świadomej zgody, jeżeli ty nie masz z tym problemu.

Informując o ryzyku i potrzebie świadomej zgody, komunikujesz tym samym, że inni terapeuci są albo nieświadomi tych kwestii (co często jest prawdą), co sprawia, że w oczach klienta stajesz się jeszcze większym ekspertem, albo że inni terapeuci nie chcą mówić prawdy (co też może być prawdą). Adresując to ryzyko jako problem wszystkich terapii, możesz rozwiać wątpliwości klienta co do wyboru metody i terapeuty ze względu na bezpieczeństwo. W ten sposób sprawiasz, że klient od samego początku staje się sojusznikiem, który ufa twojemu treningowi, wiedzy i osądowi.

Może się zdarzyć, że po przeczytaniu i zrozumieniu ewentualnych problemów, klient naprawdę poczuje, że ryzyko jest dla niego zbyt wielkie – np. może mieć małe dzieci i nie chce ryzykować, bo mogłoby to kolidować z opieką nad dziećmi. Niezależnie od powodu, terapeuta może wtedy albo zaoferować zwykłą konsultację (umowa z minimalnym zastosowaniem zasady „opłaty za rezultat") lub polecić innego terapeutę w tym obszarze. Może również przekazać takiego klienta kolegom terapeutom, z korzyścią dla obu stron – może wtedy klient skorzysta z innej formy pomocy, np. licencjonowanego pracownika socjalnego.

Problemy etyczne

Przez wiele lat obserwowaliśmy wśród certyfikowanych terapeutów Instytutu, a także wśród naszych pracowników, pojawianie się problemów etycznych dotyczących obszaru naszych badań psychobiologii subkomórkowej. Poniżej przedstawiamy kilka przykładów tych problemów, które według nas są charakterystyczne dla naszej pracy.

Aby podkreślić wagę bezpieczeństwa i etyki, zaadaptowaliśmy do naszej pracy wytyczne z zakresu etyki stosowane przez International Breathwork Training Alliance (Międzynarodowe Stowarzyszenie Treningu Pracy z Oddechem). Do listy stowarzyszenia dodaliśmy dwa elementy, które są unikalne w naszej pracy: zasadę opłaty za rezultat oraz zasady etycznego zachowania dotyczącego stosowania technik, które mogą wpływać na osoby nie biorące udziału w naszej pracy (te wytyczne zamieszczamy na końcu niniejszego rozdziału, a także są dostępne na stronie internetowej Instytutu). Innym środkiem bezpieczeństwa jest umowa o pracę lub umowa licencyjna, wyjaśniająca ograniczenia, które nakładamy na korzystanie z tych nowych technik. Umowy te podpisują pracownicy Instytutu i certyfikowani terapeuci.

W tym podręczniku nie omawiamy standardowych kwestii etycznych w terapii. Istnieje wiele dobrych źródeł w sieci i w podręcznikach, do których was odsyłamy.

Opłata za rezultat

Jak już mówiliśmy w rozdziale 3., kwestia pobierania opłaty za czas zamiast za wyniki, nie jest postrzegana przez większość terapeutów lub alternatywnych uzdrowicieli jako problem etyczny. Ze względu na kontekst historyczny oraz świadomość uprawnień wielu terapeutów i uzdrowicieli, to nieetyczne podejście jest wciąż rozpowszechnione i uważane przez większość z nich za właściwą praktykę. Niestety, stwarza jednak wiele problemów etycznych: np. terapeuci starają się utrzymać swoich klientów w terapii, aby dłużej uzyskiwać dochód, niezależnie od świadczonej usługi. Takie osoby opornie podchodzą do nowych, bardziej skutecznych rozwiązań w terapii i szkoleniach, gdyż mogłyby zmniejszać ich dochody – można by powiedzieć, że tacy terapeuci żerują na zdesperowanych i bezradnych klientach. Dlatego pobieranie opłaty za rezultat jest zarówno etyczne, jak też automatycznie zachęca terapeutę do poszerzania swoich kompetencji. Opłata za rezultat niesie jeszcze inne ważne korzyści – definiuje cele do osiągnięcia, znacznie zmniejsza ryzyko problemów prawnych i może być wykorzystywana w celach reklamowych.

Niektórzy terapeuci zawsze stosowali zasadę „opłaty za rezultat" w swojej pracy, ale dopiero około 2006/2007 roku zasada ta została ustanowiona jako obowiązująca dla wszystkich terapeutów certyfikowanych przez Instytut. Zmiana ta spowodowała, że część osób odeszła z Instytutu, zarówno z personelu, jak też licencjonowanych terapeutów. Od tamtej pory mieliśmy kilku klientów kontaktujących się z Instytutem odnośnie opłaty za rezultat, ponieważ terapeuta ignorował lub zniekształcał zasady etyczne, aby zmaksymalizować swoje dochody osobiste (większość skarg klientów była słuszna).

Przykład: certyfikowany terapeuta przeprowadził z klientem sesję obejmującą jeden z procesów szczytowych stanów świadomości. Klient potem skontaktował się z ISPS składając zażalenie, że terapeuta nie dostarczył tego, co zostało uzgodnione. Ponieważ terapeuta nie zapisał niczego, ani nie nagrał sesji, nie było sposobu, by stwierdzić, kto mówi prawdę – klient czy terapeuta. Później okazało się, że terapeuta nadużywał stosowanie procesów „szczytowych stanów świadomości", nie zwracając uwagi na potrzeby klienta, bo dostawał więcej pieniędzy za procesy stanów szczytowych.

Kolejny przykład braku spełnienia kryterium „opłaty za rezultat" – klient miał zaburzenie typu borderline, więc wszystko, co powiedział mogło nie być prawdą. Ponieważ nic nie zostało zapisane, nie można było stwierdzić, co zostało uzgodnione. Terapeuta musiał zwrócić całe wynagrodzenie.

Ujawnienie materiału niebezpiecznego lub poufnego

Przykład: Certyfikowana terapeutka skontaktowała się z zespołem Instytutu, ponieważ powiedziała swojej klientce o istnieniu pasożyta insektopodobnego w obrębie komórki prymarnej – zrobiła to, bo nie chciała zdradzić swojej niekompetencji wobec klienta. Klient, który miał zdolność „wglądu" w komórkę prymarną, zaczął próbować i w efekcie pozbył się pasożyta bez używania naszych technik. Okazało się, że to co zrobił, my już kiedyś testowaliśmy, i niestety powodowało to długotrwałe uszkodzenie. Jednak, gdy klient został poinformowany o problemie, nie mógł uwierzyć, że jego działanie mogło być szkodliwe.

Przykład: Inna osoba związana z Instytutem na zasadzie wolontariatu miała potrzebę stałego skupiania na sobie uwagi. Opublikowała poufny dokument z komendami Gai dla różnych zdarzeń rozwojowych, co spowodowało, iż ludzie skupili na niej uwagę, a ona mogła poczuć się ważna. Wiedziała, że wiele z tych komend mogło ludziom zaszkodzić, ale w ogóle nie wzięła tego pod uwagę.

Kryzys w życiu terapeuty

Przykład: Certyfikowana terapeutka okazała swoją niekompetencję z powodu osobistego dramatu emocjonalnego. Zamiast najpierw poradzić sobie z własnym problemem, nadal prowadziła sesje z klientami (nieregularne), zaniedbując kilkoro z nich, którzy potrzebowali pomocy w związku z traumatycznym materiałem uwolnionym podczas poprzednich sesji. Nie byłoby problemu, gdyby terapeutka odesłała klientów do kogoś innego. Tak się jednak nie stało, sytuacja trwała kilka miesięcy, powodując wiele niepotrzebnego cierpienia.

Niewystarczające sprawdzenie lub jego brak

Przykład: Zdarzało się na szkoleniach, że nauczyciel nie sprawdził, jak uczniowie wykonali swoją pracę. W jednym przypadku student wpadł w kryzys duchowy, w którym czuł się dobrze, ale nie był w stanie wyjść z domu. Ponieważ nikomu z nas nic nie powiedział, minął tydzień, zanim zaniepokojona rodzina skontaktowała się z nami, prosząc o pomoc.

Przykład: W innym przypadku klient źle reagował na Technikę Cichego Umysłu, ze względu na ekstremalne uczucia, które zostały wywołane u niego przez ten proces. Ponieważ klient nie został ostrzeżony, że takie reakcje mogą wystąpić, nie skontaktował się ponownie z certyfikowanym terapeutą, uważał bowiem, że terapeuta mu zaszkodził. Ta sytuacja trwała kilka miesięcy, zanim nasz zespół usłyszał o rozpaczliwej sytuacji klienta.

Certyfikowani terapeuci prowadzący badania

W naszej pracy badawczej pojawia się bardzo wiele zagadnień związanych z bezpieczeństwem, więc mamy bardzo obszerny protokół bezpieczeństwa. Zwykle testowanie trwa kilka lat, zanim materiał zostanie udostępniony certyfikowanym terapeutom. Mieliśmy kilka osób, które przyszły na nasz trening, aby móc zacząć robić badania na sobie. Jakkolwiek potencjalnie jest to bardzo niebezpieczne, jednak zazwyczaj są dla nas zrozumiałe powody, dla których niektóre osoby chcą to zrobić i w większości przypadków akceptujemy ich aktywność jako osobisty wybór.

Jednak, gdy ktoś chce wykorzystać nasz materiał do rozpoczęcia badań z grupą ludzi, nie licząc się z zagrożeniem uszkodzenia lub śmierci tych osób, z pewnością nie rozumie ryzyka. Nie certyfikujemy terapeutów, którzy wykorzystują nasze szkolenia do prowadzenia badań naukowych w grupach poza Instytutem i pozbawiamy takie osoby certyfikatu. To nie oznacza, że negatywnie oceniamy te osoby i ich pracę – ale chcemy zminimalizować możliwość kierowania pozwów przeciwko Instytutowi, jeśli (lub co jest bardziej prawdopodobne) dojdzie do obrażeń lub śmierci osób, które są w to zaangażowane.

Uzdrawianie na odległość („duchowe")

Instytut dysponuje grupą badawczą i kliniczną, przeszkoloną w stosowaniu zastrzeżonych technik, za pomocą których można uzdrawiać klientów na odległość. Techniki te zostały opracowane dla klientów, którzy nie mogą sobie pomóc sami, np. cierpiący na katatonię lub autyzm. Są one również stosowane w naszych badaniach w celu znalezienia nowych sposobów uzdrawiania różnych chorób. Kiedy uczymy tych technik nowych pracowników kliniki, podpisują oni umowę, że jeśli opuszczą Instytut, przestaną ich używać ze względu na kwestie bezpieczeństwa. Niestety, doświadczenie pokazuje, że niektórzy terapeuci uważają, że mają prawo kłamać, zrywać ustalenia i używać dowolnej techniki, niezależnie od eksperymentalnych i niebezpiecznych właściwości takiej pracy.

Przykład: Ostatnio skontaktowała się z nami osoba z Wielkiej Brytanii, chcąc zwrotu swoich pieniędzy za nieosiągnięcie rezultatu, który jej obiecano (oszczędzała na terapię ponad rok). Co gorsze, została uszkodzona – terapeuci używali ponoć techniki uzdrawiania na odległość. Po sprawdzeniu okazało się, że terapeuci twierdzili, że są z Instytutu, ale nigdy nie uczęszczali na żadne nasze zajęcia. Zostali nauczeni bardzo niebezpiecznych, niesprawdzonych i niewiarygodnych technik przez osobę, która została zwolniona z Instytutu za defraudację i uszkadzanie klientów. Podobnie jak ich nauczyciel, ci dwaj terapeuci prezentowali nieetyczne zachowanie – łamanie umowy, kłamstwa, kradzież i uszkadzanie klientów.

Przykład: Student szkolenia postanowił sprawdzić, czy mógłby uzdrawiać na odległość wiedząc, że jest to możliwe. Wybrał do swojego eksperymentu osoby, które znał, choć odmówiły mu one zgody. On to zignorował, ponieważ uważał, że Bóg kazał mu nad nimi pracować, bo „potrzebowali uzdrowienia". Ponieważ dowolna technika uzdrawiania może wywołać problemy, wypróbowywanie tego na ludziach bez ich zgody i świadomości – nawet, jeśli jest to tylko fantazja i nawet jeśli nie mógł rzeczywiście tego zrobić – jest rażącym naruszeniem bezpieczeństwa i zasad etycznych. Nie udzielono mu zgody na certyfikację w Instytucie, a osoby, z którymi eksperymentował, zostały o tym powiadomione.

Nielegalne, nieetyczne, dziwne zachowanie wolontariuszy i pracowników Instytutu
Problemy etyczne wykraczają poza proste relacje klient-terapeuta. Jako organizacja mieliśmy problemy z osobami, które z nami współpracowały na zasadzie wolontariatu i z powodu tych doświadczeń nie jesteśmy chętni do współpracy z nowymi ochotnikami na poziomie personelu. To jeden z powodów, dlaczego wybieramy tylko certyfikowanych terapeutów na stanowiska pracowników – chcemy dać im czas na zaprezentowanie etycznego zachowania i upewnić się, że mają odpowiednie przygotowanie, by kontynuować z nami pracę.

Przykład: Osoba z zespołu badawczego zignorowała kwestie bezpieczeństwa i ujawniła materiały dydaktyczne, które były eksperymentalne (wręcz niebezpieczne) ze względu na sporą kwotę pieniędzy, które poprzez takie działanie mogła uzyskać. Uszkodziła ponad tuzin ludzi, których pracownicy Instytutu musieli odnaleźć i im pomóc (co zrobili za darmo). Odciągnęło to nasz mały zespół od badań na ponad rok (zajęło nam to setki godzin), ponieważ w tym czasie pomagaliśmy tym osobom.

Przykład: Biznesmen został poproszony o pomoc w przygotowaniu dla naszego personelu umów o pracę. Lecz niestety próbował zakłócić funkcjonowanie instytucji, by pozbyć się założycieli i zacząć ją kontrolować osobiście. Podczas konfrontacji powiedział: „Muszę być szefem w każdej organizacji, w której jestem".

Przykład: Wolontariusz personelu, po przeszkoleniu w zakresie technik zaawansowanych, stał się bardzo nielojalny wobec Instytutu i jego założyciela i przekonał kilka osób do opuszczenia Instytutu, które przyłączyły się do niego. On również naruszył umowę odnośnie zakazu uczenia innych ludzi eksperymentalnego i niebezpiecznego materiału. Zrobił to, jak się wydaje dlatego, że dobrze mu zapłacili (lata później zdaliśmy sobie sprawę, że miał poważne s-dziury, które powodowało takie zachowanie).

Kodeks etyczny obowiązujący w Instytucie

Trenerzy, praktykujący i terapeuci w Instytucie Badań nad Szczytowymi Stanami Świadomości zgadzają się przestrzegać następujących zasad kodeksu etyki: „Zgadzam się akceptować i podążać za zasadami ISPS oraz trzymać się kodu etyki zawodowej opisanego poniżej".

Te wytyczne są wynikiem wielu lat pracy Jima Morningstara i jego kolegów w International Breathwork Training Alliance. Zmodyfikowaliśmy je trochę, dostosowując do potrzeb naszego Instytutu. Oryginalny tekst można przeczytać na http://breathworkalliance.org/form_1.htm. Składamy podziękowania Jimowi za jego uprzejmość i zgodę na wykorzystanie i dostosowanie jego pracy dla naszych potrzeb.

Terapeuci certyfikowani przez Instytut stosują wiele nowoczesnych technik, które – jak każde silnie oddziałujące narzędzia – mają swoje ograniczenia i wymogi proceduralne. Wytyczne te zostały stworzone, aby rozwiązać kwestie etyczne i kwestie bezpieczeństwa w przypadku niektórych z nich (zarówno opracowanych przez Instytut, jak również stworzonych przez inne osoby).

1. „Odpowiedni" klient
   a) Ugruntowywać umiejętności klienta w pomyślnym integrowaniu efektów uzdrowienia traumy w takim stopniu, w jakim jest to możliwe.
   b) Nie dyskryminować klienta ze względu na rasę, pochodzenie etniczne, płeć, religię, orientację seksualną, wiek czy wygląd.

2. Umowa z klientem
   a) Ustalać jasne umowy z klientami, zawierające liczbę i czas trwania sesji oraz warunki finansowe.
   b) Ustanawiać jasne granice i ewentualnie omówić sprawę dotyku podczas terapii.
   c) Wykorzystywać własne umiejętności przede wszystkim z korzyścią dla klienta, a nie wyłącznie dla korzyści finansowych.
   d) Zachowywać poufność informacji o kliencie i zadbać o bezpieczeństwo notatek/nagrań z sesji.

3. Kompetencje terapeuty
   a) Praktykować w obszarze własnych kompetencji zawodowych, szkoleń i specjalizacji (bez roszczenia sobie prawa do usług, które poza ten obszar wykraczają) i określać ten zakres potencjalnym klientom.
   b) Kontynuować rozwój osobisty, ćwiczyć techniki, które oferuję innym, ożywiać swoją pasję i powołanie oraz utrzymywać zdrową równowagę pomiędzy pracą a dbałością o siebie.
   c) W razie potrzeby zasięgać konsultacji lub poddać się superwizji.

„Jeśli problemem klienta są psychologiczne, medyczne, prawne lub inne istotne zagadnienia, które wykraczają poza zakres praktyki terapii psychobiologicznej, terapeuta skieruje go do właściwego terapeuty z innego nurtu lub do odpowiednich placówek."

4. Relacja terapeuta–klient
   a) Ustanawiać i utrzymywać zdrowe, właściwe i profesjonalne granice, respektować prawa i godność osób, którym służę.
   b) Powstrzymywać się od używania autorytetu oraz wpływu wobec klienta.
   c) Powstrzymywać się od wykorzystywania praktyki terapeutycznej do promowania osobistych przekonań religijnych.
   d) Powstrzymywać się od wszelkich seksualnych form zachowania lub molestowania klientów nawet wtedy, gdy klient inicjuje lub zachęca do takiego zachowania.
   e) Dostarczać klientom informacji na temat sieci społecznej, zasobów edukacyjnych i holistycznego sposobu życia za ich zgodą oraz w zakresie posiadanej wiedzy.
   f) Przekazywać klientów odpowiednim specjalistom, gdy przedstawione przez nich problemy wykraczają poza zakres wyszkolenia terapeuty.

5. Relacje pomiędzy terapeutami
   a) Utrzymywać i pielęgnować zdrowe relacje z innymi praktykującymi terapeutami.
   b) Przekazywać konstruktywne informacje zwrotne innym terapeutom, którzy w twoim odczuciu naruszyli jedną lub więcej zasad etycznych. Jeżeli to nie rozwiązuje dostatecznie problemu, zasięgnąć konsultacji z najbardziej odpowiednią osobą i/lub z lokalnymi organami władzy w celu zapewnienia ochrony klientom.

6. Wynagrodzenie za rezultat
Terapeuci certyfikowani przez Instytut stosują zasadę „opłaty za rezultat" w całej swojej pracy psychoterapeutycznej (bez względu na to, czy używają technik Instytutu, czy nie). Oznacza to, że na początku uzdrawiania klient i terapeuta najpierw uzgadniają to, co zamierzają osiągnąć. Jeśli cel zostanie osiągnięty, od klienta pobierana jest uzgodniona wcześniej opłata – jeśli nie, nie ma opłaty. W niektórych przypadkach Instytut wstępnie ustala, jaki ma być rezultat: w przypadku uzdrawiania nałogów uzależnienie musi zostać w pełni wyeliminowane, w przypadku słyszenia głosów przez schizofreników muszą być one całkowicie usunięte, w przypadku konkretnych stanów szczytowych muszą pojawić się jakości typowe dla danego stanu itd. Należy zauważyć, że w niektórych przypadkach reguła „opłaty za rezultat" nie ma zastosowania, tak jest np. podczas treningów.

7. Wyłączność używania technik tylko w kontakcie z klientem oraz za jego zgodą. „Wyrażam zgodę na stosowanie technik, które uzdrawiają klientów na odległość (zastępcze EFT, aWHH itp.) wyłącznie za zgodą klientów lub opiekunów i tylko wtedy, gdy jestem w stanie komunikować się z klientem."

Zezwalamy na stosowanie techniki Uzdrawianie Osobowości na Odległość (DPR) bez tych ograniczeń ze względu na jej przydatność i minimum problemów. Jednak, jeśli to możliwe, nadal sugerujemy, by stosować ją tylko w obecności drugiej osoby i za jej zgodą, zarówno z powodów etycznych i dla bezpieczeństwa.

Terapeuci certyfikowani, a zatem zobowiązani do stosowania tego kodeksu etycznego, są wymienieni na stronie www.peakstates.com w kolumnie: „Znajdź terapeutę".

Kluczowe zagadnienia

* Ze względu na bezpieczeństwo klienta terapeuci traum potrzebują dodatkowego szkolenia z zakresu prewencji samobójstw, diagnozy chorób psychicznych i kryzysu duchowego.
* Istnieją zagrożenia, które mogą pojawić się podczas uzdrawiania traumy dowolną techniką, jak np.: odsłonięcie poważniejszych traum, interakcja z pasożytami, dekompensacja, kaskada problemów i zalanie traumami (jakkolwiek pojawiają się rzadko).
* Formularze zgody zawierają opis ryzyka związanego z psychoterapią i są legalnie wymagane w wielu krajach; certyfikowani terapeuci Instytutu są zobowiązani do ich stosowania w pracy z klientami.
* Terapeuci muszą mieć na względzie leki stosowane przez klientów, zwłaszcza powodujące u klientów psychologiczne problemy (lub blokujące uzdrawianie).
* Eksperymentalne szkolenia organizowane przez Instytut w obrębie psychobiologii subkomórkowej nie są odpowiednie dla studentów z problemami psychicznymi, tendencjami samobójczymi lub chorobami psychicznymi; oczekuje się także od studentów podjęcia środków ostrożności przez pewien czas po treningu.
* Psychobiologia subkomórkowa stwarza nowe problemy etyczne dla terapeutów takie, jak: odpowiednie przeszkolenie w zakresie bezpieczeństwa, problemy dotyczące interakcji z pasożytami, problemy uzdrawiania na odległość i nieodpowiedzialne ujawnienie prac eksperymentalnych (to tylko niektóre z nich).
* Współpraca i tworzenie sieci z innymi terapeutami, którzy specjalizują się w problematyce, w której brak ci kwalifikacji lub nie jesteś nią zainteresowany, jest przydatna dla twoich klientów i leży w ich najlepszym interesie.

Sugerowana dalsza lektura

* Kayla Weiner (2005). *Therapeutic and legal issues for therapists who have survived a client suicide.*
* E. Fuller Torrey (2013). *Surviving schizophrenia,* 6. edycja.

Zasoby online dotyczące samobójstw
- gorąca linia – www.211bigbend.org (USA)
- www.stopasuicide.org
- National Alliance on Mental Illness – www.nami.org (USA)
- www.metanoia.org
- Przewodnik pomocy – www.helpguide.org
- Centrum prewencji samobójstw – www.suicideinfo.ca

Zasoby online dotyczące psychopatologii
- National Alliance on Mental Illness – www.nami.org
- Przewodnik pomocy – www.helpguide.org

Zasoby online dotyczące profesjonalnej etyki w psychoterapii
- "What should I do? – ethical risks, making decisions, and taking action". Kurs online na www.continuingedcourses.net.

Zasoby online dotyczące kryzysu duchowego
- dr David Lukoff, „DSM-IV Religious and spiritual problems" oraz „Ethical issues in spiritual assessment" – www.spiritualcompentency.com

CZĘŚĆ 3

CHOROBY I ZABURZENIA NA POZIOMIE SUBKOMÓRKOWYM

Rozdział 7

CZTERY BIOLOGICZNIE RÓŻNE RODZAJE TRAUM

U większości klientów przyczyną problemów jest *zazwyczaj* jedna z trzech rodzajów traum: pokoleniowa, asocjacyjna lub biograficzna. Istnieje też czwarty rodzaj, który nazwaliśmy „traumą bazową" (*core trauma*), ale klienci rzadko przychodzą do terapeutów z tym problemem. Zespół stresu pourazowego (PTSD) – według kategorii diagnostycznej DSM – jest rodzajem traumy biograficznej. Terapeuci mogą pomóc w wielu, a nawet prawdopodobnie w większości problemów klienta przez uzdrowienie tylko symptomów będących bezpośrednim następstwem traumy, pomijając wszelkie przypadki subkomórkowe. Kompetentny terapeuta zna kilka sposobów uzdrawiania traum – niektórzy klienci (lub ich problemy) lepiej reagują na któryś z nich (nawiasem mówiąc pogląd, że większość problemów u klientów jest bezpośrednim wynikiem działania traumy jest stosunkowo nowym zjawiskiem w obszarze psychoterapii; większość terapeutów wciąż wierzy, że trauma jest rzadkim problemem, spowodowanym ciężkimi doświadczeniami typu PTSD).

Każdy rodzaj traumy jest doświadczany zupełnie inaczej. Dlatego terapeuta może wybrać tylko jeden rodzaj traumy, następnie wybrać technikę jej uzdrowienia, i zazwyczaj dość szybko przejść przez proces uzdrawiania. Jednak często zdarza się, że na problem składają się dwa lub więcej rodzajów traum. W takim przypadku uzdrawianie rozpoczynamy od asocjacji ciała – to powstrzymuje ciało od próby odtworzenia objawów u klienta za pomocą wszelkich środków, jakimi może się posłużyć. Następnie należy przejść do traum pokoleniowych, gdyż ten rodzaj traum jest związany ze strukturą samej komórki i powoduje odczucie, że coś jest fundamentalnie „nie tak" z klientem (odczucie jest bardzo „osobiste"). Potem dopiero można przejść do uzdrawiania traumy biograficznej – one bowiem powodują niewłaściwe, głęboko zablokowane (utknięte) odczucia i utrwalone przekonania.

Jeśli chodzi o uzdrawianie – gdy rodzaj traumy jest już określony, terapeuta wybiera odpowiednią technikę, by uzdrowić symptomy, a rezultat uzdrowienia mierzy się w sposób jasny i jednoznaczny – objaw znika i nie może być ponownie wywołany, zostaje tylko odczucie spokoju, wyciszenia i lekkości. W związku z tym czasami odnosimy się do różnych rodzajów traum jako traum „prostych", ponieważ leczenie koncentruje się na wyeliminowaniu oczywistych objawów. Niemniej jednak, chociaż trauma może być prosta w sensie proceduralnym, to może być tak przytłaczająco bolesna, że niekiedy potrzebne są umiejętności terapeutyczne, by skonfrontować klienta z bólem w celu jej uzdrowienia.

Z perspektywy biologii subkomórkowej podatność na „przyswajanie traum" jest wynikiem pierwotnego uszkodzenia biologicznego, które miało miejsce w najwcześniejszym stadium rozwoju, stadium komórki zalążka pierwotnego. Trauma *nie* jest bezpośrednim skutkiem zewnętrznych okoliczności, takich jak zranienia, nadużycia, ciężki stan lub traumatyczne wydarzenia w życiu klienta. Dlatego właśnie osoby, które przechodzą dokładnie przez te same doświadczenia, reagują na nie w różny sposób – u niektórych pojawi się trudny przypadek PTSD, niektóre mają umiarkowanie bolesne wspomnienia, a inne pozostają bez traum. Przyczyna tego biologicznego problemu tkwi w histonie, który pokrywa (osłania) gen danej osoby. Mówiąc krótko, gdy osoba musi zareagować na jakieś zdarzenie – czy to emocjonalnie, czy poprzez działanie – jej komórki uaktywniają odpowiedni gen, aby wytworzyć odpowiednie białko. Ze względu na uszkodzenia w powłoce histonu konkretnego genu proces zostaje zatrzymany, a białko nie zostaje wytworzone. W kategoriach psychologicznych doświadczamy tego jako traumatycznego wydarzenia, które w nas pozostaje.

Istnieją trzy różne rodzaje traum, ponieważ uszkodzenia histonów pojawiają się w trzech różnych grupach genów. Grupy te odpowiadają ich roli pełnionej w komórce – niektóre geny są wykorzystywane przez rybosomy w cytoplazmie (trauma biograficzna), inne przez rybosomy w retikulum endoplazmatycznym (asocjacje), a niektóre przez struktury nie-rybosomalne w cytoplazmie (traumy pokoleniowe). Często traktujemy je jako traumy „proste" (niezależnie od bólu i trudności związanych z uzdrawianiem), ponieważ odczucia w teraźniejszości prowadzą bezpośrednio do traumy z przeszłości.

Sugerowana dalsza lektura

- Grant McFetridge i Mary Pellicer (2004). *The basic Whole-Hearted Healing™manual*, III wydanie – technika regresji opracowana przez ISPS dla uzdrawiania traumy i dla prowadzenia badań.
- Grant McFetridge (2008). *Peak states of consciousness,* tom 2. i tom 3. (nieopublikowany) – zawiera szczegółowe informacje na temat subkomórkowych przyczyn traum.
- The Klinic Community Health Centre (2013). *Trauma-informed: The Trauma Toolkit,* II wydanie – pozycja przeznaczona dla osób pracujących z klientami straumatyzowanymi, włączając w to problemy nadużycia i sprawy Indian kanadyjskich; dostępne online.
- Paula Courteau (2013). *The Whole-Hearted Healing™ workbook* – zawiera najświeższą wiedzę na temat techniki regresji uzdrawiania traumy – Whole-Hearted Healing (Uzdrawianie Całym Sercem).

Trauma biograficzna: zablokowane przekonania, aktywowane uczucia

Trauma biograficzna jest tym rodzajem traumy, którą mają na myśli zarówno laicy, jak i większość terapeutów, kiedy myślą o traumie lub PTSD. Jest to zamrożony moment w czasie, zawierający obraz widziany spoza ciała, emocję, doznanie oraz przekonanie lub decyzję. W sensie biologicznym moment traumy zdarza się wtedy, gdy potrzebne jest białko, ale nić mRNA kopiująca gen utyka w histonowej otoczce genu. W rezultacie nić mRNA utyka w porze błony jądrowej, na której potem nabudowują się kolejne rybosomy. Te rybosomy zawierają informacje o traumie (mówiąc bardziej precyzyjnie, krystaliczny materiał grzybowy, osadzony w tych zablokowanych rybosomach, umożliwia im funkcjonowanie jako „bram" do momentów traumy w przeszłości). Geny, które mogą spowodować traumę biograficzną pochodzą z komórki prokariotycznej, która w dalszym rozwoju formuje „serce" w trójni mózgu.

Od około 1995 roku dostępne stały się terapie mocy, dzięki którym potrafimy uzdrawiać ten rodzaj traumy, choć każda z nich wykorzystuje do uzdrawiania inny mechanizm biologiczny. Okazuje się, że choć wiele problemów człowieka wynika z tego rodzaju traumy i pomimo tego, że decyzje sformułowane w danej chwili niewłaściwie kierują późniejszym zachowaniem, to jednak utknięte tu emocje nie są odczuwane jako szczególnie osobiste.

W późniejszym rozdziale przedstawiamy podkategorię „pozytywnej traumy" jako przypadek subkomórkowy. Chociaż biologicznie nie różni się ona od zwykłej, bolesnej traumy jest traktowana oddzielnie, ponieważ większość terapeutów nie zdaje sobie sprawy, że ten problem istnieje. Owe pozytywne traumy mogą być różnego rodzaju: pokoleniowe, asocjacyjne lub biograficzne, chociaż biograficzne zazwyczaj występują u klientów najczęściej (następne co do częstotliwości są asocjacje).

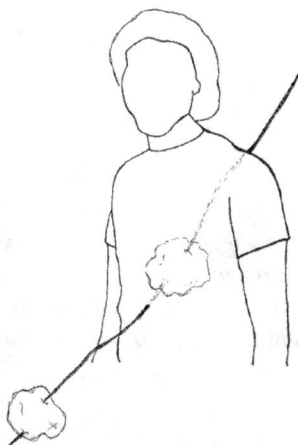

Ryc. 7.1. (a) Trauma doświadczana jako miejsce w ciele. Struktura bramy rybosomu jest nałożona na obraz ciała.

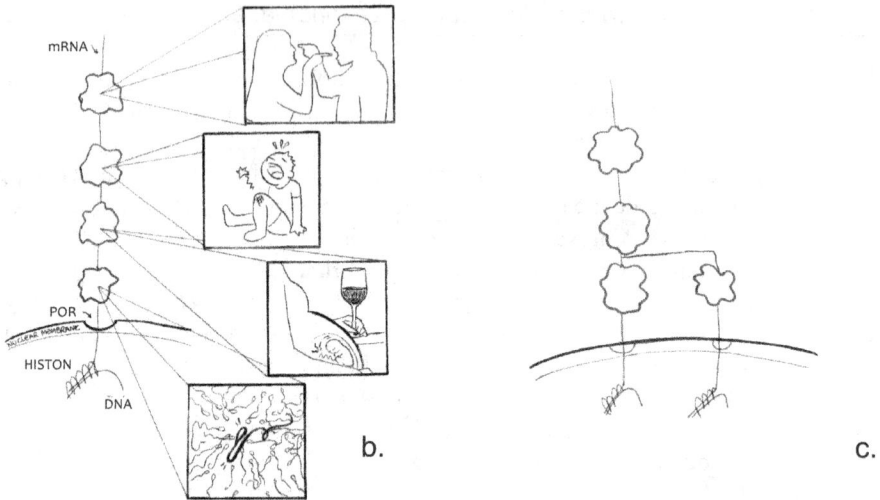

b.

c.

Ryc. 7.1. (b) Nitka traumy biograficznej widziana jako utknięta nić mRNA
w cytoplazmie z przyłączonymi rybosomami traum.
(c) Nitka traumy o wielu korzeniach (nić mRNA przymocowana
do kilku utkniętych genów).

Słowa-klucze w opisie symptomów
- Dyskomfort fizyczny i/lub emocjonalny: Czuję...
- Stałe lub dogmatyczne przekonania: Wierzę, że... tak już jest.

Pytania do diagnozy
- Jak to się odczuwa?
- Gdzie jest to uczucie?

Diagnoza różnicująca
Trauma pokoleniowa: emocje i odczucia mogą być praktycznie wszystkim; jednak, jeśli problem odczuwa się „osobiście", wtedy mamy do czynienia z traumą pokoleniową albo biograficzną wraz z traumą pokoleniową o podobnym odczuciu.
Kopia: sprawdź podczas uzdrawiania – jeśli opukiwanie zmienia symptomy, to mamy do czynienia z traumą biograficzną; kopia wraz z odczuciem zawiera też osobowość i częściowo znajduje się poza ciałem.
Trauma bazowa (kręgosłupowa): przekonanie traumy bazowej nie ma uczucia; przekonanie spowodowane traumą ma.
Inne przypadki subkomórkowe: należy zwrócić uwagę na występowanie symptomów przypadków subkomórkowych, aby odróżnić je od traumy biograficznej.

Uzdrawianie
– Jakakolwiek technika uzdrawiania traumy, np.: WHH, EMDR, TIR, terapia meridianowa (EFT) itp.

Typowe błędy w technice
– Przy stosowaniu EFT (opukiwania), jeśli nie pojawiły się zmiany po 2 lub 3 minutach, zatrzymaj się, gdyż to oznacza, że albo występuje psychologiczne odwrócenie, albo problem jest przypadkiem subkomórkowym.
– Nieuzdrowienie w pierwszej kolejności ważnych traum pokoleniowych w celu zredukowania oporu wobec odczuć.
– Niedotarcie do pierwszego wydarzenia traumatycznego w regresji; bycie poza ciałem podczas próby uzdrawiania; nierozpoznanie, że trauma ma wiele korzeni.

Przyczyna źródłowa
– Uszkodzony histon wokół genu p-organelli serca.

Częstotliwość symptomów i dotkliwość
– Bardzo często, w ponad 70% problemów klienta; nasilenie waha się od drobnych do ekstremalnych.
– U typowej osoby istnieją tysiące nitek traum.
– Stan Wewnętrznego Spokoju minimalizuje dostęp do traum i ich aktywację.

Ryzyko
– Typowe dla psychoterapii traum; mogą być wyzwolone skrajne emocje i odczucia.
– W wyjątkowych przypadkach uzdrawianie może wywołać uświadomienie sobie poważniejszego ukrytego problemu.
– W wyjątkowych przypadkach może nastąpić „zalanie traumą" (uaktywnianie kolejnych problemów przez dłuższy okres czasu).

Kody ICD-10
– F43, F45, F48.1, F51, F52, F62, F93, F94, R45
– Wiele innych, raczej pośrednio.

Asocjacje ciała: irracjonalne motywacje i uzależnienia

To właśnie ten rodzaj traumy powoduje, że psy Pawłowa ślinią się, gdy usłyszą dzwonek. Asocjacja sprawia, że odczucie lub emocja – jedna lub więcej – łączą się ze sobą bez żadnej logicznej przyczyny. To staje się podstawą dla wielu różnych dziwnych problemów emocjonalnych, sposobów zachowania i chorób. Ten mechanizm subkomórkowy jest podobny do traumy biograficznej. Problem ten powodują geny pochodzące z komórki prokariotycznej, która później staje się retikulum endoplazmatycznym (ER). Gdy ER musi utworzyć białko, tworzona jest nić mRNA jako kopia genu i uwalniana z ER. Niestety, gdy otoczka histonowa genu jest uszkodzona, nić utyka, a wtedy rybosom zakotwicza się w niej na powierzchni membrany (to tworzy „szorstkie ER"). Asocjacyjne odczucia lub emocje tkwią wewnątrz utkniętego rybosomu na powierzchni ER, który – niestety – potem łączy się z innymi rybosomami za pośrednictwem nici mRNA. Owe wzajemne połączenia stanowią podstawę (często dziwacznych i nielogicznych) asocjacji ciała. Odczucia i emocje w asocjacjach mogą być pozytywne lub negatywne.

Asocjacje ciała powodują, że mózg ciała działa w bardzo dziwny sposób, co może nawet wywołać u osoby przekonanie, że ciało jest całkowicie szalone. Niestety ciało nie ma umiejętności osądu (jeśli jest odłączone od mózgu umysłu), więc do kierowania zachowaniem wykorzystuje swoje asocjacje. Ten rodzaj traumy ma ogromny wpływ na życie – i trzeba go uzdrowić, aby powstrzymać ciało od próby działania w sposób szkodliwy dla człowieka.

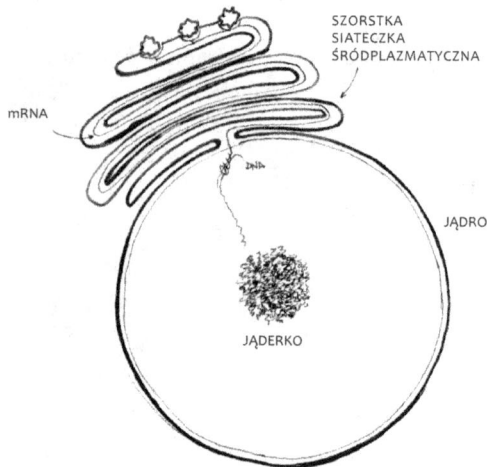

Ryc. 7.2. Rybosom i nić mRNA utknięta w ER (retikulum endoplazmatycznym).

Kluczowym pojęciem dla asocjacji ciała jest „substytut odczucia". W traumie prenatalnej, podczas uszkodzenia, doznanie środowiska płodowego (na przykład emocjonalny ton matki otaczającej płód) może zostać powiązane z dążeniem płodu do przeżycia. Po urodzeniu ciało będzie starało się odnaleźć odczuwany podobnie jak w łonie mamy substytut, czy to wewnątrz komórki prymarnej, czy to w świecie zewnętrznym lub w obu (np. osoba dorosła będzie odczuwać seksualne przyciąganie do kogoś, kto ma ten sam ton emocjonalny, który miała matka w momencie traumy) – ta zasada jest również podstawą większości uzależnień. Koncepcja ta może być też rozszerzona na symptomy ciała – jeśli ciało wytworzyło asocjację przetrwania z symptomem (na przykład głuchoty), będzie znajdowało nowe sposoby, aby zastąpić ów symptom nowym, bez względu na to, co się uzdrowiło – póki nie wyeliminuje się asocjacji danego symptomu z przeżyciem.

Słowa-klucze w opisie symptomów
- Uzależnienia, głód substancji (syndrom odstawienia)
- Alergia
- To nie ma żadnego sensu; nielogiczne skojarzenia
- Pozytywne skojarzenia
- Odczucia seksualne
- Nie poprawia mi się. Próbując uzdrowić, tylko pogarszam.

Pytania do diagnozy
- Czy to powtarzający się wzorzec w twoim życiu?

Diagnoza różnicująca
Blokada plemienna: opór w odniesieniu do dążenia: chcę coś zrobić, ale nie mogę lub odwrotnie – nie chcę czegoś zrobić, ale muszę.

Trauma pozytywna: należy sprawdzić empirycznie przez uzdrowienie traumy biograficznej.

Pętle czasowe: czy problem powraca po uzdrowieniu przyczyny – należy sprawdzić pętle czasowe powodujące ponowne pojawienie się dokładnie tej samej przyczyny (ale nie nowej), z tymi samymi symptomami.

Uzdrawianie
- Technika Asocjacji Ciała™ (wersja jedna lub dwie ręce): jeśli nie odczuwa się w dłoni, to nie jest to asocjacja ciała; mniej niezawodne podejście to wysyłanie miłości i radości od dłoni do reszty ciała w celu rozpuszczenia uszkodzenia histonu genu.
- Stosując techniki meridianowe (jak EFT) czasami można uzdrowić asocjacje ciała, ale mogą one nie działać w przypadku danego klienta lub problemu; natomiast Technika Asocjacji Ciała, wyraźnie ukierunkowana na ten problem, jest bardziej użyteczna dla terapeutów.

Typowe błędy w technice
- W wersji przesyłania miłości – częstym błędem jest wysyłanie miłości do rybosomu („zgniecionej terebki" na dłoni) zamiast do otworu w dłoni pod terebką-
rybosomem i dalej do całego ciała.
- W wersji meridianowej – częstym błędem jest niesprawdzenie lewej i prawej ręki
osobno lub niesprawdzenie innych traum asocjacjacyjnych odnoszących się do
danego odczucia; albo wizualizowanie techniki zamiast jej doświadczania.

Przyczyna źródłowa
- Uszkodzony histon wokół genu p-organelli ciała.

Częstotliwość symptomów i dotkliwość
- Bardzo często
- Potencjalnie bardzo uciążliwy.

Ryzyko
- Zwykłe dla psychoterapii traum
- Możliwość utraty zainteresowania jakąś osobą, pracą czy aktywnością, jeśli były
z tym powiązane asocjacje.
- W przypadku uzależnienia seksualnego, klient może być poddenerwowany, że jego
popęd seksualny się zmienił.

Kody ICD-10
- F48.1, F63, F93

Trauma pokoleniowa: „Jestem fundamentalnie, boleśnie uszkodzony"

Traumy pokoleniowe są obecnie zwane w biologii „uszkodzeniem epigenetycznym". To, co nie jest uświadomione, to sposób dotarcia do problemów i uzdrowienia ich przy użyciu technik quasi psychologicznych, które tak naprawdę są interwencjami w komórce prymarnej. Powodem powstawania traum pokoleniowych jest ten sam mechanizm, co przy innych rodzajach traum, czyli uszkodzenie powłoki histonowej genów (które powstają z prokariotycznych komórek, stając się mózgiem perineum/krocza u mamy, a mózgiem trzeciego oka u taty). Gdy organelle perineum lub trzeciego oka potrzebują białka, jest wykonywana kopia mRNA, która w przypadku traumy utyka w histonie. Utknięta w membranie jądrowej nić mRNA, wraz ze specyficznymi strukturami na całej swej długości, które wyglądają jak perły, wychodzi do cytoplazmy. Te „perły" zawierają informacje o traumie – w tym przypadku obraz i doznania traumatyczne przodków klienta, którzy mieli ten sam problem pokoleniowy. Zauważ, że traumy pokoleniowe nie są traumami „zbiorowymi", gdzie duże grupy ludzkie podzielają wspólne doznanie – jest to uczucie wspólne wszystkim przodkom w danej nitce traumy.

Symptomy klienta zwykle łatwo odszukać w nitce pokoleniowej, gdyż odczuwa się je tak samo w traumie przodków. Te rodzaje traum wywołują bolesne uczucia, które odczuwa się bardzo osobiście, tak jakby osoba była wewnętrznie uszkodzona. Skupienie uwagi na obecności dziadków w lub w pobliżu ciała może ułatwić dostęp do tego typu traumy i – z tego miejsca – nitka traum pokoleniowych staje się łatwa do uzdrowienia. Co ciekawe, ci „dziadkowie" są tak naprawdę 3. klasą pasożytów bakteryjnych i dlatego osoba może mieć dostęp do swoich dziadków, nawet jeśli nigdy ich nie spotkała.

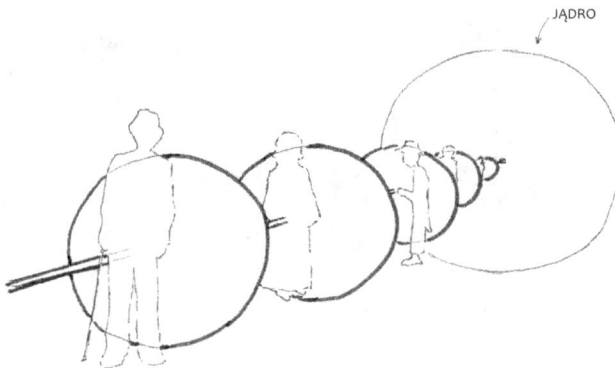

Ryc. 7.3. (a) Struktury sferyczne na nici mRNA zawierają bramy do traumatycznych momentów pokoleniowych w przeszłości.

Jednakże wiele traum pokoleniowych nie ma bezpośredniego wpływu i nie będzie wyczuwalna obecność przodka posiadającego dany symptom. Trauma pokoleniowa powoduje uszkodzenia w samej budowie komórki. Stwarzają „problemy strukturalne" w komórce prymarnej – uszkodzenia, które mogą powodować u klienta uczucia i doznania różne od odczuć pochodzących z samej traumy. Analogicznie, jeśli dach w domu ma dziurę z powodu błędu w planach budowy (trauma pokoleniowa), zdenerwowanie z powodu rozmoczonych i zapleśniałych mebli po deszczu (symptom) jest czymś innym od pierwotnego uczucia związanego z błędem w planach.

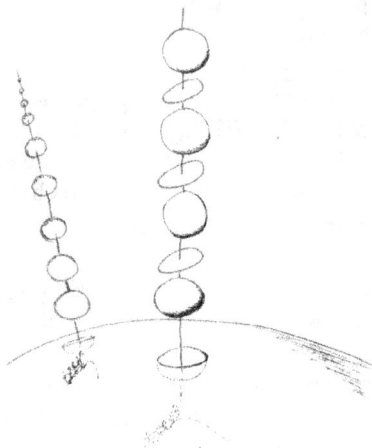

Ryc. 7.3. (b) Utknięte nici mRNA wychodzące z błony jądrowej: nici z dyskami wywodzą się z genów mózgu trzeciego oka, nici bez dysków wywodzą się z genów mózgu perineum.

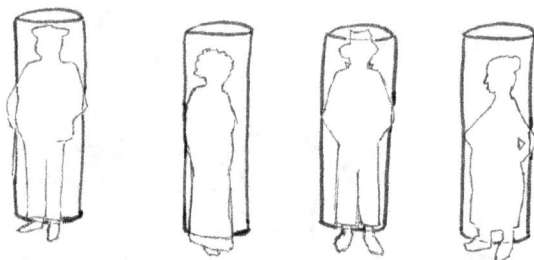

Ryc. 7.3. (c) Obecność czterech przodków (2 babć i 2 dziadków) może być odczuwana na zewnątrz ciała – są to cylindryczne struktury, przyłączone do bakterii przez małe tuby.

Słowa-klucze w opisie symptomów

• Coś ze mną jest nie tak. Jestem wadliwy. Jestem uszkodzony w swojej istocie.
• Problem jest odbierany bardzo osobiście. To dotyczy mnie. Zawsze taki byłem.
• Inni członkowie rodziny lub przodkowie mieli ten sam problem.

Pytania do diagnozy
- Czy jest to odczuwane osobiście?
- Czy problem występuje w twojej bliższej i dalszej rodzinie (rodzeństwo, dziadkowie, kuzyni)?

Diagnoza różnicująca
Trauma biograficzna: nie jest osobista.
Trauma zbiorowa: klient odczuwa grupę cierpiących ludzi w przeszłości, np. więźniów obozów koncentracyjnych, ofiary kazirodztwa itp.; traumy pokoleniowe są związane z przodkami indywidualnymi, którzy mieli te same traumatyczne odczucia.
Kopie: czy to odczucie ma czyjąś osobowość? czy jest częściowo na zewnątrz ciała?
Kolumna Ja: pustka w kolumnie powoduje. odczucia lęku lub unicestwienia, z odtwarzanymi wciąż rolami lub fałszywymi tożsamościami jako sposobem blokowania uczuć.
Przeszłe życia: w przeszłym życiu można rozpoznać siebie, a w traumie pokoleniowej nie odczuwa się przodka jako siebie.

Uzdrawianie
– Technika traumy pokoleniowej.

Typowe błędy w technice
– Nieodczuwanie wszystkich przodków dziadków podczas procesu uzdrawiania.
– Utrzymywanie obrazu przodka, gdy on chce się rozpuścić.
– Niesprawdzenie wszystkich czterech dziadków dla podobnego problemu.

Przyczyna źródłowa
– Uszkodzony histon wokół genu p-organelli perineum lub trzeciego oka.

Częstotliwość symptomów i dotkliwość
– Bardzo powszechne.

Ryzyko
– Zwykłe dla terapii traum.
– Mogą istnieć geny podprogowe, które mogą się zaktywować później (zobacz: „zasada trzech razy").

Kody ICD-10
– F43, F44, F48.1, R45

Trauma bazowa (kręgosłupowa): „Tak funkcjonuje świat"

Kilka lat temu zauważyliśmy, że traumatyczne doznania i uczucia ulokowane były w kręgach kręgosłupa. Okazuje się, że te bazowe traumy w kręgosłupie (jak je nazywamy) są źródłem przekonań człowieka, które definiują jego świat. W chwili pisania tej książki jeszcze nie wiemy, jaki jest mechanizm ich powstawania, chociaż wiemy, jak je uzdrawiać. Choć traumy bazowe powodują ogromne problemy u osób, rzadko się nad nimi pracuje z klientami, a to z prostego powodu – klientowi niełatwo je poczuć, zobaczyć lub zauważyć. Czasami terapeuta będzie musiał uzdrowić traumę bazową, aby rozwiązać problem klienta. Najczęściej w życiu człowieka łatwiejsze do zauważenia są dotkliwe efekty działania traumy bazowej, niż samo przekonanie. Znalezienie traumy bazowej jest dość trudne przy obecnych technikach, ale można zadziałać proaktywnie – stymulować ujawnienie się traum bazowych, skanując kręgosłup od góry do dołu, umieszczając w poszczególnych kręgach swoją świadomość (można pomóc sobie, naciskając te miejsca) i uzdrawiając je, gdy się pojawią.

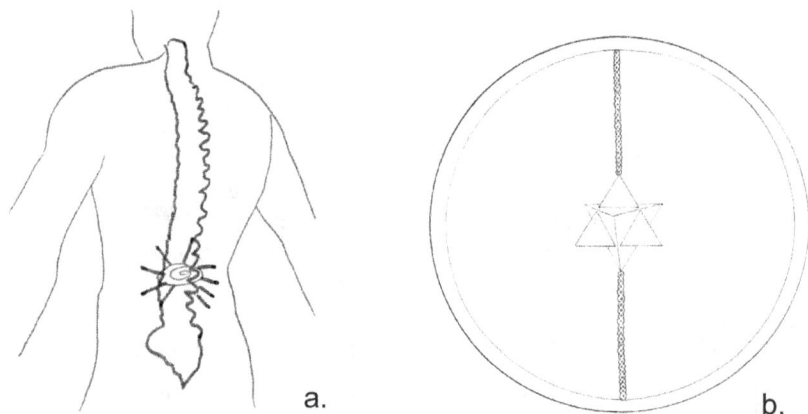

Ryc. 7.4. (a) Trauma bazowa doświadczana jako obszar bólu w kręgu.
(b) Łańcuch łączący pierścień z merkabą (struktura grzybowa) w rdzeniu jądra.

Traumy bazowe nie mają wpływu na ustawienie kręgosłupa. Nie powodują również bólu pleców. Aby odczuć ból traumy bazowej, należy umieścić swoje centrum świadomości (CoA) we wnętrzu kręgu.

Biologicznie traumy bazowe można zobaczyć jako połączone ze sobą utknięte nitki traum wewnątrz jądra komórki. Doznania w kręgosłupie odnoszą się do uszkodzonych połączeń w „łańcuchu" (natury grzybowej), który łączy pierścień z merkabą w rdzeniu jądra.

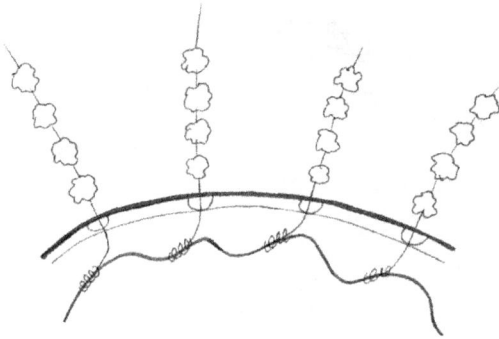

Ryc. 7.4. (c) Trauma bazowa widziana w komórce prymarnej jako łańcuch połączonych genów z przyłączonymi nitkami traum mRNA

Słowa-klucze w opisie symptomów
• Jest właśnie tak, jak jest. Tak już jest. Nie jestem w stanie nic z tym zrobić.
• To po prostu prawda. To jest oczywiste.
• Nie jestem w stanie uzdrowić tego problemu.

Pytania do diagnozy
• Co by się wydarzyło, gdyby to nie było prawdą?
• Czy problem ten występuje w wielu aspektach twojego życia (np. „nie jestem wystarczająco dobry", albo „jestem zły")?

Diagnoza różnicująca
Przekonania traumy biograficznej: w przeciwieństwie do traumy biograficznej, nie ma tu podskórnego emocjonalnego odczucia; przekonanie bazowe jest trudniej zauważyć niż przekonanie traumy biograficznej.

Uzdrawianie
– Technika traumy bazowej (kręgosłupowej).

Typowe błędy w technice
– Strata czasu na racjonalizowanie klienta, trzeba możliwie szybko przenieść się do kręgosłupa.

Przyczyna źródłowa
– Uszkodzenie struktury łańcucha (natury grzybowej) w rdzeniu jądra.

Częstotliwość symptomów i dotkliwość

- Traumy bazowe są praktycznie w każdym, ale trudne je zauważyć. Niektóre osoby mają wiele traum bazowych.
- Klienci rzadko zgłaszają się na terapię z tego właśnie powodu, ponieważ bardzo trudno uświadomić sobie te traumy.

Ryzyko

- Typowe dla psychoterapii traum

Kody ICD-10

- Jeszcze nieznana.

Rozdział 8

NAJCZĘŚCIEJ SPOTYKANE PRZYPADKI SUBKOMÓRKOWE

Najczęściej spotykane u klientów problemy są bezpośrednio wynikiem traumy, toteż uzdrawianie jest proste – choć czasami bolesne lub trudne. Jednak w około 20-30% przypadków symptomy fizyczne lub emocjonalne są wynikiem bezpośredniego doświadczania ubytków, urazów lub interakcji pasożytniczych w komórce prymarnej – a nie uczuciem pochodzącym z traumy z przeszłości. Owe problemy związane z komórką prymarną nazywamy „przypadkami subkomórkowymi". Z diagnostycznego punktu widzenia, jeśli uzdrawianie traumy *nie* eliminuje symptomu, oznacza to, że mamy do czynienia z przypadkiem subkomórkowym.

Jednak wiele przypadków subkomórkowych (omówionych w tym i dalszych rozdziałach) jest *pośrednio* wynikiem traumy. Tym samym w procesie uzdrawiania problemów subkomórkowych wciąż konieczne jest opanowanie różnych technik uzdrawiania traum. Ponadto terapeuci czasami odkrywają, że uzdrowienie traumy może się skończyć odsłonięciem problemu subkomórkowego – który w odczuciu klienta jest dużo gorszy niż pierwotny problem.

Podczas treningu oczekujemy od terapeuty opanowania każdego z przypadków subkomórkowych (i technik ich uzdrawiania), by mogli na bieżąco efektywnie diagnozować klientów. Niniejszy podręcznik ma służyć jako pomoc w nauce oraz jako źródło referencji w odniesieniu do rozmaitych przypadków subkomórkowych i ich „odmian" w trakcie pracy z klientami. Zawiera on także prezentacje wizualne problemów subkomórkowych, by pomóc w zapamiętaniu i rozróżnieniu wielu możliwości diagnostycznych. Tym samym, gdy terapeuta zrozumie rodzaj uszkodzenia komórkowego, może dostrzec uczucia i wrażenia będące wynikiem urazu lub dysfunkcji w danym przypadku subkomórkowym. Przypomina to proces kształcenia lekarzy, podczas którego od studenta oczekuje się postawienia diagnozy na podstawie posiadanej wiedzy o różnych chorobach i schorzeniach.

Niestety w przypadku zwykłego czytelnika często jest rzeczą trudną lub prawie niemożliwą wyjść od symptomu i przeprowadzić diagnozę, używając nazw przypadków subkomórkowych. W gruncie rzeczy wiele z nich określa dany problem, a nie symptom psychologiczny. Ponadto, ponieważ symptomy często nakładają się na siebie, potrzebna jest diagnoza różnicująca. Odkryliśmy empirycznie, że znacznie lepiej jest przeprowadzać diagnozę na podstawie zrozumienia natury problemów subkomórkowych i wynikających z niej objawów psychologicznych. W rozdziale 12. omawiamy również wiele często spotykanych problemów i ich potencjalne przyczyny – niektóre z takich przypadków bywają dość podchwytliwe.

Sugerowana dalsza lektura

- Szczegółowe instrukcje dotyczące uzdrawiania przypadków subkomórkowych znajdują się w podręczniku *The basic Whole-Hearted Healing™ manual* oraz *The Whole-Hearted Healing™ workbook*.
- Szczegółowe omówienie problemów subkomórkowych i ich przyczyn czytelnik znajdzie w tomie III *Peak states of consciousness*.

Kopia: „Moje uczucie jest uczuciem innej osoby"

Kopie – jak sama nazwa wskazuje – to skopiowane symptomy innej osoby, ale pozostające w ciele klienta. Problem ten przeżywany jest w regresji, gdy serce jednej osoby opuszcza ciało i wchodzi do serca drugiej osoby w momencie traumy. Na poziomie subkomórkowym kopia wygląda jak balonik przyczepiony do rybosomu znajdującego się na nitce traumy. Balonik zawiera skopiowane uczucie oraz odczucie osobowości tej osoby. W rzeczywistości fizyczne struktury kopii są częścią większego, przypominającego kształtem hot-doga organizmu bakteryjnego w cytoplazmie w komórce prymarnej.

To bardzo istotny przypadek subkomórkowy, gdyż jest *najczęściej spotykaną przyczyną*, dla której właściwie przeprowadzona terapia meridianowa lub inna terapia traumy nie działa – uczucie nie pochodzi z traumy. Kopie mogą zawierać dowolne uczucie, mogą też wystąpić w każdym problemie, takim jak uzależnienie, problemy fizyczne itd. Jednak w przeciwieństwie do traumy, kopia nie zawiera żadnego utkniętego przekonania lub decyzji z nią kojarzonej – to po prostu uczucie, odczucie lub połączenie jednego i drugiego.

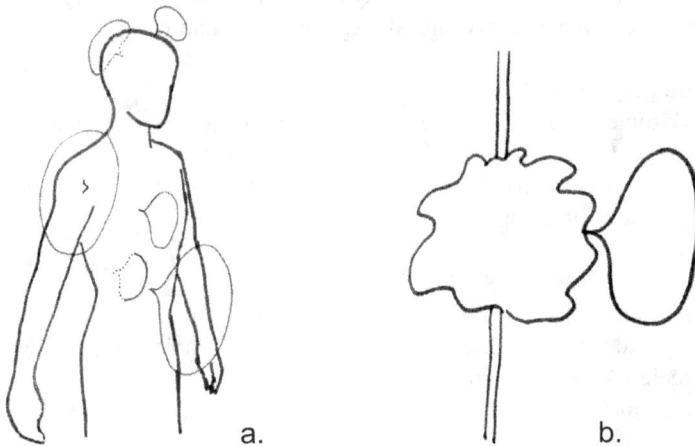

a.   b.

Ryc. 8.1. (a) Sposób doświadczania kopii przez klienta
– jako czegoś znajdującego się częściowo w ciele, a częściowo poza nim.
(b) Kopia przypomina balonik przyczepiony do rybosomu traumy biograficznej.

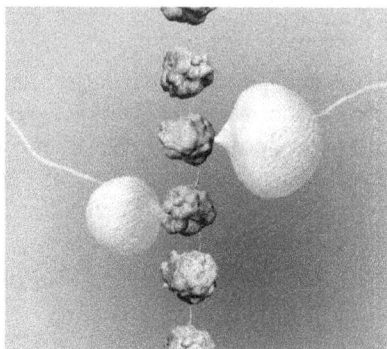

c.

Ryc. 8.1. (c) Obraz komórki prymarnej z dwiema kopiami (organizmem bakteryjnym) przyczepionymi do rybosomów na nitce mRNA traumy w cytoplazmie. Zwróćcie uwagę na rurki biegnące do ciała pasożyta (nie pokazanego na rysunku).

Słowa-klucze w opisie symptomów
- Nie mogę tego puścić. Opukiwanie nie działa.
- Czuję się tak samo jak _____ [matka, ojciec, przyjaciel].
- Ta emocja zawiera osobowość innej osoby i częściowo „wystaje" z mojego ciała.
- Może być dowolnym uczuciem, od czegoś emocjonalnie pozytywnego po ból fizyczny.

Pytania do diagnozy
- Czy uczucie wydaje się znajdować częściowo wewnątrz ciała, a częściowo poza nim, jakby to był balonik?
- Czy uczucie zawiera osobowość innej osoby (szczególnie, jeśli umieścimy świadomość wewnątrz kopii)?

Diagnoza różnicująca
Trauma biograficzna: kopie nie zawierają przekonania ani decyzji, opukiwanie w przypadku kopii nie działa, kopia zawiera uczucie osobowości innej osoby, a uczucie z kopii wychodzi poza ciało.

Trauma pokoleniowa: kopie nie są odbierane jako coś osobistego, po prostu zawierają pewne uczucie.

Struktura mózgu korony: struktura ma kształt geometryczny, sztywny kinestetycznie, często wywołuje ból i prawie zawsze występuje całkowicie wewnątrz ciała i nie zawiera odczucia osobowości.

Klątwa: zawiera konkretne odczucie gwoździa lub strzały wbitej w ciało wraz z uczuciem osobowości innej osoby. Klątwa zawiera także jakąś frazę, która z niej promieniuje – kopia jej nie zawiera.

Sznur: uczucie występuje w innej osobie poza ciałem klienta.

Uzdrawianie

- Najprostszy sposób: należy wysyłać miłość do punktu przyczepienia kopii do rybosomu, jakbyśmy wysyłali „rozpuszczalnik" do wylotu balonika.
- Trudniejszy sposób: należy zregresować się do momentu traumy i odczuć własną emocję zamiast emocji drugiej osoby (wyeliminowanie nitki traumy nie jest konieczne).
- Sposób najtrudniejszy, ale o działaniu ogólnym: wyeliminowanie bakteryjnych organizmów kopii (może ich być kilka). Jest to licencjonowany proces dla certyfikowanych terapeutów stanów szczytowych.

Typowe błędy w technice

- Klient próbuje odczuwać miłość/współczucie dla kopii (mamy, taty, przyjaciela), zamiast uczuciem miłości rozpuszczać miejsce połączenia kopii z rybosomem.
- Kopie od rodziców szczególnie trudno dostrzec ze względu na pozostałości świadomości plemnika/jajeczka (które odbierane są jako młodsze wersje rodziców) wciąż obecne u większości ludzi. Klientami trzeba pokierować w konkretny sposób, by sprawdzić tę ewentualność.

Przyczyna źródłowa

- Kopie są częścią większego pasożyta bakteryjnego.
- Występują wtedy, gdy dana osoba wysyła swoje „serce" do serca drugiej osoby (może istnieć ku temu wiele rozmaitych przyczyn, jak chęć niesienia pomocy, uczucie samotności itd.).
- Kopie czasami obejmują całą osobę (jakby osoba ta była otoczona poduszką powietrzną), ponieważ dają one klientowi poczucie bezpieczeństwa lub ochrony.

Częstotliwość symptomów i dotkliwość

- Problem występuje bardzo często, szczególnie u terapeutów i innego rodzaju uzdrowicieli (którzy często bywają empatyczni).
- Kopie pozostają, o ile się ich celowo nie uzdrowi.
- Mogą mieć dowolną intensywność lub treść.

Ryzyko

- Standardowe ryzyko dla psychoterapii traumy.
- Niektóre osoby wykorzystują kopie jako tarcze, toteż aktywacji mogą ulec uczucia otwartości i podatności na zranienia.

Kody ICD-10

- F45, F93
- Kopie mogą imitować wiele innych kodów.

Sznury: „Wyczuwam osobowość lub uczucie innej osoby"

Słowo „sznur" pochodzi z tradycji parapsychologicznej spopularyzowanej przez Berkeley Psychic Institute, częściowo dlatego, że sznury można „zobaczyć" jako rurki łączące dwoje ludzi. Z punktu widzenia bezpośredniego doświadczenia wygląda to tak, że dana osoba na odległość odczuwa emocję drugiej osoby, które to uczucie jest zazwyczaj opisywane jako „osobowość". Uczucia te mogą mieć charakter pozytywny lub negatywny. Sznury „łączą" komplementarne traumy między dwojgiem ludzi. Z każdej traumy do drugiej osoby wysyłana jest też „fraza traumy", tak jakby sznur miał charakter połączenia telefonicznego. Problem ten wywołany jest przez borga.

Problem ten występuje często w terapii par, gdy jeden z partnerów nie lubi tonu emocjonalnego wyczuwanego u partnera. Sznury mogą także stymulować zachowania i doświadczenia w drugiej osobie poprzez stymulację traumy u tej osoby – na przykład mogą hamować odczucia seksualne, sprawiać, że dana osoba zachowuje się głupio lub niezdarnie itd. Leczyć można każdy sznur osobno lub też wyeliminować je globalnie poprzez wytworzenie odporności na działanie grzyba.

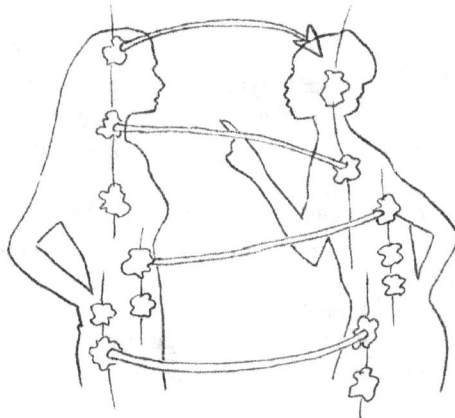

Ryc. 8.2. (a) Sznury łączące rybosomy dwóch osób (sposób doświadczania sznura przez ludzi).

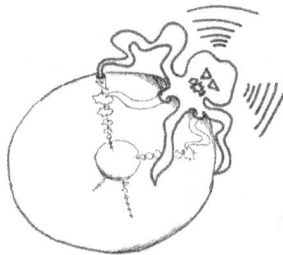

Ryc. 8.2. (b) Borg podłączający się do rybosomów komórki prymarnej danej osoby.

Ryc. 8.2. (c) Borg u dwóch osób łączący je niczym telefon komórkowy.

Słowa-klucze w opisie symptomów
- Mam wrażenie, że ta osoba jest _____ (uczucie lub ton emocjonalny) w stosunku do mnie.
- Zachowuję się inaczej w obecności tej osoby.
- Problemy ze współmałżonkiem.
- Zazwyczaj różni ludzie są odbierani w różny sposób.
- Nie potrafię przestać myśleć o danej osobie po kontakcie z nią.

Pytania do diagnozy
- W jaki sposób odbierasz emocje lub osobowość drugiej osoby?
- Sznury mają charakter kierunkowy. Niektórzy mogą odczuwać szarpnięcie, gdy się obracają.

Diagnoza różnicująca

Projekcja: osoba, która dokonuje projekcji, może zmieniać role (np. osoba nadużywająca i ofiara nadużycia), zazwyczaj projektuje się to samo uczucie na kilka osób, można też dokonywać projekcji na przedmioty; sznury nie mają tych cech, nie można się sznurować z przedmiotami, tylko z osobami.

Klątwy: to struktury przyczepione do końcówki pływającego swobodnie sznura, klątwy są odbierane jako fizycznie bolesne; natomiast sznury nie wywołują bólu fizycznego.

S-dziura: inna osoba posiadająca s-dziurę może być odbierana tak, jakby wysysała energię z klienta, może też wykorzystywać uczucie „miłości" jako przynętę, by klient pozwolił na ów drenaż energetyczny; natomiast sznury pozwalają odczuć traumatyczne uczucie drugiej osoby, które może mieć dowolny charakter.

E-sznur/e-dziura: emocja wyczuwana w drugiej osobie zawiera fundamentalne zło (choć nie do końca, gdyż zjawisko to może również występować, choć rzadko, również w sznurach), umiejscowienie i uczucie w drugiej osobie jest takie samo jak u klienta.

Uzdrawianie
- Uwalnianie Osobowości na Odległość (DPR). Uwaga: DPR działa również w przypadku e-sznurów – to najprostsza metoda, ale działa tylko na jeden sznur naraz.

– Technika Cichego Umysłu (SMT) – to znacznie trudniejszy proces, ale trwale eliminuje problem.
– Uzdrowienie traumy aktywowanej po swojej stronie, zidentyfikowanie traumy może być trudne.

Typowe błędy w technice
– DPR: w etapie drugim uczucie miłości nie jest bezwarunkowe.

Przyczyna źródłowa
– Sznur to macka borga, który podczepia się do rybosomów traumy w komórce prymarnej. Jeśli w interakcję wejdą dwie osoby o komplementarnych traumach, ich grzyby komunikują sobie nawzajem emocje i frazy traumy, jak gdyby macka borga była czymś w rodzaju staroświeckiej tuby nagłaśniającej. Zaangażowane w interakcję osoby mogą chcieć lub nie chcieć mieć ze sobą związku w teraźniejszości – na poziomie nieświadomym występuje dążenie do odtworzenia wieloosobowej interakcji pierwotnego momentu traumy.

Częstotliwość symptomów i dotkliwość
– Problem występuje bardzo często, znacznie częściej niż projekcja.
– Sznury bezpośrednio stymulują traumy, a ich zakres dotkliwości i siły jest bardzo różny.

Ryzyko
– Standardowe ryzyko dla psychoterapii traumy.

Kody ICD-10
– F52

Głosy rybosomalne (obsesyjne myśli, schizofrenia):
„Nie mogę uciszyć mojego umysłu"

Ów problem występujący w komórce prymarnej jest dominującą przyczyną zwykłej, codziennej paplaniny umysłowej u ludzi. Problem ten ma charakter spektrum – u niektórych symptomy są łagodne („myśli", „paplanina umysłowa", „wiecznie zajęty umysł"), u niektórych poważniejsze („obsesyjne myśli"), a czasami skrajne („słyszenie głosów", channeling, schizofrenia). Problem ten jest wynikiem pośredniego wpływu borga. Grzyb ten potrafi wstrzyknąć krystaliczną substancję do konkretnych rybosomów, które są osadzone w retikulum endoplazmatycznym; rybosomy te zawierają całe osobowości, jak gdyby były prawdziwymi ludźmi uwięzionymi w stałych miejscach wewnątrz ciała klienta i poza nim. Klient „słyszy" głosy tych „ludzi", co wywołuje doświadczenie myśli w umyśle. Ton emocjonalny każdego z głosów rybosomalnych jest stały, ale różni się między rybosomami – może mieć charakter pozytywny lub negatywny. Typowa osoba ma zazwyczaj około 15 głosów rybosomalnych. Niestety pasożytem zarażony jest prawie każdy – z tego względu społeczeństwo uważa, że słyszenie „myśli" jest normalne. Większość ludzi zakłada, że owe myśli są ich własne – a jednak gdy wyeliminuje się albo owe rybosomy, albo grzyba, umysł klienta cichnie i pozbawiony jest myśli w tle. Stan ten nazywamy stanem „cichego umysłu".

Rybosomy asocjacyjne, które mogą zawierać „głosy", powstają w momencie wystąpienia traumy związanej z przetrwaniem w łonie matki. Asocjacja wiąże przetrwanie z emocjonalnym tonem matki w trakcie zdarzenia. Asocjacje te wywołują również inne specyficzne problemy u prawie każdego: są dominującą przyczyną przyciągania seksualnego i tworzą nieświadomą skłonność do manipulowania innymi ludźmi, by zawsze posiadać konkretny stan emocjonalny. Na przykład mechanizm ten może wywołać napady złości u dziecka, gdy dziecko desperacko próbuje odtworzyć docelowe uczucie (pozytywne lub negatywne) u rodzica.

Ryc. 8.3. (a) Myśli (lub „głosy") doświadczane w stałych miejscach

w przestrzeni wokół ciała.
Jeśli terapeuta pracuje z klientami zażywającymi leki psychoaktywne lub z klientami

niestabilnymi emocjonalnie lub psychicznie, będzie wymagać specjalistycznego prze-szkolenia. Bardziej szczegółowe informacje przedstawiamy w naszej publikacji *Silence the voices*. Podobne problemy związane ze „słyszeniem głosów" mogą być spowodo-wane przez inne mechanizmy chorobowe, ale występują one znacznie rzadziej.

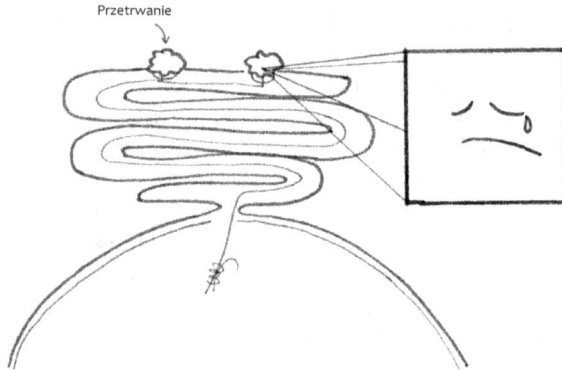

Przetrwanie

Ryc. 8.3. (b) Głos rybosomalny osadzony w ER – retikulum endoplazmatycznym (siateczce śródplazmatycznej).

Słowa-klucze w opisie symptomów
- Mam _____ (pełne niepokoju) myśli; obsesyjne myśli; paplanina umysłowa; gonitwa myśli; mam okropne myśli.
- Słyszenie głosów; schizofrenia.
- Channeling; opętanie demoniczne.
- Obsesja, uzależnienie seksualne, przyciąganie seksualne do konkretnych ludzi.

Pytania do diagnozy
- Czy twoje uczucie w rzeczywistości płynie z myśli?
- Czy pociągają cię seksualnie osoby, których tak naprawdę nie lubisz?
- Czy masz jakąś obsesyjną myśl?
- Czy owa myśl ma ton głosu innej osoby?
- Czy myśl ta jest umiejscowiona w konkretnym miejscu poza ciałem?
- Czy głos ten wygląda jak szara lub ciemna chmurka poza ciałem?

Diagnoza różnicująca

Pętle dźwiękowe: to „nagrane" głosy audio bez uczucia emocjonalnego.
S-dziura: obsesja koncentruje się na uzyskaniu miłości/uwagi.
Trauma: myśli wywołują uczucia, a nie uczucie wywołuje myśli.
Pasożyt bakteryjny 3. klasy: prosta, powtarzająca się obsesyjna myśl lub fraza, ale powielona w różnych miejscach i zazwyczaj wewnątrz ciała.
Pasożyt insektopodobny 1. klasy: głosy nie występują w konkretnych miejscach i są odczuwane bardziej jak telepatyczne.

Uzdrawianie

- Dla poszczególnych głosów: należy zastosować technikę uzdrawiania asocjacji ukierunkowaną na ton emocjonalny głosu.
- Uzdrowienie globalne: należy zastosować technikę Cichego Umysłu (SMT), by uodpornić się na grzyba i tym samym go wyeliminować.

Typowe błędy w technice

- Nieświadomość, że problem klienta jest wywołany przez myśl, a nie przez uczucie.
- W przypadku poważnej schizofrenii podstawową motywacją posiadania głosów jest samotność – jeśli uzdrowimy jeden głos, klient uzyska więcej głosów, by skompensować stratę. W przypadku tych osób należy przeprowadzić pełny proces Cichego Umysłu.

Przyczyna źródłowa

- Problem spowodowany jest zarówno obecnością „borga", jak też konkretnego rodzaju zagrażającej życiu traumy prenatalnej, wywołującej przymus bycia otoczonym konkretnymi tonami emocjonalnymi (doznanie zastępcze).

Częstotliwość symptomów i dotkliwość

- Problem występuje prawie u każdego, to tylko kwestia stłumienia.
- Osoba w stanie Ścieżki Piękna (*Beauty Way*) nie posiada żadnych głosów (tj. brak u niej myśli w tle).

Ryzyko

- Większe niż zazwyczaj w psychoterapii traumy. Uzdrawianie globalne (SMT) może wywołać problemy z przystosowaniem się u partnerów i dzieci, ponieważ dana osoba może robić wrażenie bardziej „odległej" i „niekochającej" dla bliskich. Tego typu uczucia mogą wymagać uzdrawiania – w niektórych przypadkach u tych osób należy również przeprowadzić proces SMT.
- Uzdrawianie może wywołać uczucia ekstremalnej samotności i próby skompensowania brakujących głosów.

– Terapeuci powinni przejść specjalistyczne przeszkolenie, by móc uzdrawiać klientów niestabilnych lub leczonych farmakologicznie. Klientów tych należy obserwować w trakcie i po leczeniu, konieczna jest także superwizja medyczna w związku ze skutkami działania lekarstw i zaistniałych zmian.

Kody ICD-10
  – F20, F44.3, R44

Utrata duszy: „Tęsknię za kimś (za jakimś miejscem)"

Używany przez nas zwrot „utrata duszy" pochodzi z tradycji szamańskiej w wersji spopularyzowanej przez Sandrę Ingerman (*Soul retrieval*) i Michaela Harnera (*The way of the shaman*). Zwrot ten opisuje odczucie braku fragmentu świadomości. W regresji, gdy do tego dochodzi, obraz nas samych opuszcza nasze ciało. W komórce prymarnej problem ten związany jest w brakiem cytoplazmy wokół nitki traumy zawierającej moment, w którym doszło do utraty duszy, lub też – na poziomie bardziej fundamentalnym – z brakującym materiałem w strukturze tworzącej obraz ciała. W gruncie rzeczy problem ten można „zobaczyć" w stanie przestrzenności: brakuje wtedy części ciała, jak gdyby ktoś łyżeczką wybrał jego fragment.

Świadomość problemu często ulega aktywacji wraz z końcem jakiejś relacji. Smutek, samotność i strata *nie* jest wynikiem zaktywowanej traumy ani nieobecnością partnera – uczucia te są wynikiem skoncentrowania uwagi na brakującym fragmencie w komórce prymarnej. Uczucia te są przez klienta czasami nazywane „depresją".

W niektórych ekstremalnych przypadkach, gdy dochodzi do bardzo dużej utraty duszy, że znika obraz ciała, klient może czuć się „emocjonalnie otępiały" lub też „nie jest w stanie czuć". Brak zwyczajnych uczuć „utraty" sprawia, że taki przypadek trudno rozpoznać.

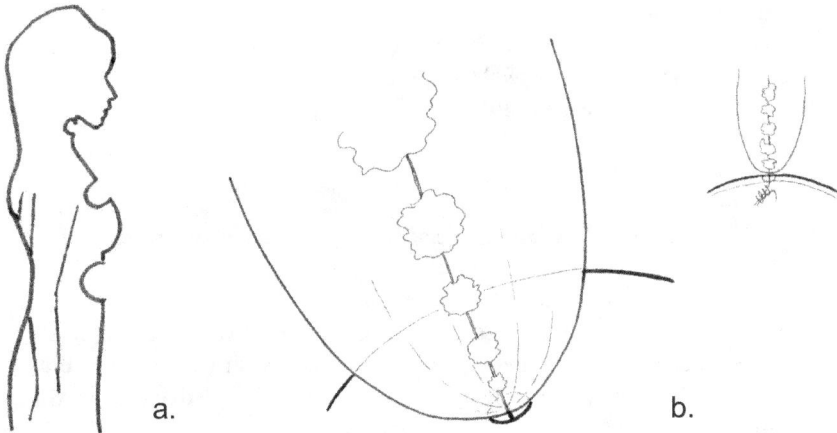

Ryc. 8.4. (a) Utrata duszy jest odczuwana i wygląda, jakby brakowało fragmentów ciała.
(b) Utrata duszy widziana jest jako pusty obszar wokół odpowiadającej
jej nitki traumy. Po lewej widzimy obraz cytoplazmy,
po prawej – przekrój przez błonę jądrową.

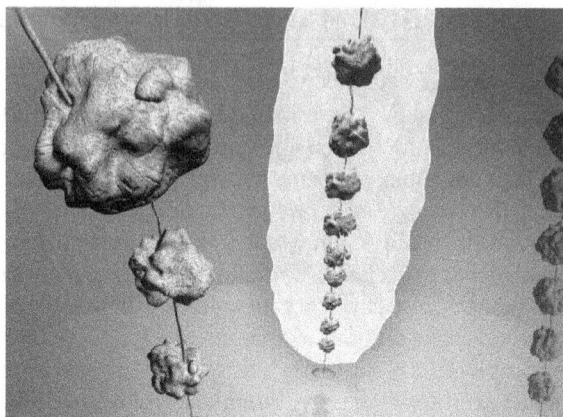

Ryc. 8.4. (c) Trójwymiarowy obraz nitki traumy w komórce prymarnej, z którą skojarzona została utrata duszy.

Słowa-klucze w opisie symptomów
- Tęsknota, utrata, samotność, klientowi brakuje danej osoby lub miejsca, smutek.
- Obsesja.

Pytania do diagnozy
- Czy brakuje ci lub tęsknisz za konkretną osobą lub miejscem?
- Czy czujesz, jakby brakowało jakiegoś fragmentu twojego ciała?
- Czy czegoś pragniesz i nigdy tego nie dostajesz?

Diagnoza różnicująca
Otchłań (abyss): klient czuje, że „pójście do przodu w życiu" oznacza unicestwienie. W przypadku utraty duszy klient chce pójść do przodu, działać lub zmienić przeszłość („gdyby tylko…"), by poczuć się lepiej.
Kopie: kopia zawiera cudzą osobowość, jest odczuwana jako częściowo znajdująca się poza ciałem (w przeciwieństwie do utraty duszy, która jest brakiem fragmentu ciała); opukiwanie i techniki leczenia traumy nie działają ani w przypadku symptomów utraty duszy, ani w przypadku kopii.
S-dziura: jest umiejscowiona w ciele wzdłuż przedniej linii środkowej; klient będzie chciał „wysysać" energię z każdej spotkanej osoby, zaś problem utraty duszy dotyczy konkretnej osoby lub miejsca.
Dziura: dziura robi wrażenie głęboko odczuwanego braku i bezdenności, towarzyszy jej zazwyczaj lęk i próby zapełnienia dziury odczuciami, zaś w utracie duszy chodzi tylko o stratę, smutek i odzyskanie czegoś z powrotem.

Trauma biograficzna lub pokoleniowa: trauma zostanie uzdrowiona dzięki opukiwaniu lub regresji, a utrata duszy – nie.

Sznury: w przypadku sznura klient odczuwa osobowość drugiej osoby; w przypadku utraty duszy występuje tylko uczucie utraty.

Uzdrawianie

– Technika traumy pokoleniowej (łatwiejsza): należy uzdrowić bezpośrednio uczucie utraty duszy.
– Technika regresji (trudniejsza): należy uzdrowić moment traumy utraty duszy – emocja traumy może być dowolna, za wyjątkiem uczucia straty. Po uzdrowieniu należy zaśpiewać pierwszą melodię, jaka przyjdzie nam do głowy, aż do pełnego ustąpienia symptomów utraty.

Typowe błędy w technice

– Błędne założenie, że uczucie utraty duszy jest tym samym uczuciem, które wystąpiło w momencie utraty duszy.
– Nieśpiewanie wystarczająco długo lub głośno, by w pełni wyeliminować uczucie straty podczas sesji.

Przyczyna źródłowa

– Uszkodzenie struktury odpowiadającej za obraz ciała przez pasożyta insektopodobnego 1. klasy. Zazwyczaj wywoływane przez odmowę odczuwania/doświadczania sytuacji aż do odrzucenia bólu/emocji.

Częstotliwość symptomów i dotkliwość

– Problem bardzo często spotykany, choć zazwyczaj tłumiony.
– U większości ludzi nie jest to problem występujący stale, gdyż stosują oni strategie, by unikać tego uczucia.

Ryzyko

– Standardowe ryzyko dla psychoterapii traumy.

Kody ICD-10

– F32, F33, F34

S-dziura: „Muszę być w centrum uwagi"

Problem ten jest wynikiem traum pokoleniowych powodujących uszkodzenie w bardzo wczesnym zdarzeniu rozwojowym. W trakcie momentu oddzielenia, rurki przyłączone do grzybowej kolumny Ja (przez które dostarczany był „pokarm") nie oddzielają się prawidłowo. Wskutek tego zdarzenia w przedniej osi ciała pozostają dziury, które nigdy nie zostają uzdrowione, a klient odczuwa je jako stale ssące dziury w ciele, które – wedle ich odczucia – muszą się nieustannie wypełniać. Zdarzenie to prowadzi również do uszkodzenia sieci rurek tworzących siatkę ponadduszy przeszłych żywotów. Klienci zazwyczaj próbują żyć ze strasznym uczuciem niekończącej się potrzeby zapełniania tych dziur w ciele – znajdują wtedy osoby, które odczuwają jako „kochające", dzięki czemu mogą „żywić się" ich energią za pośrednictwem pasożyta bakteryjnego 3. klasy znajdującego się w s-dziurze (osoba kochająca również ma problem s-dziury). Klienci mogą też przykrywać s-dziurę pasożytem insektopodobnym 1. klasy, który tworzy połączenia z inną osobą, by móc się nią „żywić". Problem ten jest źródłową przyczyną potrzeby ciągłej uwagi i wiecznej potrzeby potwierdzania wyjątkowości u większości osób z s-dziurami.

    Problem ten występuje *bardzo* często w populacji klientów psychoterapii. Osoby te zazwyczaj „próbowały już wszystkiego" i nic nie zadziałało – zazwyczaj obwiniany jest za to terapeuta. Niektóre osoby są świadome tego problemu – inne z kolei przychodzą wtedy, gdy zawodzą strategie radzenia sobie z problemem. Osoby mające s-dziury często wywołują dramaty organizacyjne i szkoleniowe – będą próbowały zakłócić funkcjonowanie organizacji, by zostać liderem lub znaleźć się w centrum uwagi.

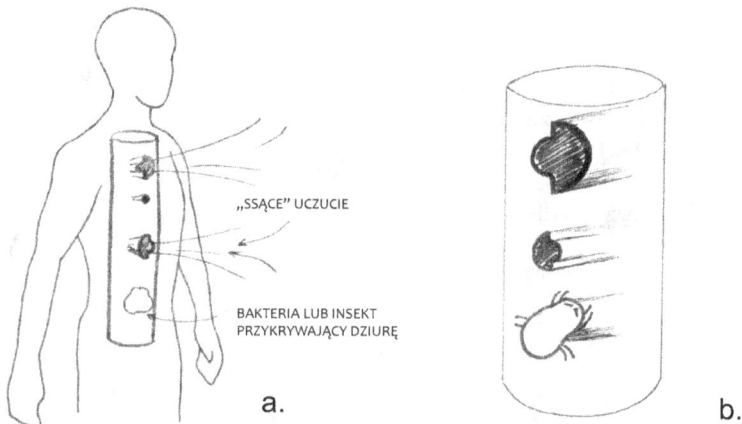

"SSĄCE" UCZUCIE

BAKTERIA LUB INSEKT PRZYKRYWAJĄCY DZIURĘ

a.

b.

Ryc. 8.5 (a). „Ssące dziury" wzdłuż pionowej centralnej osi na osi przodzie ciała (w kolumnie Ja). (b) Zbliżenie kolumny. Zwróćcie uwagę na różnice między lewą i prawą stroną dziury. Najniższa dziura została zakryta przez pasożyta „żywiącego" ssącą dziurę.

Słowa-klucze w opisie symptomów

• Pragnienie uwagi/miłości, uzależnienie od miłości, klient chce miłości, przyjmuje rzeczy osobiście, ma potrzeby, nienasycenie, odczuwa desperację, lęk w razie samotności, poczucie głębokiej skazy wewnętrznej, obwinianie innych za to, że ich potrzeby nie są spełnione, wampir energetyczny, wysysanie energii.
• Uzdrawianie nie działa, nic u mnie nie działa, nigdy nie mogę poczuć się lepiej, nie jestem w stanie się uzdrowić.
• Potrzeba uznania; zdradzam ludzi, którzy mi ufają; wprowadzam zakłócenia do organizacji, w której jestem.
• Dziwne irracjonalne (niekontrolowane) zachowanie: robię szalone rzeczy, by zdobyć to, czego potrzebuję (miłość, uwagę) w danej chwili; odrzucam ludzi, którzy nie kochają mnie przez cały czas.
• Zaburzenie osobowości typu borderline: nadmierne zamartwianie się, przekonanie o własnym znaczeniu, skoncentrowanie na sobie.

Pytania do diagnozy

• Czy odczuwasz ssanie w miejscach położonych wzdłuż centralnej osi ciała przy założeniu obecności symptomów? Czy występuje tam ssąca otwarta dziura?

Diagnoza różnicująca

Dziura: normalna dziura nie jest odczuwana jako ssąca.
Trauma pokoleniowa: traumy pokoleniowe sprawiają, że dana osoba unika interakcji z ludźmi, zaś klienci z s-dziurami potrzebują interakcji; poza tym – opukiwanie nie działa na s-dziury.
Utrata duszy: odczucie straty lub potrzeby jest ograniczone do jednej, konkretnej osoby.
Bazowe traumy: jedno i drugie wywołuje problemy w wielu sytuacjach, ale bazowe traumy nie zawierają treści emocjonalnej ani wrażeń w ciele.

Uzdrawianie

– Obecnie jest to licencjonowany proces dla certyfikowanych terapeutów stanów szczytowych.

Typowe błędy w technice

– S-dziura przykryta pasożytem nie jest odczuwana przez klienta, toteż nie zostaje odnaleziona i uzdrowiona. Cały trik polega na tym, by wyczuć „pod" pasożytem na powierzchni skóry, czy znajduje się tam pusta s-dziura.

Przyczyna źródłowa

– Uszkodzenie obszarów pionowej linii centralnej ciała, gdzie od kolumny Ja oderwane zostały „karmiące" rurki (u podstawy), zostawiając w miejscu oderwania dziury.

Częstotliwość symptomów i dotkliwość
- Problem występuje bardzo często u klientów (u ok. 70%).
- Osoby te często działają w dysfunkcyjnych organizacjach; również często znajdują pracę na stanowiskach, dzięki których będą w centrum uwagi (np. aktorzy, nauczyciele, politycy, menedżerowie, nauczyciele duchowi lub guru itd.).

Ryzyko
- Standardowe ryzyko dla psychoterapii traumy.

Kody ICD-10
- F24, F60.3, F60.4, F94.2

Blokada plemienna: „Robię to, czego oczekują ode mnie rodzina i kultura"

Blokada plemienna jest jednym z najpoważniejszych problemów trapiących ludzkość. Jest wywoływana przez organizm grzybowy (nazywamy go „borgiem"), który może wywierać wpływ na ludzkie działania, i u niektórych osób całkowicie je kontroluje. Nasz gatunek dostosował się do tego problemu – to on właśnie jest źródłem powstania różnych kultur na świecie. To on właśnie „dyktuje" osobie „reguły" danej kultury.

Grzyb ten zmusza ludzi, by byli posłuszni ograniczeniom – kulturowym lub nakazanym przez rodzinę. Wysoko funkcjonujący klienci dostrzegają ten wpływ zwłaszcza wtedy, gdy chcą coś zmienić w swoim życiu, żyć w nowy sposób, a czują, że coś ich w pewien sposób blokuje. Jest on także widoczny u ludzi, którzy starają się być lub stają się dwu- lub wielokulturowi.

Ryc. 8.6. (a) Borg działa jak grupa ludzi, która mówi klientowi, co ma robić.

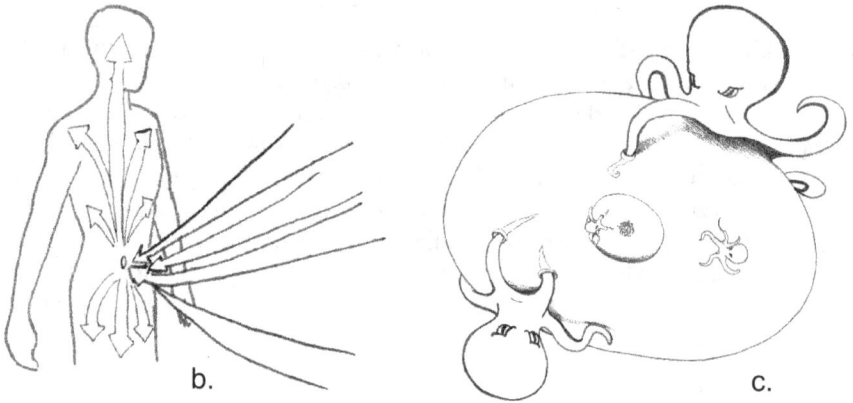

Ryc. 8.6. (b) Borg kontrolujący klienta poprzez wysyłanie emocji do jego pępka. (c) Borg, który przypomina wyglądem ośmiornicę, penetrujący membranę komórki prymarnej. Borgi mają różne rozmiary i żyją zarówno wewnątrz, jak i na zewnątrz komórki.

Słowa-klucze w opisie symptomów

- Odczuwanie silnego oporu lub uczucie ciężkości (jak niesienie plecaka), gdy chce się wprowadzić zmianę na lepsze (np. chcę się zmienić/rozwijać/poczuć lepiej/być szczęśliwszym/być bardziej pozytywnym, ale nie mogę).
- Ustąpienie blokadzie plemiennej sprawia, że dana osoba odnosi się do poprzedniego pragnienia z brakiem entuzjazmu lub ze spłaszczonymi emocjami.
- Wywołuje problemy międzykulturowe (położenie, kultura, konflikty).
- Jakakolwiek fraza zawierająca słowo ciężar, jak np.: „niosę ciężar na moich barkach”.

Pytania do diagnozy

- Problemy z blokadą plemienną są najbardziej prawdopodobną przyczyną problemu u wysoko funkcjonujących klientów.
- Czy czujesz się tak, jakbyś nie mógł pójść do przodu w życiu? Czy pójście do przodu sprawia, że czujesz ciężar?
- Czy próbujesz wprowadzić pozytywne zmiany w życiu?
- Czy zacząłeś nowy projekt, ale trudno ci go kontynuować?
- Czy problem ma związek z twoją starą lub nową kulturą? Czy niedawno przeprowadziłeś się do nowego kraju/kultury?
- Gdy myślisz o problemie, czy czujesz emocje płynące w twoim kierunku z miejsca spoza pępka?

Diagnoza różnicująca

Otchłań: „pójście do przodu w życiu" wywołuje uczucie unicestwienia; blokada plemienna wywołuje uczucie ciężkości albo blokowanie lub opieranie się swoim pragnieniom; otchłań występuje znacznie rzadziej.

Trauma biograficzna: w przeciwieństwie do traumy, uczucia w blokadzie plemiennej są zewnętrznie nakładane w teraźniejszości; osoby opierające się wpływom blokady plemiennej czują ciężkość, podczas gdy opieranie się traumom wywołuje ich symptomy emocjonalne; w związku z danym tematem może istnieć wiele traum; presja blokady plemiennej ustępuje całkowicie, gdy klient przestaje pragnąć zmiany.

Trauma pokoleniowa: trauma pokoleniowa sprawia, że czujemy się kimś mającym skazę, co nie występuje w przypadku blokady plemiennej.

Asocjacja: jeśli uczucie można znaleźć w dłoni, jest to asocjacja.

Spłaszczone emocje: zakres wszystkich uczuć zostaje zredukowany; blokada plemienna może wywołać uczucie ciężkości, gdy klient zacznie się jej opierać, oraz spłaszczenie emocjonalne, gdy klient jej ustępuje, ale tylko w związku z konkretnym problemem.

Uzdrawianie

– W przypadku konkretnego problemu należy zastosować technikę blokady plemiennej.

– W celu globalnego rozwiązania problemu należy zastosować technikę Cichego Umysłu (SMT), by wyeliminować borga.

– Gdy problem zostanie uzdrowiony, znika odczucie ciężkości (pozostawiając uczucie lekkości), a także ustępuje uczucie zablokowania ruchu naprzód.

Typowe błędy w technice

– Niekoncentrowanie się na emocji płynącej do pępka, ale na reakcji klienta na nią.

– Wyrzucenie ze świadomości płynącej ku klientowi emocji (reprezentacja wizualna nie jest ważna, ale może się przydać jako wskazówka w związku z obecnością emocji).

– Klient skacze z problemu na problem, nie zdając sobie z tego sprawy, toteż sesja nigdy się nie kończy.

– Wychodzenie centrum świadomości poza pępek może u niektórych ludzi wywołać poważne problemy (dehumanizacja itd.).

Przyczyna źródłowa

– Infekcja przez pewien gatunek grzyba, wpływającego na funkcjonowanie komórki prymarnej.

– Bardziej poważna forma infekcji występuje wtedy, gdy świadomość klienta poddaje się całkowicie borgowi, by czuć władzę/potęgę.

Częstotliwość symptomów i dotkliwość
- Problem ten występuje prawie u każdego, tylko niewielu ludzi próbuje mu się oprzeć i dostrzega symptomy.
- Wywołuje konflikty między grupami kulturowymi.

Ryzyko
- Standardowe ryzyko dla psychoterapii traumy.
- Ekstremalne reakcje emocjonalne na uczucia płynące do pępka podczas uzdrawiania.
- Mdłości i inne nieprzyjemne odczucia fizyczne podczas leczenia.

Kody ICD-10
- F43.2

Rozdział 9

RZADZIEJ SPOTYKANE PRZYPADKI SUBKOMÓRKOWE

Choć opisane poniżej przypadki subkomórkowe występują u większości ludzi, klienci zazwyczaj nie zgłaszają się z nimi do terapeuty, gdyż większość z nich dysponuje nieświadomymi strategiami kompensującymi, które w wystarczającym stopniu blokują świadomość tych problemów. Tym samym terapeuta powinien trzymać tego rodzaju problemy „z tyłu głowy", ale nie próbować ich wyszukiwać u każdego klienta, który odwiedza jego gabinet. Niektóre z tych przypadków są dość nietypowe – często ludzie, którzy na nie cierpią, od dawna szukają sposobu uzdrowienia swojego problemu. Często mylnie wyjaśniają symptom za pomocą konwencjonalnych koncepcji (z myślą o swojej grupie społecznej): „to problem medyczny", „zrobili mi to kosmici", „to brak równowagi w mojej chi" i tak dalej.

Problemy z pasożytami bakteryjnymi (3. klasa):
„Czuję się zatoksyczniony, zmęczony i otępiały"

W przypadku tego problemu subkomórkowego omówimy bardziej ogólne symptomy wywoływane przez bakterie (pozostałe przypadki bakteryjne opisane w podręczniku są wynikiem aktywności konkretnych gatunków: wywołują zjawisko kopii, pętli dźwiękowych, e-dziur, bypassów traumy i obecności dziadków w pobliżu ciała). Sugerujemy, by terapeuta ucząc się ogólnego bakteryjnego przypadku subkomórkowego nie próbował zapamiętać listy symptomów, lecz raczej zwizualizował sobie bakterię wewnątrz komórki prymarnej, a następnie pomyślał o problemach, które może ona wywołać.

Prawie każdy do pewnego stopnia cierpi z powodu problemów bakteryjnych w komórce prymarnej. U większości ludzi brak jest oczywistych symptomów, gdyż nauczyli się unikać wszelkich form aktywności stymulujących reakcję ze strony bakterii. Jednak w przypadku niektórych klientów albo coś wzbudziło ten problem, albo istniał już wcześniej jako problem chroniczny.

Choć większość bakterii jest raczej miękka, przezroczysta i przypomina balon, niektóre z nich mają bardziej twardą powierzchnię, jak ślimak lub robak – niektóre posiadają też „wypustki", które mogą wprowadzać do struktur komórki prymarnej klienta. Jeśli klient wyczuwa obecność bakterii lub też jakiś obszar, w którym znajduje się bakteria (wewnątrz ciała lub na zewnątrz), podstawowym symptomem będzie uczucie toksyczności. (Uwaga: odczuciem towarzyszącym obecności bakterii jest toksyczność lub zatrucie, w przeciwieństwie do mdłości wywoływanych przez grzyby). Innymi symptomami mogą być: lęk, odczucie zła lub wrażenie granic lub blokad. Wystąpić mogą również odczucia nacisku (od łagodnego do ekstremalnego bólu) wskutek nacisku wywieranego przez bakterię na membranę komórkową. Klienci, których centrum świadomości znajduje się częściowo lub całkowicie wewnątrz komórki bakteryjnej, zazwyczaj przychodzą do gabinetu z problemami takimi, jak zmęczenie oraz otępienie fizyczne lub umysłowe, choć z klinicznego punktu widzenia zazwyczaj przejawiają oni także symptomy paranoi i/lub wyjątkowy poziom negatywności.

Istnieje też inny zbiór niepokojących problemów pasożytniczych związanych z relacjami interpersonalnymi. Niektórzy ludzie, zazwyczaj w ramach nieświadomej reakcji defensywnej, projektują swoją świadomość na jedną z komórek bakteryjnych klienta w celu „przywiązania" siebie do klienta. Taka sytuacja wzbudza u klienta wrażenie, że droga mu osoba znajduje się „w jego przestrzeni", ale jest dla niego niekomfortowe i towarzyszy temu odczucie ataku lub zagrożenia (wskutek „wypustek" wprowadzonych do „ciała" klienta). Wywołuje to reakcje od niepokoju/lęku po irytację/gniew.

Oto inny dziwny interpersonalny problem wywoływany przez pasożyty bakteryjne: u większości ludzi spotkać można duże zgrupowania przezroczystych bakterii w wewnętrznej błonie komórkowej. U niektórych ludzi organizmy te zawierają negatywne piętno emocjonalne (co nadaje im ciemniejsze zabarwienie), co może być odczuwane przez innych tak, jakby w jakiejś odległości wokół tej osoby utrzymywała się negatywna „aura". Co gorsza, jeśli ktoś rozciąga swoje centrum świadomości w kierunku tej osoby, może przypadkowo powielić owo odczucie i wprowadzić je do własnej bakterii w cytoplazmie. Mechanizm ten przypomina mechanizm tworzenia kopii, ma jednak charakter bardziej ogólny i nie zachodzi tylko w momencie traumy.

Może również wystąpić inny, na szczęście rzadziej spotykany problem bakteryjny. Niektórzy ludzie posiadają komórki bakteryjne, które zawierają świadomość przodków o odczuciu skrajnego zła. Nie są to przodkowie z nitki traumy pokoleniowej, ale raczej jednostki żyjące i aktywne w teraźniejszości wewnątrz komórki prymarnej. Co gorsza, u niektórych ludzi owe komórki bakteryjne mogą tymczasowo „przejąć kontrolę" nad klientem. Ponieważ problem ten zaczął się w stadium prenatalnym, klient doświadcza owego przełączenia się w negatywny stan jako coś normalnego. W łagodniejszej wersji emocjonalnie negatywna bakteria może „wtargnąć" do ciała klienta, wywołując wiele bardzo negatywnych odczuć i myśli (nawet u klientów, którzy już nie posiadają grzybowych głosów rybosomalnych). Nawiasem mówiąc, istnieje bezpośrednia korelacja między negatywnością danej osoby (lub wewnętrznego zła), skalą infekcji bakteryjnej w komórce prymarnej a potrzebą przetrwania za wszelką cenę.

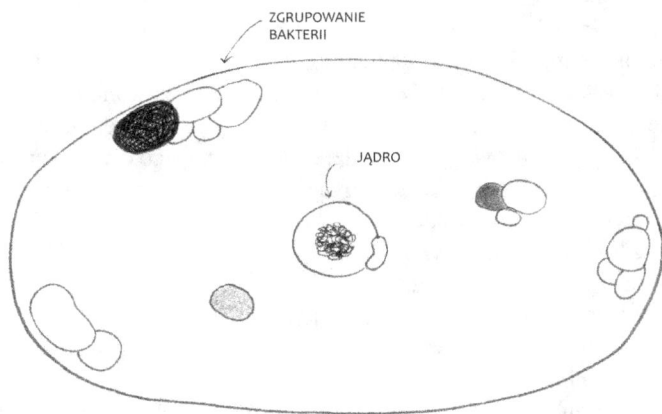

Ryc. 9.1. Pasożyty bakteryjne w cytoplazmie w komórce prymarnej. Przy wewnętrznej powierzchni membrany komórkowej często spotyka się zgrupowania bakterii.

Słowa-klucze w opisie symptomów

- Niczego nie jestem w stanie poczuć.
- Blob, stare, maziowate, podobne do żelatyny.
- Trucizna, toksyczność, zmęczenie, wycieńczenie, otępienie, odczucie spalin.
- Zło, negatywność, coś, co „zjada" dobre uczucia.

Pytania do diagnozy

* Czy czujesz, jakby w teraźniejszości ktoś cię w tym miejscu ranił?
* Czy odczucie to pochodzi z bloba wywierającego na ciebie nacisk?
* Czy czujesz, jakbyś chciał kogoś odrzucić lub odepchnąć, tak jakby ten ktoś wprowadził „wypustki" do twojego ciała?
* Czy wyczuwasz obecność masy lub czegoś podobnego do żelatyny, co odczuwasz jako toksyczne?
* Czy jesteś w stanie na chwilę przenieść świadomość poza uczucie otępienia?
* Czy problem robi wrażenie, jakby żył własnym życiem lub też jakby był inną osobą?

Diagnoza różnicująca

Pamięć traumy: w obu przypadkach symptomy mogą przychodzić i odchodzić, ale wrażenie pochodzące od bakterii ma związek z teraźniejszością, a nie z przeszłością; koncentracja na symptomie w teraźniejszości go pogarsza.

Klątwa kocykowa: w tym przypadku działa DPR; klątwa kocykowa daje wrażenie osobowości innej osoby i wywołuje uczucie zmęczenia; bakteria zazwyczaj jest pozbawiona osobowości i DPR nie odniesie żadnego skutku (należy testowo sprawdzić inne rodzaje terapii).

Struktura mózgu korony: struktura się nie porusza, robi wrażenie czegoś mechanicznego, a nie miękkiego i organicznego.

„Spryskanie" toksyną przez borga: zdarzenie aktywowane przez drugą osobę, która nienawidzi klienta lub która nie chce, by klient dostrzegł prawdę – sprej robi wrażenie czegoś kwasowego i (jeśli działa wystarczająco długo) sprawia, że klient czuje się zmęczony. Wszystkie grzyby i spreje grzybowe wywołują mdłości, bakteria zaś wydziela toksyny, które dają wrażenie zatrucia.

Insekt 1. klasy: insekt jest twardy i może rozrywać, rozdzierać lub parzyć klienta; bakteria generalnie trzyma się tego samego położenia, nie rozrywa ani nie rozdziera i ma bardziej miękką powłokę; jedno i drugie może wysyłać „wypustki" do danej osoby, z tym że w przypadku insekta jest to ciało stałe (jak twarda rurka), a w przypadku bakterii – raczej miękkie.

Czakra: grzybowy organizm czakr może reagować na skierowaną na niego uwagę poprzez wzbudzenie odczucia nacisku (często bolesnego) na kilka lub wszystkie klasyczne miejsca położenia czakr (czoło, serce itd.); miejsca nacisku bakterii mogą występować w dowolnym miejscu w ciele, choć często spotyka się ucisk na górną część czoła.

Kopia: kopia jest źródłem niemal dowolnego uczucia lub wrażenia, ma osobowość osoby skopiowanej i częściowo znajduje się poza ciałem.

Uzdrawianie

– Należy zacząć od wyeliminowania wszelkich asocjacji związanych z odczuciami ciała bakterii i wszelkich treści emocjonalnych.

– Należy wyeliminować traumy pokoleniowe związane z owymi fizycznymi odczuciami bakterii (nie na treści emocjonalnej).

– Należy dokonać regresji do momentu, gdy bakteria wniknęła w nasz organizm, i uzdrawiać traumę w zdarzeniu (szczególnie o charakterze pokoleniowym) do momentu, gdy bakteria już nie wnika do środka (uwaga – może to wiązać się również z uszkodzeniem przez pasożyta insektopodobnego).

– W przypadku bakterii wywołującej otępienie emocjonalne należy zastosować zmodyfikowaną wersję techniki uzdrawiania projekcji Courteau na uczuciu „komfortu" – działanie to zaktywuje traumy, które sprawiły, że klient wciągnął bakterię do swojego organizmu. Należy skoncentrować się na negatywnych reakcjach na projekcję i je uzdrowić, co sprawi, że bakteria ulegnie rozpuszczeniu i wróci zdolność do odczuwania emocji.

Typowe błędy w technice
– Podejmowanie próby uzdrowienia symptomów wywoływanych przez bakterię zamiast odczucia obecności ciała samej bakterii jako takiej.

Przyczyna źródłowa
– Symptomy wywoływane są przez bakterie pasożytnicze w komórce prymarnej – mogą wywoływać uczucia nacisku, wrażenie przebywania w szklanym pudełku lub wydzielać toksyny wywołujące mdłości.

Częstotliwość symptomów i dotkliwość
– Około 1% do 10% klientów ma symptomy (aktywowane przez psychoterapię, praktyki duchowe lub okoliczności życiowe) o różnej intensywności, od łagodnych po niezwykle bolesne i całkowicie osłabiające.
– Czas trwania symptomów może być krótki, przerywany lub długi.

Ryzyko
– Różne, od żadnego po zagrażające życiu; z bakteriami powinni pracować tylko przeszkoleni profesjonaliści.

NIEBEZPIECZEŃSTWO
Ten przypadek subkomórkowy jest potencjalnie niebezpieczny, a nawet może zagrażać życiu klienta, jeśli problem jest poważny. Problemy mogą obejmować poważne otępienie, toksyczność, szok elektryczny lub niewydolność serca. Tylko odpowiednio przeszkoleni i dysponujący wsparciem terapeuci powinni podejmować pracę nad tego rodzaju przypadkami.

NIEBEZPIECZEŃSTWO
Nie należy podejmować prób zabicia pasożytów obecnych w komórce prymarnej ani pozwalać klientowi na tego rodzaju eksperymenty. Jeśli się to uda, ciało dokona

kompensacji poprzez wprowadzenie jeszcze większej ilości pasożytów, co sprawi, że symptomy ulegną pogorszeniu lub staną się bardziej niebezpieczne.

Kody ICD-10
  – Nie zidentyfikowano dotychczas żadnego konkretnego kodu.

Problemy z pasożytami insektopodobnymi (1. klasy):
„Mam wrażenie, jakby coś mnie parzyło, rozrywało lub rozdzierało"

Zdarzyło nam się zaobserwować problem bólu u studentów, klientów oraz u klientów stosujących inne formy terapii. Symptomy mogą być krótkotrwałe, czasami sporadyczne, a czasami ciągną się latami. Problem ten wywołują pasożyty 1. klasy (przypominające insekty) w komórce prymarnej. Mówimy terapeutom, by *nie* mówili klientom o insektach, ponieważ późniejsza koncentracja klienta na pasożycie może wywołać dalsze problemy, a w ekstremalnych przypadkach może zagrażać życiu. Prowadzenie badań nad tym problemem jest bardzo niebezpieczne – należy stosować tylko te techniki, które zostały określone jako bezpieczne. Zdarzali się klienci, którzy świadomie próbowali zabić owe pasożyty insektopodobne – niestety z fatalnym skutkiem. Trzeba bowiem rozumieć, że komórka prymarna znajduje się z pasożytami w pewnej równowadze, więc „zabijając" je można tylko pogorszyć sytuację, gdyż wskutek działania mechanizmu kompensacyjnego ich ilość może wzrosnąć, a też mogą one zareagować agresywnie.

Ryc. 9.2. (a) Insekt wydzielający żrącą substancję na membranę.

Ryc. 9.2 (b) Insekt rozrywający membranę.

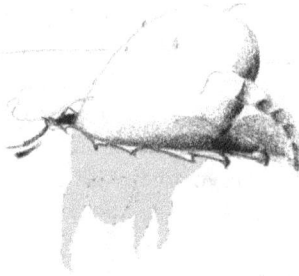

Ryc. 9.2. (c) Insekt zagrzebujący się w membranie.

Ryc. 9.2. (d) Insekt chodzący po powierzchni i penetrujący membranę.

Słowa-klucze w opisie symptomów
- Pieczenie, rozrywanie, kłucie, pełzanie, „coś łazi po moim ciele".

Pytania do diagnozy
- Czy czujesz, jakby teraz ktoś w tym miejscu cię ranił?
- Czy miejsce bólu się przesuwa?
- Czy czujesz, jakby to coś miało własne życie?

Diagnoza różnicująca
Wszystkie pozostałe przypadki subkomórkowe: ból/bóle nie przemieszczają się, zaś bóle wywołane przez pasożyty – tak.
Pamięć traumy: w obu przypadkach symptomy pojawiają się i znikają, ale odczucie w przypadku insekta dotyczy teraźniejszości (choć czasami może zostać aktywowane

przez podjęcie próby regresji lub uzdrowienia innymi metodami); ból wywołany przez insekta jest ostrzejszy niż w przypadku wspomnienia i ma inną jakość; koncentracja na symptomie w teraźniejszości może go zaostrzyć.

Klątwa: odczucie klątwy ma charakter ciągły, w przeciwieństwie do insektów, które mogą się przemieszczać lub przestać ranić klienta; DPR nie działa na insekty; uzdrawianie traum pokoleniowych nie działa w przypadku klątw, toteż w ramach testu należy sprawdzić inne sposoby uzdrawiania.

Struktura mózgu korony: struktura się nie przemieszcza, w strukturze brak odczucia i brak emocji, koncentracja na symptomie nie zmienia go.

Kopia: odczucie kopii ma charakter stały, kopia zawiera odczucie osobowości i znajduje się częściowo w ciele, a częściowo poza nim, niczym balon; insekt albo znajduje się na powierzchni ciała/membrany, albo wewnątrz niej, wywołując w danym miejscu ból.

„Spryskanie" toksyną przez borga: zdarzenie aktywowane przez drugą osobę, która nienawidzi klienta lub która nie chce, by klient dostrzegł prawdę. Sprej odczuwany jest jako żrący i – jeśli działa wystarczająco długo – wywołuje u klienta zmęczenie.

Uzdrawianie
– Należy zidentyfikować stałą emocję, którą insekt wykorzystuje jako „przykrywkę", wyeliminować odpowiadającą jej asocjację, a następnie uzdrowić nitkę traumy pokoleniowej, która odczuwana jest dokładnie tak samo. Większość insektów stosuje tylko jedną emocję – bardzo duże insekty zawierają do trzech emocji.

Typowe błędy w technice
– Nie należy wyjaśniać klientowi źródła tego problemu – może to wywołać poważniejsze symptomy lub sprawić, że klient zacznie eksperymentować z pasożytem.
– Nieuzdrowienie asocjacji w pierwszej kolejności.
– Utrata odczucia towarzyszącego problemowi i w związku z tym zaprzestanie uzdrawiania przed jego ukończeniem.
– Brak wykwalifikowanego wsparcia dostępnego w razie wystąpienia problemów.

Przyczyna źródłowa
– Organizmy pasożytnicze w komórce prymarnej, które uszkadzają membrany i wydzielają kwasowe toksyny.

Częstotliwość symptomów i dotkliwość
– Około 1% do 10% klientów ma symptomy (aktywowane przez psychoterapię, praktyki duchowe lub okoliczności życiowe) o różnej intensywności, od łagodnych po potwornie bolesne i całkowicie osłabiające.
– Czas trwania symptomów może być krótki, przerywany lub długi.

Ryzyko
- Różne, od żadnego po zagrażające życiu. Z insektami powinni pracować tylko przeszkoleni profesjonaliści.

NIEBEZPIECZEŃSTWO

Ten przypadek subkomórkowy jest potencjalnie niebezpieczny, a nawet może zagrażać życiu klienta, jeśli problem jest poważny. Tylko odpowiednio przeszkoleni i dysponujący wsparciem terapeuci powinni podejmować pracę nad tego rodzaju przypadkami.

NIEBEZPIECZEŃSTWO

Nie należy podejmować prób zabicia pasożytów obecnych w komórce prymarnej ani pozwalać klientowi na tego rodzaju eksperymenty. Jeśli się to uda, ciało dokona kompensacji poprzez „przywołanie" jeszcze większej ilości pasożytów, co sprawi, że symptomy ulegną pogorszeniu lub staną się bardziej niebezpieczne.

Kody ICD-10
- F45, R20.2, R52

Pustka w kolumnie Ja:
„Czuję się okropnie, od kiedy utraciłem swoją rolę jako _____"

Niemal u każdej osoby mózgi trójni posiadają swoje (udawane) tożsamości: udają, że są kimś lub czymś – zachowują się jak pięciolatki bawiące się w strażaków. Zazwyczaj nie jest to poważny problem, choć przypomina dziecko, które nie chce zdjąć z głowy kasku strażaka. Problem staje się poważny, *jeśli* u danej osoby brakuje obszaru (występuje „pustka") w centralnej osi, którą nazywamy „kolumną Ja". Uświadomienie sobie owego braku wywołuje mocne symptomy – jeśli ludzie z tego rodzaju pustką przesuną całkowicie swoje centrum świadomości wzdłuż osi centralnej ciała, to poczują, jakby mieli ulec unicestwieniu. Osoby te zazwyczaj utrzymują „centrum świadomości" poza rdzeniem, pozostając w świadomości mózgu trójjednego – identyfikując się tym samym z jego „udawaną" tożsamością. Gdy okoliczności zewnętrzne wyeliminują daną rolę z ich życia, centrum świadomości „zmuszone jest" przesunąć się do rdzenia, co wywołuje uczucie lęku i unicestwienia.

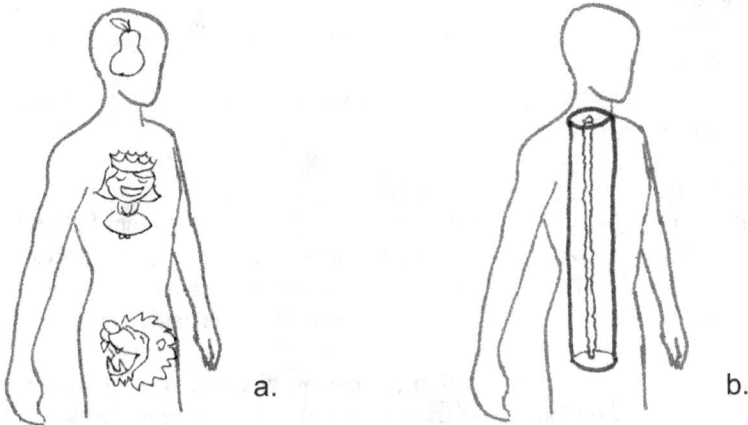

Ryc. 9.3. (a) Mózgi trójni udają, że są kimś lub czymś. (b) Grzybowa struktura „kolumny Ja" nałożona na obraz ciała. Strukturę tę przedstawiamy tutaj z uszkodzeniem w postaci pustki w osi centralnej, która może wywoływać symptomy lęku, gdy klient próbuje wyczuć swoje centrum.

Zazwyczaj klienci nie odczuwają symptomów do chwili, gdy trzymają się swojej roli (choć sytuacja ta może również wywołać problem wskutek desperackiego trzymania się tej roli lub w związku z rolą o charakterze dysfunkcyjnym). Zazwyczaj przychodzą na terapię po utracie takiej roli, gdyż nie są w stanie poradzić sobie z nową sytuacją. Problem ten może również wywołać medytacja lub inne praktyki duchowe, które mogą sprawić, że klient przenosi swoje centrum świadomości do centralnego obszaru ciała. To dobry przykład poważnego problemu emocjonalnego będącego bezpośrednim wynikiem uszkodzenia strukturalnego w komórce prymarnej. Techniki uzdrawiania traumy nie zadziałają w przypadku tych symptomów.

Kolumna Ja to bardzo często struktura grzybowa 2. klasy – ludzie identyfikują się z nią, jakby to była część ich ciała. Zazwyczaj jest odczuwana w obszarze od perineum (krocza) do gardła.

Słowa-klucze w opisie symptomów

- Jeśli nie mogę być (rola: lekarz, matka itd.), będę wrakiem. Nie potrafię sobie poradzić z utratą pracy/roli. Gdy dzieci odeszły, czuję się cały czas okropnie. Od kiedy mnie zwolniono, jestem w takiej depresji, że nie potrafię funkcjonować.
- Zrobię wszystko, by być (rola: lekarzem, matką itd.), gdyż inaczej czuję straszliwy lęk, poczucie unicestwienia, śmierci.
- Nie mogę się dostać do mojego ciała.

Pytania do diagnozy

- Czy niedawno straciłeś pracę (lub jakąś rolę w życiu)? (Uwaga: osoba czasami dysponuje w zapasie inną tożsamością).
- Jeśli łagodnie przesuniesz świadomość do centralnej osi ciała, jak się czujesz? Czy czujesz lęk?

Diagnoza różnicująca

Trauma biograficzna: trauma tworząca autowizerunek („Jestem miłym facetem", „Jestem dominującym samcem") i będące motorem tego zjawiska uczucie emocjonalne reaguje na uzdrawianie traumy, natomiast przeniesienie centrum świadomości do centralnej osi kolumny w ciele nie wywoła nagłego przypływu uczuć lęku ani unicestwienia.

Trauma pokoleniowa: utrata roli może być osobiście bardzo bolesna, z towarzyszącym temu uczuciem bycia uszkodzonym, wadliwym, nie wywołuje jednak uczuć lęku i unicestwienia; w przeciwieństwie – udawane tożsamości mają się bardzo dobrze.

Trauma dominująca: Chociaż w obu przypadkach osoba częściowo znajduje się poza ciałem, truma dominująca powoduje, że wspomnienia z dzieciństwa są bardzo negatywne lub osoba nie może sobie nic przypomnieć z tego okresu; pustka nie powoduje problemu z pamięcią.

S-dziura: osoba może z łatwością zmienić strategię, by je „karmić" („Jestem gotów zrobić wszystko, by zdobyć twoją miłość").

Blokada plemienna: próba zdobycia nowej roli może wzbudzić blokadę plemienną, co wywoła u danej osoby uczucie ciężkości lub oporu ze strony okoliczności i ludzi, nie wywoła jednak ekstremalnych symptomów wskutek utraty roli.

Uzdrawianie
– Obecnie jest to licencjonowany proces dla certyfikowanych terapeutów stanów szczytowych.

Typowe błędy w technice
– Błędna diagnoza, gdyż klient unika przesunięcia centrum świadomości do rdzenia.
– Położenie nadmiernego nacisku na korzyści z uzdrawiania, gdy symptomy nie są obecne.

Przyczyna źródłowa
– Potrzeba posiadania „udawanej tożsamości" jest sposobem na uniknięcie odczuwania symptomów pustki w kolumnie Ja.

Częstotliwość symptomów i dotkliwość
– Prawie każda osoba posiada mózgi trójni z „udawanymi tożsamościami" i zazwyczaj nie jest to problem.
– U prawie jednej trzeciej populacji ów problem występuje w znacznym stopniu, ale osoby te bardzo dobrze go tłumią (występuje on częściej w populacji klientów). Stopień uszkodzenia struktury kolumny również znacząco się różni. Klienci rzadko kiedy przychodzą na terapię, chyba że utracili swoje role w życiu lub z jakiegoś powodu zostały zablokowane.

Ryzyko
– Standardowe ryzyko dla psychoterapii traumy.

Kody ICD-10
– F43.2

Struktura mózgu korony: „Czuję w tym miejscu chroniczny ból"

Ten ciekawy przypadek subkomórkowy wyraźnie demonstruje fizyczne i emocjonalne konsekwencje nieodpowiedniej „chęci pomocy" ze strony mózgu korony. Jego zadaniem jest utrzymanie integralności i kształtu membrany komórki prymarnej – może jednak w niewłaściwy sposób tworzyć wewnątrz komórki pewne struktury. Struktury te odczuwane są tak, jakby znajdowały się wewnątrz ciała lub też spinały razem różne jego części. Ogólnie rzecz biorąc, wywołują ból i inne odczucia. Struktury te często powstają w chwilach fizycznego uszkodzenia ciała. „Wyglądają" i są odbierane jako części mechaniczne, a nie organiczne. Z naszego doświadczenia wynika, że ludzie, którzy są przekonani, że mają w ciele „implanty wszczepione przez kosmitów" w rzeczywistości opisują te właśnie struktury.

Ryc. 9.4. Struktura mózgu korony, która robi wrażenie geometrycznej, wyprodukowanej fabrycznie struktury w ciele.
Za plecami na górze: czasem struktury te klient nazywa „implantami kosmitów".
Na dole po prawej: struktury w rzeczywistości znajdują się wewnątrz komórki.

Słowa-klucze w opisie symptomów
- Ból; ból w trakcie poruszania się; ból przychodzi i odchodzi; odczucie ma charakter chroniczny i występuje w tym samym miejscu.
- „Widzę" (lub czuję) mechaniczną, kanciastą lub geometryczną strukturę w ciele.

- Implant wszczepiony przez kosmitów.
- Traumatyczny uraz, który nadal wywołuje ból lub sztywność.

Pytania do diagnozy
- Czy widzisz (lub czujesz) obecność w ciele jakiejś sztywnej struktury o geometrycznym kształcie?
- Czy coś obejmuje (lub łączy) dwie części ciała?
- Czy chroniczny ból występuje w stałym miejscu w ciele?
- Czy zdarzył ci się uraz, który się nie uzdrawia lub w miejscu którego nadal występuje ból lub sztywność?

Diagnoza różnicująca
Klątwa: struktura klątwy zawiera osobowość, a ból przy tym występujący odczuwa się jak zadawany gwoździem lub strzałą.
Kopie: kopie zawierają osobowość, są umiejscowione częściowo w ciele, a częściowo poza ciałem i mają kształt balonika.
Trauma biograficzna: kształt traumy jest nieregularny i może znajdować się w różnych miejscach w całym ciele. Opukiwanie w przypadku struktury mózgu korony nie działa, struktura po prostu boli – brak odpowiadającego jej przekonania, jak w przypadku traumy.
Pętla czasowa: pętla czasowa ma kształt jajka i odczuwa się ją jak skorupkę jajka, obejmuje określoną liczbę traum; w regresji klient zostaje uwięziony w „pętli" powtarzającego się czasu.

Uzdrawianie
- Rozwiązanie tymczasowe: wdzięczność wobec mózgu korony za stworzenie struktury (można je zastosować w diagnozie).
- Rozwiązanie stałe: regresja do traumy, która wytworzyła strukturę, i uzdrowienie potrzeby jej utworzenia.

Typowe błędy w technice
- Brak sprawdzenia, czy struktura znikła na stałe.

Przyczyna źródłowa
- Mózg korony tworzy i utrzymuje wsparcie strukturalne nadające kształt zewnętrznej membranie komórki prymarnej. Błędnie próbuje naprawić lub wspierać uszkodzoną część ciała fizycznego poprzez budowę struktury w komórce.

Częstotliwość symptomów i dotkliwość
- Większość ludzi posiada takie struktury, ale w miejscach, które rzadko kiedy powodują trudności lub wywołują ból.
- Większość klientów nie zgłasza się na terapię z tego rodzaju problemem.

Ryzyko
 – Standardowe ryzyko dla psychoterapii traumy.

Kody ICD-10
 – R52

Klątwa: „Ta osoba naprawdę mnie nienawidzi"

Co ciekawe, bajkowa koncepcja, że ktoś może inną osobę „przekląć" ma w rzeczywistości podstawę w biologii subkomórkowej – klątwa występuje wtedy, gdy ktoś chce skrzywdzić lub powstrzymać drugą osobę i nieświadomie aktywuje grzybowego borga, by to zrobił. Grzyb u ofiary wytwarza czarny, przypominający obsydian obiekt o ostrych brzegach (fizyczny nośnik klątwy) na końcu macki borga w cytoplazmie. Działanie takie często wywołuje fizyczny ból (ale nie zawsze, gdyż odczucie to można stłumić), tak jakby w ciele (w miejscu odpowiadającym położeniu klątwy w cytoplazmie) znajdował się gwóźdź, nóż lub grot strzały. Jeśli centrum świadomości danej osoby zostanie przeniesione do obiektu klątwy, osoba ta odczuje w nim osobowość „agresora", której towarzyszy stale powtarzająca się fraza. Wielu ludzi nieświadomie próbuje być posłusznym frazie płynącej z klątwy, wywołując tym samym w swoim życiu rozmaite problemy. Podobnie jak w przypadku sznurowania, klątwa „łączy" ofiarę z traumą agresora, ale w przeciwieństwie do sznura – w przypadku klątwy można skrzywdzić klienta bez jego świadomego lub nieświadomego uczestnictwa.

Choć problem ten występuje dość często, symptomy „klątwy" są na tyle łagodne lub chwilowe, że uzdrawianie jest niepotrzebne – jednak w niektórych przypadkach klątwa może wywoływać poważne, długo utrzymujące się symptomy fizyczne lub emocjonalne. Symptomy te sprawiają, że klient szuka porady medycznej w związku z problemami fizycznymi lub psychicznymi wywołanymi przez klątwę. Pojedynczą klątwę można usunąć względnie łatwo. Jednak najlepszą strategią długofalową jest uzyskanie odporności na borga grzybowego, co trwale eliminuje problem.

Zidentyfikowaliśmy również drugi rodzaj klątwy: robi ona wrażenie kocyka przykrywającego część (lub całe) ciało i wywołuje w tym miejscu ekstremalne zmęczenie. Symptom wynika z przykrycia części membrany jądrowej. Taki „kocyk" również zawiera osobowość „agresora" i jest połączony z borgiem za pomocą macki.

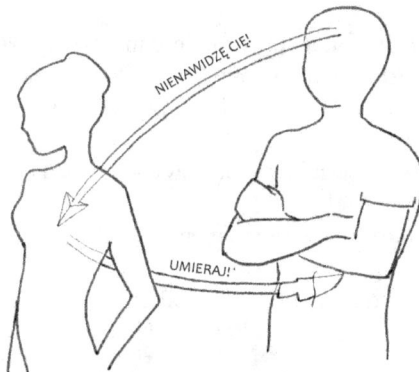

Ryc. 9.5. (a) Obsydianowa, przypominająca grot strzały klątwa między dwojgiem ludzi.

Ryc. 9.5. (b) Borg wprowadzający obsydianową, przypominającą grot strzały strukturę do cytoplazmy.

Słowa-klucze w opisie symptomów

- Klątwa przypominająca strzałę: kłujący/przeszywający ból; niemożność znalezienia przyczyny problemu emocjonalnego lub fizycznego; uczucie niemożności; „czuję czyjś gniew, nienawiść lub represję wobec mnie".
- Klątwa „kocykowa": część lub całe ciało czuje zmęczenie, jest ciężkie, owinięte kocem, okryte, wycieńczone.

Pytania do diagnozy

- Czy ktoś był na ciebie bardzo rozgniewany, gdy problem pojawił się po raz pierwszy?
- Czy czujesz, jakby w twoim ciele znajdował się gwóźdź lub grot strzały?
- Czy odczuwasz zmęczenie tylko w niektórych częściach ciała?

Diagnoza różnicująca

Blokada plemienna: blokada sprawia, że dana osoba czuje się ciężko; klątwa kocykowa wywołuje zmęczenie w przykrytych przez nią obszarach.

Kopie: choć kopie mogą powodować ból, nie wywołują uczucia obecności gwoździa w ciele.

Struktura mózgu korony: struktura może wywoływać ból, ale nie ma żadnej osobowości.

Zablokowane pory jądrowe: poziom zmęczenia ulega zmianie i jest ono doświadczane w całym ciele; w przypadku klątwy „kocykowej" osoba odczuwa zmęczenie przez cały czas w konkretnym obszarze ciała.

Uzdrawianie

– Jedna klątwa: należy zastosować metodę „uwalniania osobowości na odległość" (DPR).

– Wszystkie klątwy oraz odporność na problem: zastosowanie Techniki Cichego umysłu (SMT).

Typowe błędy w technice
– DPR: niezdolność do pełnego odczucia bezwarunkowej miłości do „agresora" za jego negatywne uczucie do nas.

Przyczyna źródłowa
– Problem wywołany przez osobę, która chce skrzywdzić, zablokować lub powstrzymać drugą osobę i czyni to za pośrednictwem grzybowego borga.

Częstotliwość symptomów i dotkliwość
– Problem występuje często, choć rzadko kiedy jest poważny i długofalowy – jeśli tak jednak jest, wymaga uzdrawiania.

Ryzyko
– Standardowe ryzyko dla psychoterapii traumy.
– Niektórzy „agresorzy" wysyłają wiele klątw – SMT w tym przypadku będzie lepszym wyborem.

Kody ICD-10
– F45.4, F45.9

Dylematy: „Co powinienem wybrać"

Problem ten pojawia się w którymś momencie życia u większości ludzi. Rzadko kiedy jest na tyle poważny, że klient chce zapłacić za uzdrawianie. Odczucie jest bardzo specyficzne: osoba czuje, że coś ją ciągnie raz w jednym kierunku, raz w drugim, i tak „w koło Macieju". Nie da się podjąć żadnej decyzji bez ponownego przyciągania ze strony pozostałych możliwości. Problem ten jest wynikiem szczególnego układu kilku utkniętych nitek traumy w komórce prymarnej. W tym przypadku subkomórkowym dwie (lub więcej) nitki traumy łączą się wewnątrz jednego rybosomu.

Ryc. 9.6. (a) Dylemat jest odczuwany tak, jakby klienta ciągnęło w dwie strony jednocześnie.

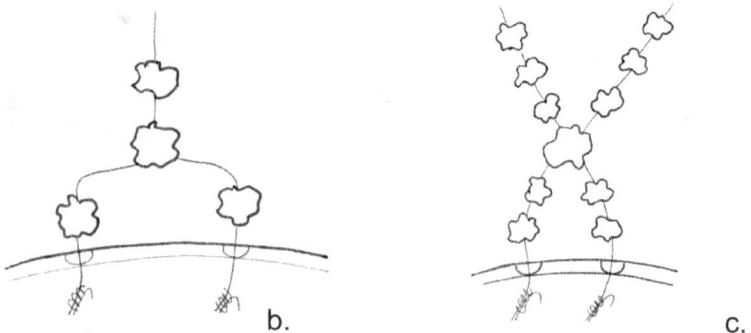

b.

c.

Ryc. 9.6. (b, c) Przyczyną problemu są rybosomy próbujące odczytać dwie nitki mRNA w dwóch różnych kierunkach jednocześnie.

Słowa-klucze w opisie symptomów
- Dylemat; nie mogę się zdecydować; dwie sprzeczne myśli lub poglądy są prawdziwe.
- Uczucie ciągnięcia w różnych kierunkach (przez zagadnienie lub decyzję).

Pytania do diagnozy
- Czy czujesz fizycznie, jakby cię ciągnęło w różnych kierunkach?

Diagnoza różnicująca
Blokada plemienna: również cechuje się biegunowością, ale jest ona rozpięta pomiędzy pożądanym celem (któremu towarzyszy uczucie ciężkości w ciele) a niezrealizowaniem go (co wydaje się dużo łatwiejsze).

Trauma strzegąca: brak ciągnięcia między biegunami.

Projekcja: choć w projekcji role mogą ulegać zamianie, osoba nie czuje ciągnięcia w różnych kierunkach.

Zatrzaśnięcie mózgu umysłu: dylemat dotyczy tylko konkretnego zagadnienia – zatrzaśnięcie mózgu umysłu ogranicza zdolność dokonywania wszelkich osądów.

Uzdrawianie
- Należy uzdrowić każdą część dylematu z osobna z zastosowaniem dowolnej techniki uzdrawiania traumy.

Typowe błędy w technice
- Niedokończenie uzdrawiania jednej z odnóg dylematu z powodu rozproszenia ze strony drugiej możliwości.

Przyczyna źródłowa
- Szczególna konfiguracja nitek traumy biograficznej.

Częstotliwość symptomów i dotkliwość
- Problem występuje często, ale klienci rzadko zgłaszają się z nim do terapeuty.

Ryzyko
- Standardowe ryzyko dla psychoterapii traumy.

Kody ICD-10
- Nie zidentyfikowano dotychczas żadnego konkretnego kodu.

Dziura (pustka): „W tym miejscu odczuwam lęk/niepokój"

Dziury odczuwane są niczym bezdenne dziury w ciele, które wydają się strasznie puste i są nacechowane brakiem. Zazwyczaj wewnątrz „wyglądają" na czarne, z podwyższonymi, twardymi krawędziami wokół otworu w skórze (choć mogą być również całkowicie zamknięte wewnątrz ciała). Częściowo uzdrowione dziury są wewnątrz szare i nie robią wrażenia, jakby nie miały dna. Istnienie dziur jest prawie zawsze blokowane w świadomości przez rozmaite strategie „nakręcane" przez traumy, które maskują odczuwanie dziur (jak np. napięcie mięśni lub emocje w obszarze występowania dziury). Tym samym dziury mogą ulec przypadkowemu ujawnieniu w trakcie procesów uzdrawiania traumy lub wskutek medytacji podnoszącej poziom świadomości u danej osoby. Dziury powstają w wyniku fizycznego uszkodzenia ciała. Duże dziury prawie zawsze powstają w trakcie uszkodzeń prenatalnych lub perinatalnych. W komórce prymarnej nitki traumy zawierające momenty, w których ukształtowały się dziury, kończą się (a właściwie zaczynają się) utkniętymi genami, które robią wrażenie martwych.

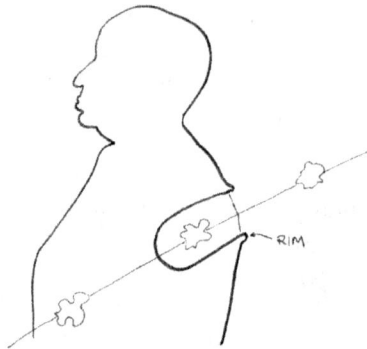

Ryc. 9.7. Problem doświadczany jest tak, jakby w ciele występowała pozbawiona dna dziura. W połowie drogi w miejscu położenia dziury nałożona jest trauma biograficzna.

Słowa-klucze w opisie symptomów
- Niepokój (lęk); nacechowana brakiem pustka; bezdenna dziura lub ciemne, puste miejsce w ciele.
- Napięcie mięśni.
- Uczucie braku obecności (w teraźniejszości) w świecie.
- Kryzys duchowy (klient medytował lub też wykonywał podobną praktykę, jak joga lub tantra, które doprowadziły do uświadomienia sobie istnienia dziury).
- Obsesja (rzadkie przypadki).

Pytania do diagnozy

* Gdzie w ciele czujesz ten niepokój?
* Czy w ciele występuje jakieś fizyczne zniekształcenie (jak wgłębienie lub narośnięty obszar)?

Diagnoza różnicująca

Struktura mózgu korony: struktury te nie zawierają emocji, odczuć ani obrazów traumy.

S-dziura: s-dziury zawsze są położone wzdłuż środkowej linii przedniej części ciała, zawierają odczucie ssania, wywołują zachowania cechujące się „pragnieniem uwagi".

Trauma biograficzna: traumy nie zawierają odczucia nacechowanego bezdenną pustką; tapowanie lub inne techniki uzdrawiania traumy doprowadzą do uzdrowienia.

Kopie: należy sprawdzić występowanie osobowości w kopii – i czy występuje zarówno wewnątrz, jak i na zewnątrz ciała, jak w baloniku.

Głosy rybosomalne: głosy mogą być nacechowane lękiem/niepokojem; dziury nie zawierają głosów.

Kolumna Ja: unicestwienie znajduje się w pionowym rdzeniu ciała, jest odczuwane w inny sposób niż brak w dziurze.

Uzdrawianie

– Opcjonalnie należy wyeliminować uczucie nacechowanej brakiem pustki za pomocą uzdrawiania traum pokoleniowych. To sprawi, że pozostałe odczucia płynące z dziur będą łatwiejsze do zniesienia.
– Pierwsza możliwość: należy wejść do dziury do punktu znajdującego się w połowie drogi i uzdrowić w tym miejscu obraz/moment traumy.
– Druga możliwość: należy wejść do dziury i zaakceptować ból płynący z uszkodzenia w dolnej warstwie – dziura robi wrażenie pozbawionej dna, ale w rzeczywistości je ma, do którego można dotrzeć przy pewnej determinacji.

Typowe błędy w technice

– Klient twierdzi, że nic się nie dzieje, ale musi zejść głębiej lub dłużej pozostać w dziurze.
– Mogą występować wielokrotne, nakładające się na siebie dziury, które należy uzdrawiać każdą z osobna.
– Klient tylko częściowo uzdrowił dziurę (która pozostanie szara lub też pozostawiając krawędzie na powierzchni).

Przyczyna źródłowa

– Problem spowodowany jest przez poważne uszkodzenie fizyczne w konkretnym miejscu w ciele.

Częstotliwość symptomów i dotkliwość
- Problem występuje często, ale jest tłumiony i kompensowany innymi środkami (napięcie mięśniowe).

Ryzyko
- Standardowe ryzyko dla psychoterapii traumy.

Kody ICD-10
- Przypadek ten może występować w różnych kodach F40-F48 i innych.

Przeszłe życia: „To było natychmiastowe rozpoznanie"

Ku naszemu zaskoczeniu okazało się, że traumy z przeszłych żywotów istnieją, są wynikiem uszkodzenia sieci „ponaddusz" znajdującej się na wewnętrznej stronie membrany komórki prymarnej. Sieć przeszłych żywotów w membranie komórkowej jest organizmem grzybowym. Jeśli węzeł sieci przecieka, w cytoplazmie powstaje struktura, która przywiązuje się do utkniętej nitki traumy mRNA, wywołując doświadczenie traumy z przeszłego życia. Tym samym mamy trzy oczywiste metody uzdrawiania tego problemu: uzdrowienie traumy, naprawienie uszkodzonej i cieknącej siateczki przeszłych żywotów lub wyeliminowanie organizmu grzybowego przeszłych żywotów.

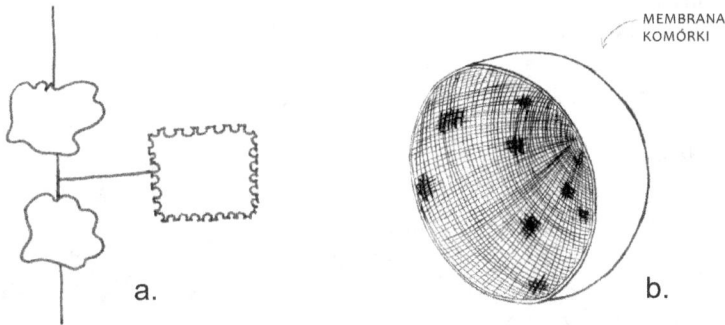

MEMBRANA KOMÓRKI

a.   b.

Ryc. 9.8. (a) Struktura bramy do przeszłych żywotów podczepiona do nitki traumy mRNA.
(b) Siateczka „ponaddusz" na wewnętrznej powierzchni membrany komórkowej.

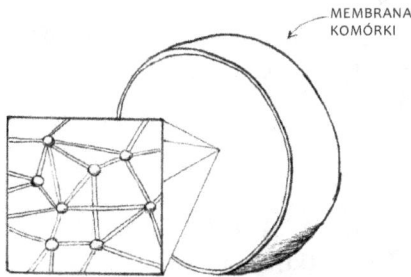

MEMBRANA KOMÓRKI

Ryc. 9.8. (c) Zbliżenie siatki z węzłami odpowiadającymi poszczególnym
przeszłym życiom.

Słowa-klucze w opisie symptomów
• Przeszłe życie; reinkarnacja; karma; kryzys duchowy; konflikt z przekonaniem religijnym; „jakbym od zawsze znał tę osobę".

Pytania do diagnozy

• Czy problem lub uczucie wywołuje obraz albo odczucie ludzi/miejsc, których nie rozpoznajesz z obecnego życia?

• Czy problem ma związek z ludźmi, co do których czujesz, jakbyś ich znał lub w jakiś sposób rozpoznawał od pierwszej chwili?

Diagnoza różnicująca

Trauma pokoleniowa: twoi przodkowie nie są tobą; natomiast we wspomnieniach z poprzedniego życia rozpoznajesz siebie i innych ludzi, nawet jeśli mają inne ciała.

Trauma biograficzna: fałszywe przeszłe życie cechuje się górnolotnością lub innym rodzajem złudnych uczuć, które są ich motorem.

Kopia: klient czuje osobowość w kopii i myli mu się ona z przeszłym życiem, kopie znajdują się częściowo wewnątrz, a częściowo poza ciałem; przeszłe życia zaś doświadczane są za pośrednictwem bramy prowadzącej do przeszłości.

Uzdrawianie

– Należy zastosować technikę WHH na przeszłym życiu.
– Należy uzdrowić uszkodzoną siateczkę z wykorzystaniem traumy pokoleniowej – obecnie jest to licencjonowany proces dla certyfikowanych terapeutów stanów szczytowych.
– Eliminacja grzybowej siateczki przeszłych żywotów.

Typowe błędy w technice

– Ocenianie zdarzenia z przeszłego życia, zamiast akceptacji tego, co się pojawia (w tym śmierci i ran).
– Przechodzenie do innych zdarzeń z przeszłego życia zamiast uzdrowienia pierwotnego momentu traumy związanej z przeszłym życiem.

Przyczyna źródłowa

– Uszkodzona siateczka „ponaddusz" po wewnętrznej stronie membrany komórki prymarnej.

Częstotliwość symptomów i dotkliwość

– Problem nie zdarza się często, jednak gdy występuje, osoby te posiadają wiele traum związanych z przeszłymi życiami.

Ryzyko

– Standardowe ryzyko dla psychoterapii traumy.

Kody ICD-10

– Nie zidentyfikowano dotychczas żadnego konkretnego kodu.

Pasożyty stanów szczytowych:
„Nagle straciłem stan szczytowy, który już nigdy nie wrócił"

Ten tragiczny problem dotyka ludzi ze stabilnymi stanami szczytowymi – nowymi lub istniejącymi od zawsze. Osoba posiadająca stan nagle go traci w trakcie emocjonalnie intensywnego spotkania z inną osobą i co gorsza, ów stan nie wraca. W 2. tomie *Peak states of consciousness* nazwaliśmy ten problem „przysłoniętymi stanami szczytowymi".

Gdy jakaś osoba zauważa, że klient ma pozytywny stan szczytowy (jak np. miłość, szczęście, radość itp.) – nieświadomie wywołuje to w niej uczucia braku i desperacji w związku z nieposiadaniem owego stanu. Dla postronnych obserwatorów i dla klienta osoba ta staje się bardzo poirytowana emocjonalnie bez żadnego wyraźnego powodu, szczególnie w obliczu bardzo pozytywnego nastroju klienta. Wraz z rozgrywaniem się scenariusza klient nagle traci pozytywny stan, a w tym samym momencie druga osoba nagle się uspokaja. Klient nigdy nie odzyskuje owego konkretnego pozytywnego uczucia. Co jest najbardziej bolesne – do utraty dochodzi, ponieważ klient podjął próbę niesienia pomocy drugiej osobie, próbując podzielić się swoim pozytywnym stanem.

Okazuje się, że kluczem do tego problemu jest istnienie insektopodobnego gatunku pasożytów żyjących zarówno w drugiej osobie, jak i w rdzeniu jądrowym klienta. Emocjonalnie zrozpaczona osoba rozszerza swoją świadomość za pośrednictwem swojego pasożyta na pasożyta klienta (przypomina to zastosowanie waldo w elektrowni atomowej), podejmując próbę zatrzymania lub nabycia stanu drugiej osoby. Pasożyt klienta niszczy w nim część struktury torusowej w jego rdzeniu jądrowym, wywołując pełną lub całkowitą utratę stanu. Uszkodzenie to z kolei wywołuje zahamowanie odpowiednich ekspresji genów, przeszkadzając w funkcjonowaniu metabolicznych „ścieżek" doświadczanych w stanie szczytowym. Z punktu widzenia klienta kontrolowany na odległość pasożyt bytujący w jego rdzeniu jądrowym jest „odczuwany" jako druga osoba – jego starania, by nawiązać więź i podzielić się stanem pozwala pasożytowi wniknąć do torusa. W wielu przypadkach w tego rodzaju próbie uszkodzenia klienta wykorzystywanych jest kilka klas pasożytów.

Problem ten występuje dość często, choć może pozostać niezauważony wskutek emocjonalnego dramatyzmu wydarzenia. To problem całego gatunku, który ma swój początek w dzieciństwie – z tego powodu stany szczytowe w ogólnej populacji osób dorosłych są tak rzadko spotykane. Co ciekawe, niektórzy ludzie nieświadomie opracowali strategię unikania tego problemu – czują „dystans" wobec osób odczuwających emocjonalny zamęt wobec nich, co blokuje działanie mechanizmu pasożytniczego. W tradycyjnej kulturze Indian kanadyjskich szamani celowo ukrywają swoje stany szczytowe, poza tym – podejmowanie prób zaradzenia temu procesowi (utraty stanów) może stanowić kulturalne tabu. Problem ten również często występuje u nauczycieli duchowych i uzdrowicieli – ich zdolność do stapiania swojej świadomości ze studentem/klientem może skutkować skrzywdzeniem jednego przez drugiego za pośrednictwem opisanego mechanizmu pasożytniczego.

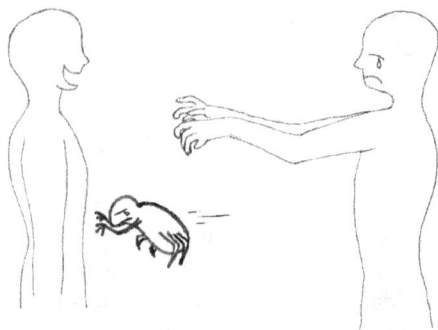

Ryc. 9.9. Empiryczny obraz działania insekta stanu szczytowego. Choć pasożyt w rzeczywistości znajduje się w komórce prymarnej ofiary, klient ma wrażenie, jakby insekt był stojącą przed nim daną osobą.

Słowa-klucze w opisie symptomów

• Straciłem uczucie. Nie potrafię już kochać. Nie czuję się jak wcześniej. Moje życie zmieniło się w tamtej chwili na gorsze. Depresja.

Pytania do diagnozy

• Czy na stałe straciłeś pozytywne uczucie, przebywając w towarzystwie osoby, która była na ciebie rozgniewana?

Diagnoza różnicująca

Trauma: niestabilne stany mogą zostać utracone, gdy aktywowana zostanie odpowiednia trauma – stan jednak w końcu powraca. W omawianym przypadku dochodzi do permanentnej utraty stanu za pośrednictwem mechanizmu działania pasożytów stanów szczytowych.

Uzdrawianie

– Obecnie jest to licencjonowany proces dla certyfikowanych terapeutów stanów szczytowych.

Typowe błędy w technice

– Problem ten dotyczy większości stanów szczytowych. Stany z klasy „ścieżki piękna" nie ulegają utracie za pośrednictwem tego mechanizmu.

Przyczyna źródłowa

– Pasożyt stanów szczytowych selektywnie niszczy torus w rdzeniu jądrowym. Prowadzi to do utraty stanu szczytowego.

Częstotliwość symptomów i dotkliwość
- Problem ten ma prawie każdy. To zaburzenie o charakterze spektralnym – niektórych dotyka w większym stopniu niż innych. Ma też naturę statystyczną – problem zależy od wystąpienia odpowiednich okoliczności wywołujących atak i podatność na ten atak.

Ryzyko
- Wyższe niż w przypadku normalnej psychoterapii, gdyż klient jest często wielokrotnie wystawiony na obecność osoby, która chce ją skrzywdzić. Mechanizm ten może wywołać rozległe i potencjalnie śmiertelne uszkodzenia w komórce prymarnej.
- Terapeuta, który próbuje pomóc, może również mieć ten problem i nieświadomie chcieć skrzywdzić klienta, który posiada stany szczytowe.

Kody ICD-10
- Brak konkretnego kodu dla tego przypadku.

Trauma pozytywna: „Nie chcę zrezygnować z pozytywnego uczucia!"

W tym przypadku klient przejawia zachowanie, którego motorem jest trauma uczuć pozytywnych, a nie bolesnych lub negatywnych. Klienci generalnie nie uważają tego typu traumy za problem, toteż nie zgłaszają się z nią do terapeuty, a terapeuci zazwyczaj ignorują lub przeoczają ten rodzaj traumy, gdyż są zazwyczaj skoncentrowani na bólu i cierpieniu klienta. Co gorsza, pozytywne traumy czasami bierze się za dobry wynik terapii. Niestety, ponieważ traumy pozytywne mają również często powiązane z nimi przekonania lub decyzje, nadal prowadzą do działań dysfunkcyjnych lub usztywnionych. Ponieważ prawidłowym wynikiem uzdrowionej traumy jest uczucie ciszy, spokoju i lekkości (CPL), zawsze gdy efekt uzdrowienia przynosi pozytywne uczucia bez CPL powinien być uzdrawiany jako trauma – prawdziwe uczucie stanu szczytowego nie zostanie wyeliminowane po uzdrowieniu traumy. Traumy pozytywne – czy to pokoleniowe, asocjacyjne czy biograficzne – mają dokładnie taką samą podstawową strukturę biologiczną co jej odmiana negatywna, i uzdrawia się je tymi samymi technikami.

Ryc. 9.10. Trauma pozytywna jest trzymana przez ukryte pod nią negatywne uczucie. Na przykład, jak na ilustracji, szczęśliwy człowiek doświadczy traumy w momencie, gdy spadnie na niego fortepian, wiążąc (łącząc) ze sobą uczucie szczęścia nałożone na uczucie bólu.

Istnieją dwa różne rodzaje „pozytywnych" treści: negatywne uczucie, które jest postrzegane jako pozytywne w momencie traumy, jak w zdaniu: „Bicie innych ludzi sprawia mi przyjemność", lub też pozytywne uczucie samo w sobie, które posiada negatywne uczucie ukryte „pod" nim, jak np. „radośnie sobie pogwizdywałem, gdy spadł na mnie fortepian". Inną wariacją problemu jest sytuacja, w której stan szczytowy ma skojarzoną z nim traumę, na przykład: „czuję się przytłoczony, gdy odczuwam szczęście".

Słowa-klucze w opisie symptomów
• Czuję się dobrze! Pozytywne emocjonalne nawyki (o charakterze uzależnień).

Pytania do diagnozy
• Czy masz problemy w życiu, gdy odczuwasz to miłe uczucie?
• Czy masz poczucie, że pod tym miłym uczuciem ukryte jest coś innego, co jest jego motorem?

Diagnoza różnicująca
Asocjacja: w asocjacji brak jakiegokolwiek związku logicznego (np. przejadanie się); można przeprowadzić test, sprawdzając występowanie rybosomów asocjacyjnych; brak trwałego przekonania lub wniosku dotyczącego życia.

Doświadczenie szczytowe: pozytywne uczucie ma charakter ciągły bez poczucia, że towarzyszy mu ukryta pod spodem trauma, nie powoduje też „zafiksowanego" zachowania w trakcie doświadczenia (ale może wywoływać zachowania zmierzające do ponownego przeżycia doświadczenia).

Kopia: kopia sprawia, że czujemy osobowość innej osoby, znajduje się częściowo w ciele, a częściowo poza nim, ma kształt balonika.

Uzdrawianie
– Dowolna technika uzdrawiania traumy (EFT, WHH, TIR, itd.).

Typowe błędy w technice
– Założenie, że pozytywne uczucie w trakcie uzdrawiania jest dobrym wynikiem.
– Niedostrzeżenie, że pozytywne uczucie jest wynikiem traumy.

Przyczyna źródłowa
– Pozytywne uczucie wystąpiło jednocześnie z negatywnym, traumatycznym doświadczeniem.
– Błędne uznanie negatywnego uczucia za pozytywne.

Częstotliwość symptomów i dotkliwość
– Jest to problem często spotykany, ale zazwyczaj ignorowany lub uznawany za stan pożądany.

Ryzyko
– Standardowe ryzyko dla psychoterapii traumy.
– Niektórzy klienci nie będą chcieli zrezygnować z pozytywnego uczucia, chyba że zrozumieją, iż owo uczucie prowadzi do zachowań powodujących problemy.

Kody ICD-10
– Nie ustalono.

Projekcja: „Oni (lub to) przejawia złe uczucia"

Projekcje są właśnie takie – wyczuwamy w innych osobach (lub przedmiotach) uczucia, które odrzucamy w nas samych. Co ciekawe, niezależnie od tego, jak bardzo nie lubimy danego uczucia u drugiej osoby, sami od czasu do czasu czujemy się i zachowujemy tak samo. Tym samym dokonujemy zamiany ról (biegunów) w różnych okolicznościach, ale nie zdajemy sobie sprawy z tego, że od czasu do czasu sami zachowujemy się w sposób, który odbieramy u innych jako nieprzyjemny, i wydaje nam się to w porządku. Źródłowy mechanizm polega na przełączaniu się centrum świadomości danej osoby pomiędzy skonfliktowanymi i odrzucającymi siebie nawzajem mózgami trójni, które uległy traumie w związku z zablokowaną próbą fuzji mózgów. Co ciekawe, ekstremalnym przykładem problemu projekcji jest subkomórkowy przypadek zatrzaśnięcia mózgu.

Przykłady projekcji: w relacjach czujemy się skrzywdzeni, gdy ktoś nas porzuci, ale czujemy się w porządku porzucając kogoś innego. Inny przykład: pomagam jednej osobie, a wobec drugiej zachowuję się podle. Wiele relacji intymnych, w których występuje ten sam problem, może również być przypadkiem projekcji (choć może to być również wynik asocjacji).

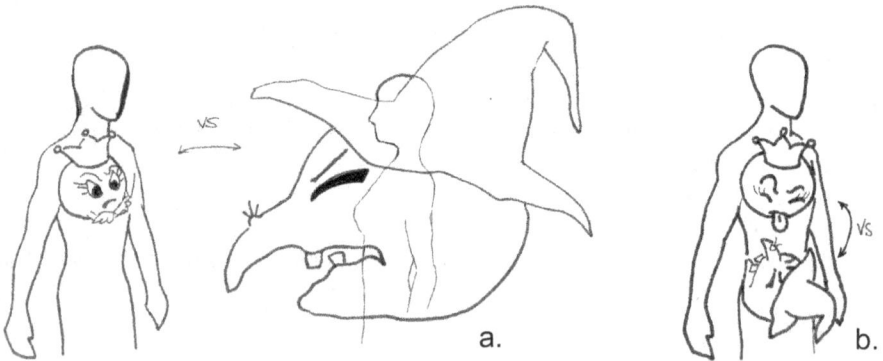

Ryc. 9.11. (a) Osoba projektująca odgrywa jedną rolę, a drugą widzi na zewnątrz.
(b) Tak naprawdę, obie role pełnią mózgi trójni osoby projektującej.

Słowa-klucze w opisie symptomów
- Mam problem z zachowaniem innych ludzi. To oni tak się zachowują! Robią wrażenie, jakby _____.
- Wielu ludzi robi wrażenie _____.
- Przedmiot promieniuje uczuciem _____.
- Wyczuwam w nich _____.

Pytania do diagnozy
- Czy wyczuwasz [ten problem] u kilku osób? Lub też w jakimś przedmiocie?
- Czy również zachowywałeś się lub czułeś się w taki sposób w różnych momentach w życiu?

Diagnoza różnicująca
Sznury: nie prowadzą do zamiany ról; rzadko kiedy mamy ten sam sznur z kilkoma osobami; sznurować można się tylko z ludźmi, nie z przedmiotami; DPR nie działa w przypadku projekcji.

Trauma biograficzna: traumy cechują się utkniętymi przekonaniami i nie sprawiają, że inni ludzie emanują nieprzyjemnym uczuciem; opukiwanie nie działa w przypadku projekcji.

Blokada plemienna: zazwyczaj ma związek z rodziną lub grupą ludzi, z którymi czujemy się osobiście związani; projekcja dotyczy przypadkowych ludzi.

Asocjacja: uzależnienie od uczucia, którym emanuje inna osoba, zazwyczaj powoduje również przyciąganie seksualne.

Dylemat: dylemat ciągnie osobę ku dwóm różnym kierunkom działania; projekcja sprawia, że podejmują różne działania na przemian, mając przy tym różne uczucia.

Uzdrawianie
– Technika projekcji Courteau.

Typowe błędy w technice
– Niewybranie co najmniej 2-3 osób do znalezienia wspólnych cech.
– Jeśli klient nie jest w stanie poczuć wyprojektowywanej cechy w zewnętrznym „blobie", nie jest to projekcja.
– Łatwo przeoczyć niepełne uzdrowienie projekcji – całe ciało musi być zaangażowane w proces, w którym mamy odczucia. Należy sprawdzić problem ponownie, gdy wydaje nam się, że to koniec.

Przyczyna źródłowa
– Emocjonalny konflikt między dwoma mózgami trójni (w związku z oporem przed fuzją, choć nie jest to ewidentne dla osoby dokonującej projekcji). Może być zatem przeżywany jako konflikt pomiędzy stronami męską i żeńską, górnymi i dolnymi częściami ciała itd.

Częstotliwość symptomów i dotkliwość
– Problem występuje często, ale nie tak często jak sznury. W większości przypadków osoby te nie zgłaszają się do terapeuty, ponieważ projekcja wydaje się czymś realnym (prawdziwym).
– Projekcje mogą być silne lub łagodne.

Ryzyko
– Standardowe ryzyko dla psychoterapii traumy.

Kody ICD-10
– Nie ustalono.

Pętle dźwiękowe: „Nie mogę wyrzucić tej piosenki z głowy"

Zazwyczaj je zauważamy, gdy nie jesteśmy w stanie wyrzucić z głowy powtarzającej się piosenki lub dżingla reklamowego. Przyczyną są małe struktury przypominające pączki z dziurką w środku, znajdujące się na powierzchni błony jądrowej, które zawierają krótkie nagranie czegoś, co usłyszała dana osoba i co jest w kółko odgrywane. Struktury te są częścią większego pasożyta bakteryjnego bytującego w jądrze – pętle dźwiękowe są przyczepione do bakterii w miejscu, gdzie bakteria ta wychodzi na zewnątrz przez pory jądra. (Uwaga: obecnie uważamy, że to gatunek bakterii, ale może to być ameba). Co ciekawe, mózg umysłu może wybierać i „odgrywać" w świadomości osoby dowolną pętlę dźwiękową. Mózg umysłu może wykorzystywać tę zdolność do manipulowania osobą lub innymi mózgami trójni – zazwyczaj dokonuje takiego odtworzenia, chcąc pomóc.

Problem ten istnieje niemal u każdego, ale u niektórych osób ma tak silne natężenie, że wymaga interwencji.

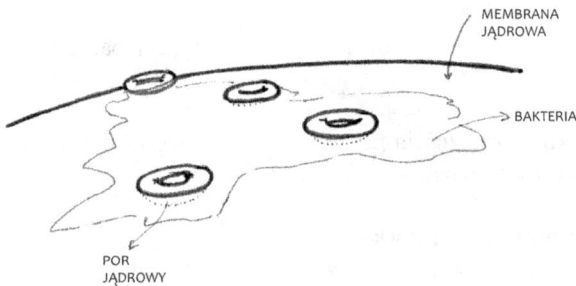

Ryc. 9.12. (a) Pętle dźwiękowe przypominają koła ratunkowe unoszące się na powierzchni membrany jądrowej.

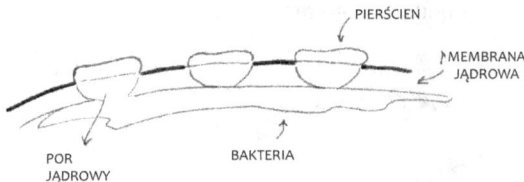

Ryc. 9.12. (b) Stanowią one część większego organizmu bakteryjnego, który bytuje częściowo wewnątrz, a częściowo na zewnątrz jądra.

Słowa-klucze w opisie symptomów

- Nie mogę wyrzucić tej muzyki z głowy. Nie mogę się skoncentrować. Mam zbyt wiele myśli w głowie.

Pytania do diagnozy

- Czy muzyka (lub myśli) brzmią w głowie jak powtarzające się nagrania?
- Czy różne piosenki lub myśli są aktywowane przez różne sytuacje w życiu?

Diagnoza różnicująca

Głosy rybosomalne: paplanina umysłowa brzmi, jakby pochodziła od osoby; pętla dźwiękowa to nagranie na taśmie czegoś, co zostało wcześniej usłyszane.

Uzdrawianie

- Należy zastosować licencjonowany proces dla certyfikowanych terapeutów stanów szczytowych, by wyeliminować organizmy bakteryjne.

Typowe błędy w technice

- Pętle dźwiękowe może wywoływać więcej niż jedna bakteria.

Przyczyna źródłowa

- Pętle dźwiękowe są częścią pasożyta bakteryjnego bytującego w jądrze i przechodzącego do cytoplazmy przez pory jądrowe.

Częstotliwość symptomów i dotkliwość

- Problem ten ma prawie każdy. To zaburzenie o charakterze spektralnym – niektórzy są nim dotknięci bardziej niż inni.

Ryzyko

- Standardowe ryzyko dla psychoterapii traumy.

Kody ICD-10

- Brak konkretnego kodu dla tego przypadku.

Wir: „Mam zawroty głowy i czuję mdłości"

Wiry są przyczyną odczuwania zawrotów głowy, doświadczanych powszechnie przez większość ludzi wskutek nadmiernego spożycia alkoholu lub choroby lokomocyjnej. Przyczyną jest uszkodzenie wewnątrz mitochondrium, które stale wsysa cytoplazmę (w której pływa), wywołując kręcący się wir, gdyż próbuje spłukać coś, co wywołuje ból. Klient uświadamia sobie ów wirujący płyn i odczuwa zawrót głowy, jakby znajdował się wewnątrz wiru.

Świadomość wiru ulega czasami aktywacji podczas terapii traumy. Źródłem mogą być także dysfunkcjonalne asocjacje, jak np. nieświadomy napad mdłości jako strategia uzyskania uwagi (by zablokować niekomfortowe uczucia, takie jak samotność).

Ryc. 9.13. Mitochondrium nieustannie wsysające cytoplazmę, wywołując wir. Płyn ten jest wyrzucany przez niewielkie otwory na dnie mitochondrium.

Słowa-klucze w opisie symptomów
• Zawroty głowy. Choroba lokomocyjna. Mdłości.
• Kręcenie się w głowie (musi to być obrót, a nie uczucie ruchu do przodu i tyłu).

Pytania do diagnozy
• Czy czujesz, jakbyś się obracał, znajdując się wewnątrz wiru lub tornado?

Diagnoza różnicująca

Grzyb 2. klasy: ruchy do przodu i tyłu lub ruchy przypadkowe (bez odczucia kręcenia) są wywoływane przez pasożyta grzybowego poruszającego struktury komórki prymarnej w rdzeniu jądrowym.

Zawroty głowy mogą być także powodowane przez uszkodzenie ucha wewnętrznego (kryształki wapniowe itd.), choć z naszego doświadczenia wynika, że mechaniczna dysfunkcja ucha wewnętrznego rzadko bywa przyczyną symptomów – biologiczny problem ucha wewnętrznego zazwyczaj zależy od ułożenia głowy.

Uzdrawianie
– Należy zastosować technikę wirów Crosby'ego.

Typowe błędy w technice
– Do uzdrawiania nie wybrano „prowodyra" lub kluczowego elementu; wewnątrz mitochondrium nadal znajdują się uszkodzone „elementy" i wir jest wciąż obecny.
– Pominięcie „odczucia" dyskomfortu w pobliskich mitochondriach, na które oddziaływało uszkodzone mitochondrium, choć ten krok rzadko kiedy bywa potrzebny.

Przyczyna źródłowa
– Problem wywoływany dotarciem do świadomości wewnętrznego uszkodzenia mitochondrium (wsysającego przez cały czas cytoplazmę i tworzącego wir wsysanego płynu).

Częstotliwość symptomów i dotkliwość
– Prawie każdy ma wiele wirów, ale rzadko kiedy trafiają one do świadomości.
– Uczucie wirowania może mieć różną intensywność, a wir różną wielkość i rozmaite umiejscowienie wewnątrz ciała i/lub wychodzące poza ciało.

Ryzyko
– Standardowe ryzyko dla psychoterapii traumy.

Kody ICD-10
– H81, R42

Rozdział 10

RZADKO SPOTYKANE PRZYPADKI SUBKOMÓRKOWE

Omówione poniżej zagadnienia subkomórkowe z mniejszym prawdopodobieństwem będą przyczyną problemu klienta. Do tego momentu zakładaliśmy, że terapeutę prowadzącego praktykę ogólną odwiedzają przypadkowi klienci, reprezentujący całe spektrum możliwych problemów. Z tego punktu widzenia przypadki opisane w niniejszym rozdziale nie będą spotykane często – być może raz na 10 lub 20 klientów.

Niemniej jednak wielu ludzi boryka się z tego rodzaju problemami, którzy stosują różne strategie blokowania świadomości ich istnienia – na przykład odczucia zastępcze pomagają im skompensować istniejący problem w komórce prymarnej. Osoby takie wyznaczają sztywne granice w swoim życiu, wyborach, pracy lub relacji, by uniknąć aktywacji problemu albo też wybierają takie okoliczności zewnętrzne, które pomogą im zagłuszyć odczucia. Zostają naszymi klientami wtedy, gdy strategia kompensacji zaczyna zawodzić, albo dlatego, że problem pozostawał w stanie „uśpienia" do momentu jego aktywacji. Do częstych aktywatorów należą procesy terapeutyczne lub trudne relacje. W takim przypadku należy zidentyfikować problem subkomórkowy oraz źródło jego pobudzenia i przedostania się do świadomości. Jedno i drugie będzie wymagało uzdrowienia.

Niektóre z tych przypadków wywołują specyficzne, wyjątkowe problemy, w których terapeuta może się specjalizować (na przykład uszkodzenie mózgu). Jak mówiliśmy już w innym miejscu niniejszej książki, zalecamy terapeutom znalezienie obszaru, który ich fascynuje i – przynajmniej w częściowym zakresie – skoncentrowanie się na pracy z klientami z tego rodzaju problemami, a także na przyciąganiu takich klientów.

Otchłań (abyss): „Nie mogę iść do przodu, gdyż wtedy przestanę istnieć"

Otchłań to dość wyjątkowe doświadczenie – to tak, jakbyśmy stali na półce skalnej czy bardzo wysokim klifie i spoglądali w bezdenną przepaść. Jeśli spojrzymy w górę, zobaczymy klif po drugiej stronie przepaści. Jest tam też (czy też powinno być) jasne światło, do którego próbujemy się dostać, ale nie możemy. [Ostrzeżenie: *Nie* należy wchodzić do samej przepaści]. Większość ludzi ma ten problem, ale nie jest świadoma jego istnienia. U niektórych osób wyglądanie poza brzeg klifu lub wysokiego budynku może aktywować wrażenie przepaści – boją się spaść, a jednocześnie tego pragną. Inni mają takie poczucie w życiu – niemożności pójścia do przodu. Jeszcze inni widzą przepaść, a ich opisy odzwierciedlają poczucie jałowości/bezsensu i samotności.

Doświadczenie otchłani pojawia się w bardzo wczesnym zdarzeniu rozwojowym, choć podobne doznania występują również w późniejszych etapach rozwoju. Doświadczenie to ma komponentę zarówno po stronie ojca, jak i matki, i wymaga uzdrawiania traumy pokoleniowej.

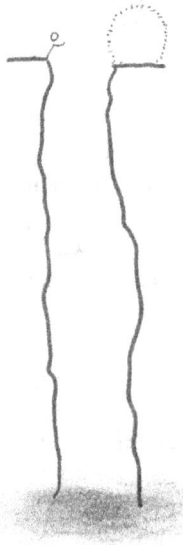

Ryc. 10.1. Osoba musi dostać się na drugą stronę przepaści, gdzie znajduje się światło, ale nie jest w stanie tego zrobić. Zazwyczaj przeżywa się ten stan, jakby stało się na półce skalnej lub wysokim klifie nad bezdenną otchłanią.

Słowa-klucze w opisie symptomów

- Samotność; otchłań; stanie na skraju wielkiego nadmorskiego klifu; odczuwanie beznadziei; niezdolność do pójścia do przodu w życiu.
- Gdy spojrzę do góry i zobaczę światło, tęsknię za nim. Naprawdę chcę tam dojść, ale jest za daleko i jest niedostępne.
- Stoję na brzegu, jeśli ruszę się choć trochę do przodu, boję się, że spadnę w dół.
- Jestem na dnie rozpaczy i nie mogę się wydostać.

Pytania diagnostyczne

- Czy czujesz, że jeśli ruszysz się do przodu, spadniesz w pustkę/czarną nicość?
- Czy problemem jest samotność/rozpacz/całkowita izolacja?
- Czy masz wrażenie, że ze stanu rozpaczy nie ma wyjścia?

Diagnoza różnicująca

Utrata duszy: gdy klient odczuwa tęsknotę, chce coś odzyskać; w przypadku otchłani pojawia się uczucie poddania się.

Blokada plemienna: w przypadku blokady występuje uczucie ciężkości i poczucie oporowania, jeśli próbujemy pójść do przodu; w przypadku otchłani czujemy, że spadniemy w nicość i zabijemy się.

Uzdrawianie

– Uzdrawianie traum pokoleniowych na doświadczeniu otchłani po obu stronach (ojca i matki), aż do jej wypełnienia. Należy kontynuować uzdrawianie do momentu stopienia się klienta ze światłem po drugiej stronie.

Typowe błędy w technice

– Istnieją dwa zdarzenia rozwojowe o charakterze otchłani – u każdego z rodziców. Oba wymagają uzdrowienia traum pokoleniowych.

Przyczyna źródłowa

– Bardzo wczesne zdarzenie rozwojowe, które nie przebiegło prawidłowo.

Częstotliwość symptomów i dotkliwość

– Większość ludzi ma ten problem, ale go tłumi.

Kody ICD-10

– Nie określono jeszcze żadnego konkretnego kodu.

Obrazy archetypiczne (wewnętrzne):
„Wewnątrz mnie istnieje ponadnaturalna, niby-boska istota"

U większości ludzi mózgi trójni posiadają odrębne tożsamości, tak jak gdyby każdy z nich był małym dzieckiem. Mózgi te często wchodzą w konflikty i mają problemy z kontrolą, ponieważ każdy z nich ma konkretny cel, który chce zrealizować. Gdy jeden z nich „widzi" drugi, może dokonywać projekcji – najbardziej dramatyczny przypadek ma miejsce wtedy, gdy jeden z mózgów spogląda „z góry" na mózg ciała i postrzega go jako wspaniałą, niby-boską istotę. Gdy projekcja ta ma charakter negatywny, klient może twierdzić, że istnieje jakiś „potwór w piwnicy". Te wewnętrzne percepcje odbywają się w sposób ciągły – klient uświadamia je sobie, gdy jego centrum świadomości stapia się z jednym mózgiem, który postrzega w ten sposób inny mózg. Przypadek ten jest zinternalizowaną wersją zjawiska projekcji.

Ten przypadek subkomórkowy jest kategoryzowany jako kryzys duchowy ze względu na wrażenia o charakterze nadnaturalnym (numinotycznym).

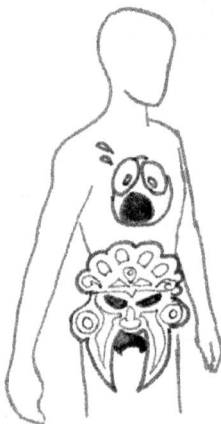

Ryc. 10.2. Czasem klienci doświadczają obecności niby-boskiej istoty (od potwornej po cudowną) w brzuchu – niekiedy w taki sposób inne mózgi postrzegają mózg ciała.

Słowa-klucze w opisie symptomów
• Bóstwa, demony, starożytny bóg, potwory w piwnicy, ponadnaturalna obecność, przytłaczająca niby-boska istota.

Pytania diagnostyczne
• Czy to, co odczuwasz w swoim ciele, to jakaś ponadnaturalna obecność lub istota?

Diagnoza różnicująca

Percepcja dużego pasożyta: pasożyty nie robią wrażenia istot ponadnaturalnych (numinotycznych).

Uzdrawianie

– Najprostszą metodą jest technika projekcji Courteau – należy zastosować w procesie wyprojektowane na zewnątrz odczucie.
– Zamiast tego można zastosować uzdrawianie traumy w związku z oporem przed fuzją danych mózgów, ale trudniej jest znaleźć odpowiednie traumy.
– Czasami działa następująca metoda: uzdrowienie porodu tuż przed rozwarciem szyjki macicy (należy ułożyć klienta w pozycji porodowej) – należy uważać, gdyż występuje ryzyko wywołania uczuć samobójczych.

Typowe błędy w technice

– Łatwo przeoczyć niepełne uzdrowienie projekcji – całe ciało musi odczuwać doznania i być zaangażowane w proces. Upewnij się, że sprawdziłeś istniejący problem raz jeszcze, gdy wydaje ci się, że skończyłeś proces.
– Projekcja może być pozytywna albo negatywna – należy uzdrowić jedną i drugą.

Przyczyna źródłowa

– Jeden z mózgów postrzega inny mózg trójni, a problem ich oddzielenia przekłada się na percepcję danego mózgu jako ponadnaturalnej istoty.

Częstotliwość symptomów i dotkliwość

– Ludzie bardzo rzadko mają tego rodzaju problem.
– Wrażenie numinotyczności mózgu może być przytłaczające i może sprawić, że klient będzie miał wątpliwości co do swojego zdrowia psychicznego.

Ryzyko

– Standardowe ryzyko dla psychoterapii traumy.

Kody ICD-10

– F22.0

Zespół Aspergera (łagodny autyzm): „Jestem otoczony szklaną ścianą"

Klientów tych cechuje niezdolność do odczuwania emocji i empatycznej więzi z innymi ludźmi. W bardziej oczywistych przypadkach sytuacja ta jest diagnozowana jako zespół Aspergera, będący łagodną formą autyzmu. Ten specyficzny problem jest w rzeczywistości zaburzeniem spektralnym, a niektórzy dobrze funkcjonujący ludzie nawet nie zdają sobie sprawy z tego, że mają jakiś problem, gdyż on zawsze występował i są do niego przyzwyczajeni. Klient ma wrażenie, że otacza go szklana ściana w kształcie kolumny, w różnych odległościach – czasami tuż przy skórze, a czasami nawet metr od ciała.

Przyczyną problemu jest komórka bakteryjna, która pokrywając grzybową „kolumnę Ja", wywołuje wrażenie bycia otoczonym przez szklaną ścianę. Problem uzdrawia się poprzez wyeliminowanie owych organizmów bakteryjnych.

Ryc. 10.3. Kolumna Ja klienta otoczona jest grubą komórką bakteryjną. Klient ma wrażenie, jakby utknął wewnątrz szklanej rurki zamkniętej od góry i dołu.

Słowa-klucze w opisie symptomów
• Nie mogę odczuwać emocji i nawiązywać emocjonalnej więzi z innymi ludźmi.
• Czuję się zamknięty, nie potrafię odczuwać pustej przestrzeni na niebie, nie umiem „wyciągnąć ręki" i dotknąć świata.

Pytania diagnostyczne
• Czy czujesz, jakbyś był otoczony przez szklaną ścianę?
• Czy czujesz się zablokowany w odczuwaniu swoich emocji i emocji innych ludzi?

Diagnoza różnicująca

Zatrzaśnięcie mózgu: brak poczucia zamknięcia lub otoczenia (czy to wewnątrz, czy na zewnątrz) przez szklaną ścianę.

Bańki: sprawiają, że dana osoba czuje się w jakimś stopniu umysłowo lub fizycznie niepełnosprawna, natomiast zespół Aspergera ogranicza zdolność do odczuwania świata lub nawiązania emocjonalnej więzi z innymi, ale ich nie uniemożliwia.

Uzdrawianie
– Obecnie jest to licencjonowany proces dla certyfikowanych terapeutów stanów szczytowych.

Typowe błędy w technice
– Ominięcie przy uzdrawianiu niektórych obszarów „szklanej ściany".

Przyczyna źródłowa
– Infekcja bakteryjna.

Częstotliwość symptomów i dotkliwość
– Szacujemy, że około 10% ogólnej populacji ma do pewnego stopnia ten problem. Osoby dorosłe rzadko zgłaszają się na terapię, gdyż zazwyczaj uważają, że to „normalne".
– Zazwyczaj występuje spektrum tego zaburzenia – od postaci łagodnej do skrajnej. W łagodnej wersji wielu dobrze funkcjonujących ludzi ma ten problem i nie zdaje sobie z niego sprawy do momentu, gdy zostanie on uzdrowiony i znika.

Ryzyko
– Standardowe ryzyko dla psychoterapii traumy.

Kody ICD-10
– F80, F94

Uszkodzenie mózgu (uszkodzenie prenatalne lub urazowe): „Po prostu nie jestem w stanie tego zrobić"

Pierwotnie pracowaliśmy nad prenatalnym uszkodzeniem mózgu, ponieważ sądziliśmy, że może być przyczyną autyzmu (okazało się, że tak nie jest, choć z naszego doświadczenia wynika, że u niektórych dzieci diagnozuje się autyzm, a występuje u nich tylko uszkodzenie mózgu). Odkryliśmy, że różne osoby są w różnym stopniu odporne na uszkodzenia mózgu. Opracowaliśmy proces maksymalizujący tę jakość, toteż przeszłe uszkodzenia mają niewielki wpływ bądź nie mają żadnego. (Nie testowaliśmy tego procesu na odpowiednio dużej liczbie klientów, u których wystąpiło uszkodzenie wewnątrzczaszkowe, toteż nie wiemy jeszcze, czy będzie on skuteczny w przypadkach blizny lub uszkodzenia będącego wynikiem choroby).

Symptomy uszkodzenia mózgu zajmują szerokie spektrum od ekstremalnych po bardzo łagodne i mogą być błędnie interpretowane jako symptom prostej traumy – na przykład klient z niewielkim obszarem prenatalnego uszkodzenia mózgu ma problemy z zapamiętaniem imion i nazwisk. Co zaskakujące, odkryliśmy, że większość ludzi ma pewien stopień uszkodzenia mózgu w różnych jego obszarach. Klient może to zauważyć, gdy porówna siebie z innymi. Przypadki urazowego uszkodzenia mózgu wskutek wypadku cechują się wyraźną różnicą w kondycji „przed" i „po" urazie, co sprawia, że testowanie terapii jest znacznie łatwiejsze.

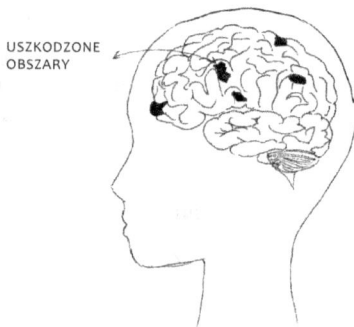

Ryc. 10.4. Obszary uszkodzeń mózgu „wyglądają" na czarne. Materiał mózgu powinien być przezroczysty.

Słowa-klucze w opisie symptomów
- Nie mogę czegoś zrobić. Naprawdę tego nie potrafię. To w moim przypadku nie działa.
- Frustracja związana z robieniem czegoś; kompensacja, uraz, utracona zdolność; klient nigdy nie potrafił czegoś zrobić.
- Klient ma własne strategie radzenia sobie w życiu ze swoją niezdolnością.

Pytania diagnostyczne
- Czy owa niezdolność występowała od zawsze?
- Czy owa niezdolność zawsze sprawiała wrażenie, jakby ci czegoś brakowało?

Diagnoza różnicująca

Zatrzaśnięcie mózgu: zatrzaśnięcie mózgu umysłu wywołuje utratę zdolności do dokonywania osądów, pozytywnych lub negatywnych; uszkodzenie mózgu wiąże się z częściową lub pełną utratą konkretnych umiejętności lub też z bardziej ogólną trudnością w uczeniu się.

Trauma decyzji: trauma powoduje stłumienie zdolności wskutek bólu emocjonalnego, w przeciwieństwie do braku zdolności będącej wynikiem uszkodzenia mózgu. W przypadku uszkodzenia mózgu nie ma emocjonalnej treści w symptomie innej niż uczucie pewnej niezdolności (brak bezpośredniego ładunku emocjonalnego); opukiwanie w przypadku symptomów uszkodzenia mózgu nie działa.

Bańka: problem bańki wywołuje ogólną niezdolność lub utratę zdolności do funkcjonowania w przeciwieństwie do konkretnej niezdolności wywołanej przez uszkodzenie mózgu. Klient czuje, że jest w bańce w przeciwieństwie do normalnego funkcjonowania/bycia sobą. Przebywanie w bańce jest bezbolesne w przeciwieństwie do urazowego uszkodzenia mózgu, kiedy mogą występować inne symptomy (takie jak ból, upośledzenie zdolności motorycznych itd.)

Kopia: kopia jest jak trauma dająca symptomy; uszkodzenie mózgu powoduje całkowity lub częściowy brak pewnej zdolności.

Uzdrawianie
– Obecnie jest to licencjonowany proces dla certyfikowanych terapeutów stanów szczytowych.

Typowe błędy w technice
– Niepełne uzdrowienie problemu – klient nie wie, jak powinien się czuć.
– Brak osoby, która może „zobaczyć" uszkodzenie mózgu i zweryfikować działanie terapii.

Przyczyna źródłowa
– Uszkodzenie mózgu powodujące utratę konkretnej funkcji.

Częstotliwość symptomów i dotkliwość
– Uraz będący wynikiem wypadku generuje wiele symptomów z różną intensywnością.
– Uszkodzenie prenatalne jest często spotykane, ale zazwyczaj niezbyt poważne.

Ryzyko
– Standardowe ryzyko dla psychoterapii traumy.

Kody ICD-10
– F07.8, F70-F79, F80, S06, I64

Bańka: „Nagle poczułem się pozbawiony wszelkich zdolności"

Z bańką mamy do czynienia w sytuacji, gdy osoba nagle – choć tymczasowo – traci do jakiegoś stopnia swoje zdolności umysłowe lub fizyczne. I jest to widoczne dla postronnego obserwatora, gdyż osoba nagle głupieje lub staje się niekompetentna. Powodem jest poczucie bezpieczeństwa, jaką daje bańka (trochę jak w przypadku dziecka chowającego się pod kołdrą) – w sytuacji stresowej osoba tymczasowo przesuwa swoją świadomość do małej „bańki" pływającej w rdzeniu jądra. Klienci zazwyczaj mają pewną liczbę takich baniek – czasami postrzegają je jako pływające dookoła jego ciała.

Ryc. 10.5. (a) Osoba czuje się, jakby częściowo lub całkowicie znajdowała się wewnątrz bańki, co sprawia, że czuje się bezpiecznie, nawet jeśli w bańce znajduje się insekt.

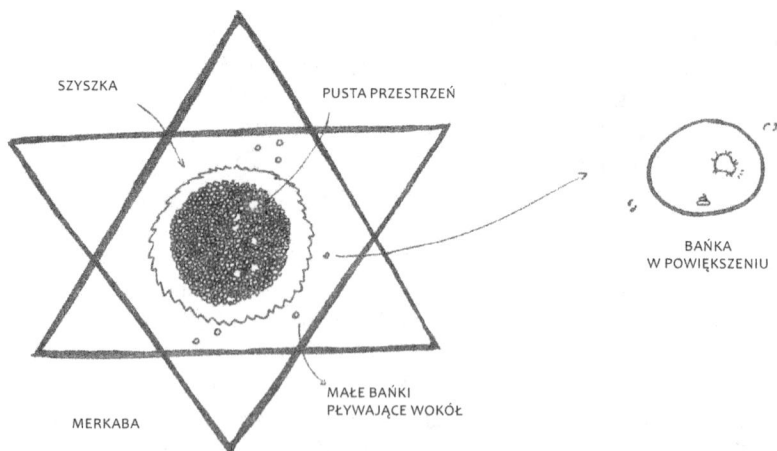

Ryc. 10.5. (b) Bańka pływa poza szyszką, a powinna znajdować się wewnątrz niej.

Bańki te zostały wyrzucone z właściwego im miejsca w strukturze „szyszki". Są uszkodzone i zawierają w sobie insektopodobnego pasożyta 1. klasy. Uzdrowienie dzieli się na trzy etapy: wyprowadzenie klienta z bańki, eliminację potrzeby klienta do chowania się w bańkach oraz uzdrowienie konkretnej bańki.

Słowa-klucze w opisie symptomów
* Brak zdolności, upośledzony, głupi, niezdolny, zamglony, nie potrafi wykonywać normalnych czynności/zadań (prowadzenie samochodu, matematyka itp.).
* Otoczony, bańka, poczucie, jakby było się pod kocem.

Pytania diagnostyczne
* Czy czujesz, jakbyś znajdował się wewnątrz okrągłej bańki? Czy czasami czujesz się zamknięty w kapsule?
* Jeśli się rozszerzysz, czy masz wrażenie, jakbyś wrócił do normalności?

Diagnoza różnicująca
Autyzm: szklane pudełko, niekoniecznie wrażenie bycia głupim, brak poczucia niezdolności.

Trauma biograficzna: brak poczucia znajdowania się wewnątrz bańki.

Zatrzaśnięcie mózgu umysłu: nie występuje atak na siebie, nie ma wrażenia znajdowania się w bańce.

Kradzież duszy: „wygląda" jak chmura, a nie jak bańka, uczucia (chmury) są rozrzucone w przestrzeni.

Uzdrawianie
– Klient powinien rozszerzyć swoją świadomość. Następnie należy uzdrowić asocjacje związane z bezpieczeństwem. W dalszej kolejności należy zastosować proces uzdrawiania traumy pokoleniowej na insektopodobnym pasożycie wewnątrz bańki.

Typowe błędy w technice
– Mówienie o insektach może wywołać niepotrzebną panikę i zakłócić proces uzdrawiania. Lepiej stosować eufemizmy nie sugerujące zagrożenia podczas pracy nad pasożytami insektopodobnymi.

NIEBEZPIECZEŃSTWO
Niektórzy będą szukać wewnątrz siebie pasożytów, gdy tylko dowiedzą się o ich istnieniu i podejmować próby interwencji na poziomie komórki prymarnej. To może być bardzo niebezpieczne – pasożyty mogą zareagować i uszkodzić swojego żywiciela, ciało może doprowadzić do przerostu pasożytów, by dokonać kompensacji, co może wywołać niepotrzebny lęk i paranoję u klientów.

Przyczyna źródłowa

– Centrum świadomości klienta częściowo lub w całości znalazło się w bańce, która została uszkodzona i znajduje się poza właściwym sobie miejscem w strukturze szyszki w rdzeniu jądra.

Częstotliwość symptomów i dotkliwość

– Wielu ludzi od czasu do czasu „wskakuje" do bańki, ale zazwyczaj trwa to krótko. Osoba może znajdować się w bańce w całości lub częściowo – na przykład górna część ciała będzie tkwić w bańce, ale nogi już nie.

Ryzyko

– Standardowe ryzyko dla psychoterapii traumy.

Kody ICD-10

– F43.2, F44.9, F70-79, F80

Wyciek z membrany komórkowej: „Czuję się słabo"

Ten rzadko spotykany problem wywołuje u klienta poczucie słabości – w ekstremalnych przypadkach może prowadzić nawet do hospitalizacji. Występuje wtedy, gdy membrany w komórce prymarnej porowacieją i przedostaje się przez nią płyn. Membrana może „wyglądać" albo na zbyt cienką z dziurami, albo może być krucha i popękana. Ten problem ma charakter ogólny: występuje we wszystkich membranach komórkowych, nie tylko w membranach zewnętrznych lub jądrowych. Źródłem problemu jest wadliwa membrana u rodzica na etapie formowania się naszych p-organelli w komórce genesis rodzica.

Jak wynika z naszego ograniczonego doświadczenia, u ludzi dotkniętych tym problemem jest on już jest wcześniej uwarunkowany. Widzieliśmy jednak znaczne pogorszenie symptomów u klientów w trakcie terapii traumy lub w wyniku zdarzeń życiowych.

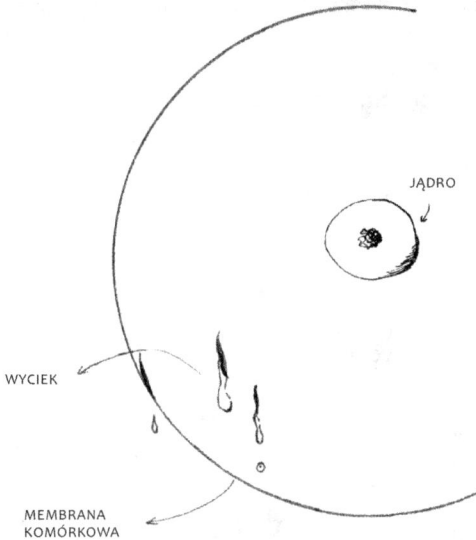

JĄDRO

WYCIEK

MEMBRANA
KOMÓRKOWA

Ryc. 10.6. Problem wycieku może wystąpić w każdej membranie komórkowej. Gdy do tego dojdzie, sytuacja może prowadzić do hospitalizacji lub śmierci.

Słowa-klucze w opisie symptomów
• Mdłości, słabość, wyczerpanie, brak energii do oddychania, poczucie krwawienia, problem się pogarsza, gdy klient próbuje _____;

Pytania do diagnozy
• Jakie okoliczności wywołują słabość fizyczną?

Diagnoza różnicująca

Klątwa „kocykowa": zazwyczaj odczuwana w pewnym obszarze, ale może też otaczać całą osobę. Sprawia, że osoba czuje się zmęczona, ale nie słaba.

Uszkodzenia wywołane przez insekta 1. klasy: insekt może przerwać membranę, i jeśli rozdarcie jest odpowiednio duże, klient ma poczucie wykrwawiania się na śmierć, gdyż cytoplazma wylewa się z komórki prymarnej, powodując intensywny ból – ale tylko w jednym miejscu. Wyciek z membrany komórkowej występuje wszędzie i zazwyczaj nie jest bolesny.

Chroniczne zmęczenie: klienci czuli się dobrze, a potem pojawił się problem; symptomy wycieku z membrany komórkowej są wywoływane przez wydarzenia, ale również są problemem występującym całe życie.

Uzdrawianie

– Obecnie jest to licencjonowany proces dla certyfikowanych terapeutów stanów szczytowych ze względu na potencjalne zagrożenie bezpieczeństwa klienta.

Typowe błędy w technice

– Niepełne uzdrowienie niektórych obszarów membrany komórki genesis.

Przyczyna źródłowa

– Pierwotne uszkodzenie w membranach komórek, z których budowana jest komórka zalążka pierwotnego.

Częstotliwość symptomów i dotkliwość

– Symptomy są zazwyczaj łagodne, ale w niektórych okolicznościach u niektórych osób mogą zagrażać życiu.

Ryzyko

– Wiele osób ma problem z integralnością membrany komórkowej, ale poważny wyciek jest bardzo rzadko spotykany.
– Zastosowanie terapii do innych problemów może wywołać poważniejsze symptomy.

Kody ICD-10

– Nie zidentyfikowano dotychczas żadnego konkretnego kodu.

Problem z czakrą: „Czuję bolesny nacisk na czakrę"

Z czakrami wiązać się może wiele poważnych problemów fizycznych i emocjonalnych. Czakry mają fizyczną postać w komórce prymarnej – stanowią części odrębnego organizmu grzybowego 2. klasy zakotwiczonego w membranie jądrowej. Ponieważ są to organizmy żywe, będą reagowały na dążenia do ich wypchnięcia lub manipulowania nimi – może się to zdarzyć przypadkowo, gdy klient podejmie w życiu działania powodujące odpowiadające im działania w komórce prymarnej. Przykłady: podnoszenie ciężarów, które jest obciążeniem dla obszarów czakr, medytowanie z intensywną koncentracją na obszarze trzeciego oka itd. Symptomy to zazwyczaj ból lub nacisk na obszary w ciele odpowiadające położeniu czakr, pojedynczo lub jednocześnie we wszystkich obszarach.

Co ciekawe, katalizatorem aktywacji czakry są ruchy i uczucia, które miała matka w momencie, gdy używała swoich czakr. Płód w łonie matki uczy się ich stosowania poprzez kopiowanie tego, co w takich chwilach robiła matka.

Wyeliminowanie tego organizmu grzybowego radykalnie zmienia odczuwanie pulsu stosowane w diagnozie w medycynie chińskiej i eliminuje zdolność do stosowania technik opukiwania (ale również eliminuje potrzebę ich stosowania – zwykłe odczucie traumy w tu i teraz uzdrawia całą nitkę traumy).

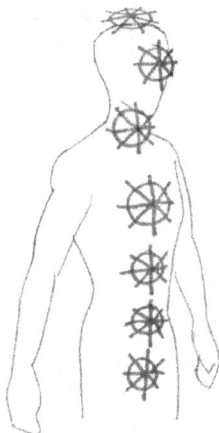

Ryc. 10.7a. Symboliczne reprezentacje położenia czakr w ciele (w przybliżonych miejscach). Zostały pokazane jako stery okrętowe z powodu natury ich doświadczania.

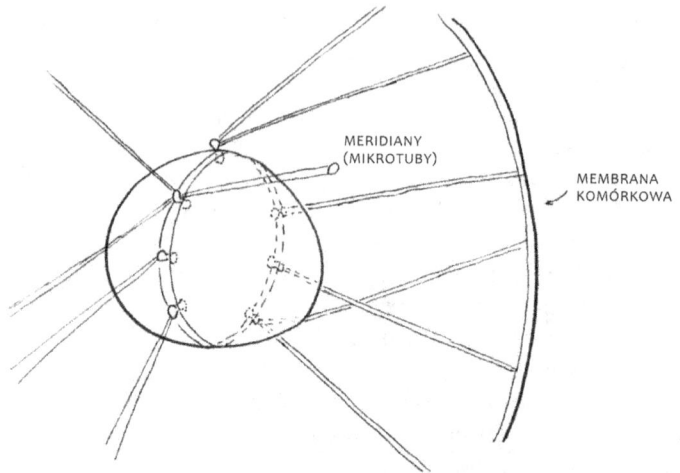

Ryc. 10.7. (b) Organizm czakrowy (grzybowy) na membranie jądrowej wzdłuż lewej/prawej linii centralnej wraz z przyczepionymi kanalikami meridianów.

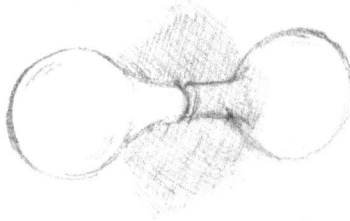

Ryc. 10.7. (c) Czakra w zbliżeniu – struktura przypominająca ciężarek sportowy, penetrująca membranę jądrową.

Słowa-klucze w opisie symptomów
- Klient ma poczucie „nacisku" w ciele w obszarach odpowiadających położeniu czakr.

Pytania do diagnozy
- Czy czujesz te symptomy w momencie podejmowania konkretnego działania fizycznego?

Diagnoza różnicująca
Bakterie: mogą wywoływać ból spowodowany naciskiem, ale zazwyczaj w głowie.
Trauma: aktywowane traumy bólu lub zranienia mogą przypadkowo nakładać się z obszarami umiejscowienia czakr – najprostszym testem jest terapia traumy.

Struktura mózgu korony: rzadko występuje w obszarach umiejscowienia czakr. Jedno i drugie może wywoływać ból spowodowany ruchem; czasami struktura mózgu korony obejmuje obszar czakr, wywołując ból. Zastosowanie rozpuszczenia struktur korony będzie tu najlepszym testem.

Uzdrawianie
– W przypadku symptomów nacisku należy uzdrowić opór wobec „nacisku" na linii granicznej. Należy kontynuować dla każdego miejsca nacisku do momentu zniknięcia oporu i tym samym braku uczucia nacisku.
– Należy zastosować licencjonowaną technikę stanów szczytowych, by wyeliminować grzybowy organizm czakr.

Typowe błędy w technice
– Brak eliminacji całego grzybowego organizmu czakr.

Przyczyna źródłowa
– Organizm grzybowy 2. klasy osadzony w membranie jądrowej wzdłuż centralnej osi zewnętrznej.

Częstotliwość symptomów i dotkliwość
– Bardzo często spotykane, ale zazwyczaj niezbyt poważne.
– Większość ludzi automatycznie unika działań wywołujących ból.

Ryzyko
– W chwili obecnej nieznane. Należy zakładać, że standardowe ryzyko dla psychoterapii traumy.

Kody ICD-10
– F45, R52

Kolumna Ja – bańki: „Jestem zdezorientowany"

Struktura w rdzeniu komórki prymarnej, którą nazywamy „kolumną Ja" niesie ze sobą wiele osobliwych problemów. Jednym z nich jest obecność „baniek powietrza" wewnątrz kolumny. Bańki te wywołują szczególny efekt psychologiczny: osoba odczuwa dezorientację wraz z poczuciem fragmentacji. Problem ten zależy od rozmiaru i liczby baniek w kolumnie Ja.

„Kolumna Ja" to bardzo często występująca struktura grzybowa 2. klasy, której większość osób doświadcza jako części siebie samych.

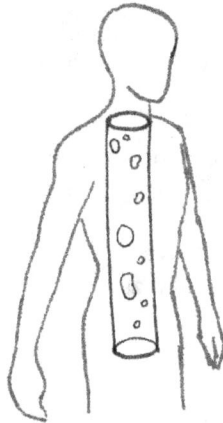

Ryc. 10.8. Kolumna Ja (struktura grzybowa) może zawierać bańki, wywołując u osoby dezorientację, która tak naprawdę istniała od urodzenia.

Słowa-klucze w opisie symptomów
• Dezorientacja w pewnych punktach ciała; fragmentacja; w danych obszarach koncentracja ulega „potłuczeniu"; wewnętrzna dezorientacja, problem zawsze tam jest, rozproszona uwaga, „cały czas jestem zdezorientowany".

Pytania do diagnozy
• Czy uczucie dezorientacji występuje w różnych punktach ciała?

Diagnoza różnicująca
Potłuczone kryształki: kryształki wywołują niezdolność do koncentracji – jeśli się nie skoncentrujesz, nie ma problemu, występuje wtedy, gdy klient próbuje skoncentrować uwagę na zewnątrz. W bańkach w kolumnie chodzi o dezorientację,

która zawsze występuje w różnych, odrębnych punktach ciała i istnieje nawet, jeśli o niczym nie myślimy.

Uzdrawianie
– Obecnie jest to licencjonowany proces dla certyfikowanych terapeutów stanów szczytowych.

Typowe błędy w technice
– Problem nie został do końca uzdrowiony, ponieważ części kolumny są popękane lub oddzielone, blokując te obszary w świadomości klienta.

Przyczyna źródłowa
– Obszary kolumny Ja, które nie wypełniły się, gdy po raz pierwszy zostały uformowane.

Częstotliwość symptomów i dotkliwość
– Czasami występuje u niektórych klientów, ale rzadko kiedy w postaci na tyle poważnej, by wymagać uzdrawiania. Zazwyczaj ludzie mają strategie radzenia sobie z problemem.

Ryzyko
– Standardowe ryzyko dla psychoterapii traumy.

Kody ICD-10
– R41.0

E-dziury/E-sznury: „Uczucie zła w tobie budzi we mnie odrazę"

Problem e-dziury („dziury zła") wynika z luki (pustki) w strukturze szyszki. Luka ta odczuwana jest jako negatywna emocja z leżącym u podłoża odczuciem zła. Na przykład: „Jest mi smutno, więc sprawię, że tobie też będzie smutno". Każda luka ma odmienny negatywny ton emocjonalny. Większość ludzi wypełnia tę lukę, by podjąć próbę zablokowania uczucia, zazwyczaj za pomocą bakteryjnego pasożyta. Gdy jednak dana osoba spotyka inną z dokładnie tym samym uszkodzeniem szyszki, będzie odczuwać negatywne uczucie *w drugiej osobie*. Takie wrażenie jest wynikiem działania bakteryjnego pasożyta zajmującego pustkę pozostawioną w szyszce, który rezonuje z bakterią w pustce drugiej osoby. Brak tu faktycznych połączeń „sznurowych", jak w przypadku borga 2. klasy, ale dla wygody nazywamy to e-sznurem (sznurem zła), gdyż oba rodzaje połączenia emocjonalnego są odczuwane podobnie, jak też oba można wyeliminować za pomocą techniki DPR (Distant Personality Release).

Problem e-dziur jest powszechnie spotykany, ale dostrzeżenie ich u siebie jest rzadkością. Natomiast dostrzeżenie problemu w drugiej osobie spotyka się częściej, ale wymaga przypadkowego zetknięcia się dwóch osób dokładnie z tym samym uszkodzeniem w strukturze szyszki. Widzimy niekiedy ten problem u par, choć one nie widzą przyczyny, dlaczego nie czują się ze sobą komfortowo.

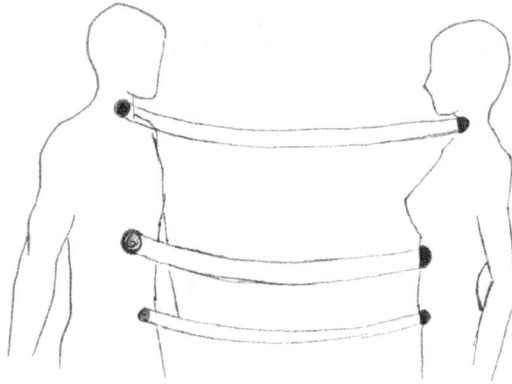

Ryc. 10.9. Osoba dostrzega u innych uczucie w miejscu, w którym posiada to samo uczucie zła we własnym ciele. Dziury te tak naprawdę występują w szyszce.

Słowa-klucze w opisie symptomów
- Ktoś inny wydaje się zły lub wywołuje wrażenia zła – osoba ta wydaje się zła w konkretnym miejscu w ciele.
- Czuję się niekomfortowo w obecności tej konkretnej osoby.
- Czuję zło w konkretnym miejscu w moim ciele.

Pytania do diagnozy
• Gdzie w ciele drugiej osoby wyczuwasz to negatywne odczucie? Czy masz to samo uczucie w tym samym miejscu w swoim ciele?

Diagnoza różnicująca
Trauma: techniki traumy, jak EFT czy WHH, nie skutkują w przypadku negatywnych uczuć w e-dziurze.
Projekcja: brak odczucia bazowego zła w projektowanej emocji, brak też konkretnego miejsca w ciele dla uczucia u drugiej osoby lub u siebie samego.
Sznury: nie mają konkretnego umiejscowienia w ciele drugiej osoby i rzadko kiedy towarzyszy im odcień zła w wyczuwanym uczuciu.

Uzdrawianie
– E-dziura to problem związany z traumą pokoleniową.
– By wyeliminować połączenie z drugą osobą, można zastosować DPR, ale nie uzdrowi on e-dziury u klienta.

Typowe błędy w technice
– Czasami zdarzają się nakładające się e-dziury o różnych uczuciach.

Przyczyna źródłowa
– Luki we wnętrzu struktury szyszki rdzenia jądrowego, które zostały wypełnione tonem emocjonalnym z odczuciem zła – to problem pokoleniowy.

Częstotliwość symptomów i dotkliwość
– E-dziury są w ogólnej populacji dość często spotykane, ale rzadko zdarza się spotkanie drugiej osoby, która z nami rezonuje tak, że jesteśmy w stanie je odczuć.
– Uczucie w drugiej osobie (i w sobie samym) może być bardzo niepokojące, gdyż towarzyszy mu odcień zła.

Ryzyko
– Standardowe ryzyko dla psychoterapii traumy. Ponadto, ponieważ problem wiąże się z odczuciem zła, niektórym osobom trudno je uznać u siebie samych lub też skonfrontować się z tym uczuciem.

Kody ICD-10
– Nie zidentyfikowano dotychczas żadnego konkretnego kodu.

Spłaszczone emocje: „Moje uczucia, dobre i złe, są wyciszone"

Po raz pierwszy napotkaliśmy ten problem, gdy szybko przenosiliśmy uwagę w tę i z powrotem między chwilą teraźniejszą a chwilą z przeszłości („skoki w czasie"). Po około czterech cyklach emocjonalna treść momentu z przeszłości znika lub zostaje mocno wyciszona. Niestety, nie uzdrawia to żadnej traumy. Zamiast tego wszelka treść emocjonalna (przyjemna lub bolesna) również ulega wyciszeniu. Zaburzenie to nie znika bez leczenia, a ludzie, którzy przez jakiś czas na nie cierpią, często opisują je jako „depresję". Problem ten można postrzegać jako zjawisko na poziomie mózgów trójni – mózg serca wygląda, jakby został pokryty twardą skorupą zamiast swego normalnego, rozszerzonego i lekko rozmytego na brzegach wyglądu.

Owe „skoki w czasie" aktywują bardzo wczesne zdarzenie rozwojowe, które u większości ludzi wiąże się z traumą wywołującą podatność na ten problem. Uzdrowienie tego zdarzenia szybko przywraca klientom normalny zakres odczuwania emocji.

Nie zidentyfikowaliśmy jeszcze źródłowego zjawiska biologicznego, ponieważ terapia działała tak dobrze, że nie było potrzeby prowadzenia dalszych badań. Jednak istnieje problem o podobnych symptomach, który może być wynikiem tego samego problemu źródłowego. W owej sytuacji powiązania między emocjonalnym mózgiem serca a innymi mózgami jest uszkodzony w merkabie (strukturze grzybowej). Ludzie z tym zaburzeniem czasami ponownie odczuwają pozytywne uczucia, ale tylko w obecności osób, które wywołują w nich to doświadczenie. Owo merkabowe uszkodzenie jest także u większości ludzi przyczyną ADD lub ADHD. Naprawienie struktury pasożytniczej eliminuje te symptomy.

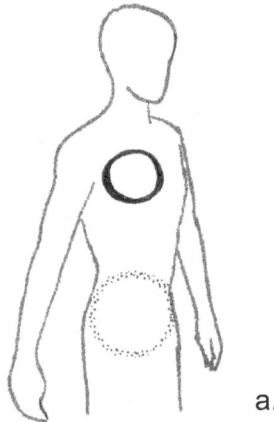

a.

Ryc. 10.10 (a). Problem „spłaszczonych emocji" sprawia, że mózg trójni wytwarza twardą powierzchnię.

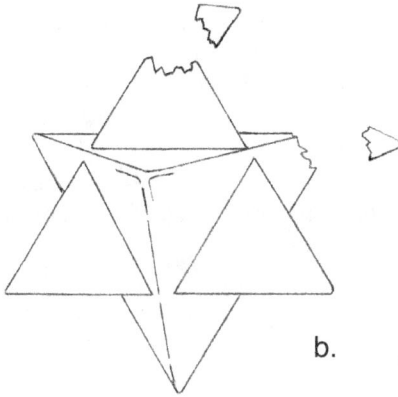

b.

*Ryc. 10.10 (b) Uszkodzenie połączenia punktów (wierzchołkowych)
w grzybowej strukturze merkaby blokuje funkcje mózgów trójni, wywołując wiele
problemów od odrętwienia emocjonalnego począwszy po ADD/ADHD.*

Słowa-klucze w opisie symptomów

* Depresja, gadanina – „ble, ble, ble", „niewiele czuję", monotonny głos.
* Mój partner nie jest ze mną szczęśliwy. Kiedyś było inaczej.
* Płaski zakres emocjonalny (emocji pozytywnych i negatywnych).

Pytania do diagnozy

* Czy negatywne *oraz pozytywne* emocje są wciąż dostępne, ale są bardzo wyciszone?
* Kiedy to się zaczęło? (czy po skokach w czasie, czy po przyjęciu środków halucynogennych?)

Diagnoza różnicująca

Problem bakteryjny: bakteria pokrywa części komórki, któremu zazwyczaj towarzyszy zmęczenie.

Bańka: bańka częściowo czyni osobę niezdolną pod jakimś względem fizycznym i umysłowym; spłaszczone emocje wpływają tylko na zakres emocjonalny.

Utrata duszy: odrętwienie emocjonalne skrywa ekstremalne uczucie samotności lub utraty.

Zespół Aspergera (łagodny autyzm): wrażenie „szklanej ściany" wokół danej osoby lub też wokół ich wewnętrznego rdzenia, która blokuje dostęp do innych ludzi oraz/lub do własnych emocji – to symptom utrzymujący się przez całe życie.

Zatrzaśnięcie mózgu serca: choć tu także odczuwana jest utrata emocji, dodatkowo występuje poczucie, że inni ludzie robią wrażenie przedmiotów (co nie występuje przy spłaszczonych emocjach).
Przerost grzyba: towarzyszy temu uczucie oporu przed podjęciem jakichkolwiek działań.
Stan Wewnętrznego Spokoju: osoba ma wciąż pełny zakres emocji pozytywnych.
Stan fuzji mózgów: osoba czuje się częściowo lub całkowicie pusta; brak emocji nie wydaje się być problemem – robi wrażenie czegoś właściwego, nie ma tu uczucia depresji.

Uzdrawianie
– Obecnie jest to licencjonowany proces dla certyfikowanych terapeutów stanów szczytowych.

Typowe błędy w technice
– Niedostrzeżenie, że „depresja" klienta to w rzeczywistości spłaszczone emocje (ponieważ klient nie jest świadomy tego, kiedy i jak to się zaczęło).

Przyczyna źródłowa
– Aktywacja wczesnego zdarzenia rozwojowego (wskutek stosowania narkotyków lub skoków w czasie), które wywołuje problem, albo też problem zawsze występował od dzieciństwa lub narodzin.

Częstotliwość symptomów i dotkliwość
– Zaburzenie rzadko występuje w ogólnej populacji, ale staje się powszechne, jeśli celowo wykonuje się skoki w czasie.
– Niekiedy widywaliśmy ten problem u osób, które stosowały środki halucynogenne – problem utrzymywał się, póki trwało doświadczenie halucynogenne.

Ryzyko
– Standardowe ryzyko dla psychoterapii traumy.

Kody ICD-10
– F34.1

Przerost grzyba: „Nie czuję zbyt wiele, jestem wypełniony czymś białym"

Ten subkomórkowy przypadek wiąże się z występowaniem w komórce prymarnej gatunku grzyba, który przypomina białą watę cukrową. Ma różne rozmiary, od niewielkich kępek aż do całkowitego wypełnienia obrazu ciała klienta. Pierwotny symptom to odrętwienie emocjonalne i fizyczne – od łagodnego po ekstremalne. Bywa dostrzegane jako niezdolność do odczuwania normalnych pozytywnych emocji, takich jak miłość lub szczęście. Może występować także wrażenie psychicznego „uwiązania", niczym Guliwer u Liliputów. Ów syndrom można także odczuwać jako utknięcie lub ograniczenie, gdy wszystko w życiu wymaga ogromnego wysiłku i siły woli. Jednak ów gatunek grzyba nie wytwarza problemów emocjonalnych czy innych problemów z więzią między ludźmi (jak to ma miejsce w przypadku borga).

Problem przerostu grzyba może wystąpić u niektórych osób w trakcie regresji do koalescencji lub poczęcia. Przeżywane wtedy uczucia seksualne wywołują przerost grzyba wewnątrz komórki prymarnej w teraźniejszości. Na szczęście nie jest to często spotykane doświadczenie, a gdy ma miejsce, klient zazwyczaj wraca do zdrowia w ciągu kilku dni wraz z powrotem komórki prymarnej do stanu homeostazy. W niektórych przypadkach jednak problem się utrzymuje – i jeśli tak jest, wymaga interwencji.

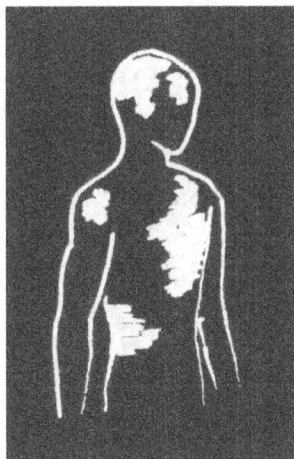

Ryc. 10.11. Sieć grzybowa może rozrosnąć się w różnych częściach komórki prymarnej. Jest odczuwany jako coś znajdującego się wewnątrz ciała. Zazwyczaj przypomina białą watę cukrową w przypadku osób, które są w stanie zajrzeć wewnątrz siebie na poziomie komórki prymarnej.

W chwili pisania niniejszego podręcznika, rzadko kiedy mieliśmy do czynienia z klientami mającymi problem przerostu grzyba. Zaobserwowaliśmy go jednak w mocnym „wydaniu" u dwojga bardzo chorych osób – nie wiemy, czy przerost grzyba był w tych przypadkach konsekwencją, czy przyczyną niezdolności do wstania z łóżka lub utrzymania wagi.

Słowa-klucze w opisie symptomów
- Opór, wysiłek, brak odczuwania, biel wewnątrz, uwiązanie, niemożność widzenia, brak percepcji, ograniczenia.

Pytania do diagnozy
- Czy masz wrażenie, że twoje ciało jest wypełnione białą watą cukrową, która sprawia, że nie jesteś w stanie naprawdę czuć? Kiedy to się zaczęło?

Diagnoza różnicująca
Trauma biograficzna: działa opukiwanie lub regresja; problem grzybowy nie reaguje na prostą terapię traumy.

Kopie: kopie zawierają odczucie osobowości – grzyb nie.

Spłaszczone emocje: podobny do problemu z grzybem w odniesieniu do emocji; problem grzybowy jednak sprawia, że osoba czuje się upośledzona, jeśli chodzi o więź emocjonalną i symptomy fizyczne.

Utrata duszy: odrętwienie emocjonalne wskutek rozległej utraty duszy jest wynikiem stłumienia ekstremalnej samotności lub smutku; problem grzybowy nie zawiera treści emocjonalnej.

Uzdrawianie
– Obecnie jest to licencjonowany proces dla certyfikowanych terapeutów stanów szczytowych.

Typowe błędy w technice
– Tylko częściowe uzdrowienie problemu wskutek utraty świadomości w wyniku działania grzyba.

Przyczyna źródłowa
– Wzrost grzyba różnych gatunków w różnych miejscach komórki prymarnej. Czasami aktywowany wskutek regresji do etapu poczęcia.

Częstotliwość symptomów i dotkliwość
– Zjawisko często spotykane, ale większość ludzi uważa symptomy za normalne.
– Symptomy mogą być dość niepokojące, ale w negatywny sposób, gdyż zatrzaskują emocje i wrażenia, tak jakby było się wypełnionym białą watą cukrową.

Ryzyko
- W niektórych przypadkach wskutek prób uzdrowienia problemu może on ulec pogorszeniu. Ponadto aktywacji mogą ulec zwyczajne problemy psychoterapii traum.

OSTRZEŻENIE

Próba uzdrowienia problemu może drastycznie pogorszyć symptomy. Należy prze-prowadzać proces tylko przy superwizji ze wsparciem zaawansowanego terapeuty w przypadku wystąpienia problemów.

Kody ICD-10
- F70-F79

Nakładanie obrazów: „Przypomina mi się coś, co widziałem na zdjęciu"

W trakcie regresji wiele osób dokonuje „nałożenia" obrazów, które znają, zamiast widzieć to, co rzeczywiście tam jest. Rzadko kiedy stanowi to problem – uczucia kojarzone z obrazem nałożonym i rzeczywistym są zazwyczaj takie same, toteż uzdrawianie nadal działa. Owo zjawisko „nakładek" może przenosić się na życie danej osoby, gdy zdarzenia prenatalne mylone są z prawdziwym życiem. Na przykład: klient wierzy, że po prostu przypomina mu się zdjęcie z dzieciństwa lub też pewien mężczyzna w trakcie regresji widział obraz siebie mknącego z dużą prędkością na motocyklu, podczas gdy w rzeczywistości doświadczał swojego ruchu jako plemnik. Czasami dzieje się tak u osób, którym w ich przekonaniu rodzice lub krewni zrobili coś złego, podczas gdy w rzeczywistości pamiętają zdarzenie prenatalne nałożone na postaci znanych im osób. Niestety z naszego doświadczenia wynika, że rzeczywiste nadużycie zdarza się znacznie częściej niż nakładanie „wspomnień".

Czasami, choć rzadko, nałożone obrazy w regresji bywają bardzo dziwne, ponieważ klient próbuje zablokować dostęp do szczególnie bolesnego wydarzenia i będzie stosował różne rzeczy, by to zrobić. Owe nałożone obrazy nie są spójne z resztą doświadczenia – na przykład będą przypominać jakiś obraz lub wazon lub wyglądać jak żółty samolot płynący w górę rzeki. Prawdziwy obraz traumy będzie ukryty pod lub wewnątrz obrazu.

Ryc. 10.11. (a) Przykład regresji traumy. Klient widzi siebie mknącego na motocyklu – podczas gdy w rzeczywistości przeżywa doświadczenie plemnika płynącego do jajeczka.

Istnieje inna klasa nieświadomych nakładek, które mają prawie wszyscy, a które są źródłem problemów w teraźniejszości: wszystkie kobiety są postrzegane poprzez nałożenie na nie obrazu matki, a wszyscy mężczyźni – poprzez nałożenie obrazu ojca (to jak widzieć ducha nałożonego na daną osobę, niczym efekt wideo). Jest to problem, ponieważ w prawdziwym życiu ludzie nieświadomie czują i działają według tych niedokładnych percepcji. Terapeuci w szczególności powinni wyeliminować owe nakładki obrazów rodziców, by móc prawdziwie postrzegać klientów. Rzadko kiedy klienci zwracają się z tym problemem do terapeuty, gdyż zjawisko nakładek odbywa się u każdego niemal nieświadomie i jest uważane za coś normalnego.

Nakładki zniekształcają traumę biograficzną i – gdy tylko zostaną rozpoznane – uzdrawia się je za pomocą tradycyjnych metod uzdrawiania traum.

Ryc. 10.11. (b) Najbardziej problematycznym rodzajem nakładek jest nakładanie obrazu matki na wszystkie kobiety i obrazu ojca na wszystkich mężczyzn.

Słowa-klucze w opisie symptomów
• Widzenie obrazu przypominającego ducha nałożonego na daną osobę; wszystkie kobiety są jak moja matka, wszyscy mężczyźni są jak mój ojciec.
• Przypomina mi się zdjęcie; nie pamiętam, bym to wcześniej widział, to dość dziwne; byłem wykorzystany; moi rodzice zrobili mi coś złego.

Pytania do diagnozy
• Czy wszyscy mężczyźni (lub kobiety) przypominają ci ojca (matkę)?
• Czy masz dwa różne wspomnienia związane z tą osobą, jakby była dwie różnymi osobami?

Diagnoza różnicująca
Trauma biograficzna: nałożone obrazy tak naprawdę nie mają sensu lub nie pasują do pozostałych doświadczeń klienta.

Osobowość wieloraka (MPD): w sytuacjach nadużycia, osoba nadużywająca może cierpieć na MPD i tym samym działa w zupełnie różny sposób, nie pamiętając o tym; nałożone wspomnienia (nakładki) zazwyczaj opisują zdarzenia, które nie mają sensu.

Uzdrawianie
– Uzdrawianie traum na odczuciach emocjonalnych lub doznaniach w ciele.

Typowe błędy w technice
– Nieuzdrowienie projekcji którejś ze stron: albo matki, albo ojca.

Przyczyna źródłowa
– Nieświadome dążenie do wyjaśnienia obrazów prenatalnych spoza doświadczenia danej osoby; lub pragnienie ucieczki od obrazów, które są zbyt traumatyczne, by spojrzeć na nie wprost (na przykład obrazy pasożytów).

Częstotliwość symptomów i dotkliwość
– Około 1/3 klientów widzi nakładki podczas regresji, ale nie powodują one problemów, jeśli terapeuta je rozpoznaje i kontynuuje uzdrawianie traumy.
– Terapeuci rzadko kiedy leczą problem nałożenia obrazu matki i ojca, gdyż większość klientów nie jest go świadoma, nawet jeśli jest on obecny.

Ryzyko
– Standardowe ryzyko dla psychoterapii traumy.

Kody ICD-10
– Nie zidentyfikowano dotychczas żadnego konkretnego kodu.

Kundalini: „Jestem osobą bardzo zaawansowaną duchowo"

Niestety kundalini stało się ogólnikowym terminem obejmującym wiele niepowiązanych ze sobą zjawisk. W niniejszym podręczniku odnosimy się do pierwotnej definicji: to niewielki obszar na kręgosłupie, z którego promieniuje ciepło wraz z przenoszeniem się tego punktu w górę od obszaru miednicy, aktywując traumatyczne uczucia, doświadczenia duchowe i niemożność zaśnięcia. Zjawisku temu mogą (ale nie muszą) towarzyszyć przepływy energii w górę kręgosłupa. Cechuje się ono także występującymi naprzemiennie okresami inflacji i deflacji ego. U niektórych klientów z tym zaburzeniem obserwowaliśmy także nieumyślne wywoływanie mrowienia lub bzyczenia, jakby znajdowali się w pobliżu linii wysokiego napięcia. Choć wiele osób wierzy, że kundalini jest oznaką duchowego zaawansowania, nie znaleźliśmy na to przekonujących dowodów. Odwrotnie, z naszego doświadczenia wynika, że zjawisko to wywołuje u osób nim dotkniętych trwające przez lata męczarnie. Przyczyna jest prosta: mózg ciała obwinia całą resztą organizmu za swoje problemy. Wyeliminowanie kundalini jest również proste: należy uzdrowić uczucia mózgu ciała związane z obwinianiem za pomocą technik leczenia traumy lub projekcji.

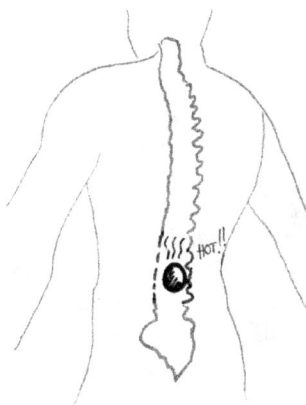

Ryc. 10.12. W przypadku kundalini mamy do czynienia z fizycznie gorącym miejscem na kręgosłupie, które przemieszcza się w górę kręgosłupa, doświadczenie może trwać wiele miesięcy.

Słowa-klucze w opisie symptomów
- Kryzys duchowy; zaczynam wariować; wizje; jestem taki wspaniały; jestem nic nie wart.
- Nie mogę spać, czuję się podminowany/na haju, niepewność.

Pytania do diagnozy

- Czy nie możesz spać, czy czujesz się stale zalewany traumatycznymi uczuciami i doświadczeniami duchowymi?
- Czy problem ten zaczął się podczas stosowania praktyk duchowych lub w związku z niezwykle silnymi doświadczeniami seksualnymi?
- Czy w jakimś miejscu na kręgosłupie czujesz gorąco, które powoli przemieszcza się ku górze?

Diagnoza różnicująca

Wypływ traumy: brak uczucia gorąca na kręgosłupie, brak też stanów inflacji i deflacji ego.

Psychoza: brak związku z energią poruszającą się wzdłuż kręgosłupa.

Uzdrawianie

– Należy zastosować technikę projekcji Courteau na uczuciu obwiniania, które klient odczuwa w lub między innymi ludźmi; lub też zastosować uzdrawianie traumy na uczuciu obwiniania w brzuchu. Zdanie: „To wszystko twoja wina!" zazwyczaj wydobywa ton emocjonalny projekcji dokonywanej przez mózg ciała.

Typowe błędy w technice

– Przeoczenie niektórych aspektów problemu obwiniania w brzuchu.

Przyczyna źródłowa

– Mózg ciała aktywuje mechanizm kundalini, ponieważ obwinia resztę organizmu za własne problemy.

Częstotliwość symptomów i dotkliwość

– Problem w generalnej populacji występuje bardzo rzadko, ale gdy ktoś go ma, zazwyczaj jest nim poważnie dotknięty i często nie jest w stanie pracować lub utrzymać normalnych relacji.

Ryzyko

– Standardowe ryzyko dla psychoterapii traumy.

Kody ICD-10

– F51

Zgrupowanie mitochondriów: „Jestem szefem"

Uszkodzone mitochondria zazwyczaj powodują powstawanie wirów, ale mogą powodować jeszcze jeden problem: mogą tworzyć specyficzne skupiska. Ponieważ mitochondria posiadają wspólną świadomość (są częścią mózgu splotu słonecznego), najbardziej uszkodzone mitochondrium zachowuje się jak „prowodyr" wobec reszty, niczym Napoleon, kontrolując je i powodując ich przesunięcie z właściwych im miejsc w komórce. Ów problem subkomórkowy może być źródłem problemu psychologicznego w rzeczywistym życiu, w którym dochodzi do autokratycznej i kontrolującej identyfikacji (i zachowań) z uszkodzonym organellum. Sytuacja ta nie zawsze wywołuje taki skutek – zależy od tego, czy klient identyfikuje się z mózgiem splotu słonecznego.

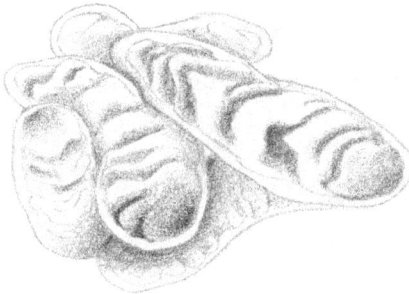

Ryc. 10.13. Mitochondria skupione razem, niczym gmatwanina bułek do hot dogów.

Słowa-klucze w opisie symptomów
- Nadrzędność; władza; inni są gorsi; „ja jestem liderem".

Pytania do diagnozy
- Czy to uczucie pochodzi ze splotu słonecznego?
- Czy z uczuciem tym powiązany jest w jakiś sposób wir (zawroty głowy)?

Diagnoza różnicująca
   Trauma biograficzna lub pokoleniowa: problem ten nie zniknie po uzdrowieniu traumy; w przeciwieństwie do traumy, którą można odczuć w dowolnym miejscu w ciele, uczucie to promieniuje tylko ze splotu słonecznego.

Uzdrawianie
- Znajdź centrum uczucia. Poczuj ukryte uszkodzenie powiązane z tym uczuciem. Uzdrów za pomocą WHH lub techniki wirów Crosby'ego.

Typowe błędy w technice

– Niezidentyfikowanie „prowodyra" do uzdrowienia.

Przyczyna źródłowa

– Uszkodzona grupa mitochondriów wywołuje symptomy, osoba identyfikuje się ze splotem słonecznym.

Częstotliwość symptomów i dotkliwość

– Występują rzadko. Jeśli są obecne, symptomy mogą mieć różną intensywność, od łagodnych po ekstremalne, ale zazwyczaj intensywność zbytnio się nie zmienia.

Ryzyko

– Standardowe ryzyko dla psychoterapii traumy.

Kody ICD-10

– Nie zidentyfikowano dotychczas żadnego konkretnego kodu.

Osobowość wieloraka (pęknięcia w kolumnie Ja):
„Ja tego nie powiedziałem!"

W 2006 roku jedna z moich koleżanek powiedziała coś, czemu kilka chwil później zaprzeczyła. Badając temat odkryliśmy, że – ku naszemu ogromnemu zdumieniu – różne stopnie MPD (osobowości wielorakiej, nazywanego obecnie zaburzeniem dysocjacyjnym tożsamości) występują u około 70% studentów. Problem ten ma różny zakres – od osobowości, które mogą się łączyć, a potem rozdzielać, aż po jedną lub więcej w pełni odrębnych osobowości. Zamiast być czymś rzadkim, problem okazał się normą! Co ciekawe, szczególnie trudno go zauważyć, gdyż uważamy, że luki w pamięci są czymś normalnym – a w wielu przypadkach osobowości w MPD są podobne.

Udało nam się zbadać ten problem, gdyż zobaczyliśmy go w komórce prymarnej w strukturze, którą nazywamy „kolumną Ja". MPD występuje wtedy, gdy kolumna Ja jest popękana lub też części kolumny są od siebie oddzielone (oderwane). Każdy element zawiera odrębną osobowość z własnymi wspomnieniami i postawami. Zważywszy na uszkodzenie kolumny, problemem staje się zdefiniowanie, która osobowość jest osobowością główną, jeśli jej części są podobnych rozmiarów. Klient może wykryć obecność MPD jako obszar w ciele, w którym jego świadomość ulega nagłemu „wymazaniu". Opracowanie terapii uzdrawiającej to uszkodzenie, nieodwracalnej przez zdarzenia życiowe, zajęło nam dwa lata.

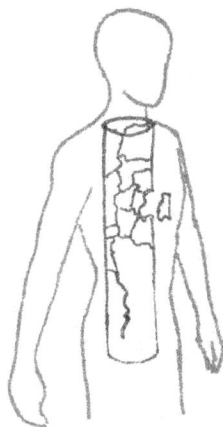

Ryc. 10.14. Połamane części „kolumny Ja" zawierające świadomość, gdy są oddzielone, osoba ma MPD (i zazwyczaj nie zdaje sobie z tego sprawy).

Inna odmiana tego problemu ma miejsce podczas poczęcia. Plemnik i jajeczko wnoszą swoje geny i swoje kolumny – jedna z nich odczuwana jest jako matka, druga

– jako ojciec. Po zakończeniu procesu poczęcia geny, kolumny i inne struktury dokonują fuzji i tworzą nową osobę ze swojej substancji, z poczuciem nowego Ja powstającego wzdłuż linii centralnej ciała, które rozszerza się na lewo i prawo. Większość ludzi nie kończy tego procesu – zamiast tego zostają im trzy osobowości (i trzy kolumny), które odczuwane są jako matka, ojciec i osobowość własna. Kolumny matki i ojca – jak się wydaje – nie zachowują się jak osoby z MPD, ale powodują problemy w życiu. Kolumny te normalnie są równych rozmiarów i kurczą się wraz z powstawaniem nowej kolumny, ale u niektórych ludzi występuje brak materiału kolumnowego na samym początku procesu, co sprawia, że kolumna Ja nie może w pełni się uformować.

Kolumnę Ja tworzy organizm grzybowy 2. klasy. Prawie wszyscy ludzie mają tę strukturę.

Słowa-klucze w opisie symptomów
- Dezorientacja lub irytacja w wyniku czegoś, co odczuwane jest jako niewłaściwa bliskość ze strony innych ludzi.
- Zmiany w zachowaniu, działaniu lub sposobie mówienia, których klient nie pamięta, ale które zauważają inni.
- Nie pamiętam wiele (albo prawie nic) z mojego dzieciństwa.
- W przypadku nadmiernych kolumn matki i ojca: moja matka/mój ojciec zawsze są we mnie; dzwonię do matki/ojca codziennie; moja matka/mój ojciec jest w moim życiu cały czas, a ja jestem w ich życiu; zerwałem wszelkie kontakty z matką/-ojcem.

Pytania do diagnozy
- Jeśli przesuwasz świadomość po całym ciele, w jakim miejscu doświadczasz „wymazania"?

Diagnoza różnicująca
Trauma biograficzna: przy jednoczesnym występowaniu traumy i MPD, osoba może nie pamiętać, co czuła lub powiedziała, ale osoba z MPD ma także obszar w ciele, którego nie jest świadoma.
Udawana tożsamość lub projekcja mózgu trójni: to przejmuje nade mną kontrolę, ale nadal pamiętam, jak się czułem; w przypadku MPD nie jesteśmy tego świadomi lub też możemy wyczuć to w pewnej części ciała, ale odrzucamy (jeśli mamy do czynienia z częściowym połączeniem różnych osobowości).
Strona jaja lub plemnika: możesz przenieść centrum świadomości z lewej strony (jajka) do prawej strony (plemnika), by poczuć się inaczej, ale nadal jesteś tego świadom.

Uzdrawianie
- Obecnie jest to licencjonowany proces dla certyfikowanych terapeutów stanów szczytowych.

Typowe błędy w technice
- Niepamiętanie o tym, by zająć się problemami związanymi z pojawieniem się nowych wspomnień.

Przyczyna źródłowa
- Pęknięte lub odłupane fragmenty kolumny Ja.

Częstotliwość symptomów i dotkliwość
- Świadomość w pełni odrębnych osobowości występuje bardzo rzadko. Częściowo oddzielone osobowości są często automatycznie odrzucane lub tłumione, gdyż są „inne niż ja". Stres może prowadzić do aktywacji lub zmienić dotkliwość rozdzielenia.
- Problem ten w takim czy innym stopniu występuje u 70% normalnej populacji, częściej występuje w populacji klientów.

Ryzyko
- Standardowe ryzyko dla psychoterapii traumy. Ponadto wspomnienia i uczucia należące do oddzielonej osobowości mogą być niepokojące dla osoby, która zaczyna być ich świadoma.

Kody ICD-10
- F44.0, F44.8, F62

Nadmierna identyfikacja ze Stwórcą:
„Nie potrzebuję pomocy, gdyż wszystko jest w porządku"

W tym przypadku subkomórkowym klient dokonał fuzji swojej świadomości ze świadomością Stwórcy i częściowo pozostał w tym doświadczeniu. Niestety osoba taka może również stracić zdolność do postrzegania cierpienia innych jako problemu oraz wszelką chęć interwencji, gdy ktoś potrzebuje pomocy (dalsze informacje na temat tych koncepcji znaleźć można w tomie drugim *Peak states of consciousness*). Zazwyczaj aktywatorami są medytacja i inne praktyki duchowe, regresja do wczesnych zdarzeń rozwojowych i stosowanie środków halucynogennych. Przypadek ten jest rzadko spotykany wśród klientów, ponieważ ludzie nie uważają tego za problem – w rzeczywistości sami się dobrze czują – choć widzieliśmy, jak z czasem zaczynają zdawać sobie sprawę z tego, że coś jest nie tak i szukają pomocy.

Problem ten pojawia się dlatego, że „ponad" głową klienta (w rdzeniu jądrowym) istnieje pewna struktura grzybowa, z którą świadomość klienta się łączy. Klient zaczyna przeżywać swe życie z perspektywy owego grzybowego organizmu – cechą charakterystyczną jest tu radykalna akceptacja wszelkich okoliczności w życiu, dobrych i złych, ale bez skłonności do pomagania innym lub poprawienia własnej sytuacji życiowej.

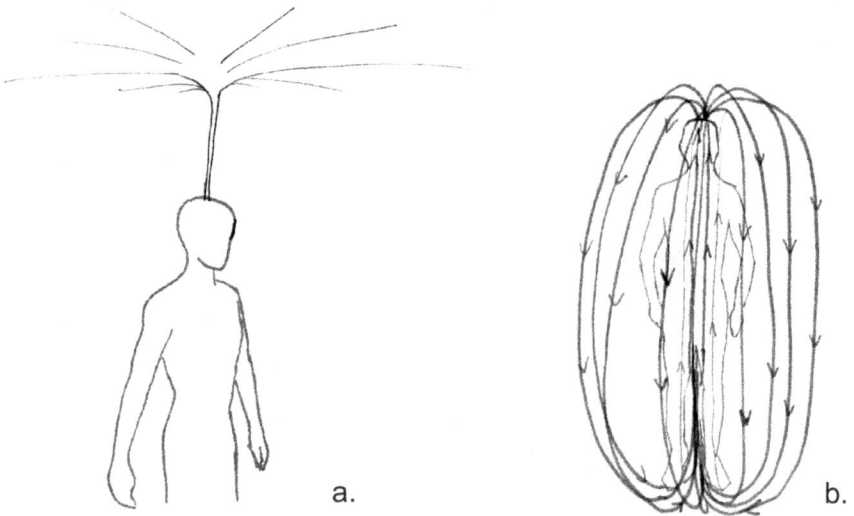

a.   b.

Ryc. 10.15. (a) Świadomość utknęła w pasożycie grzybowym, który odczuwany jest jako struktura znajdująca się „nad" ciałem. (b) Normalne funkcjonowanie przywraca się poprzez uzyskanie (i usunięcie traumy powiązanej) poczucia przepływu ku górze przez środek ciała oraz w dół na zewnątrz i następnie uzdrowienie.

Słowa-klucze w opisie symptomów
• Wszystko jest takie, jak być powinno; to ich karma; nie czuję się zaangażowany.

Pytania do diagnozy
• Gdyby ktoś cierpiał i mógłby skorzystać z twojej pomocy, czy dążyłbyś do tego, by mu pomóc?
• Czy masz wrażenie, że możesz zaakceptować wszystko, i że wszystko jest w porządku takie, jakie jest?

Diagnoza różnicująca
Trauma biograficzna lub pokoleniowa: symptom jest objawem (leżącego pod spodem) fizycznego lub emocjonalnego bólu, standardowe techniki leczenia traum wyeliminują symptomy.

Uzdrawianie
– Należy skoncentrować się na przepływie przez ciało od ziemi ku górze, ku niebu, następnie w dół na zewnątrz ciała i z powrotem do ciała w ramach jednego, ciągłego przypominającego fontannę przepływu. Gdy problem zniknie, należy zastosować standardowe techniki leczenia traum wobec oporu przed kontynuowaniem tego przepływu.

Typowe błędy w technice
– Konieczny jest ponowny kontakt z klientem, by uzyskać pewność, że problem nie powrócił, gdyż klient nie zauważy żadnych bolesnych symptomów.

Częstotliwość symptomów i dotkliwość
– Problem rzadko spotykany w ogólnej populacji.
– Problem rzadko spotykany w terapii, gdyż klient nie uważa tego za problem.

Przyczyna źródłowa
– Świadomość częściowo utknęła w strukturze Stwórcy wewnątrz rdzenia jądrowego.

Ryzyko
– Standardowe ryzyko dla psychoterapii traumy.

Kody ICD-10
– Nie zidentyfikowano dotychczas żadnego konkretnego kodu.

Selfishness ring (pierścień egoizmu):
„Tak naprawdę większość rzeczy robię z korzyścią dla siebie"

Jednym ze zdumiewających aspektów ludzkiego zachowania jest fakt, że ludzie ograniczają ilość pozytywnych uczuć, którymi mogliby się cieszyć. Istnieje ku temu kilka powodów – głównym z nich jest blokada plemienna, ale bardziej bezpośrednie ograniczenie wywoływane jest przez strukturę, którą nazywamy pierścieniem egoizmu (*selfishness ring*). Umiejscowiony wewnątrz rdzenia jądrowego, ogranicza przeżywanie przez daną osobę wszelkich uczuć altruistycznych, co wypacza jej działania i sprawia, że służą one tylko jej własnym interesom. Struktura ta jest również kojarzona z czymś, co czasami nazywa się „zbroją". Problem pierścienia ma charakter zaburzenia spektralnego – u niektórych zaburzenie to jest silniejsze niż u innych, a tylko niewielu szczęśliwców nie ma go w ogóle. Pierścień powstaje w trakcie narodzin – zbroja powstaje wcześniej. Strukturę tę tworzy grzyb 2. klasy.

Jest bardzo mało prawdopodobne, że ludzie przyjdą do terapeuty z tym problemem, gdyż zablokowanie zarówno pozytywnych uczuć, jak i działań sprawia, że czują się bardziej komfortowo. Osoby dążące do rozwoju osobistego lub pragnące odczuwać silniejsze uczucia pozytywne mogą być zainteresowane uzdrowieniem tego problemu.

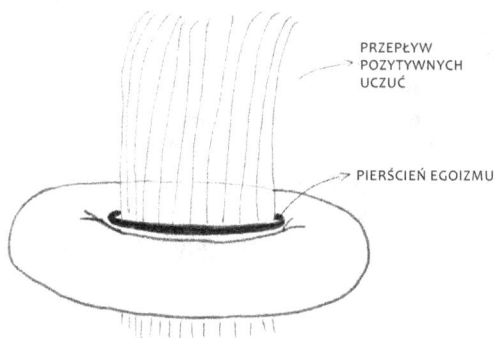

PRZEPŁYW POZYTYWNYCH UCZUĆ

PIERŚCIEŃ EGOIZMU

Ryc. 10.16. Torus zawiera wewnętrzny pierścień, który sprawia, że świadomość ucieka od przepływających przez środek torusa pozytywnych uczuć.

Słowa-klucze w opisie symptomów
• Przyjaciele to ludzie, których używam; Dobre uczucia są bolesne; Czuję się dobrze, czując spokój.

Pytania do diagnozy
• Czy czujesz ból lub dyskomfort, jeśli próbujesz odczuwać altruistyczne, pozytywne emocje?

Diagnoza różnicująca

Trauma pokoleniowa: problem pierścienia nie sprawia, że ludzie czują się ułomni lub straumatyzowani.

Trauma biograficzna: problem pierścienia ma charakter ciągły, nie dyskretny tak jak trauma, która występuje tylko w pewnych momentach; problem istnieje od dzieciństwa, toteż wydaje się normalny.

Blokada plemienna: blokada plemienna wywołuje uczucie ciężkości u osoby, która próbuje opierać się blokadzie plemiennej wobec pozytywnych, altruistycznych uczuć; *selfishness ring* nie wywołuje takiego uczucia – zamiast tego klient odczuwa ból.

Uzdrawianie
– Obecnie jest to licencjonowany proces dla certyfikowanych terapeutów stanów szczytowych.

Typowe błędy w technice
– Przeoczenie innych problemów wokół chęci zmiany i posiadania trwałych, pozytywnych uczuć.

Przyczyna źródłowa
– Struktura pierścienia powstaje przy narodzinach.

Częstotliwość symptomów i dotkliwość
– Prawie każdy ma ów pierścień, ale nie zdaje sobie sprawy z faktu, że to problem. To zaburzenie o charakterze spektralnym: u niektórych przybiera ostrzejszą postać niż u innych; niektórzy odczuwają też asymetrię między lewą a prawą stroną, jeśli chodzi o wpływ na funkcjonowanie w życiu.

Ryzyko
– Obecnie nieznane. Należy zakładać, że standardowe ryzyko dla psychoterapii traumy.

Kody ICD-10
– F60.8

Potłuczone kryształki (zespół zaburzeń uwagi): „Nie mogę się skoncentrować"

Wewnątrz cytoplazmy w komórce prymarnej może znajdować się coś, co wygląda jak potłuczone drobiny szkła lub kryształków. Jest to efekt problemu grzybowego 2. klasy występującego na wczesnym etapie rozwojowym. Gdy osoba próbuje skupić na czymś uwagę, czuje, że jej uwaga rozpada się na części – przypomina to patrzenie przez kalejdoskop. Problem zazwyczaj występuje od narodzin, ale ludzie uczą się strategii radzenia sobie z nim. Mogą utrzymywać rozproszoną uwagę lub też „zbierają kryształki razem" (w jednym miejscu komórki prymarnej) i unikają wykorzystywania tego obszaru psychiki podczas koncentrowania uwagi.

Dotkliwe przykłady tego problemu są często diagnozowane jako ADD lub ADHD. W niektórych przypadkach problem komplikują nietypowo uszkodzone mózgi trójni, które sprawiają, że uwaga klienta jest stale „pociągana" w różnych kierunkach, dominujących jeden po drugim. Choć problem zazwyczaj występuje od chwili narodzin, u niektórych osób ulega pobudzeniu później, w momencie aktywacji korespondującej traumy rozwojowej. Czasami spotykany jest po raz pierwszy w trakcie doświadczeń o charakterze kryzysu duchowego.

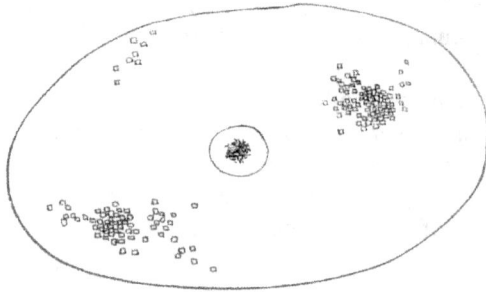

Ryc. 10.17. Zgrupowanie potłuczonych kryształków w cytoplazmie. Większość ludzi mających ten problem nauczyła się je grupować, bo jeśli będą unikać tego obszaru w komórce, będą mogli się koncentrować.

Słowa-klucze w opisie symptomów
- Nie mogę się skoncentrować; nigdy dobrze się nie uczyłem; próba skoncentrowania uwagi przypomina patrzenie przez rozbite szkło; kalejdoskop.
- Zdiagnozowane ADD lub ADHD.

Pytania do diagnozy
- Gdy próbujesz skoncentrować uwagę, czy masz wrażenie, że rozpada się ona na kawałki?

Diagnoza różnicująca

Uszkodzenie mózgu: zazwyczaj nie wywołuje problemów z koncentracją – ludzie mogą się na czymś skoncentrować, ale nie potrafią tego czegoś zrobić/osiągnąć. W obu przypadkach osoba czuje się głupia/upośledzona, ale uszkodzenie mózgu jest bardziej konkretne pod względem umysłowym i fizycznym. Oba przypadki mają charakter stały i ciągły.

Bańki w kolumnie Ja: wywołują dezorientację, jeśli świadomość zostanie umieszczona w konkretnych miejscach, niezależnie od działalności zewnętrznej. Potłuczone kryształki powodują fragmentację uwagi lub świadomości podczas próby koncentracji na świecie zewnętrznym lub wewnętrznych działaniach. Bańki powodują problem przez cały czas (gdy świadomość w niej utknie), zaś przy potłuczonych kryształkach problemu nie ma, gdy dana osoba nie próbuje skupić uwagi.

Głosy: powodują rozproszenie.

Uzdrawianie

– Obecnie jest to licencjonowany proces dla certyfikowanych terapeutów stanów szczytowych.

Typowe błędy w technice

– Nieprawidłowe przeprowadzenie procesu może stworzyć problem lub go pogorszyć.

Przyczyna źródłowa

– Materiał, który pomaga w formowaniu się świadomości jest zbyt twardy, zbity i potłuczony, toteż nie został w pełni przyswojony.

Częstotliwość symptomów i dotkliwość

– Rzadki problem u klientów, choć znaczna liczba ludzi ma ten problem, ale potrafi go odpowiednio skompensować przez unikanie lub częściową koncentrację.

Ryzyko

– Standardowe ryzyko dla psychoterapii traumy.

Kody ICD-10

– F80, F90

Uszkodzenie mózgu trójni ("świętego bytu"):
„Jest we mnie coś fundamentalnie uszkodzonego"

Zaobserwowaliśmy zdumiewającą liczbę różnych rodzajów przypadków subkomórkowych, i samych traum, polegających na uszkodzeniu struktur mózgu trójjednego. „Święte byty" stanowią najbardziej fundamentalną formę mózgów trójni – ich świadomość rozszerza się na zewnątrz do postaci większych i bardziej złożonych struktur. Najpierw do punktów merkaby w rdzeniu jądrowym komórki prymarnej, potem do organellów komórkowych, a następnie do anatomicznych struktur w mózgu. Co najważniejsze – uszkodzenie w blokach świętych bytów propaguje się na zewnątrz do większych i bardziej skomplikowanych struktur w trakcie ich formowania w rozwoju prenatalnym i po urodzeniu, wywołując różne rodzaje traum, symptomów i przypadków subkomórkowych. Zdrowe święte byty mają kształt bloku o zaokrąglonych brzegach i narożnikach (chyba że połączyły się w ramach swej zwyczajowej konfiguracji przypominającej totem lub jako jednolity stopiony blok). Powinny być twarde, gładkie i być lśniąco czarne (z wnętrzem ze szczerego złota). Większość ludzi wewnątrz bloków ma pasożyty, zarówno grzybowe, jak i bakteryjne. Grzyb sprawia, że święte byty są jak ludzkie dzieci.

Praca z blokami świętych bytów jest potencjalnie bardzo niebezpieczna. Większość uszkodzeń jest wynikiem obecności pasożytów i praca z nimi może prowadzić do kolejnych uszkodzeń wywołanych przez pasożyty. Inny napotkany przez nas problem to techniki uzdrawiania (inne niż nasze), które eliminują symptomy dlatego, że blok świętego bytu staje się przezroczysty lub miękki – to hamuje ich zdolność do funkcjonowania i tym samym wymaga jak najszybszego odwrócenia.

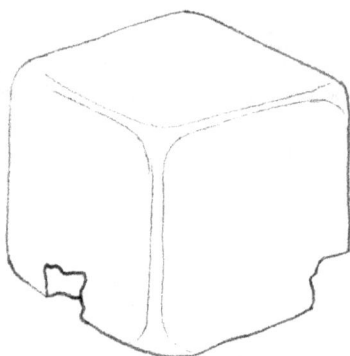

Ryc. 10.18. Bloki świętych bytów to miejsce, w którym znajduje się świadomość mózgów trójni. Struktury te mogą zostać uszkodzone przez system traum pokoleniowych lub wskutek aktywności pasożytów.

Słowa-klucze w opisie symptomów

* Uszkodzenie rdzenia; to nigdy nie może zostać uzdrowione; to zawsze było i będzie okropne; nigdy nie będę w stanie uzdrowić tego bólu.
* Jest ze mną coś nie tak; coś jest fundamentalnie uszkodzone i nie do naprawienia.

Pytania do diagnozy

* Czy czujesz, że pod wszystkimi twoimi problemami znajduje się struktura przypominająca blok?

Diagnoza różnicująca

Trauma pokoleniowa: ta trauma dotyczy konkretnego problemu – chodzi w niej o bardzo osobistą skazę w nas samych; uszkodzenie świętych bytów wywołuje wiele problemów jednocześnie ze względu na bardziej fundamentalny, źródłowy problem.

Pasożyty: różne gatunki pasożytów nie są odczuwane jako święte, choć niektóre pancerze pasożytów insektopodobnych 1. klasy mogą przypominać powierzchnię świętych bytów (bloków).

Uzdrawianie

– Obecnie jest to licencjonowany proces dla certyfikowanych terapeutów stanów szczytowych.

Typowe błędy w technice

– Omyłkowa stymulacja interakcji pasożytów.

Przyczyna źródłowa

– Uszkodzenie świętych bytów wskutek aktywności pasożytów lub problemu w początkowym stadium powstawania naszej świadomości („pączkowania").

Częstotliwość symptomów i dotkliwość

– To bardzo często spotykany problem, szczególnie w populacji klientów. Konsekwencje są zazwyczaj poważne, choć większość ludzi znajduje sposoby na zamaskowanie lub w dużym stopniu uniknięcie problemu.

Ryzyko

– Pracę z tymi problemami należy uważać za eksperymentalną i potencjalnie niebezpieczną. Może ona wywołać dalsze symptomy, zmęczenie, brak zdolności do kontaktu ze światem zewnętrznym oraz wiele innych poważnych problemów.

NIEBEZPIECZEŃSTWO

Praca nad uszkodzeniem świętych bytów jest potencjalnie niebezpieczna. Należy ją prowadzić tylko pod superwizją kogoś przeszkolonego i znającego się na pracy z problemami pasożytniczymi w tym kontekście.

Kody ICD-10
– Problem może wywoływać wiele różnych symptomów.

Zatrzaśnięcie mózgu trójni: „Straciłem podstawową umiejętność"

Zdarzenie to ma miejsce, gdy jeden z mózgów czuje się tak bardzo odrzucony i zaatakowany przez pozostałe mózgi, że ulega zatrzaśnięciu, czyli krótko mówiąc – popełnia odwracalne samobójstwo. To sprawia, że dana osoba traci zasadniczą zdolność, którą posiada ów mózg. W przypadku zatrzaśnięcia mózgu umysłu dochodzi do utraty zdolności formułowania osądów, na przykład podjęcie decyzji wyboru między dwiema rzeczami w sklepie. W przypadku zatrzaśnięcia mózgu serca tracimy zdolność odczuwania innych osób jak ludzi – odczuwamy ich jako przedmioty. W przypadku mózgu ciała tracimy poczucie upływu czasu. Zatrzaśnięcie może być częściowe lub całkowite, toteż symptomy będą albo całkowite, albo ekstremalne. Zaobserwowaliśmy ten problem u ludzi, u których pod koniec doświadczenia ze środkami halucynogennymi dochodziło do zatrzaśnięcia mózgu.

Dzięki zastosowaniu umiejętności szczytowej, którą nazywamy „widzeniem mózgów", można zobaczyć, że zatrzaśnięty mózg – zamiast mieć kształt piłki – wygląda na spłaszczony, jakby przejechał go samochód. W komórce prymarnej odpowiada to uszkodzeniu punktu w merkabie odpowiadającemu konkretnemu mózgowi.

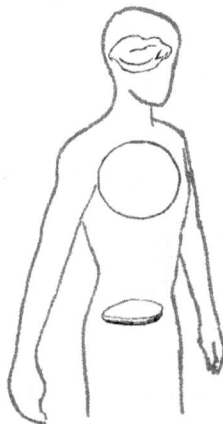

Ryc. 10.19. Normalnie świadomości mózgów wyglądają jak sfery z rozpulchnionymi obrzeżami. Świadomość zatrzaśniętego mózgu wygląda na spłaszczoną, jakby przejechał go samochód. (Owe obrazy mózgu trójni spowodowane są infekcją grzybową wewnątrz bloków świętych bytów).

Słowa-klucze w opisie symptomów

• Czuję się upośledzony; brak normalnej, zwyczajowej zdolności.
• Nie potrafię podejmować decyzji; Ludzie wydają mi się przedmiotami; Czas jakby się zatrzymał.

Pytania do diagnozy
• Co aktywowało ten problem? (poszukaj konfliktów między mózgami trójni).

Diagnoza różnicująca
Spłaszczone emocje: częściowe zatrzaśnięcie mózgu serca może przypominać przypadek spłaszczonych emocji, jednak w przypadku spłaszczonych emocji ludzie nie wydają nam się przedmiotami; można przeprowadzić test sprawdzając, czy działa technika projekcji Courteau.

Autyzm: w przypadku autyzmu ludzie również odbierają innych ludzi jak przedmioty, jednak towarzyszy temu poczucie przebywania w szklanym pudle, a w przypadku zatrzaśnięcia mózgu tego poczucia brak.

Uzdrawianie
– Należy zastosować technikę projekcji Courteau.

Typowe błędy w technice
– Terapeuta zapomina o tym, by wybrać kilka osób do zastosowania techniki projekcji i znaleźć ich wspólne cechy.

Przyczyna źródłowa
– Zasadniczo jest to decyzja o zatrzaśnięciu, którą podejmuje konkretny mózg trójni.

Częstotliwość symptomów i dotkliwość
– Problem ten występuje bardzo rzadko, może mieć charakter częściowy lub całkowity.
– Osoby z zatrzaśniętym mózgiem często czują ulgę, że mózgu, który uległ zatrzaśnięciu, już nie ma, ale są sfrustrowani utratą funkcji będącą konsekwencją tego zdarzenia.

Ryzyko
– Standardowe ryzyko dla psychoterapii traumy.

Kody ICD-10
– F60.2, F60.9

Siateczka wirusowa: „Odczuwam nacisk lub migrenowy ból głowy"

Wiele, a być może większość „migrenowych" bólów głowy jest spowodowanych aktywnością wirusów. Tacy klienci mają cząsteczki wirusowe, które łączą się tworząc „sieć" (przypomina ona koronkową serwetkę) otaczającą część lub wszystkie geny w jąderku, mniej więcej w połowie drogi między skupiskiem genów a membraną jądrową. Ten materiał wirusowy odczuwa imperatyw, by dostać się do środka jądra po to, by móc aktywować własną funkcję życiową. Owa sieć wirusowa naciska do wewnątrz, wywołując – odpowiadający temu działaniu – zazwyczaj bolesny ucisk w części lub w całej głowie (gdyż jądro jest odczuwane przez większość ludzi jakby było głową).

Niektórzy klienci mają ów problem z siateczką wirusową stale (z odpowiadającym mu ciągłym bólem głowy), a niektórzy tylko tymczasowo. Co bardziej niepokojące, klienci posiadający sieć wirusową mogą aktywować jej tworzenie się u innych podatnych osób. Owa indukcja siateczki wirusowej może występować w relacjach indywidualnych – na przykład między matką a córką – ale jest także często spotykane w organizacjach. Osoby z tym problemem wywołują symptomy u innych, pobudzając ich do uczestniczenia w dramacie emocjonalnym. Taka aktywacja pojawia się także w grupach. Problem siateczek wirusowych eliminowany jest przez proces stanów szczytowych dla certyfikowanych terapeutów – ucisk ustępuje natychmiast.

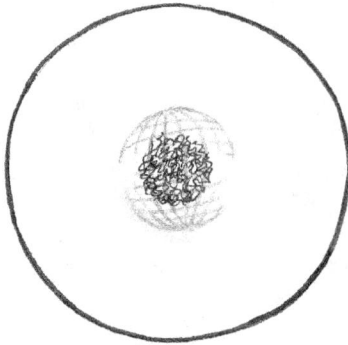

Ryc. 10.20. Wirusowe niteczki (jak sądzimy) tworzą „koronkową" siateczkę wokół jąderka z genami, która – zaciskając się – wywołuje bóle głowy lub migreny. Siateczka może otaczać jądro częściowo lub w całości.

Słowa-klucze w opisie symptomów
- Czuję uciskowy ból głowy; mam migrenę, czuję, jakby moja głowa była ściskana.
- Osoba stymuluje dramat emocjonalny i wciąga innych w opór lub oddzielenie od nauczyciela/szefa.

- Zdradzam ludzi, którzy mi ufają; zakłócam działanie organizacji, w której jestem; muszę być w centrum uwagi.

Pytania do diagnozy
- Co wywołało ten problem? (Mój rodzic/ukochana osoba jest na mnie bardzo zły/zła).
- Czy zdarzyło się to już wcześniej? (tj. zakłócenie funkcjonowania grupy/organizacji).
- Czy czujesz uciskowy ból głowy w konkretnym miejscu przez większość czasu lub bez przerwy?

Diagnoza różnicująca
S-dziury: potrzeba miłości i uwagi przez cały czas, ale głowa nie robi wrażenia ściśniętej.
Trauma biograficzna: ból jest wynikiem długotrwałego napięcia mięśniowego; siateczka wirusowa wywołuje ucisk tylko na głowę.
Asocjacja: z jakiegoś powodu potrzebny mi dokładnie ten ból; wielkość ciśnienia wywołanego przez siateczkę wirusową może się powiększać lub zmniejszać.
Czakra: czuję, że coś na mnie naciska lub rozrywa moje kości w jednym z tradycyjnych miejsc położenia czakr; ciśnienie wywoływane przez siateczkę wirusową odczuwa się tak, jakby jarmułka czy piuska uciskała głowę.
Pasożyty insektopodobne: człowiek może czuć się dźgany/rozrywany/spalany w dowolnym miejscu w ciele, nie ma tu uczucia nacisku.
Pętla dźwiękowa: ten organizm bakteryjny może wywoływać presję na zewnątrz na membranę jądrową (głowę); siateczka wirusowa wywiera ucisk do wewnątrz, do środka jąderka (głowy).

Uzdrawianie
- U niektórych klientów uzdrowienie traumy umiejscowionej w splocie słonecznym podczas migreny (lub zastosowanie regresji do zdarzenia migrenowego) może zredukować lub wyeliminować symptomy.
- Eliminacja siateczki wirusowej jest obecnie licencjonowanym procesem dla certyfikowanych terapeutów stanów szczytowych.

Typowe błędy w technice
- Błędna diagnoza przyczyny symptomu ucisku.

Przyczyna źródłowa
- Siateczka wirusowa wewnątrz jądra, która uciska na jąderko, wywołując odpowiednie symptomy w głowie.

Częstotliwość symptomów i dotkliwość
- Ból wywołany przez ucisk jest pobudzany u większości ludzi raczej rzadko (i generalnie mija, jeśli unika się osoby, która pobudziła u nich dramat emocjonalny).
- Osoby mające ten problem permanentnie i które wywołują go u innych należą do rzadkości, ale są bardzo zauważalne w kręgu rodziny lub przyjaciół.

Ryzyko
- Standardowe ryzyko dla psychoterapii traumy.

Kody ICD-10
- F24, F60.3, G43, R51

Rozdział 11

PRZYPADKI SUBKOMÓRKOWE BLOKUJĄCE (LUB UDAJĄCE) UZDROWIENIE TRAUMY

Problemy klientów mogą być bezpośrednio lub też *pośrednio* wynikiem działania traumy, na co wskazują liczne przypadki subkomórkowe opisane w poprzednich rozdziałach. Tym samym zdolność do szybkiego i skutecznego uzdrawiania traum jest u terapeuty umiejętnością o znaczeniu podstawowym. Jednak bardzo często uzdrawianie nie działa – pomimo zastosowania właściwej techniki terapeutycznej.

W poprzednich rozdziałach opisywaliśmy, w jaki sposób uzdrawianie traumy może się nie powieść w wyniku niewłaściwej diagnozy – gdyż u klienta występował tak naprawdę problem subkomórkowy, a nie prosta trauma („prosta" w takim sensie, że źródłem symptomu jest utknięta nitka mRNA traumy i mają zastosowanie dobrze znane, standardowe techniki, a nie w sensie jej wpływu na życie danej osoby). Na przykład, podstawowa zasada przy stosowaniu terapii meridianowej brzmi: *Jeśli nie doszło do zmiany w ciągu dwóch-trzech minut, należy przerwać terapię i zastanowić się, dlaczego nie działa.* Przy założeniu, że prowadzimy terapię prawidłowo, z treści poprzednich rozdziałów wynika, że problemem nie jest trauma, ale raczej – z większym prawdopodobieństwem – przypadek subkomórkowy, często „kopia".

W niniejszym rozdziale przyglądamy się bliżej innym niestandardowym, w większości przypadków nieznanym lub nierozpoznanym powodom, które do tej pory udało nam się odkryć, dla których terapia uzdrawiania traumy kończy się niepowodzeniem – zarówno w przypadkach ogólnych, jak i specyficznych. Powody te można również uznać za „przypadki subkomórkowe" – niestety klient może mieć więcej niż jeden tego typu problem jednocześnie. Choć wiele z tych przypadków nie jest powszechnie znanych, nie oznacza to, że występują rzadko – wręcz przeciwnie. Czytelnik prawdopodobnie zastanawia się, które z opisanych tu sytuacji występują najczęściej, jednak trudno to stwierdzić, gdyż w przypadku każdego problemu i każdego klienta jest inaczej. Tym samym terapeuta musi poznać cechy charakterystyczne każdego z przypadków (tak jak rzecz się ma w kwestii przypadków subkomórkowych) i pamiętać o nich, gdyby proces terapeutyczny utknął lub nie działał.

Ponadto istnieje kilka zwykłych przypadków, dla których proces uzdrawiania traumy nie działa. Na przykład niektóre problemy wiążą się z tak intensywnymi uczuciami, że klient nie jest w stanie lub nie chce stawić im czoła. Większość terapii dysponuje rozmaitymi trikami, które mają klientowi w takim przypadku pomóc. Z naszego punktu widzenia terapeuta może sprawdzić, czy istnieją jakieś traumy pokoleniowe, które sprawiają, że problem wydaje się zbyt osobisty, by stawić mu czoła, albo też czy wybrana terapia traumy po prostu nie działa zbyt dobrze w przypadku tego konkretnego klienta lub tej konkretnej traumy – różne rodzaje terapii zazwyczaj okazują się skuteczniejsze od innych w przypadku niektórych rodzajów problemów. Albo też być może klient nie zdaje sobie sprawy z tego, że terapia nie przebiega prawidłowo. W takich przypadkach pomóc może zmiana rodzaju terapii. Jest rzeczą jasną, że posiadanie dobrego „zestawu narzędzi" zawierającego terapie traumy oraz doświadczenie w ich stosowaniu jest niezbędnym wyposażeniem każdego terapeuty.

Odkryliśmy empirycznie, że istnieją trzy główne powody, dla których klientów nie da się uzdrowić. Najpowszechniej spotykanym powodem jest występowanie u terapeuty traumy „rezonującej" – identycznej lub komplementarnej wobec traumy klienta. Klient może poczuć nieświadomą reakcję terapeuty na problem, toteż może nie czuć się wystarczająco bezpiecznie, by kontynuować. Drugi często spotykany powód to nieświadoma niechęć terapeuty, by klient się zmienił. Jest to zazwyczaj wynik nielogicznych asocjacji, w których klient nieświadomie przypomina terapeucie kogoś z przeszłości lub też terapeuta zazdrości tej drugiej osobie itd. Co dziwne, *najrzadziej* spotykany problem jest jednocześnie problemem, któremu poświęcamy najwięcej czasu – technika nie jest wystarczająco dobra. Z drugiej strony istnieje kilka bardzo ciekawych powodów, dla których klient zostaje uzdrowiony, nawet jeśli technika *nie* była odpowiednia lub właściwa dla problemu: na przykład klient po prostu potrzebował na tyle dużego poczucia bezpieczeństwa, by zmierzyć się z problemem, lub też terapeuta nieświadomie pomagał klientowi w uzdrowieniu, tymczasowo wywołując u niego stan szczytowy, albo też terapeuta nieświadomie zastosował metodę uzdrawiania na odległość, jak DPR, zastępcze EFT itp.

Leki psychoaktywne: „Po prostu nie jestem w stanie tego poczuć"

W tej części koncentrujemy się na skutkach działania leków psychoaktywnych (wydawanych na receptę) w trakcie uzdrawiania traumy. Opiszemy nasze doświadczenia ze stosowania techniki Uzdrawiania Całym Sercem (WHH – Whole-Hearted Healing) – istnieje prawdopodobieństwo, że w przypadku innych terapii problemy będą podobne.

Na szczęście tylko kilka leków psychoaktywnych może zablokować lub radykalnie spowolnić uzdrawianie traumy. Jednak wielu klientów – o ile się ich nie zapyta – zapomina wspomnieć o zażywaniu leków wydawanych na receptę lub innych. Tym samym przy wypełnianiu ankiet informacyjnych przez klientów należy sprawdzić przyjmowanie tego rodzaju substancji. Więcej na temat zagadnień związanych z przyjmowaniem leków, efektami ubocznymi, wycofaniem i innymi problemami znaleźć można w książce *The Whole-Hearted Healing workbook* Pauli Courteau.

Wiele leków wywołuje skutki uboczne indukujące symptomy schizofrenii i innych poważnych chorób psychicznych. Upewnijcie się, że w trakcie diagnozy sprawdziliście historię przyjmowania leków przez klienta i jak obecnie to wygląda.

Benzodiazepiny. Valium (Diazepam), Klonopin, Xanax, Ativan (Lorazepam), Librium i niektóre inne leki należą do klasy leków zwanych benzodiazepinami, które działają jak środek uspokajający na ośrodkowy układ nerwowy. Innymi słowy spowalniają one aktywność tego układu. Matt Fox pisze: „Gdy próbowałem przeprowadzić WHH na klientach przyjmujących benzodiazepiny, rezultaty były albo wyjątkowo powolne, albo klient nie mógł wystarczająco „zebrać się w sobie" pod względem emocjonalnym, by skoncentrować się na interwencji. Nie lubię stosować WHH ani EFT na klientach przyjmujących benzodiazepiny i zalecam rozmowę z lekarzem o ich odstawieniu".

SSRI i lit. Z doświadczenia naszego i innych osób stosujących terapie mocy wynika, że ani lit ani selektywne inhibitory zwrotnego wychwytu serotoniny (SSRI, takich jak Paxil czy Prozac) nie zakłócają procesu regresji. Można – i należy – pozostać przy przyjmowaniu leków w trakcie terapii.

Trójpierścieniowe leki przeciwdepresyjne. Trójpierścieniowy lek przeciwdepresyjny o nazwie dezypramina może blokować proces regresji. Problem ten wystąpił u klienta, który przyjmował lek w pełnej dawce. Obecnie, wraz z pojawieniem się SSRI, lekarze zazwyczaj przepisują dezypraminę i inne trójpierścieniowe leki przeciwdepresyjne w przypadku chronicznego bólu, a nie depresji. Dawka podawana przed zaśnięciem w przypadku kontroli bólu wynosi jedną dziesiątą dawki przeciwdepresyjnej i jest mało prawdopodobne, by wywołała jakiś problem. Wykazaliśmy, że jest w pełni możliwe przeprowadzenie regresji i skuteczne uzdrowienie nawet w przypadku nieco zwężonego zakresu odczuwania emocjonalnego. Upewnijcie się, że klient nie odstawi leku bez obserwacji ze strony swojego lekarza.

Psychologiczne odwrócenie (trauma strzegąca):
„Tapuję od kilku godzin i nic się nie dzieje"

Prawdopodobnie najczęściej spotykany problem blokujący terapię uzdrawiania traumy jest – gdy zostanie zrozumiany – dosyć prosty. Klient ma „traumę strzegącą" – traumę, która mówi klientowi, że potrzebuje innej traumy. Na przykład trauma strzegąca może brzmieć: „Muszę mieć się na baczności, inaczej ludzie mnie wykorzystają", podczas gdy trauma, której klient bez powodzenia próbuje się pozbyć, brzmi: „Nie czuję się bezpiecznie". Można także mieć trauma strzegącą, która strzeże inną traumę, która strzeże jeszcze inną traumę, i tak dalej. Na szczęście można uzdrowić traumę strzegącą, a gdy to zrobimy, możemy z kolei uzdrowić „chronioną" traumę. Meridianowa terapia BSFF wykorzystuje takie właśnie podejście.

W terapii meridianowej EFT w przypadku tego problemu stosowane jest inne podejście. W EFT ową traumę strzegącą nazywa się zjawiskiem „psychologicznego odwrócenia" i leczenie go polega na pocieraniu węzłów chłonnych, by tymczasowo zneutralizować jego działanie. To może zadziałać dobrze, ale w przypadku poważnej traumy strzegącej okno czasowe pozwalające uzdrowić traumę docelową przed reaktywacją traumy strzegącej może być bardzo krótkie, rzędu kilku sekund. To zbyt krótko, by przeprowadzić uzdrawianie.

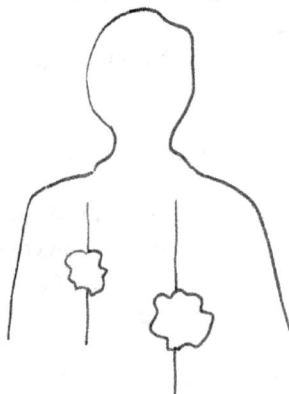

Ryc. 11.1. W około 10-20% przypadków tapowanie nie działa, ponieważ istnieje druga trauma, która mówi klientowi, żeby nie uzdrawiał pierwszej traumy. Wygląda to jak dwie nitki traumy nałożone na obraz ciała.

Inne terapie traumy są w mniejszym stopniu dotknięte tym problemem. Na przykład w technice regresji WHH zazwyczaj da się wyleczyć traumę pomimo działania jakiejkolwiek traumy strzegącej. Jednak zazwyczaj pracuje się łatwiej, gdy nie ma tego typu traumy.

Na najgłębszym poziomie traum większość ludzi opiera się uzdrowieniu (pozytywnej zmianie), ponieważ pobudzeniu ulega trauma bezdechu – uczucie to jest zazwyczaj całkowicie blokowane na poziomie świadomości. Poproszenie klienta, by celowo przeskanował ciało w poszukiwaniu uczuć uduszenia w trakcie uzdrawiania może pomóc w uświadomieniu sobie tego mechanizmu, jeśli nie uległ on zbyt silnemu stłumieniu.

W przypadku chorób psychologicznie odwracalnych działa całkowicie odmienny mechanizm. Do przykładów należy rak, stwardnienie rozsiane oraz zespół chronicznego zmęczenia. W przypadkach tych klient opiera się lub unika jakiegokolwiek procesu eliminującego symptomy. Zachowanie takie, choć czasami może się wydawać dziwne, ma miejsce, ponieważ ciało klienta czuje, że potrzebuje choroby, by stłumić poważniejszy (jego zdaniem) problem – nawet jeśli choroba w końcu zabija klienta. Uzdrawianie tych problemów polega na wyeliminowaniu w pierwszej kolejności problemu bazowego, a potem samej choroby.

Słowa-klucze w opisie symptomów
- Po prostu nie potrafię tego zrobić; nie wolno mi tego puścić; nie jestem bezpieczny bez tego problemu.
- Nic się nie dzieje, gdy próbuję się uzdrowić.
- Uzdrawianie jest bardzo powolne.
- Nie mogę kontynuować sesji uzdrawiania, muszę teraz zrobić coś innego (na przykład nakarmić kota).

Pytania do diagnozy
- Czy minęły już trzy minuty od rozpoczęcia tapowania i brak jakichkolwiek efektów?
- Czy pod koniec procesu terapii istnieje cień uczucia, niczym wspomnienie?

Diagnoza różnicująca
Dylemat: klienta ciągnie w różnych kierunkach, ale nic nie blokuje procesu uzdrawiania.

Asocjacja: często brak ewidentnego związku/relacji z problemem, brak przekonania, tylko wrażenie.

Blokada plemienna: problem wydaje się ciężki.

Trauma o wielu korzeniach: zazwyczaj dochodzi do pewnej niewielkiej zmiany wraz z rozpuszczaniem kolejnych korzeni jednego po drugim.

Uzdrawianie
- Należy znaleźć wywołane przez traumę przekonanie/przekonania co do tego, czemu klient musi zatrzymać część lub całość traumy docelowej. Najprostszym sposobem jest wyobrażenie sobie przez klienta stanu, w którym uzdrawiana

trauma znikła – to wywoła uczucia traumy strzegącej. Gdy uczucia zostaną zidentyfikowane, należy uzdrowić je w pierwszej kolejności, a potem powrócić do pierwotnej traumy.
- Należy zastosować metodę psychologicznego odwrócenia z metody EFF, by tymczasowo wyłączyć traumę strzegącą.
- Należy zastosować terapię mózgów trójni, by mózgi nie przeszkadzały w uzdrawianiu.

Typowe błędy w technice
- Nieuświadomienie sobie istnienia traumy strzegącej.
- Klient nie dostrzega, że problem wciąż się utrzymuje.

Przyczyna źródłowa
- Trauma może sprawić, że dana osoba zablokuje uzdrawianie innej traumy, np.:
„Potrzebuję tego traumatycznego uczucia, by przetrwać".

Częstotliwość symptomów i dotkliwość
- Problem w większości przypadków występuje rzadko. Jest dość często spotykany
w przypadku problemów chronicznych lub długotrwałych.

Ryzyko
- Standardowe ryzyko dla psychoterapii traumy.

Kody ICD-10
- Nie zidentyfikowano dotychczas żadnego konkretnego kodu.

Obejście traumy (bypassy):
„Potrafię uzdrawiać się bez wysiłku i natychmiast"

Pierwszy raz napotkaliśmy ten problem w 2005 roku. Pewna osoba, która była samozwańczym, potężnym uzdrowicielem i szamanem bardzo zachorowała. Próbując zdiagnozować przyczyny choroby, znaleźliśmy wiele struktur umiejscowionych na wewnętrznej stronie membrany jądrowej. Owe struktury przypominały wstążki i każda z nich była okręcona wokół utkniętego genu. Wyeliminowanie tych struktur sprawiło, że osoba ta nagle poczuła wszystkie traumy, które owe struktury blokowały. Później odkryliśmy, że niektórzy szkolący się u nas studenci „natychmiast" leczyli momenty traumy – jednak zamiast je uzdrowić, tworzyli takie same struktury.

Niektóre terapie, jak się zdaje, uczą ludzi, jak celowo to robić. Choć symptomy znikają, nie jest to jednak dobry pomysł – utknięty gen nadal nie zostaje wyrażony – to tak, jakby odciąć sobie palec, by pozbyć się swędzenia po ukąszeniu komara. Choć możliwe jest jednoczesne wyeliminowanie wszystkich bypassów, podejście to trzeba omówić z klientem przed rozpoczęciem terapii. Co ciekawe, niektóre z poznanych przez nas osób tworzących bypassy powiedziały nam, że czują, iż stosowana przez nich technika (tudzież samodzielnie opracowana metoda wewnętrzna) tworzenia bypassów w jakiś sposób im szkodzi, choć nie potrafili stwierdzić dlaczego. W większości przypadków osoby te nie były naszymi klientami – zazwyczaj widujemy je jedynie na szkoleniach dla terapeutów.

Istnieje inny, znacznie rzadziej spotykany mechanizm biologiczny, który również pozwala klientowi natychmiast blokować traumatyczne odczucia. W takim przypadku subkomórkowym klient nakłada strukturę mózgu korony na nitkę traumy w cytoplazmie. Choć w obu przypadkach chęć uniknięcia bólu wraz z natychmiastowym i rzeczywistym usunięciem symptomów są te same, leczenie jest inne – klienta trzeba poprowadzić przez proces uzdrawiania potrzeby, jaką odczuwa mózg korony, by tworzyć owe struktury.

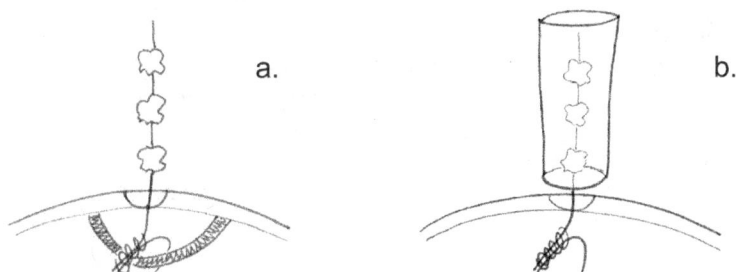

Ryc. 11.2. Ilustracja przedstawia przekrój jądra. (a) Utknięty gen w jądrze otoczony jest strukturą przypominającą most. Blokuje on świadomość nitki traumy. (b) Struktura mózgu korony „otula" nitkę traumy, by zablokować uczucia wywołane przez rybosomy danej traumy.

Słowa-klucze w opisie symptomów

- Potrafię sprawić, że trauma znika natychmiast/bardzo szybko; dzieje się tak dlatego, że jestem potężnym _____ (szamanem, uzdrowicielem, duchowym typem człowieka, nauczycielem)
- Terapeuta potrafi dostrzec brak spójności między tym, jak prezentuje się klient (zachowanie, sposób mówienia) a głębszym poziomem jego funkcjonowania.

Pytania do diagnozy

- Czy uzdrawianie traum przebiega u ciebie natychmiast i łatwo?
- Czy doświadczasz uczucia ciszy, spokoju i lekkości pod koniec uzdrawiania, czy tylko eliminacji bólu emocjonalnego?
- (Dla terapeuty: czy klient wydaje się być kimś wyjątkowym w odczuwaniu współczucia i akceptacji? Jeśli tak, prawdopodobnie ich uzdrawianie jest wynikiem stanu, a nie bypassu).

Diagnoza różnicująca

Stan Bycia Obecnym: postępy w uzdrawianiu idą szybko, ale nie natychmiastowo; należy sprawdzić atrybuty stanu – czy klient automatycznie może znaleźć się w ciele, czy przejawia wyjątkowy poziom kochania siebie i samoakceptacji.

Niestabilny stan Ścieżki Piękna: gdy obecne jest uczucie żywotności, symptomy znikają, gdy dochodzi do utraty uczucia żywotności, symptomy powracają.

Struktura mózgu korony: należy sprawdzić empirycznie, stosując metodę eliminacji struktury mózgu korony.

Uzdrawianie

- W przypadku bypassów genowych: obecnie jest to licencjonowany proces dla certyfikowanych terapeutów stanów szczytowych.
- W przypadku struktur mózgu korony: należy poprosić klienta, by poczuł symptomy i spróbował dokonać regresji. Następnie należy poprosić o wyczucie struktury mózgu korony przypominającej dzwon otaczający ciało. Należy przeprowadzić uzdrawianie struktury mózgu korony na tym dzwonie – trauma, dla której został zbudowany bypass, powinna się teraz normalnie uzdrowić.

Typowe błędy w technice

- Należy być przygotowanym na wypływ traumy po eliminacji tych struktur.

Przyczyna źródłowa

- Klient tworzy w jądrze strukturę bypassu traumy (by jej nie czuć), która otacza utknięty gen i blokuje odczuwanie symptomów.

Częstotliwość symptomów i dotkliwość

- Problem występuje rzadko.

Ryzyko
– Po uzdrowieniu bypassów może dojść do wypływu traumy. Mogą wystąpić emocjonalne trudności w zaakceptowaniu idei bypassów traumy, gdyż stoją one w sprzeczności z wizerunkiem siebie jako potężnego lub wykwalifikowanego uzdrowiciela.

Kody ICD-10
– Nie zidentyfikowano dotychczas żadnego konkretnego kodu.

Wpływ blokady plemiennej: „Uzdrawianie ulega spowolnieniu lub zatrzymaniu, gdy próbuję uzdrowić ten moment"

Zjawisko blokady plemiennej może wywołać trudności w uzdrowieniu konkretnych traum. Po raz pierwszy zauważyliśmy ten problem, gdy studenci mieli dotrzeć do konkretnych zdarzeń rozwojowych w celu ich uzdrowienia. W owym czasie korzystaliśmy z techniki EFT. Odkryliśmy, że dany moment po prostu nie uzdrawiał się we właściwy sposób. Po przejściu na proces WHH studentom udawało się dokonać uzdrowienia, ale było to dużo trudniejsze, niż być powinno. Okazało się, że jest to problem blokady plemiennej – każda komenda Gai w zdarzeniu rozwojowym była przez ten problem blokowana.

Osoby wychowane w dwóch kulturach mają dwa problemy – mają dwa różne typy borga – po jednym z każdej kultury. Jeśli klient w szczególności próbuje odrzucić jedną z kultur, odpowiadający jej borg da o sobie znać jako niekomfortowe uczucie przyczepione gdzieś do ciała. Borg drugiej kultury będzie zajmował miejsce w pępku. Problem ten najlepiej uzdrawiać poprzez eliminację borga za pomocą procesu Cichego Umysłu.

Ów przypadek subkomórkowy omawialiśmy już w poprzednim rozdziale – zawarliśmy go w tej części dlatego, że może on spowolnić lub uniemożliwić proces uzdrawiania traumy.

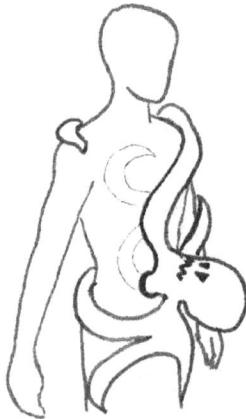

Ryc. 11.3. Borg kontrolujący zachowanie klienta może być odczuwany jako coś na albo w ciele. Miejscem kontrolnym jest pępek. W przypadkach osób „dwukulturowych" drugi kontrolujący borg przenosi się do innego miejsca.

Słowa-klucze w opisie symptomów

- Nic się nie zmienia; uzdrawianie nie chce się dokończyć; nie wiem, co jest nie tak; trudniej działać w grupie; czuję się ciężki, gdy próbuję się uzdrowić.

Pytania do diagnozy

- Gdy wymawiasz komendę Gai i myślisz o momencie traumy, czy pojawia się w pępku jakiś ton emocjonalny?
- Gdy koncentrujesz się na uzdrawianym problemie, jaki ton emocjonalny pojawia się w pępku?

Diagnoza różnicująca

Trauma strzegąca: trauma strzegąca ma własne odczucie; blokada plemienna wywołuje uczucie ciężkości u klienta, jak gdyby niósł plecak, gdy podejmuje próbę uzdrowienia.

Uzdrawianie

- Należy zastosować standardową technikę blokady plemiennej, lecząc jeden problem po drugim.
- Należy przeprowadzić proces Cichego Umysłu (Silent Mind Technique), by pozbyć się grzyba wywołującego zjawisko blokady plemiennej.

Typowe błędy w technice

- Brak utrzymania koncentracji na uzdrawianym problemie lub przeskakiwanie do innego problemu podczas pracy nad blokadą plemienną.

Przyczyna źródłowa

- Blokada plemienna wywoływana jest przez infekcję grzybową 2. klasy (borga) w interakcji z innymi ludźmi zainfekowanymi tym konkretnym podgatunkiem (rodziną i ogólniejszą kulturą społeczną).

Częstotliwość symptomów i dotkliwość

- Różne kultury przejawiają różny opór przed uzdrawianiem – na przykład polscy studenci mieli więcej problemów niż większość innych kultur.

Ryzyko

- Standardowe ryzyko dla psychoterapii traumy.

Kody ICD-10

- F43.2

Trauma związana ze ścieżką życia:
"Nie mogę znaleźć tego, co naprawdę chciałbym robić w życiu"

Po raz pierwszy napotkaliśmy ten problem subkomórkowy empirycznie w 2004 roku – nasi australijscy studenci mieli ogromne trudności z uzdrowieniem pewnego materiału traumatycznego, *jeśli* miało to coś wspólnego z ich celem życiowym, czy też optymalną ścieżką życia. Gdy zmieniliśmy technikę i poprosiliśmy ich o przyjrzenie się swojemu oporowi wobec optymalnej ścieżki życia, te konkretne traumy zostały szybko zidentyfikowane i względnie łatwo uzdrowione. Zaletą metody "ścieżki życia" jest to, że owe traumy już nie blokują świadomości i uzdrawiania tych motywacji.

Wiele lat później odkryliśmy, że owe ścieżki stanowiły część grzybowego organizmu żyjącego po wewnętrznej stronie membrany jądrowej. Ma on ogromny i negatywny wpływ na życie danej osoby. Odczucia traumy sprawiające, że dana osoba opuszcza "jasną" ścieżkę płyną z miejsc na membranie, gdzie ścieżka krzyżuje się z porem jądrowym z utkniętym genem (z odczuciami traumy). Dla świadomości tej osoby optymalnym rozwiązaniem jest nieznajdowanie się w ogóle na owej sieci ścieżek – ale bardzo niewielu ludzi jest odizolowanych od pasożyta.

Pracujemy z tym problemem na trzy sposoby: 1) w przypadku klientów, którzy muszą w przyszłości podjąć jakąś decyzję należy uzdrowić wszelki ładunek emocjonalny związany z wyborami i następnie wybrać ten wariant, który wydaje się "najjaśniejszy"; 2) należy zastosować proces stanów szczytowych, by klient mógł "widzieć" ścieżkę i celowo uzdrowić złe wybory (choć bardzo niewielu klientów jest gotowych na to, by konsekwentnie trzymać się optymalnej ścieżki); 3) albo też zastosować proces stanów szczytowych, by wyeliminować organizm grzybowy.

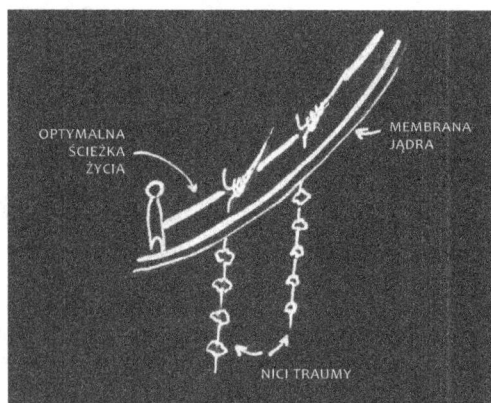

Ryc. 11.4. Organizm grzybowy ścieżki życia znajduje się na wewnętrznej stronie powierzchni membrany jądrowej. Można go także "zobaczyć" w "czarnej przestrzeni" jako ścieżkę u swoich stóp, która rozciąga się w przód w czasie i zawiera wiele punktów decyzyjnych.

Słowa-klucze w opisie symptomów
* Ścieżka życia; co naprawdę chcę robić; lęk przed nieznanym; nie mogę znaleźć problemu; leczenie posuwa się bardzo wolno lub jest bardzo ciężkie.

Pytania do diagnozy
* Czy problem, który tak trudno znaleźć lub uzdrowić, ma związek z tym, co naprawdę chcesz robić w przyszłości (przyszłości bez podejmowania prób, by czuć się kimś szczególnym lub zauważanym)?

Diagnoza różnicująca
Blokada plemienna: blokada plemienna sprawia, że dana osoba odczuwa ciężar, gdy próbuje się opierać, i emocjonalnie płaska, gdy się nie opiera; blokada celu życiowego jest odczuwana jako emocjonalnie neutralna i jakby bardziej obojętna/"niewidoczna".

Uzdrawianie
– Należy zastosować licencjonowany proces dla certyfikowanych terapeutów stanów szczytowych dla ścieżki życia.

Typowe błędy w technice
– Nieuzyskanie pełnego odczucia stanu euforii.

Przyczyna źródłowa
– Znajdowanie się na optymalnej ścieżce życia wymaga uzdrowienia traum, które czasem trudno znaleźć lub którym trudno stawić czoła za pomocą normalnych technik.

Częstotliwość symptomów i dotkliwość
– Problem rzadko spotykany, gdyż pojawia się tylko w związku z problemami dotyczącymi oporu przed znajdowaniem się na optymalnej ścieżce życia.

Ryzyko
– Standardowe ryzyko dla psychoterapii traumy.

Kody ICD-10
– Brak konkretnych kodów.

Opór stawiany przez pasożyty:
„Boję się zrobić cokolwiek w kierunku zmian"

Gdy otoczenie komórki prymarnej ulegnie zakłóceniu lub poprawie wskutek uzdrawiania, pasożyty w komórce mogą uznać zmianę za niekomfortową lub zagrażającą i będą chciały ją zatrzymać. Odkryliśmy, że wielu ludzi, szczególnie populacja klientów nisko funkcjonujących, opierają się uzdrowieniu, ponieważ nie potrafią dostrzec różnicy między nimi a pasożytami wewnątrz komórki prymarnej. Czasami pasożyty wywołują bolesne odczucia, które znikną – jak klient już zdążył się nauczyć – jeśli przestanie podejmować próby wprowadzenia zmian, trochę jak jeździec, który smaga batem krnąbrnego, ale dobrze wyszkolonego konia. W innych przypadkach emocjonalne pragnienie, by otoczenie komórki prymarnej przestało się zmieniać, faktycznie jest w pasożycie, ale klient odbiera te uczucia jako własne. (Co ciekawe, niektórzy w ogóle nie odczuwają uczuć pasożytów, choć większość ludzi w mniejszym lub większym stopniu to robi). Tym samym wskutek lęku przed karą lub zaburzeniem tożsamości, klient unika lub opiera się uzdrawianiu/zmianie nawet wtedy, gdy tego pragnie.

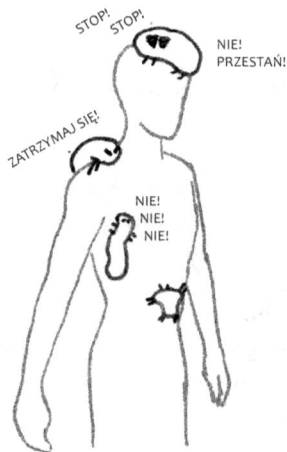

Ryc. 11.5. Prawie wszyscy ludzie mylą swoje pragnienia i działania z pragnieniami i działaniami pasożytów znajdujących się w komórce prymarnej. Organizmy te nie chcą żadnych zmian w ich środowisku, co prowadzi do podobnych zachowań w codziennym życiu klienta.

Pasożyty wpływają także na nas w taki sposób, byśmy zmienili wewnętrzne środowisko komórki na takie, które będzie dla nich bardziej komfortowe lub sprzyjało ich reprodukcji. Na przykład – co jest dość sprzeczne z intuicją – emocjonalnie pozytywne doświadczenia grupowe ułatwiają namnażanie się wielu gatunków infekcji bakteryjnych. Negatywne emocje również pośrednio wpływają na środowisko subkomórkowe, czyniąc je bardziej komfortowym dla rozmaitych pasożytów. Cukrzyca jest kolejnym przykładem pasożyta subkomórkowego wywierającego wpływ na swojego żywiciela, by ten zmodyfikował środowisko komórki prymarnej.

Słowa-klucze w opisie symptomów
* Opór; nie chcę; tylko nie zmiana; lęk; niepewność; zatrzymać się.

Pytania do diagnozy
* Czy masz wrażenie, że jakiś głos mówi ci, byś przerwał uzdrawianie?
* Czy czujesz, jakbyś był atakowany oraz że ta terapia wydaje się niebezpieczna?

Diagnoza różnicująca
Paplanina umysłowa: paplanina umysłowa brzmi tak, jakby coś mówili realni ludzie. Pasożyty są znacznie prostsze i nie stosują języka – robią tylko takie wrażenie.
Trauma bezdechu: opór jest wynikiem chęci uniknięcia uczucia bezdechu.

Uzdrawianie
– Nadal opracowywane. Ponieważ ludziom trudno dostrzec, że pasożyty nie są nimi samymi, wzięcie ich „na cel", by je wyeliminować, jest trudne.

Typowe błędy w technice
– Nieznane.

Przyczyna źródłowa
– Nieznana.

Częstotliwość symptomów i dotkliwość
– Problem często spotykany u wielu ludzi, szczególnie w nisko i średnio funkcjonującej populacji klientów.

Ryzyko
– Nieznane.

Kody ICD-10
– Może wywołać lęk w kodach F40-48.

Trauma o wielu korzeniach:
"Uzdrawiam się i uzdrawiam, a symptomy są nadal obecne"

Przy uzdrawianiu prostej traumy – biograficznej, pokoleniowej lub asocjacyjnej – zazwyczaj widzimy jeden, najwyżej dwa geny zakotwiczone w utkniętej nitce traumy. Gdy mamy kilka utkniętych genów podłączonych do nitki mRNA, nazywamy owe odnogi „korzeniami", gdyż wizualnie przypominają korzenie drzewa. Różne korzenie z osobna wnoszą odmienne jakości traumatyczne do późniejszej traumy, jak gdyby się sumowały (odpowiada to psychologicznemu doświadczeniu „posiadania więcej niż jednego źródła problemu"). Gdy w trakcie uzdrawiania gen uwalnia swoje mRNA, klient traci traumatyczne doznania powiązane z owym utkniętym genem. Niestety czasami widzieliśmy klientów, którzy mieli wiele, bardzo wiele korzeni dla danej traumy. Osoby te mogą uzdrowić jeden lub więcej korzeni traumy, a jednak nie będą sobie z tego zdawały sprawy, gdyż stopniowe zmiany w występujących symptomach są bardzo niewielkie. Szczególnie jeśli terapia przebiega wolno, gdyż leczymy jeden utknięty gen po drugim, może ona wydać się klientowi stratą czasu, nawet jeśli działa tak, jak powinna.

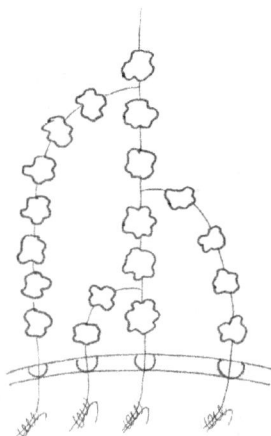

Ryc. 11.6. Rysunek przedstawia nitkę traumy o czterech korzeniach.
Znajdujące się wyżej traumy rybosomowe będą zawierały kombinację uczuć
z czterech utkniętych genów.

Słowa-klucze w opisie symptomów
• Brak zmian. Uzdrawianie nic nie zmienia. To daremne. Mam ten problem od dawna. Nic nie działa.

Pytania do diagnozy

- Czy konkretne źródła traumy ulegają rozpuszczeniu? Jeśli tak, to czy powracają?
- Czy istnieje choćby najdrobniejsza zmiana w występującym symptomie?
- Czy źródło traumy się uzdrowiło, ale symptom nadal istnieje?

Diagnoza różnicująca

Pętle czasowe: traumy w pętlach można wyeliminować, ale będą powracać; traumy o wielu korzeniach robią wrażenie, że się nie uzdrawiają (lub są niewielkie zmiany).

Uzdrawianie

- Należy zastosować technikę, która działa szybko w leczeniu jednego genu po drugim. Jeśli klient reaguje pozytywnie na opukiwanie, wystarczy opukiwać punkt gamut.

Typowe błędy w technice

- Zbyt szybka rezygnacja z terapii.

Przyczyna źródłowa

- Występujący problem jest wynikiem traumy o wielu korzeniach (utkniętych genach).

Częstotliwość symptomów i dotkliwość

- Na szczęście posiadanie wielu korzeni na nitce traumy jest bardzo rzadkie. Zazwyczaj jest to jeden korzeń, a górny limit to sześć korzeni. W jednym, bardzo niezwykłym, przypadku klient miał około 50 korzeni w jednej nitce traumy.

Ryzyko

- Standardowe ryzyko dla psychoterapii traumy.

Kody ICD-10

- Brak konkretnych kodów.

Pętle czasowe: „Trauma wróciła!"

Początkowo odkryliśmy ten problem, przyglądając się najwcześniejszym zdarzeniom rozwojowym. Po uzdrowieniu momentu traumy za pomocą WHH, w ciągu kilku minut (do kilku godzin) pierwotna trauma wracała dokładnie w takiej postaci, jak przed uzdrawianiem. Początkowo sądziliśmy, że może to być właściwość najwcześniejszych zdarzeń rozwojowych. Okazało się jednak, że jest to całkowicie odmienny mechanizm, który nazywamy „pętlami czasowymi". Jak sugeruje nazwa, podczas regresji można poczuć, że segment czasu w kółko się powtarza. Jeśli klient uzdrowi traumę w tej strefie czasowej, ulega ona przywróceniu do pierwotnej postaci. Z punktu widzenia terapeuty, „pętlę czasową" należałoby bardziej funkcjonalnie nazwać subkomórkowym przypadkiem „wznowienia traumy", która ulega aktywacji, gdy klient czuje niepokój lub lęk.

Biologia pętli czasowych jest fascynująca – fizyczna struktura prowadząca do owego wznowienia traumy przypomina w odczuciu jajko z twardą skorupką zawierającą bańki. Struktura ta znajduje się wewnątrz czegoś, co nazywamy „szyszką" (pasożytem grzybowym) wewnątrz rdzenia jądrowego. Owa jajopodobna struktura pętli czasowej powstaje w bardzo wczesnym stadium rozwojowym jako ochrona „nałożona" przez babcię przed insektopodobnymi pasożytami 1. klasy oraz grzybowymi pasożytami 2. klasy, które „zjadają" świadomość rozwijającego się dziecka. Ów materiał, z którego zbudowana jest skorupka, zawiera także emocję – zazwyczaj niepokój lub lęk.

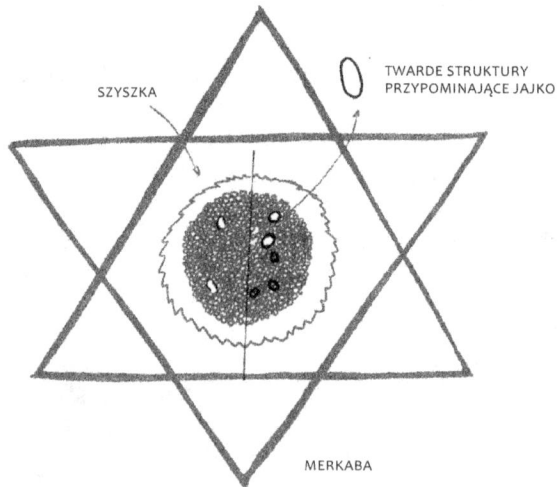

Ryc. 11.7. (a) Pętle czasowe to struktury w kształcie jajka lub innym obłym kształcie, zawierające bańki, a znajdujące się w (grzybowej) strukturze szyszki w rdzeniu jądrowym. Zewnętrzna struktura to trójwymiarowa merkaba, na rysunku przedstawiona za pomocą płaskich linii jako rzut.

Działanie pętli czasowych, przypominające replay w relacji sportowej w telewizji, można odczuć w regresji, gdy na odczucie skieruje się uwagę klienta. Odpowiadające im fizyczne struktury jajopodobne można *również* odczuć w ciele w teraźniejszości. Doznanie bariery biegnącej przez górną część brzucha i blokującej górną i dolną część ciała to dość powszechny przykład pętli czasowej. Mogą być one odczuwane wszędzie w ciele i wokół niego, mogą mieć dowolny rozmiar (choć w rzeczywistości znajdują się po lewej lub prawej stronie szyszki). U przeciętnych klientów zdarzają się rzadko, ale mogą być często spotykane u klientów z problemami chronicznymi lub z paranoją. Pętle czasowe mogą znajdować się wewnątrz innych pętli niczym matrioszki. Widzieliśmy też przypadki klientów z pętlami czasowymi obejmującymi całą przeszłość po stronie jajka lub plemnika. Odczucie niepewności lub lęku podczas koncentracji na problemie spowoduje, że pętla czasowa odtworzy wszelkie wyeliminowane uprzednio symptomy traumy.

Rzadko kiedy zdarza się też inny rodzaj struktury biologicznej w szyszce, która wywołuje pętle czasowe. Zamiast twardej skorupy struktura ta zbudowana jest z miękkiej błony pozbawionej emocji. Jest ona jednak przyczepiona do insekta-pasożyta ukrytego za mgłą przed świadomością klienta. Wyeliminowanie insekta poprzez uzdrowienie traumy pokoleniowej z jego tonem emocjonalnym rozpuszcza zarówno insekta, jak i membranę.

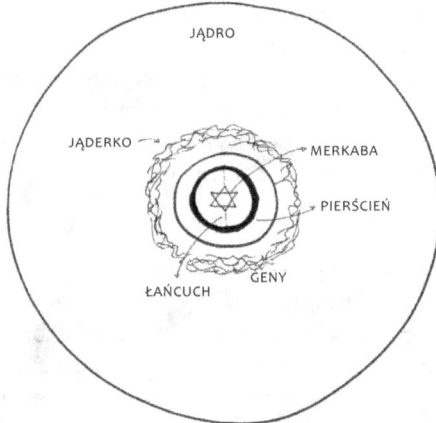

Ryc. 11.7. (b) Obraz jądra z merkabą (strukturą grzybową) w jąderku (nie w skali).

Słowa-klucze w opisie symptomów

- Terapia nie działa. Nic w moim przypadku nie działa. Uzdrawianie uległo odwróceniu.
- Bolesna emocja ciągle wraca.
- Odczuwam barierę oddzielającą górną i dolną część ciała.

Pytania do diagnozy

• Czy dokładnie ten sam problem powraca po ukończeniu terapii?
• Czy czujesz w swoim ciele twardy, okrągły obiekt?
• Czy jeśli skoncentrujesz się na wyeliminowaniu problemu, a następnie podejmiesz próbę i poczujesz niepokój lub lęk, czy te same symptomy powracają?

Diagnoza różnicująca

Asocjacja: ciało odtwarza symptomy, ale wykorzystuje do tego nowe metody i traumy, nowe symptomy są zazwyczaj gorsze; w pętli czasowej brak bazowej, związanej z traumą przyczyny.

Kopia: klient potrzebowałby nowej osoby do skopiowania, by przywrócić symptom; pętle czasowe szybko przywracają symptomy (trwa to od kilku minut do kilku godzin).

Struktura mózgu korony: struktury te również robią wrażenie twardych, ale mają kanciasty kształt, jakby były wytworzone z metalu, nie są okrągłe jak jajka; poza tym struktura mózgu korony nie zawiera w swoim materiale tonu emocjonalnego.

Trauma strzegąca: problem nigdy nie odchodzi (nigdy nie zostaje tak naprawdę uzdrowiony) – pętla czasowa przywraca uzdrowioną wcześniej traumę.

MPD: klient może przełączać się między osobowościami w trakcie uzdrawiania, tym samym unikając uzdrowienia. Jeśli tak się dzieje, nie będzie sobie przypominał (lub w bardzo ograniczonym stopniu) co działo się wcześniej w innej osobowości.

S-dziura: one tylko wysysają energię, niszcząc uczucie; pętla czasowa może odwrócić dowolny problem związany z traumą.

Blokada plemienna: klient czuje ciężkość – trzeba sprawdzić pępek; pętle czasowe mogą być w różnych częściach ciała.

Uzdrawianie

W przypadku pętli przypominającej skorupkę jajka:
– Należy stopić się z *całą* skorupką struktury pętli czasowej, odczuć ból emocjonalny i fizyczny oraz desperację babci, by chronić klienta – skorupka ulegnie rozpuszczeniu. Należy upewnić się, że rozpuściły się wszystkie elementy skorupki. Po uzdrowieniu pętli czasowej trzeba powtórzyć przeprowadzone wcześniej leczenie.
– Alternatywna metoda: należy odczuć emocję w strukturze skorupki pętli czasowej, znaleźć odpowiadającą jej traumę pokoleniową i uzdrowić aż do eliminacji pętli.

W przypadku pętli czasowych przypominających membranę:
– Należy znaleźć insekta przyczepionego do membrany, wyczuć jego ton emocjonalny i uzdrowić traumę pokoleniową na tej emocji. Jeśli trzeba, uzdrowić wszelkie pętle czasowe przywracające traumę pokoleniową.
– Wszystkie pętle czasowe można jednocześnie wyeliminować za pomocą licencjonowanego procesu dla certyfikowanych terapeutów stanów szczytowych.

Typowe błędy w technice

- Gdy podejrzewa się istnienie pętli czasowych, testowanie wznowienia traumy poprzez wywołanie niepokoju u klienta pozwala zaoszczędzić czas.
- Przeoczenie większych pętli czasowych otaczających mniejsze, które należy uzdrowić w pierwszej kolejności.
- Nierozróżnienie pętli czasowej przypominającej membranę od pętli czasowej przypominającej jajko.
- Eliminacja bariery pętli czasowej biegnącej w poprzek ciała może ujawnić wrażenie, że dolna część ciała jest inna niż górna – poczucie to można uzdrowić za pomocą techniki projekcji Courteau.

Przyczyna źródłowa

- Zjawisko pętli czasowych jest wynikiem istnienia struktur jajopodobnych zbudowanych przez babcię, by chronić rozwijającą się świadomość wnuka przed pasożytami. Struktura ta utrzymuje się podczas rozwoju i występuje w szyszce w rdzeniu jądrowym.

Częstotliwość symptomów i dotkliwość

- Jest to u ludzi często spotykany problem, ale bardzo rzadko spotykany w przypadku konkretnego problemu za wyjątkiem klientów z problemami chronicznymi lub problemami, których różne terapie – jak się wydaje – nie uzdrawiają.

Ryzyko

- Obecnie brak znanego ryzyka uzdrowienia pętli czasowej. Regresja może wywołać problem wskutek zakłócenia homeostazy pasożytów w rodzicu.

Kody ICD-10

- Brak konkretnych kodów.

Dysfunkcjonalna homeostaza: „Symptomy wróciły i są jeszcze gorsze!"

W tym bardzo często spotykanym przypadku świadomość ciała danej osoby (poza poziomem „uświadomionym") aktywnie stara się utrzymać stałą obecność określonych symptomów lub doznań. Dzieje się tak dlatego, bo ciało posiada irracjonalną asocjację, która brzmi: „Muszę utrzymać ten konkretny symptom, gdyż inaczej umrę". Asocjacje te powstają w trakcie traumatycznych momentów, gdy ciało czuje, że jego przetrwanie jest zagrożone. Zazwyczaj jako terapeuci traktujemy klientów tak, jakby byli samochodami z problemami – trzeba tylko określić, które jego części wymagają naprawy. Niestety podejście to nie działa w przypadku owych dysfunkcjonalnych asocjacji homeostatycznych. Jeśli z powodzeniem uda nam się pozbyć symptomów, ciało szybko znajdzie nowy sposób na to, by je przywrócić i zazwyczaj z nawiązką kompensując ich utratę, dodatkowo pogarszając problem. Tym samym *najpierw* należy wyeliminować asocjacje, gdyż inaczej wpadniemy w pułapkę niekończącej się sekwencji nowych problemów (jedną z przyczyn „wypływu traumy" jest homeostaza dysfunkcjonalna, tyle że wtedy ciało stara się uniknąć danego doznania, w tym przypadku doznania spokoju).

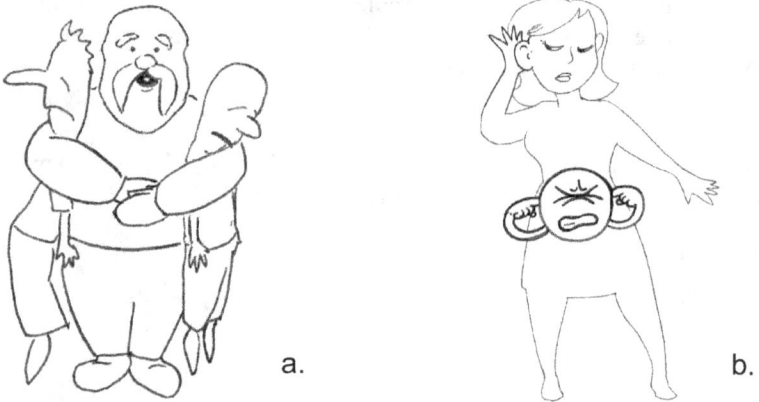

a.   b.

Ryc. 11.8. (a) Symboliczna reprezentacja problemu doznania zastępczego. Klient trzyma się ludzi (lub innych substytutów), które przypominają mu warunki we wczesnej traumie prenatalnej. Trzymanie się tych substytutów sprawia, że czuje się komfortowo (choć ludzie odgrywający tę rolę wcale nie wyglądają na szczęśliwych!). (b) Klientka zwraca uwagę, ale jej mózg ciała opiera się.

Na przykład mieliśmy pewną klientkę, która cierpiała na zaburzenia słuchu. Za każdym razem, gdy znajdowaliśmy mechanizm, który to powodował, jej słuch ulegał radykalnej i natychmiastowej poprawie. A jednak następnego ranka utrata słuchu uległa powiększeniu w stosunku do stanu wyjściowego. Okazało się, że przeżyła traumę nadużycia, w której kojarzyła głuchotę z bezpieczeństwem. Tak więc znajdowanie przyczyn, dla których nie mogła słyszeć i eliminowanie ich, jakby to była wymiana zepsutych części w samochodzie tak naprawdę pogarszało jej sytuację. Jej ciało aktywnie próbowało oszukać proces uzdrawiania.

Słowa-klucze w opisie symptomów
• Symptomy wróciły; uzdrawianie nie działa; tylko tymczasowa ulga; jest gorzej niż było.

Pytania do diagnozy
• Czy po uzdrawianiu i zniknięciu symptomów, owe symptomy wróciły przed upływem doby i są jeszcze gorsze?

Diagnoza różnicująca
Pętla czasowa: pętle przywracają traumy i ich symptomy bardzo szybko, od kilku minut do kilku godzin – są to jednak te same symptomy i traumy są również identyczne; problem asocjacyjny sprawia, że symptomy wracają, choć traumy są uzdrowione.

Uzdrawianie
– Technika leczenia asocjacji.

Typowe błędy w technice
– Przeoczenie niektórych asocjacji; niesprawdzenie obu dłoni.

Przyczyna źródłowa
– Asocjacja, która mówi ciału, że potrzebuje symptomów, by przetrwać.

Częstotliwość symptomów i dotkliwość
– Problem jest rzadko spotykany, z wyjątkiem osób z chronicznymi dolegliwościami, które opierały się próbom uzdrowienia.

Ryzyko
– Standardowe ryzyko dla psychoterapii traumy.

Kody ICD-10
– Brak konkretnych kodów.

Wypływ traumy: „Nowe, złe uczucia pojawiają się bez końca"

Niekiedy trafia się klient, u którego po uzdrowieniu traumy natychmiast wypływa nowy, zazwyczaj niepowiązany problem. Po uzdrowieniu tego problemu pojawia się następny. I taki cykl trwa cały czas – czasami po uzdrowieniu następuje chwila wytchnienia, a czasami nawet takiej przerwy nie ma. U innych klientów aktywacja lub wypływ traumy to problem chroniczny, często z jednocześnie zaktywowanymi traumami, ale nie ma to nic wspólnego z uzdrawianiem traumy. Niezależnie od przypadku jest to dla tych klientów bardzo poważny problem, a terapeuci muszą wiedzieć, jak sobie z nim radzić.

Wypływ traumy po raz pierwszy (po uzdrowieniu traumy)

Mózgi trójni: wypływ traumy czasami przytrafia się klientom, którzy po raz pierwszy doświadczyli uzdrowienia traumy. Ich mózgi trójni – niczym zadowolone dzieci – czują, że wreszcie pojawiła się szansa na uzdrowienie i chcą się leczyć. Toteż stymulują traumy do uzdrawiania, trochę jak dziecko, które non stop przez kilka godzin prosi o kawałek czekolady.

Umiejscowienie centrum świadomości: to rzadki problem, ale się zdarza. W trakcie uzdrawiania problemu, centrum świadomości klienta przesunęło się do obszaru utkniętych genów w membranie jądrowej. Zamiast – jak zazwyczaj to się dzieje – przesunąć świadomość gdzieś indziej po zakończeniu uzdrawiania, klient poszerza swoją świadomość na inne geny. To sprawia, że zyskuje dostęp do przypadkowych nitek traumy i jednocześnie zawartych w nich uczuć. By je uzdrowić, klientowi trzeba pokazać, jak odsunąć centrum świadomości od tych nitek traumy i uzdrowić wszelką traumatyczną potrzebę utrzymywania centrum świadomości w tym miejscu.

Istniejący wcześniej chroniczny wypływ traumy

Proces Wewnętrznego Spokoju: z naszego doświadczenia wynika, że najczęściej spotykanym powodem łatwej lub ciągłej aktywacji traumy jest biologiczna niekompatybilność między nitkami mRNA traumy a membraną jądrową. Za każdym razem, gdy jakieś wydarzenie aktywuje zapotrzebowanie na proteinę, która zawiera odpowiedni utknięty gen, pojawia się uczucie lekko bolesnego podrażnienia na granicy między nitką a membraną. Z czasem owe podrażnienia zostawiają coś w rodzaju „kotwicy" złożonej z małych kawałków zbierających się na porze jądrowym. Te nitki traum biograficznych i odpowiadające im uczucia traumatyczne wraz z kontynuowaniem tego procesu coraz łatwiej zaktywować. By uzdrowić ten problem certyfikowani terapeuci stosują proces Wewnętrznego Spokoju, który – co prawda – nie eliminuje traum, ale owo podrażnienie i kotwice u podstawy każdej nitki traumy znika, co sprawia, że trudniej je zaktywować w normalnych okolicznościach.

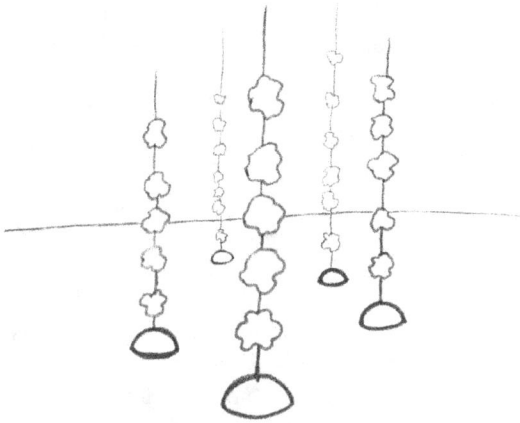

Ryc. 11.9. (a) Utknięte nitki mRNA wychodzące z jądra, z ,,kotwicami" u dołu.

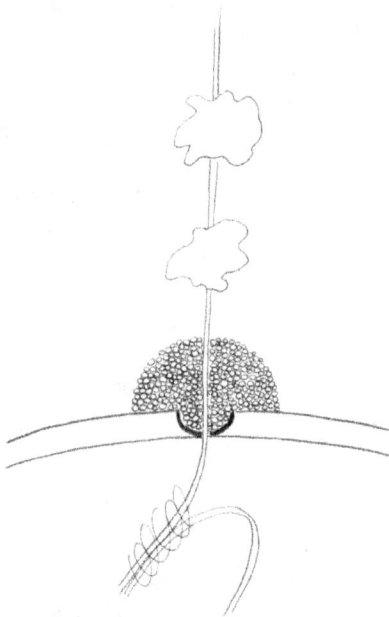

Ryc. 11.9. (b) Przekrój utkniętej nitki mRNA w membranie jądrowej. Zwróćcie uwagę na to, jak grudki materiału w porze jądra tworzą strukturę przypominającą kotwicę.

Asocjacja: u klienta z istniejącym wcześniej lub chronicznym wypływem traumy najczęściej spotykanym powodem jest negatywna asocjacja z uczuciem spokoju. Zasadniczo chodzi o to, że ciało klienta czuje, że brak problemu nie jest bezpieczny, toteż stale wzbudza potok negatywnych traum. Kluczem do wykrycia tego problemu jest poproszenie klienta, by „poczuł" (a nie tylko stworzył mentalny obraz) doznania odczuwane w sytuacji braku jakiejkolwiek zaktywowanej traumy – albo w danym momencie, albo na podstawie wspomnienia krótkiej, spokojnej przerwy tuż po uzdrowieniu jakiegoś problemu. To zazwyczaj aktywuje podstawowe odczucia wywołujące dążenie do wzbudzania potoku traum, które można uzdrowić.

Stłumienie pierwotnego uczucia traumatycznego: w przypadku klientów z istniejącym wcześniej lub okazjonalnym wypływem traumy, widzieliśmy takich, którzy czuli, że muszą mieć symptomy (np. zawroty głowy lub mdłości typowe dla wirów), gdyż inaczej nie uzyskają uwagi (i – na co mają nadzieję – opieki), dzięki której odsuwali przytłaczające uczucie samotności. Należy poprosić klienta, by w każdym z epizodów przyjrzał się chwili, w której traumatyczne doznania się zaczynały, by znaleźć stłumione uczucie aktywujące. Należy również uzdrowić asocjacje związane z symptomami stosowanymi do nieświadomego tłumienia uczucia (np. moim ulubionym symptomem jest doznanie zawrotów głowy).

Kundalini: wywołuje długofalową serię traumatycznych uczuć, które trwają niezależnie od tego, ile już uzdrowiono. Zazwyczaj aktywatorem jest medytacja, silne doświadczenie seksualne lub niektóre praktyki duchowe. W przeciwieństwie do normalnego wypływu traumy, kundalini przynosi ze sobą chwile ekstremalnych doświadczeń i odczuć duchowych, jak również nadmiar energii i napięcia uniemożliwiającego dłuższy sen (o ile w ogóle da się spać). Ten przypadek subkomórkowy uzdrawiamy w normalny sposób.

Ryzyko
– Standardowe ryzyko dla psychoterapii traumy.
– Jeden ze sposobów uzdrawiania struktur kotwicowych (proces Wewnętrznego Spokoju) wiąże się z regresją do zdarzenia rozwojowego związanego z komórką genesis. Klienci, którzy kiedyś mieli problemy z sercem **nie** powinni dokonywać regresji do tego wydarzenia ze względu na potencjalne ryzyko wywołania ataku serca.

OSTRZEŻENIE
U klientów, którzy kiedyś mieli problemy z sercem, nie należy przeprowadzać regresji do zdarzenia rozwojowego związanego z komórką genesis ze względu na potencjalne ryzyko wywołania ataku serca.

Kody ICD-10
– Dotychczas nieustalone.

CZĘŚĆ 4

ZASTOSOWANIA

Rozdział 12

PROBLEMY O WIELU PRZYCZYNACH BĄDŹ PRZYCZYNACH POŚREDNICH

W rozdziale tym przyjrzyjmy się niektórym często spotykanym problemom wywoływanym przez prostą traumę lub wiele problemów subkomórkowych. Oczywiście każdy problem klienta należy diagnozować na podstawie widocznych symptomów – przydaje się jednak w trakcie diagnozy mieć „z tyłu głowy" listę prawdopodobnych przypadków subkomórkowych.

Co ważniejsze, w niektórych przypadkach problemy nie są w sposób oczywisty wynikiem obecności przypadków subkomórkowych. W niniejszym rozdziale przedstawiamy – niczym trik, który pozwala rozwiązać równanie matematyczne – wyjaśnienia specyficznych i pośrednich sposobów, w jakie dysfunkcje na poziomie subkomórkowym i traumy w zdarzeniach rozwojowych mogą generować symptomy problemów. Rozumienie tych zjawisk ma często istotne znaczenie w procesie diagnozy i uzdrawiania.

Ku przypomnieniu – terapeutów zamierzających podjąć pracę z poważnymi problemami (jak uzależnienia lub próby samobójcze) obowiązują etyczne i (zazwyczaj) prawne wymogi zdobycia odpowiedniego przeszkolenia.

Sugerowana dalsza lektura

- *Peak states of consciousness, volume 2*, Grant McFetridge, Wes Gietz (2008); pozycja ta obejmuje omówienie traum w prenatalnych i perinatalnych zdarzeniach rozwojowych.

Uzależnienia

Terapeuci pracujący z uzależnieniami absolutnie wymagają specjalistycznego przeszkolenia. Jeśli jednak chodzi o łagodne uzależnienia u dobrze funkcjonujących osób pragnących pozbyć się problemu, odkryliśmy proste rozwiązania działające u wielu ludzi. Dalsze, bardziej szczegółowe informacje znaleźć można w naszym podręczniku terapii stanów szczytowych pt. *Addiction and withdrawal.*

Łaknienie (głód substancji uzależniającej)
W przypadku większości ludzi łaknienie powodowane jest przez asocjacje, czyli skojarzenie przetrwania z substancją uzależniającą. Może to być nieco trudne, ale terapeuta może zastosować technikę asocjacji na uczuciu łaknienia i szybko wyeliminować problem. U niektórych klientów źródłem takiego łaknienia są kopie. Uwaga: podejście to rzadko się sprawdza w przypadku palenia, ponieważ zazwyczaj jest ono stosowane w leczeniu symptomów wywoływanych przez problem z pasożytem grzybowym.

Symptomy odstawienia
Źródłem symptomów odstawienia jest zazwyczaj asocjacja. Wystarczy pracować z wrażeniami wywoływanymi przez symptomy odstawienia w technice asocjacji, by szybko (w ciągu kilku minut) wyeliminować symptomy. Przyczyną może być też występowanie traum pokoleniowych.

Kody ICD-10
 – F10-F19

Alergie

Istnieje kilka (zazwyczaj) skutecznych technik na uzdrawianie alergii, takie jak Tapas Acupuncture Technique (TAT) i Nambudripad's Allergy Elimination Technique (NAET), zalecamy więc, by terapeuci, którzy chcą zdobyć kompetencje w pracy z alergiami, zapoznali się z tymi metodami. Na przykład byliśmy świadkami eliminacji w ciągu kilku sekund wstrząsu anafilaktycznego u dziecka po zastosowaniu techniki TAT. W pracy z alergiami można zastosować również naszą technikę asocjacji, ukierunkowując ją na konkretne symptomy alergii.

Techniki te jednak *nie* zadziałają, gdy wątroba klienta nie jest w stanie realizować funkcji filtrujących, których wymaga od niej organizm. Oznacza to, że klient będzie jednocześnie reagować alergią na kilka alergenów – nasilenie symptomów zależeć będzie od tego, jak bardzo obciążona jest w danym momencie wątroba. Przyczyną problemu jest zazwyczaj uszkodzenie wątroby lub obciążenie toksynami będące wynikiem infekcji candidą. Proste pytanie diagnostyczne brzmi: „czy wyczuwasz spaliny samochodowe lub czy są dla ciebie czymś uciążliwym?" – jeśli odpowiedź jest twierdząca, wskazuje to na znaczącą dysfunkcję wątroby.

Niepokój/lęk

Na najgłębszym poziomie, wszyscy ludzie (z wyjątkiem osób znajdujących się w stanie Ścieżki Piękna lub lepszym) odczuwają fundamentalny lęk, który projektują na wydarzenia ze swojego życia. Niestety nie znamy terapii dla tego problemu (wywoływanego przez pasożyty). Nie znamy też terapii dla intensywnego lęku występującego w zaburzeniach obsesyjno-kompulsywnych (OCD).

Na szczęście u większości klientów można uzdrawiać problemy płynące z niepokoju lub lęku będące wynikiem traumy lub przypadków subkomórkowych. Ważne jest, by terapeuta uzyskał bardziej dokładny opis tego, co oznaczają używane przez klienta słowa „niepokój" lub „lęk", by przeprowadzić diagnozę różnicującą. Poniżej przedstawiamy listę przyczyn od najczęściej do najrzadziej spotykanych.

- *Dziury*: nieświadome „uświadomienie sobie" dziury jest *często* przyczyną niepokoju, czasem dana osoba posiada wiele różnych dziur, które docierają do świadomości.
- *Kopie*: często spotykane jest kopiowanie niepokoju lub lęku innej osoby.
- *Trauma biograficzna*: niepokój lub lęk pochodzi z dzieciństwa lub ze zdarzenia prenatalnego. Może także występować w marzeniach sennych, gdyż emocje ze starych traum są często „odgrywane". Podkategorią tej sytuacji jest trauma „lęku przed lękiem", czyli „boję się, że to się znowu zdarzy".
- *Asocjacja*: klient kojarzy lęk z przetrwaniem, toteż nie potrafi przestać odczuwać lęku (tj. „Ktoś może mnie skrzywdzić, jeśli przestanę się bać").
- *Świadomość pasożytów*: niektórzy klienci odczuwają lęk lub niepokój, ponieważ nieświadomie wyczuwają obecność pasożyta w komórce prymarnej.
- *Pustka w kolumnie Ja*: centrum świadomości klienta zbliża się lub znajduje się w rdzeniu kolumny, gdzie jest pustka, wywołując uczucia lęku i unicestwienia.
- *Lęk pokoleniowy*: klient odczuwa lęk lub niepokój o charakterze pokoleniowym.
- *Kryzys duchowy*: klient boi się lub odczuwa niepokój przed niezwyczajnym zdarzeniem, które miało miejsce lub może zdarzyć się znowu, jak np. kundalini. Uzdrawianie zazwyczaj polega na uspokojeniu klienta i zaproponowaniu odpowiednich lektur na ten temat.
- *Otchłań*: klient odczuwa lęk przed pójściem do przodu i spadnięciem w otchłań.

Czasami niepokój lub lęk jest tak intensywny, że klient nie jest w stanie się skoncentrować na diagnozie lub nie może wykonać procesu lub procedury. Jeśli proste opukiwanie nie działa, sugerujemy zastosowanie Techniki Emocji Bazowych Waisla: należy rozpocząć proces, a następnie poprosić klienta, by „przesunął się" do miejsca, w którym odczuwa najbardziej intensywny lęk.

Do tego momentu przeprowadzaliśmy diagnozę przy założeniu, że klient odczuwa niepokój lub lęk emocjonalnie lub kinestetycznie w ciele. Czasami tak jednak nie jest – zamiast tego klient posiada pełne lęku lub niepokoju myśli, ale opisuje tę sytuację jako odczuwanie lęku. Rzecz jasna, myśli te mogą stymulować niepokój lub lęk w ciele, ale nie są one źródłem problemu. Owe myśli/głosy można wyeliminować w standardowy sposób. Należy także zauważyć, że u klienta może jednocześnie występować nie tylko jeden problem.

Kody ICD-10
- F40, F41, F60.6, R45.0, R45.1, R45.2

Skurczone, napięte lub zamrożone obszary w ciele

W tym przypadku u klienta jakiś obszar ciała jest skurczony, napięty lub zamrożony. Typowa terapia skoncentrowana na ciele (*body-centered therapy*) nakazywałaby terapeucie krótkie i łagodne „popchnięcie" do tego obszaru, by klient mógł dopuścić do świadomości obrazy lub inne odczucia w nim występujące, tym samym uświadamiając sobie traumy przyczynowe. To często działa. Jednak przyczyną deformacji w ciele może być przypadek subkomórkowy. Na przykład: widzieliśmy, jak w skurczonej klatce piersiowej występowała ogromna dziura. Widzieliśmy również rozszerzoną klatkę piersiową, przypominającą dziób łodzi, w której znajdowała się wielka dziura. W obu przypadkach klient próbował wytworzyć jakieś wrażenie w tym obszarze ciała, by „zapełnić" pustkę wywołaną przez dziurę.

Kody ICD-10
- M62.88

Depresja

Zidentyfikowaliśmy kilka różnych przyczyn depresji, częściowo dlatego, że słowo „depresja" dla każdego co innego znaczy. Tym samym terapeuta musi uważać, gdy słyszy to słowo, i musi poznać dokładne doznania odczuwane przez klienta.

- Głęboki smutek, który nie chce odejść – to najprawdopodobniej jest prosta trauma, kopia lub utrata duszy.
- Mdłe, letargiczne, ciężkie uczucie, wrażenie, jakby się było „stłumionym" – często jest to wynik stłumionej myśli; należy zregresować się do momentu, w którym to się zaczęło i uzdrowić wzorzec lub traumę.
- Uczucia daremności życia, którym towarzyszą myśli o całym złu, które przytrafiło się ludzkości, takiemu jak ludobójstwa, zbrodnie nazizmu itd. – uczucia te leczy się techniką projekcji Courteau.
- Wszystkie uczucia uległy zredukowaniu – może to być zjawisko występujące przez całe życie lub niedawne, które jest wywoływane przez subkomórkowy przypadek spłaszczonych emocji.

• Uczucie ograniczonej energii mentalnej lub fizycznej bądź też wyczerpania – może to być wynik „klątwy kocykowej" lub też infekcji bakteryjnej, która „przykrywa" lub umieszcza toksyny w istotnych częściach komórki prymarnej.

• Niezdolność do nawiązania więzi z innymi ludźmi lub do odczuwania miłości – jest to wynik zatrzaśnięcia mózgu serca; może to być również wynik łagodnego autyzmu, ale wtedy zaburzenie występowałoby od chwili narodzin.

• Depresja, która przypomina depresję innej osoby – to może być kopia, jeśli zaś dotyczy kogoś z rodziny, może to być trauma pokoleniowa.

• Uczucie ciężkości i przytłoczenia – to często wynik działania blokady plemiennej.

• Depresja jako często spotykana reakcja na utratę stanu szczytowego – najlepszym rozwiązaniem jest (o ile to możliwe) przywrócenie stanu.

Kody ICD-10
– F33, F34.1

Marzenia senne

Klient może przyjść do terapeuty z powodu silnych doznań emocjonalnych będących rezultatem snu lub koszmaru. Odkryliśmy, że sny są sekwencjami uczuć, które dokładnie pasują do traumatycznego wydarzenia z przeszłości – fabuła i obrazy są nieistotne. Jednak niektóre sny wydają się ponadnaturalne, niewysłowione lub święte – są one bardzo rzadkie i zazwyczaj nie są oparte na traumie, lecz raczej na wizyjnych doświadczeniach.

By uzdrowić traumatyczne uczucia ze snu, klient może zregresować się do uczuć (nie fabuły) i uzdrowić je za pomocą WHH. Można także zastosować inne techniki uzdrawiania traum (jak np. terapie meridianowe) na każdym uczuciu z sekwencji.

Innym powodem, dla którego klient może zgłosić się do terapeuty, jest fakt, że nic im się nie śni i to ich martwi. Ludzie znajdujący się w stanie Ścieżki Piękna nie mają snów – chyba że utracili ów stan – ten brak snów jest czymś normalnym. Dokonują oni przeglądu wydarzeń danego dnia podczas snu, ale proces ten w niczym nie przypomina śnienia.

Kody ICD-10
– F51

Środki halucynogenne

Wiele osób zgłosiło się do nas z poważnym problemem, który pojawił się po zastosowaniu substancji halucynogennej (LSD, psylocybina itp.). Osoby te przyszły nie z powodu zatrucia narkotykiem (choć zawsze istnieje takie ryzyko), ale dlatego, że narkotyk obudził uśpione „pole minowe" traum. Problemom tym (choć często dość intensywnym) można zazwyczaj zaradzić, stosując standardowe techniki uzdrawiania traum – np. w terapii psycholitycznej (i psychodelicznej) zwyczajowym leczeniem w przypadku wzbudzonej traumy jest kolejna sesja narkotyczna z technikami wspierającymi pomiędzy sesjami.

Niestety niektórzy klienci w trakcie doświadczenia narkotykowego wywołali kaskadę problemów – widoczne symptomy już nie przypominały przyczyny, toteż nie dało się zastosować tradycyjnej „terapii uzdrawiania traum na podstawie symptomów". W wielu przypadkach nawet wyeliminowanie pierwotnej traumy wyzwalającej nie odwracało występujących później problemów. Zazwyczaj powodem takiej sytuacji jest wzbudzenie przypadku subkomórkowego, którego symptomy nie są wynikiem traumy. Najczęstsze z nich to (w przybliżonym porządku częstotliwości występowania):

– spłaszczone emocje
– paplanina umysłowa
– potłuczone kryształki
– nadmierna identyfikacja ze Stwórcą
– deformacja ciała i zamrożona muskulatura
– problemy z pasożytami w komórce prymarnej, w tym ból i utrata lub utrata tożsamości osobowej.

Widzieliśmy także inne problemy wywołane przez zastosowanie środków halucynogennych, których wciąż nie potrafimy uzdrawiać – np. stanu długofalowej psychozy, w który wszedł pewien młody człowiek po zażyciu narkotyku, lub wystąpienia nieodwracalnego i destrukcyjnego stwardnienia rozsianego, jak to się stało u pewnego normalnego, zdrowego, dorosłego człowieka, u którego wystąpiły te objawy w ciągu kilku godzin po zażyciu LSD. Na szczęście poważne problemy to wyjątki, a nie reguła, zważywszy na dużą liczbę osób zażywających substancje psychoaktywne.

Kody ICD-10
– F1x.7

Bóle głowy

Istnieje wiele powodów występowania bólów głowy. Diagnoza wymaga, by bliżej przyjrzeć się symptomom. Nasze techniki nie są doskonałe – niektórzy ludzie mają problemy, których wciąż nie potrafimy wyleczyć. Poniżej przedstawiamy zaobserwowane przez nas przyczyny bólów głowy.

Problem ciśnieniowych bólów głowy – wywołujących wrażenie, jakby ktoś uciskał głowę od zewnątrz lub od wewnątrz albo w obie strony – ma kilka przyczyn.

Moment urazu mógł wywołać skurcz mięśni. W późniejszym czasie, jeśli owa biograficzna (lub pokoleniowa) trauma ulegnie aktywacji przez dowolny czas, może wywołać ból w momencie, gdy otaczające struktury zostaną poddane stresowi lub zostaną przemieszczone wskutek skurczu. (Nawiasem mówiąc, ów efekt traumy jest szczególnie zauważalny w ustawieniu kręgosłupa).

Inną przyczyną jest obecność bakterii szczególnego gatunku wewnątrz struktur w komórce prymarnej, która wywiera nacisk na brzegi w regionie „głowy" w komórce prymarnej. Standardowe uzdrawianie asocjacji i bakteryjnych traum pokoleniowych zazwyczaj może zaradzić tym problemom (zob. przypadek bakterii pasożytniczych na str. 164).

Innym możliwym problemem jest rozrywający ucisk w środku czoła lub też ucisk skierowany w dół na czubek głowy. Bóle te spowodowane są przemieszczaniem się grzybowego organizmu czakry na membranie jądrowej. Grzyb został pobudzony do reakcji obronnej przez świadome lub nieświadome skurcze mięśni w regionie ciała odpowiadającym obszarowi membrany jądrowej, gdzie przyczepiony jest grzyb czakry (zob. przypadek czakr na str. 215).

Wiele – i prawdopodobnie większość „migrenowych" bólów głowy – jest wywoływana skurczami „siateczki wirusowej" w membranie jądrowej. W poważnych sytuacjach problem ten daje „nadwrażliwość na światło" kojarzoną z migrenami (zob. przypadek „siateczki wirusowej" na str. 249). Niektórzy reagują dobrze na eliminację znacznie mniej oczywistych symptomów splotu słonecznego.

Pośrednim aktywatorem bólu głowy mogą być znacznie łagodniejsze symptomy występujące w splocie słonecznym lub innej części ciała. By przetestować tę możliwość, należy poprosić klienta, by przyjrzał się owym subtelnym uczuciom i je uzdrowił.

Ból głowy można także opisać jako przeszywający lub rozrywający. Owa mniej powszechnie spotykana przyczyna bólu głowy jest wynikiem działania insektów uszkadzających membranę komórki prymarnej, której położenie odpowiada obszarowi głowy (zob. problem pasożytów insektopodobnych na str. 169).

Ponadto bóle głowy (i w gruncie rzeczy każdy ból) wszelkiego rodzaju mogą być wynikiem aktywacji „kopii" bólu głowy innej osoby (zob. kopie na str. 143).

Innymi często spotykanymi przyczynami bólów głowy są reakcje na substancje toksyczne, takie jak siarczyny czy glutaminian sodu, oraz na symptomy odstawienia kofeiny. W tych przypadkach należy zastosować technikę uzdrawiania asocjacji na występujących symptomach. Rzadko kiedy należy uwzględnić inne przypadki medyczne, jak np. pęknięty tętniak tętnicy mózgowej (z szybko rozprzestrzeniającym się źródłem bólu – to ból głowy często opisywany „jakby ktoś kopnął mnie w głowę").

Kody ICD-10
– G43, R51

Ból (chroniczny)

Bardzo często chroniczny ból można uzdrowić za pomocą prostego tapowania lub innych technik uzdrawiania traumy. Jest tak dlatego, że ból, szczególnie ból pleców, jest często wynikiem traumy wywołującej skurcze mięśni w teraźniejszości. Innymi słowy, przykurczone mięśnie wytrącają kręgosłup ze stanu „wyrównania". Traumy te to zazwyczaj momenty urazu lub spodziewanego urazu, które ulegają „zamrożeniu" i z jakiegoś powodu ulegają aktywacji w teraźniejszości. Dlatego też chroniczny ból pleców, który może być tymczasowo skorygowany przez chiropraktyka, jednak później powraca – skurcze wywołane przez traumę są wciąż obecne. Leczenie można przeprowadzić, wzbudzając traumę poprzez umieszczenie świadomości w obszarze ciała, w którym występuje ból i prosząc klienta, by sprawdził, czy wyłaniają się jakieś obrazy lub wspomnienia traumy. Jednak znalezienie traumy w ten sposób nie zawsze kończy się sukcesem.

Innym, często skutecznym podejściem jest poproszenie klienta, by uzdrowił swoje emocje *związane* z bólem – np. „rozpadam się, ponieważ jestem stary", „nie cierpię mojego ciała za to, że boli" i tak dalej. Choć jest to proces powolny, gdyż może tu działać wiele powodów, liczba punktów SUDS dla bólu zazwyczaj szybko spada wraz z eliminacją poszczególnych emocji, dając tym samym wyraźną informację zwrotną wraz z postępami procesu uzdrawiania. Należy także sprawdzić, czy występuje trauma pokoleniowa – może ona bezpośrednio wywoływać ból oraz tworzyć skupisko bólów płynących z traum biograficznych, gdyż bolesny obszar nie został ukształtowany prawidłowo w okresie rozwoju.

Nawiasem mówiąc, ból będący wynikiem urazu można często zredukować lub wyeliminować, stosując opukiwanie meridianowe, jeśli zostanie ono użyte odpowiednio wcześnie. Na przykład pewien mężczyzna natychmiast zastosował EFT po tym, jak uderzył się w palec młotkiem – ból całkowicie zniknął, a w palcu nawet nie było siniaka. Inna osoba złamała żebro, a opukiwanie punktu na klatce piersiowej sprawiło, że ból zniknął. Mięśnie automatycznie zadziałają, by napiąć obszar urazu – godzinę później ktoś tę osobę nieoczekiwanie uścisnął, wywołując ból, który jednak natychmiast zniknł, gdy tylko osoba ta została uwolniona z uścisku.

Ból jest często wynikiem kopii. Ten rodzaj bólu nie reaguje na terapie uzdrawiania traumy, dlatego też opukiwanie nie przynosi żadnego efektu.

Ból często może być wywoływany przez struktury mózgu korony, które robią wrażenie, jakby łączyły ze sobą różne części ciała, na przykład ramię z biodrem. Tak więc, gdy osoba z takim problemem wykonuje zamachy ramieniem, pojawia się ból w miejscach „zakotwiczenia" struktur. Jest jasne, że struktury te pozostają bez ruchu w komórce prymarnej, nie występują bezpośrednio w ramieniu, ale reagują na ruch tak, jakby znajdowały się w ciele.

Źródłem bólu mogą być również rozmaite pasożyty w komórce prymarnej. Najczęściej spotykanym problemem jest aktywność pasożytów insektopodobnych 1. klasy, które reagują, gdy dana osoba zwraca na nie swoją uwagę, wywołując uczucie rozrywania, „wwiercania" się lub wydzielając kwasopodobny płyn po to, by uszkodzić membrany lub struktury w komórce.

Następny często spotykany problem jest wynikiem aktywności grzybowej rodziny pasożytów – w rezultacie negatywnych interakcji z drugą osobą borg może wprowadzić bolesną „klątwę", która odbierana jest, jakby w ciele utknął gwóźdź (może także wydzielać płyn, który odczuwany jest jako toksyczny lub drażniący). Albo też grzyb czakry może się skurczyć i wywołać ucisk w miejscu położenia czakry.

I wreszcie rzadziej spotykany przypadek, ale wciąż będący problemem dla wielu ludzi – pasożyt bakteryjny może przesunąć się lub wywierać nacisk na membranę jądrową lub komórkową, wywołując ból uciskowy (mogą także wydzielać do komórki toksyczne płyny wywołujące mdłości). Wewnątrz membrany jądrowej może powstać siateczka wirusowa, która wywołuje wrażenie, jakby głowa ulegała ściśnięciu, co w ekstremalnych przypadkach wywołuje symptomy migreny. Każdy z tych problemów pasożytniczych należy uzdrawiać inaczej i praca z nimi wymaga przeszkolenia i ostrożności.

NIEBEZPIECZEŃSTWO

W trakcie pracy z pasożytami insektopodobnymi 1. klasy występującymi w komórce prymarnej może dojść do uszkodzeń zagrażających życiu. Działania tego rodzaju wymagają odpowiedniego przeszkolenia. Ponadto nie należy w rozmowach z klientami poruszać tematu pasożytów – może to wywołać u nich obsesyjną koncentrację na insektach, pobudzając je do ciągłego rozrywania lub uszkadzania membrany jądrowej. Bardzo duże insekty mogą zabić klienta, jeśli rozerwą zbyt duży obszar membrany komórkowej.

W obszarach ciała zawierających dziury ludzie często kurczą (lub rozdymają) mięśnie, by przeciwdziałać uczuciu pustki. Ponieważ jest to zjawisko o charakterze chronicznym (dziura cały czas tam jest), może to prowadzić to bólów mięśniowych i zdeformowanej muskulatury ciała. Na przykład dziura w klatce piersiowej może prowadzić do zapadnięcia lub też rozdęcia klatki. W obszarach ciała, w których doszło do urazu, często znajdujemy dziurę, która przeszkadza w procesie uzdrawiania. To tak, jakby ciało nie było w stanie poczuć obszaru dziury, by go naprawić. To prowadzi do urazów, które nie leczą się prawidłowo, i pośrednio do występowania pewnych rodzajów bólu. Często w obszarze urazu występuje utrata duszy, co może również powstrzymywać organizm przed właściwym gojeniem się rany. Podczas leczenia urazu u klienta terapeuta powinien założyć obecność utraty duszy oraz dziury w miejscu urazu i poświęcić czas na ich uzdrowienie w ramach standardowej terapii.

Z punktu widzenia stanów szczytowych istnieje pewien stan świadomości, w którym ból normalnie nie istnieje – osoba ranna odczuwa chwilowe uderzenie bólu, które następnie znika i nie zostaje po nim nic lub tylko uczucie nacisku. Nie jest to żaden rodzaj otępienia czy represji, ale stan ponadnormatywnego zdrowia.

I wreszcie, ważną rzeczą jest zdanie sobie sprawy z faktu, że ból może być także ostrzeżeniem lub symptomem urazu ciała na większą skalę, a nie tylko uszkodzeniem w komórce prymarnej. Choć w pracy terapeutycznej zakłada się, że wszystko ma charakter „psychologiczny", czy też (z naszego punktu widzenia) jest wynikiem problemów w komórce prymarnej, jednak *nie* zawsze tak jest. Na przykład bóle w barkach mogą być wynikiem zapalenia woreczka żółciowego, a ból brzucha może oznaczać zapalenie lub pęknięcie wyrostka albo też przesuwające się kamienie nerkowe.

OSTRZEŻENIE
Upewnij się, że wzięto pod uwagę wszelkie ewentualne medyczne przyczyny bólu.

Podsumowanie źródeł chronicznego bólu (w przybliżonej kolejności występowania):
- Trauma biograficzna (związana ze skurczem mięśni)
- Trauma biograficzna (dotycząca uczucia bólu)
- Trauma pokoleniowa (bolesny obszar, który nie rozwinął się prawidłowo)
- Asocjacja (ciało czuje, że potrzebuje bólu)
- Kopie (bólu)
- Struktury mózgu korony
- Pasożyt insektopodobny 1. klasy (rozdzieranie, rozrywanie, pieczenie)
- Klątwa (ból przypominający wbijanie gwoździa lub strzały)
- Schorzenie medyczne (np. zapalenie woreczka żółciowego, infekcja itd.)
- Dziura (wywołująca skurcze mięśni w tym obszarze)
- Skurcz czakry (ból uciskowy w miejscu lokalizacji czakry)
- Ruch bakterii (bolesny ucisk).

Kody ICD-10
- R52

Zespół napięcia przedmiesiączkowego (PMS)

Symptomy zespołu napięcia przedmiesiączkowego mogą być bardzo poważne. Odkryliśmy, że w większości przypadków przyczyną jest problem o charakterze pokoleniowym i standardowe techniki szybko eliminują symptomy. Można zidentyfikować problem pytając, czy przodkowie, rodzeństwo czy krewni mają/mieli te same symptomy PMS. Terapeuta powinien także wykluczyć kopie i asocjacje, które mogą wywoływać symptomy.

Podejście oparte na terapii traum pokoleniowych działa także w przypadku symptomów menopauzy.

Kody ICD-10
– N94.3

Relacje (intymne)

Nie ma większego źródła satysfakcji – lub bólu – od związków romantycznych, czy to nowych, czy o dłuższym stażu. Intymne relacje mogą wzbudzić wiele rozmaitych traum i fundamentalnych problemów strukturalnych związanych z wczesnymi zdarzeniami rozwojowymi (jak np. poczęcie), gdzie różne części nas powinny się połączyć lub dokonać fuzji. Dobrze funkcjonujące pary zazwyczaj mają tylko jeden problem, który należy wyleczyć, zaś bardziej typowi klienci dotknięci są szeregiem różnych problemów jednocześnie.

Problemy związane ze stanami szczytowymi pogłębiają te trudności. Choć większość ludzi nie zdaje sobie z tego sprawy, nieświadomie dąży do relacji, która udaje się tylko nielicznym szczęśliwcom – do czegoś, co nazywamy stanem „optymalnej relacji". Ludzie znajdujący się w tym stanie są najlepszymi przyjaciółmi, ciągle uważają siebie nawzajem za osoby fascynujące, prawie nigdy się na siebie nie złoszczą, stale odczuwają obecność partnera i czerpią z tego przyjemność, a także przez cały czas cieszą się intymnością fizyczną nawet w podeszłym wieku. Uzyskanie tego stanu wykracza poza zakres niniejszego podręcznika diagnostycznego – omawiamy tutaj tylko to, czego klienci zazwyczaj oczekują od terapeuty.

Znaczenie tu mają także dwa inne stany szczytowe: stan archetypu męskości /kobiecości, w którym dana osoba ucieleśnia esencję męskości lub kobiecości, oraz bardziej zaawansowana wersja, stan boga/bogini, w którym dana osoba ucieleśnia esencję boga lub bogini. Stany te są także aspektami relacji, których ludzie nieświadomie pragną, subtelnie odczuwając, że w ich intymnych relacjach (w większości przypadków) czegoś brakuje. Ze stanami tymi wiążą się inne problemy: jeśli jeden z partnerów znajduje się w tym stanie, a drugi nie, może to prowadzić albo do uzależnienia jednego partnera od drugiego (niezależnie od tego, jak bardzo dysfunkcyjna jest relacja) albo też przestraszyć partnera wskutek problemów związanych z nadużyciem lub traumą, które ulegają wzbudzeniu, gdy drugi partner uzyskuje dostęp do tych stanów. Poniżej przedstawiamy listę typowych problemów napotykanych przez klientów w relacjach (w przybliżonym porządku częstotliwości występowania).

Sznury: klient jest przygnębiony tym, co wyczuwa w partnerze (to zazwyczaj główny problem w wysoko funkcjonujących relacjach); należy zastosować DPR lub SMT.

Proste traumy biograficzne: partner wywołuje wiele trudnych uczuć u klienta; można temu zaradzić, stosując którąkolwiek ze standardowych technik uzdrawianiu traumy, szczególnie terapie meridianowe, które są powszechnie używane w samoleczeniu.

Trauma biograficzna lub pokoleniowa: relacja wzbudza wspomnienia nadużycia lub innej skrajnej traumy. Najczęściej spotykany problem wiąże się z poczęciem, w którym plemnik czuje się nieakceptowany, a jajeczko – opuszczone. Uczucia te są w relacjach niezwykle toksyczne. Ponadto mężczyzna często czuje, że ulegnie zniszczeniu wskutek bliskości, toteż w chwilach intymności często się wycofuje – jest to odzwierciedlenie traumy śmierci plemnika w trakcie poczęcia.

Asocjacja: klient jest seksualnie uzależniony od pewnego tonu emocjonalnego u partnera. Może to być poważnym problemem, ponieważ może prowadzić zarówno do niewłaściwych wyborów i sprawiać, że partner zmusza nieświadomie klienta do spełnienia potrzeby płynącej z nieświadomego uzależnienia. Partner może także przypominać klientowi rodziców lub nawet łożysko. Problemy te uzdrawia się za pomocą techniki asocjacji.

Blokada plemienna: klient odgrywa specyficzną dla danej kultury rolę narzuconą przez blokadę plemienną – na przykład po porodzie kobieta może stracić uczucia seksualne, gdyż jest to uznawane za „właściwe" w jej grupie kulturowej.

Projekcja: klient dokonuje projekcji na partnera. Problem ten może wystąpić u klientów posiadających dysfunkcyjny wzorzec z poprzednich intymnych relacji (inny niż będący wynikiem asocjacji). Często spotykaną projekcją jest projektowanie na partnera obrazu łożyska – należy wtedy zastosować technikę projekcji Courteau.

Wieloraka osobowość: partner wydaje się dwiema różnymi osobami (choć może to być odczucie bardzo subtelne, gdyż czasami te inne osobowości są bardzo podobne). Jednym ze sposobów, by to stwierdzić, jest zwrócenie uwagi na to, czy partner ma luki we wspomnieniach. Problem ten uzdrawia się za pomocą procesu stanów szczytowych.

Selfishness ring: klient opiera się partnerowi, gdyż relacja wywołuje pozytywne odczucia, które są zbyt intensywne (Gay Hendricks nazywa to zjawisko „problemem górnego limitu"). Problem ten można uzdrowić, stosując proces dla certyfikowanych terapeutów. Reakcja ta może być również wynikiem różnego rodzaju traum.

E-dziury: klient unika partnera, ponieważ ten nagle wydaje mu się „zły".

Jak widzimy, zakres problemów występujących w relacjach intymnych jest ogromny. W rzadziej spotykanych wariacjach: osoba nieświadomie kontroluje pobudzenie seksualne u partnera albo traci do niego pociąg wskutek uświadomienia sobie w nim obecności pasożyta.

Również kończenie relacji wiąże się z różnymi problemami, z których najczęściej spotykane przedstawiamy poniżej (w przybliżonym porządku częstotliwości występowania).

Utrata duszy: klient odczuwa wskutek tego problemu smutek lub samotność – to zdecydowanie najczęściej spotykany problem.

Prosta trauma: zakończenie relacji wrzuca klienta w przeszłe zdarzenie traumatyczne lub uczucie, że nie jest się wystarczająco dobrym, wskutek aktywacji traumy pokoleniowej.

Sznurowanie: klienci są nadal połączeni sznurami, które wywołują niewłaściwe uczucia i zachowania.

Dekompensacja: relacja utrzymywała inne problemy poza świadomością klienta – np. uczucie skrajnej samotności, odczucia płynące z dziur lub e-dziur, problem z fałszywą tożsamością kolumny Ja, utrata uzależniającej emocji itp.

S-dziury: partner był uzależniony od drugiej osoby, ponieważ „karmiła" ona jego potrzebę miłości, by zapełnić pustkę w s-dziurach.

Stany szczytowe: w relacji doszło do wstrząsu, gdyż klient wszedł w nowy stan szczytowy, wywołując zazdrość u partnera lub też pobudzając partnera do krzywdzenia klienta za pośrednictwem pasożytów, by wyeliminować u niego nowy stan szczytowy. Aby zaradzić temu problemowi trzeba zastosować certyfikowany proces stanów szczytowych.

Kody ICD-10
– F52

Uczucia samobójcze: „Muszę umrzeć"

Ze względu na nieodłączne od tego problemu ryzyko i złożoność samego problemu, szczegółowy opis biologicznej przyczyny i technik eliminacji nastrojów samobójczych znajduje się w osobnej książce pt. *Suicide prevention* autorstwa dr. Thomasa Greya i Granta McFetridge'a. Poniższy krótki opis ma służyć jedynie terapeutom już przeszkolonym w stosowaniu naszych technik.

NIEBEZPIECZEŃSTWO

Pracę z klientami przejawiającymi skłonności samobójcze powinien podejmować jedynie terapeuta przeszkolony z zagadnień związanych z samobójstwem, który zadbał o to, by klient był pod stałym nadzorem w trakcie trwania terapii. Inaczej podejmowanie prób zastosowania materiału przedstawionego w niniejszej książce jest niemądre i potencjalnie śmiertelne.

Tło

Samobójstwo, próby samobójcze oraz myśli samobójcze to ogromny problem zarówno dla klienta, jak i dla terapeuty. W Stanach Zjednoczonych u około połowy terapeutów klient popełnia samobójstwo i umiera w trakcie terapii, co oznacza że około połowa terapeutów zetknie się w swej praktyce z kolejnym samobójstwem. Kilka organizacji na całym świecie uczy ogólnych odbiorców (oraz terapeutów) jak rozpoznać ludzi z nastrojami samobójczymi oraz jakie działania podejmować, by im pomóc.

Aktywator uczuć samobójczych

Ku naszemu zdziwieniu, w naszej pracy badawczej udało nam się odkryć coś, co wygląda na podstawową (i prawdopodobnie jedyną) przyczynę myśli i działań samobójczych. Okazuje się, że zdarzenia życiowe lub różne formy terapii mogą wywołać u osoby skłonności samobójcze. Dzieje się tak, ponieważ dana osoba uzyskała dostęp do traumy śmierci łożyska przechowywanej we wspomnieniach z porodu. Wspomnienia te są często bardzo mocne, częściowo z powodu obecnych standardowych praktyk porodowych polegających na zbyt szybkim odcięciu pępowiny, co wywołuje ogromną traumę na poziomie stresu pourazowego. Gdy wspomnienia te ulegną aktywacji, świadomość danej osoby w teraźniejszości zostaje zalana uczuciami przeżywanymi podczas porodu.

Powód, dla którego zdarzenie to wywołuje uczucia samobójcze, wynika z natury samego procesu porodu. By dziecko mogło się narodzić, umrzeć musi łożysko – a ten imperatyw biologiczny jest wdrukowany w doświadczenie traumatyczne. Gdy ulegnie ono aktywacji w teraźniejszości, klient odczuwa silnie przymus śmierci, nie zdając sobie sprawy, że uczucia te pochodzą z przeszłości. Można to zademonstrować na większości ludzi, którzy odczuwają nastroje samobójcze, prosząc ich, by dotknęli swojego pępka. Natychmiast zdają sobie sprawę z tego, że owe doznania – pragnienie śmierci – płyną tylko z pępka – wiele osób stwierdza wtedy: „Ja nie chcę umrzeć, to mój pępek chce umrzeć!". Wielu klientów z nastrojami samobójczymi odczuwa wtedy ogromną i natychmiastową ulgę – zalecamy tę technikę jako metodę tymczasowej interwencji.

Ponieważ uczucia samobójcze są wynikiem traumy śmierci łożyska, mogą przejawiać się na kilka sposobów. Zazwyczaj występuje ogromne cierpienie emocjonalne, któremu towarzyszy impuls samobójczy, wypływający zarówno z wydarzenia porodu, jak i z obecnej życiowej reakcji na problem. Niektórzy ludzie jednak aktywowali owo wspomnienie porodu, które prawie nie zawierało treści emocjonalnej. W tym drugim przypadku dana osoba spokojnie, bez emocji podejmie próbę samobójczą, jakby to była najbardziej naturalna rzecz na świecie. Wiele osób planuje wszystko zawczasu i stara się przechytrzyć tych, którzy ich zdaniem mogą próbować ich powstrzymać.

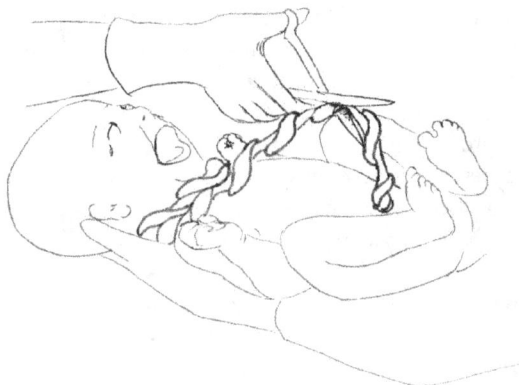

Ryc. 12.1. Pierwotną przyczyną uczuć samobójczych są traumy zawierające uczucie łożyska umierającego podczas porodu. W procesie porodu może dojść do wielu tego rodzaju traum, najpoważniejsze jednak są wynikiem przedwczesnego odcięcia pępowiny.

Problem terapii

Traumy samobójcze ulegają aktywacji zazwyczaj w wyniku pewnych okoliczności życiowych. Niestety, niemal każdego rodzaju terapia może również działać jako przypadkowy aktywator traumy porodowej śmierci łożyska, zwłaszcza terapia oparta na regresji. Ma ona tę zaletę, że wyszkolony terapeuta może dostrzec, że klient wzbudził u siebie wspomnienie porodu i może obserwować, czy do tego doszło. Ponieważ większość terapeutów nie rozumie przyczyny uczuć samobójczych leżącej w traumie śmierci łożyska, większość terapii nie mówi wiele o tym problemie ani o sposobie postępowania w razie jego wystąpienia. Jednak gdyby terapeuci zdawali sobie sprawę z ich istnienia, mogliby uważać na aktywację tych traum.

Uzdrawianie

Z uzdrawianiem uczuć samobójczych wiążą się dwa główne zagadnienia. Choć główna trauma samobójcza pojawia się przy odcięciu pępowiny (wskutek obecnej praktyki medycznej polegającej na przedwczesnym jej odcięciu), u wielu ludzi występuje wiele innych traum, które również zawierają impuls samobójczy. Dzieje się tak, ponieważ zdarzenie porodowe trwa przez pewien czas, a odczuwana przez łożysko potrzeba śmierci może zostać połączona z wieloma innymi momentami traumy podczas porodu. Na przykład ktoś może odczuwać impuls, by się powiesić – ma to miejsce wtedy, gdy uczucie śmierci łożyska wystąpiło wraz z traumatycznym doświadczeniem porodowym w łonie matki, w którym pępowina okręciła się wokół szyi dziecka. To ogromny problem w uzdrawianiu, ponieważ terapeuta może uzdrowić bieżącą traumę sprawiając, że klient poczuje się dużo lepiej i będzie miał więcej energii. Później jednak, być może kilka godzin lub dni później, okoliczności życiowe dalej wzbudzają owe zdarzenia porodowe (np. wskutek rozwodu), a klient ma obecnie energię i motywację do tego, by się zabić, wskutek działania traumy, która nie była „widoczna" podczas terapii.

Z tego powodu terapeuta pracujący z samobójczą traumą porodową musi postępować niezwykle ostrożnie, by upewnić się, że klient nie popełni samobójstwa w trakcie leczenia lub po uzdrowieniu obecnych symptomów. To jest możliwe, ale trzeba takie uzdrawianie przeprowadzać we właściwych warunkach – praca nad tym problemem przez telefon nie jest bezpieczna. W sytuacjach nagłego kryzysu, często skuteczne jest dotknięcie pępka, by zlokalizować doznania samobójcze. W sytuacji nagłego kryzysu uzdrawianie przez telefon może się udać POD WARUNKIEM, że klienta mogą obserwować inne osoby przez całą dobę przez około dwa tygodnie i są one świadome, że problem może powrócić, a nawet ulec pogorszeniu, ponieważ klient obecnie ma więcej energii i jest w stanie podejmować działania.

Niektórzy klienci mają myśli samobójcze, ale nie towarzyszą im uczucia samobójcze. To może wywoływać u nich dezorientację, ponieważ nie odczuwają pragnień ani doznań samobójczych w ciele. U osób tych nie doszło do aktywacji traumy śmierci łożyska – słyszą one „głosy" o treściach samobójczych. Rzecz jasna, u każdego klienta może wystąpić jednocześnie problem „głosów" i uczucia samobójcze płynące z traumy śmierci łożyska – terapeuta musi sprawdzić występowanie obu problemów, by zadbać o bezpieczeństwo klienta.

Ponadto zdarzają się kopie zawierające uczucia samobójcze. W niektórych przypadkach mogą pojawić się również traumy pokoleniowe związane z samobójstwem. Co równie istotne – terapeuta musi wyeliminować wszelkie asocjacje związane z doznaniem potrzeby śmierci (uczucia samobójcze).

Praca z klientami o uczuciach samobójczych wymaga formalnego przeszkolenia terapeuty i dostępnego stałego wsparcia udzielanego klientowi. Trening konwencjonalny, jak np. „Applied Suicide Intervention Skills Training" (ASIST), jest niezbędny, by terapeuta potrafił dostrzec oznaki problemu i rozumiał konsekwencje prawne.

Zapobieganie

Długofalowe rozwiązanie epidemii samobójstw w krajach Zachodu jest dość proste, które rodziny mogą wdrożyć natychmiast, by chronić swoje dzieci – NIE WOLNO pozwolić pracownikom szpitala na odcięcie pępowiny od razu po porodzie. Właściwym rozwiązaniem jest jej odcięcie około 20 minut po porodzie, a im później, tym lepiej (zob. technikę o nazwie „poród lotosowy"). Dzieci te unikną w życiu niebezpieczeństwa wzbudzenia uczuć samobójczych – chyba że doszło do wcześniejszych perinatalnych traum porodowych powiązanych z impulsem śmierci łożyska.

Inny powód, dla którego nie należy natychmiast odcinać pępowiny, ma związek ze zdrowiem psychicznym dziecka. Gdy pępowina pozostaje nieodcięta przez dłuższy czas, dziecko zazwyczaj (w przypadku 4 porodów na 5) zachowa stan szczytowy, który nazywamy stanem „pełni", dzięki czemu dziecko (a później dorosły) będzie znacznie zdrowsze psychicznie niż przeciętna osoba.

Sugerowana lektura

* *Suicide prevention – Peak States® Therapy Vol. 3*, dr Thomas Gagey i dr Grant McFetridge.
* *Therapeutic and legal issues for therapists who have survived a client suicide: breaking the silence*, Kayla Miriyam Weiner.
* „Applied Suicide Intervention Skills Training" (ASIST).
* *Lotus birth: leaving the umbilical cord intact*, Shivam Rachana.

Słowa-klucze w opisie symptomów

* Nastroje samobójcze; rozważanie, by to wszystko zakończyć; plan, by się zabić (zob. kurs ASIST poświęcony tym zagadnieniom).

Pytania do diagnozy

* Czy kiedykolwiek miałeś uczucia samobójcze lub myślałeś w ciągu ostatniego roku o tym, jak się zabić? Kiedy?
* Czy pragnieniu, by umrzeć, towarzyszyły jakieś uczucia?
* Czy jeśli położysz rękę na pępku, masz wrażenie, że uczucie promieniuje z tego miejsca?

Diagnoza różnicująca

Kopia: uczucie samobójcze ma osobowość innej osoby.

Traumy pokoleniowe: „dziadkowie" również mieli uczucia samobójcze.

Głosy: brak uczuć samobójczych – klient słyszy „głos" (myśl) o treści samobójczej wypowiadany z jakiegoś (stałego) miejsca w przestrzeni, zazwyczaj poza ciałem.

Uzdrawianie
- Nie zalecamy uzdrawiania tego problemu, chyba że terapeuta ma odpowiednie kwalifikacje i licencję, a także może zapewnić klientowi odpowiednie i *stałe* wsparcie przez okres dwóch-trzech tygodni.
- Należy zacząć od techniki polegającej na dotknięciu pępka; uzdrowić wszystkie traumy samobójcze (oraz asocjacje, traumy pokoleniowe i kopie); należy założyć, że u klienta pragnienie samobójstwa zostanie ponownie wzbudzone w ciągu kolejnych trzech tygodni wraz z ujawnieniem się dalszego materiału.
- Wszystkie istotne w tym przypadku traumy biograficzne można jednocześnie wyeliminować za pomocą licencjonowanego procesu dla certyfikowanych terapeutów stanów szczytowych.

Typowe błędy w technice
- Niepełne uzdrowienie ujawnionego problemu lub uczuć.
- Uzdrowienie ujawnionej traumy może dodać klientowi energii, dzięki której będzie w stanie zrealizować zamiary samobójcze, jeśli wypłyną na wierzch kolejne traumy samobójcze.
- Terapeuta nie zdaje sobie sprawy z tego, że klient ukrywa zamiar, by później popełnić samobójstwo.
- Niedostrzeżenie faktu, że doznania samobójcze nie muszą mieć dramatycznej treści emocjonalnej.
- Błędne zdiagnozowanie myśli samobójczych jako uczuć samobójczych.

Przyczyna źródłowa
- Trauma porodowa zawierająca uczucie *konieczności* śmierci łożyska.

Częstotliwość symptomów i dotkliwość
- Mogą występować okazjonalnie lub stale.
- Intensywność może być różna w różnych okresach.
- Przymusowi popełnienia samobójstwa mogą (ale nie muszą) towarzyszyć silne emocje.

Ryzyko
- Klientów mających ten problem należy uważać za klientów w stanie ryzyka i nie należy zajmować się innymi problemami w czasie, gdy tego typu klient odczuwa lub rozważa albo niedawno odczuwał lub rozważał popełnienie samobójstwa.

NIEBEZPIECZEŃSTWO

Klientów, którzy wyrazili zamiary, plany, próby (istniejące obecnie lub zaistniałe niedawno) popełnienia samobójstwa, należy uznać za klientów w stanie ryzyka. Nie należy rozpoczynać terapii w związku z innymi problemami. Uzdrowieniu obecnego (ujawnionego) symptomu traumy porodowej może towarzyszyć przeoczenie innej istotnej traumy lub przypadków subkomórkowych, takich jak kopia.

NIEBEZPIECZEŃSTWO

Skoncentrowanie uwagi na traumie wywołującej uczucia samobójcze może w subtelny sposób zaktywować inne podobne traumy płynące z tego samego okresu porodowego, co śmierć łożyska. U niektórych klientów uzdrowienie obecnie zaktywowanej traumy może dodać im energii, co sprawi, że będą wyglądać na w pełni uzdrowionych, ale zyskają tylko energię, by zrealizować impulsy samobójcze płynące z innych traum śmierci łożyska.

NIEBEZPIECZEŃSTWO

Niektóre traumy śmierci łożyska mogą wywołać spokojny, pozbawiony emocji przymus popełnienia samobójstwa. Należy postępować niezwykle ostrożnie, podejmując pracę w tym obszarze czasowym, gdyż klient wyda się osobą racjonalną, a jednak będzie przekonany, że natychmiastowe popełnienie samobójstwa jest czymś w pełni racjonalnym.

Kody ICD-10
 – R45.8, Z91.5

Rozdział 13

KRYZYSY DUCHOWE I POWIĄZANE PROBLEMY

W ciągu ostatnich kilkudziesięciu lat wzrosła akceptacja zjawisk „duchowych", wykraczających poza konwencjonalne zachodnie przekonania i modele – zarówno w literaturze zawodowej, jak i w literaturze popularnej oraz w filmach. Obecnie większość ludzi wie, o co chodzi, gdy mowa o doświadczeniu bliskim śmierci, przeszłym życiu, doświadczeniu *out-of-body* (bycia poza ciałem) i tak dalej. Niestety, doświadczenia owe stoją w bezpośredniej sprzeczności z nowoczesnym naukowym, opartym na biologii światopoglądem. Ludzie radzą sobie z tym konfliktem albo ignorując bądź zaprzeczając temu zjawisku, albo też dzieląc swój świat na dwie, całkowicie niezależne od siebie części – świat codzienny, w którym udają się do lekarza po lekarstwo, oraz świat nie-fizyczny, „duchowy", uważany za niemożliwy do zrozumienia.

Terapeuci jednak nie mogą pozwolić sobie na zignorowanie owych niezwyczajnych zjawisk. Choć dzieje się to niezbyt często, muszą sobie radzić z osobami cierpiącymi z powodu problemów „duchowych" wykraczających poza ich własny system przekonań. Choć wielu z nich będzie zwyczajnie przypisywać problemy klientów rozmaitym chorobom psychicznym i sugerować leki antypsychotyczne, inni będą starali się zrozumieć i leczyć klientów najlepiej, jak potrafią. Dlatego też usilnie zalecamy wszystkim terapeutom odbycie treningu z zakresu kryzysu duchowego. Przed uzyskaniem certyfikatu wszyscy certyfikowani terapeuci stanów szczytowych muszą przejść kurs z tej dziedziny, by potrafili dostrzec tego typu problemy i zapoznali się z najnowszą wiedzą związaną z ich uzdrawianiem.

Zachęcamy również terapeutów, by interesowali się rozmaitymi praktykami uzdrawiającymi, szamańskimi i duchowymi. W niniejszej pracy opisujemy podstawy tych zjawisk, toteż zapoznanie się z nimi w innych kontekstach będzie cennym doświadczeniem – zarówno z punktu widzenia osoby wykonującej zawód terapeuty, jak i osoby żyjącej i pracującej z wyjątkowymi stanami świadomości. Praktyki duchowe mogą jednak wywołać kryzysy duchowe – a w niektórych przypadkach konkretna praktyka duchowa może być źródłem problemów.

Na szczęście dzięki zrozumieniu prenatalnych zdarzeń rozwojowych i przypadków subkomórkowych, owe doświadczenia i kryzysy „duchowe" da się obecnie (po raz pierwszy) zrozumieć w ramach kontekstu zachodnich modeli biologicznych i przekonań kulturowych. W niniejszym rozdziale (napisanym dla terapeutów przeszkolonych w tym zakresie) przedstawimy pokrótce całkowicie nowe metody skutecznego leczenia niektórych najczęściej spotykanych przypadków: problemów związanych z ekstremalnymi stanami i doświadczeniami duchowymi, doświadczeń egzystencjalnego zła, problemów ze stanami szczytowymi oraz problemów związanych z nauczycielami duchowymi. Szczegółowe omówienie tych i innych problemów o charakterze kryzysu duchowego czytelnik znajdzie w publikacji *Spiritual emergencies – Peak States® Therapy,* volume 4.

Sugerowana lektura
- Emma Bragdon (2006). *A sourcebook for helping people with spiritual problems.*
- Stanislav Grof (1989). *Spiritual emergency: when personal transformation becomes a crisis.*
- David Lukoff. „DSM-IV religious and spiritual problems" (kurs internetowy).
- Grant McFetridge i inni. *Peak states of consciousness*, volumes 1-3.
- Marta Czepukojć i Grant McFetridge. *Spiritual emergencies – Peak States® Therapy,* volume 4.

Doświadczenie zła

Choć nie zdarza się to często, niektórzy klienci przychodzą na terapię z powodu trudnego doświadczenia – odczuwania przerażającego zła w sobie lub w drugiej osobie. To jest wrażenie, jakie ktoś może mieć podczas oglądania takiego filmu, jak „Egzorcysta" – gdy czuje, że zostanie na zawsze zdominowany przez te odczucia. Istnieje wiele mechanizmów związanych z doświadczaniem zła – poniżej przedstawiamy kilka wskazówek co do metod radzenia sobie z różnymi przejawami zła u klientów.

Bardzo powszechny rodzaj tych odczuć to wrażenie, że jakiś obszar/obszary w ciele emanują złem – odczucie, które zazwyczaj jest blokowane przed świadomością. Niestety, praktycznie wszyscy ludzie mają ten problem, gdyż jest on wynikiem uszkodzenia dokonanego przez gatunek bakterii w trakcie powstawania pierwotnej świadomości plemnika lub jajeczka w rodzicach. Problem ten uzdrawia się za pomocą procesu stanów szczytowych dostępnego dla certyfikowanych terapeutów.

OSTRZEŻENIE

Niektórzy terapeuci nie powinni pracować z tego rodzaju problemami, gdyż praca ta może przeciążyć ich własne mechanizmy kompensacyjne i pogłębić ich własne problemy w tym aspekcie. Jeśli zamierzasz pracować z tymi problemami, zalecamy przeszkolenie się u osób posiadających doświadczenie i które mogą pomóc ci zdobyć praktykę w pracy z takimi klientami.

Napotkanie zła w trakcie regresji

Klient napotyka uczucia zła w sobie samym, w swoich przodkach, przeszłych życiach, rodzicach lub dziadkach. Leczenie polega na prostej akceptacji i pozwoleniu na zmianę (to kluczowy element techniki WHH).

W trakcie regresji klient może czasami znaleźć się w „wymiarze piekła", wchodząc – biologicznie rzecz ujmując – w „korytarz" pomiędzy membranami. Na przykład problem ten często jest wywoływany w koalescencji, podczas przechodzenia poprzez ściankę membrany, ale może on mieć miejsce na innych etapach wczesnego rozwoju. Rozwiązanie polega na poproszeniu klienta, by pozostał w „środku" korytarza, ignorując zazwyczaj dość przerażające otoczenie, i kontynuował przechodzenie przez barierę, by ukończyć uzdrawianie tego wydarzenia. Alternatywne rozwiązanie polega na zachęceniu klienta, by przełączył się na „biologiczny podgląd", by zobaczyć fizyczny problem będący źródłem tego doświadczenia i bezpośrednio uzdrowić ów problem.

Zło w paplaninie umysłowej

Źródłem złych myśli w łagodnej formie jest jakiś „głos". W ekstremalnym przypadku sytuacja ta wywołuje klasyczny problem opętania przez demona, który może wystąpić nieoczekiwanie w trakcie sesji lub też klient może przyjść z nim do terapeuty.

Uzdrowienie polega na wyeliminowaniu konkretnego głosu wraz z asocjacją polegającą na skojarzeniu zła z przetrwaniem albo na przeprowadzeniu procesu Cichego Umysłu, który rozwiąże problem z paplaniną umysłową w ogóle.

Przyciąganie złych ludzi i sytuacji

Klient przyciąga złych ludzi i sytuacje – zazwyczaj nie ma to nic wspólnego z negatywnością osoby, której dotyczy problem. Przyczyną jest asocjacja, która mówi ciału, że potrzebuje doznania zła, by przetrwać – musi je mieć cały czas w pobliżu. Łatwo temu zaradzić, stosując technikę uzdrawiania asocjacji.

W rzadkich przypadkach przyczyną problemu jest inny mechanizm – na przykład, gdy klient posiada niezwykłe stany szczytowe, inni ludzie mają ochotę podjąć próbę skrzywdzenia go, gdyż bardzo boleśnie odczuwają własny brak w jego obecności (lub gdy koncentrują na nim uwagę). Takie zachowanie u osoby, u której występuje ów brak, wynika z wielu przyczyn. Niestety jest to problem wiążący się z posiadaniem stanów szczytowych. Podobnie jak to bywa w przypadku osób zamożnych, problem ten można zredukować, udając przeciętną osobę lub ukrywając posiadane stany szczytowe. W zminimalizowaniu tego problemu pomaga także wyeliminowanie u klienta pasożyta 2. klasy (grzyba borga), co sprawi, że będzie on emocjonalnie „niewidoczny" dla osób odczuwających brak.

Poczucie mocy, które daje zło

Klient lubi poczucie mocy (którego motorem są zazwyczaj ukryte pod spodem uczucie bezradności) i działa z pozycji zła. Przyczyną takiej sytuacji może być trauma, występuje ona u osób z zatrzaśniętym mózgiem serca, w wyniku czego inni ludzie są postrzegani jak przedmioty, lub też u osób, u których tożsamość uległa częściowej fuzji z pasożytem 2. klasy (grzybem borgiem). W tym drugim przypadku ludzie tracą zdolność do nawiązywania relacji opartych na empatii i zamiast tego stosują manipulację, nadużycia lub krzywdzą ludzi – patrzą na innych z perspektywy pasożyta grzybowego. Według naszych szacunków, około 20-30% ogólnej populacji ma do pewnego stopnia ten problem (choć liczba ta może z czasem ulegać zmianie). Pewną odmianą tego przypadku jest interakcja z tą częścią kultury (książki, filmy, muzyka itp.), która klientowi wydaje się zła. Oba przypadki uzdrawia się tak samo – za pomocą procesu Cichego Umysłu, który eliminuje organizm pasożytniczy.

Klient spotyka osobę, w której czuje zło

To zazwyczaj jest albo problem tzw. sznura, albo wynik oddziaływania e-dziury. Można go szybko wyeliminować za pomocą techniki Uwalniania Osobowości na Odległość (DPR), jednak technika ta może sprawiać wielu klientom trudności, gdyż wymaga zdolności do bezwarunkowej miłości wobec owego zła. Innym podejściem do sznurów jest identyfikacja nitki traumy, do której przyczepiony jest sznur i uzdrowienie tej traumy. Jeśli przyczyną jest e-dziura, należy poprosić klienta, by wyleczył rezonującą e-dziurę w sobie za pomocą techniki uzdrawiania traum pokoleniowych.

Istnieją też inne, poważniejsze przyczyny tego problemu. Rdzeń świadomości osoby odczuwającej zło może być uszkodzony w taki sposób, że zło wewnątrz niej jest odczuwane wskutek nieświadomej fuzji z organizmami pasożytniczymi, poprzez które owa osoba poszerza swoją świadomość na innych. Praca z tego typu klientami wymaga podejścia wykraczającego poza zakres niniejszego podręcznika.

Klient odczuwa zło w swoim ciele

Przyczyną może być kopia – wtedy zło odczuwane jest tak, jakby posiadało osobowość innej osoby. W takim przypadku należy zastosować uzdrawianie kopii – opukiwanie lub regresja *nie* zadziała. Może to być też wynik obecności e-dziury – w takim przypadku należy zastosować standardowy proces dla przypadków subkomórkowych.

Inną możliwą przyczyną jest klątwa – wtedy odczuwa się obecność osobowości drugiej osoby. Niewiele klątw robi wrażenie prawdziwego zła (częściej spotykanym przypadkiem jest gniew), gdyż odzwierciedlają one uczucie osoby, która pobudza borga do działania. Problem ten odczuwany jest jak obecność strzały w ciele lub też jak kocyk przykrywający ciało. W obu przypadkach szybkie rezultaty daje technika DPR. Jeśli problem stale powraca, proces SMT pozwala rozwiązać go całościowo.

Innym możliwym przejawem tego problemu jest wrażenie nudności lub zła w małych lub większych obszarach ciała. Przyczyną może być czarny, toksyczny materiał wewnątrz komórki prymarnej, zazwyczaj emitowany przez kombinację organizmów pasożytniczych 1. klasy – pasożyty insektopodobne (emocja), 2. klasy – pasożyty grzybowe (mdłości) i 3. klasy – pasożyty bakteryjne (toksyczność). Proste opukiwanie w technice EFT czasami pozwala wyeliminować problem. Alternatywnie można zastosować standardowe procesy na pasożyty, by uzdrowić problem. Należy zacząć od asocjacji wobec uczucia toksyczności. Następnie, o ile w obszarze występują jakieś tony emocjonalne, należy uzdrowić odpowiednie traumy pokoleniowe, by wyeliminować pasożyty 1. klasy. W dalszej kolejności zaś należy uzdrowić wszelkie traumy pokoleniowe, które posiadają to samo odczucie zła. Niestety, obecne techniki mogą być niewystarczające, by wyeliminować problem – może się okazać, że w niektórych przypadkach konieczne będzie zastosowanie procesów klinicznych Instytutu.

„Otwarcie wrót do piekła"

Istnieje doświadczenie, zupełnie sprzeczne z intuicją, które może ulec wzbudzeniu, gdy klient znajduje się w grupie osób świętujących, tańczących, modlących się itp. Klient może wtedy poczuć wyjątkowe zmęczenie (by nieświadomie stłumić doświadczenie), może odczuwać niechęć do tego, by w ogóle angażować się w owe działania grupowe, lub może „zobaczyć" duży czarny krąg pod grupą osób, który jest odczuwany jako zło i zdaje się prowadzić do piekła.

Doświadczenie to polega na uświadomieniu sobie przez klienta obecności pasożyta bakteryjnego 3. klasy w jądrze komórkowym, który żyje „pod nim" – tunel jest częścią organizmu. Ulega on aktywacji w grupach, ponieważ pozytywne uczucia ludzi „karmią" pasożyta, by mógł się reprodukować. Ów szczególny pasożyt istnieje niemal u każdego, ale na szczęście zazwyczaj jego obecność ulega stłumieniu i znajduje się poza świadomością. Choć uzdrawianie traumy pokoleniowej może zredukować problem, sugerujemy kontakt z kliniką stanów szczytowych, by w pełni uzdrowić problem.

Klient odczuwa obecność złego przodka

Klienci czasami mogą odczuwać bliską obecność dziadków, i jeśli osoby te są odczuwane jako złe, może to wywoływać duży stres, gdyż trudno takie zjawisko zignorować. Mogą też odczuwać wcześniejszego przodka, który jest odbierany jako zły. W obu przypadkach należy zastosować technikę uzdrawiania traum pokoleniowych.

Klient otoczony jest przez poczucie negatywności lub zła

W tym przypadku ludzie odczuwają negatywność lub zło dookoła siebie – w promieniu od 3 do 4,5 m. Klient zazwyczaj sam tego nie czuje. Problem jest wywoływany przez obecność chmury organizmów bakteryjnych żyjących na wewnętrznym brzegu membrany komórki prymarnej, które zostały „wdrukowane" razem z owymi negatywnymi uczuciami. Co ciekawe, niektórzy ludzie mogą czuć je w obszarze poza ciałem klienta. Organizmy te można wyeliminować, najpierw uświadamiając klientowi istnienie problemu, potem uzdrawiając wszelkie asocjacje oraz traumy pokoleniowe na fizycznym odczuciu organizmów bakteryjnych (miękkość, toksyczność, galaretowatość).

Kody ICD-10
F44.3

Szczytowe doświadczenia, stany i umiejętności

Według definicji, stan szczytowy odpowiada doznaniu, uczuciu lub zdolności, dzięki której jesteśmy bardziej obecni w świecie. Jednak – choć zabrzmi to dziwnie – istnieje wiele negatywnych problemów związanych z posiadaniem szczytowych doświadczeń, stanów i umiejętności:

- Klient może posiadać traumę kojarzoną z doznaniami lub emocjami płynącymi ze stanu szczytowego – na przykład boi się być szczęśliwy, więc zamiast pozwolić sobie na odczuwanie pełni danego stanu, oporuje wobec niego; lub też nowy stan lub zdolność może odbierać jako zbyt przytłaczający, wtedy proste uzdrawianie asocjacji lub traumy powinno wystarczyć, by ten problem rozwiązać.

- Stan szczytowy lub zdolność szczytowa są zbyt niecodzienne, toteż klient zakłada, że jest z nim coś psychicznie (lub fizycznie) nie w porządku – może to prowadzić do całkowicie nieodpowiedniej hospitalizacji, leczenia farmakologicznego lub terapii za pomocą elektrowstrząsów. Na przykład wiele osób mających stan Ścieżki Piękna słyszy, że jest z nimi coś nie tak, ponieważ nie odczuwają traum ani negatywnych emocji – wyjaśnienia z odwołaniem do odpowiednich podręczników zazwyczaj wtedy wystarczają, by rozwiązać ten problem.

- Klient miał doświadczenie, stan lub zdolność szczytową, która znikła – zależnie od stanu i osoby, taka strata może być druzgocąca (być może klient poświęcił dużo czasu i pieniędzy, próbując ów stan odzyskać) – najlepszym rozwiązaniem jest przywrócenie stanu, jeśli nasze obecne techniki mogą pomóc w odzyskaniu tego stanu.

- Klient jest uzależniony od doświadczenia szczytowego w pracy lub w czasie wolnym – problem ten jest często spotykany, a wiele osób mających ten problem nawet nie zdaje sobie z tego sprawy. Przykładem będzie osoba, która niszczy sobie stawy kolanowe, gdyż tak bardzo pragnie poczuć „haj biegacza"; lub też osoba wykonująca niewłaściwą pracę, ponieważ od czasu do czasu zostaje nagradzana chwilowym uczuciem doświadczenia szczytowego. Najlepszym rozwiązaniem – o ile to możliwe – jest zastosowanie procesu zamiany doświadczenia szczytowego w permanentny stan szczytowy.

Kody ICD-10
Nie zidentyfikowano dotychczas żadnego konkretnego kodu dla kryzysu duchowego.

Kryzysy duchowe

Kryzysy duchowe wiążą się z niezwyczajnymi lub duchowymi doświadczeniami, które wywołują niepokój albo niezdolność do normalnego funkcjonowania, albo też jedno i drugie. Są to często doświadczenia z różnych tradycji duchowych, mistycznych lub szamańskich, które przybierają postać kryzysu (kryzys duchowy to nie to samo, co kryzys religii czy wiary, nie jest to też epizod psychotyczny). Pierwotne pogłębione omówienie różnych rodzajów kryzysów duchowych można znaleźć w pracy Stanislava Grofa pt. *Spiritual emergency.* Można też przejrzeć instruktażową stronę internetową Davida Lukoffa poświęconą kategorii DSM-4 V62.89 o nazwie „DSM-IV religious and spiritual problems" (Problemy religijne i duchowe) lub zapoznać się z naszym podręcznikiem na ten temat pt. *Spiritual emergencies* autorstwa Marty Czepukojć i Granta McFetridge'a.

Prawdopodobnie ze względu na fakt, że działalność Instytutu skoncentrowana jest na szczytowych stanach świadomości, zazwyczaj mamy do czynienia z większym odsetkiem przypadków kryzysów duchowych niż terapeuci innych modalności. Z naszego doświadczenia wynika, że większość kryzysów duchowych to po prostu problemy subkomórkowe na poziomie komórki prymarnej, które dotarły do poziomu „świadomej" świadomości wskutek praktyk medytacyjnych lub – rzadziej – zostały wywołane przez intensywne doświadczenia, takie jak narodziny dziecka, seks, bardzo trudna trauma, doświadczenia nadzwyczajnego piękna albo też bez żadnego widocznego powodu – choć to zdarza się rzadko. Czasami nie ma czego uzdrawiać – raczej stan lub doświadczenie jest tak niezwykłe, iż klient przypuszcza, że jest chory psychicznie. Na przykład bezpośrednie doświadczenie stanu „świętego Ja" sprawiło, że pewnego klienta niepotrzebnie trzymano przez wiele lat w szpitalu psychiatrycznym. Niezależnie od tego, czy jest coś do uzdrawiania czy nie, należy jak najwcześniej odwołać klienta do książek opisujących jego kryzys duchowy, gdyż może to być dla niego ogromną ulgą i przynieść mu zrozumienie jego stanu.

Jeśli doświadczenie duchowe klienta nie pasuje do żadnego ze standardowych przypadków, terapeuta może nadal rozwiązać problem prosząc go, by przełączył się z „widzenia duchowego" na „widzenie biologiczne". Ponieważ klient przeżywa wydarzenie z „widzenia duchowego", by uniknąć bólu, przełączenie się może wymagać łagodnego coachingu. Gdy to się uda, zazwyczaj można zidentyfikować podstawowe uszkodzenie biologiczne i je uzdrowić, stosując nasze standardowe techniki.

Kategorie kryzysów duchowych (w przybliżonej częstotliwości występowania)
- *Channeling* – jest to zazwyczaj przypadek głosów schizofrenicznych i eliminuje się go tak, jak „paplaninę umysłu".
- *Doświadczenia różnych zbiorowości i różnych ras* – klient odczuwa ból wybranej grupy ludzkości z przeszłości, na przykład cierpienie wszystkich więźniów, którzy byli torturowani, agonię matek, które zmarły w połogu itp. To nie jest trauma

pokoleniowa, gdyż ma inną przyczynę biologiczną – uzdrawianie tego problemu polega na zastosowaniu techniki projekcji Courteau.

* *Kundalini* – klient odczuwa energię wędrującą w górę kręgosłupa, wzbudzającą niekończącą się serię traum; zjawisko to można łatwo wyeliminować, stosując odpowiedni proces z listy przypadków subkomórkowych.
* *Opętanie* – jest to zazwyczaj przypadek głosów rybosomalnych i leczy się je bardzo szybko za pomocą asocjacji lub metodą EFT (opukiwania), choć mieliśmy klienta, któremu nie mogliśmy pomóc – w tym przypadku jednak działał inny mechanizm, którego jeszcze nie zidentyfikowaliśmy.
* *Spotkanie z kosmitami* – mieliśmy do czynienia z osobami, u których „pozaziemskie implanty" w rzeczywistości były strukturami mózgu korony.
* *Doświadczenia mistyczne* – mogą mieć wiele różnych przyczyn: mogą to być pozytywne doświadczenia lub stany szczytowe, które wywołały traumatyczne reakcje; może to być doświadczanie fenomenów z komórki prymarnej lub działania pasożytniczych organizmów znajdujących się w komórce prymarnej (szczególnie o charakterze grzybowym), które często są interpretowane jako doświadczanie Boga.
* *Kryzys szamański* – to często ponowne przeżycie traumy w bardzo wczesnym zdarzeniu rozwojowym.
* *Doświadczenie bliskie śmierci* – należy uzdrawiać zarówno pozytywne, jak i negatywne tego rodzaju doświadczenia (niektóre z nich mają „piekielną" naturę), eliminując wszelkie traumy wywołane myśleniem o tym doświadczeniu – to zazwyczaj wystarcza, by przywrócić klientowi spokój.

Różne kryzysy duchowe wywołane przez przypadki subkomórkowe

Istnieje wiele innych przypadków kryzysu duchowego, nieskategoryzowanych w literaturze – niektóre z nich omawiamy w niniejszym podręczniku jako przypadki subkomórkowe (podane poniżej).

* *Otchłań* – klient ma wrażenie, że stoi na krawędzi głębokiego klifu, może widzieć/czuć otchłań, co wywołuje w nim ekstremalny niepokój.
* *Problemy z czakrami* – klient odczuwa ból i inne doznania spowodowane przez czakry (organizm grzybowy żyjący na membranie jądrowej).
* *Nakładanie obrazu* – zazwyczaj dotyczy to obrazów traumy; jednym z przykładów tego zjawiska jest sytuacja, w której klient widzi obrazy rodziców (jak „duchy") nałożone na osoby odpowiedniej płci (np. obraz mamy nałożony na kobiety).
* *Wewnętrzne obrazy archetypiczne* – klient doświadcza istnienia ponadnaturalnego, starożytnego boga lub potwora wewnątrz swojego ciała.
* *Klątwa* (forma negatywnej myśli) – klient czuje, jakby ktoś go „przeklął", wywołując uszkodzenie.
* *Nadmierna identyfikacja ze Stwórcą* – klient czuje równość ze Stwórcą, ale kosztem ludzkiego współczucia.

- *Przeszłe życia* – klient doświadcza traumy z przeszłych żywotów.
- *Uszkodzenie bloku „świętego Ja" mózgu trójjednego* – klient widzi blok „świętego Ja" lub staje się nim, zazwyczaj doświadczając uczuć świętości.
- *Pustka w kolumnie Ja* – klient odczuwa egzystencjalny lęk, gdy uświadamia sobie pustkę w rdzeniu swojej osobowości.

Kody ICD-10
F23

Nauczyciele duchowi/terapeuci i ich problemy

W ramach szkolenia terapeutów zawsze omawiamy problemy związane z pewnym rodzajem klientów, a mianowicie – z nauczycielami duchowymi i terapeutami. Zauważyliśmy, że praca ze stanami szczytowymi przyciąga nauczycieli duchowych, a praca z nowoczesnymi technikami terapeutycznymi przyciąga terapeutów. Z punktu widzenia diagnostyki i ustalania cen, terapia w przypadku klienta-terapeuty zazwyczaj trwa około trzech razy dłużej niż w przypadku typowego klienta. Po pierwsze – dzieje się tak dlatego, że większość terapeutów podejmuje tę pracę z powodu jakiegoś dużego problemu życiowego, który bezskutecznie próbowali uzdrowić. Prawdopodobnie wyeliminowali już wszystkie bezpośrednie traumy, ale można się spodziewać, że problem, który pozostał będzie niezwyczajny i złożony. Największa strata czasu wynika z tego, że podczas terapii osoby te będą próbowały wyjaśnić swój problem za pomocą tego, czego ich uczono lub w co wierzą. Większość szkolonych przez nas terapeutów ma trudności z utrzymaniem koncentracji klienta-terapeuty na symptomach i odczuciach, bez zajmowania się abstrakcjami i wyjaśnieniami, którymi taki klient chętnie i z entuzjazmem się dzieli.

Terapia nauczycieli duchowych trwa około pięć razy dłużej niż terapia przeciętnego klienta. Podobnie jak w przypadku terapeuty, nauczyciel duchowy zazwyczaj będzie miał już za sobą łatwiejsze metody uzdrawiania, i tak samo jak terapeuta będzie chciał wyjaśniać swój problem z punktu widzenia swoich przekonań. Grupę tę jednak cechuje inny poważny problem: takiej osobie trudno przyznać, że ma problem (jako część jej persony). Tym samym uzyskanie dokładnego opisu symptomów jest bardzo trudne, szczególnie jeśli stoi on w sprzeczności z własnym wizerunkiem. Oczywiście wielu ludzi ma ten problem – ale nauczycielom duchowym zazwyczaj znacznie lepiej wychodzi oszukiwanie terapeuty, co czynią wykorzystując rozmaite mechanizmy pasożytnicze (jak np. sznurowanie). Pewien bardzo znany nauczyciel duchowy ukrywał swoje rdzenne uczucie nieadekwatności i sprawiał, że borg spryskiwał toksynami każdego, kto ten fakt wykrywał. Tym samym z naszego doświadczenia pracy z tą grupą wynika, że ich problemy są zazwyczaj poważne, ukryte i jest im bardzo trudno skonfrontować się z nimi. Wszystko to zabiera więcej czasu (i energii) ze strony terapeuty, niż należałoby oczekiwać po osobie, która jest taka miła i zgodna.

Oto kilka przykładów – nauczyciele duchowi z ogromną ilością bypassów; osoby o wyjątkowo wysokim poziomie zarówno dobra, jak i zła, przełączające się między tymi jakościami; osoby wykorzystujące zdolności psychiczne do manipulowania i krzywdzenia innych, by móc czuć się kimś szczególnym i wyjątkowym; osoby ukrywające głębokie, rdzenne uczucia nieadekwatności i braku kompetencji; osoby gromadzące studentów po to, by wykorzystywać ich do własnych, egoistycznych celów; osoby indukujące u innych uczucia seksualne za pomocą stanu archetypu męskości/kobiecości, by pozyskać uwagę – i tak dalej.

Indukowane stany szczytowe

Innym problemem zaobserwowanym ogólnie u nauczycieli duchowych jest sprawa, która na początku wydaje się zjawiskiem pozytywnym. Nauczyciel posiada jeden (lub więcej) stan szczytowy i nauczył się indukowania go u innych ludzi. Problem polega na tym, że u wielu osób prowadzi to do uzależnienia (szczególnie osób „poszukujących") z powodu własnych głębszych problemów emocjonalnych lub poważnej, długotrwałej choroby. W ten sposób powstaje zjawisko klienta „idącego za guru" (niczym osoba uzależniona), byleby tylko móc doświadczać stanów szczytowych. Jest to sytuacja lukratywna finansowo dla nauczyciela, który nie ma żadnej pozytywnej motywacji, by klient faktycznie uzyskał i utrzymał rzeczony stan, a wręcz będzie temu przeszkadzał wskutek własnych problemów emocjonalnych związanych z poczuciem wyższości. Sedno: prawdziwi nauczyciele duchowi zachowują się i robią wrażenie osób zupełnie zwyczajnych, i mają uczniów, którzy z powodzeniem uczą się, jak opanować materiał i samodzielnie utrzymywać stabilne stany.

W ramach naszego regularnego treningu zajmujemy się tym problemem w bardzo ciekawy sposób. Prosimy studenta, by skoncentrował swoją uwagę na wybranym nauczycielu duchowym, który wydaje im się „wspaniały". Następnie prosimy o wyeliminowanie wszelkich traum i przypadków subkomórkowych, które uległy aktywacji przez tego nauczyciela. Czasami będą to proste projekcje albo traumy, jednak znacznie częściej będzie to oszustwo – nauczyciel sznuruje się z klientem, by zapewnić mu owo wyższe czy wyjątkowe doznanie. Czasami jest to s-dziura i nauczyciel projektuje uczucie „kochania" na podatnego studenta. W innych przypadkach nauczyciel stosuje połączenie między pasożytami, by krzywdzić tych, którym udaje się dostrzec jego oszustwa lub którzy potrafią nauczyć się ich umiejętności i uzyskać ich stany. Aspekty związane z działaniem pasożytów mogą być poważnym problemem dla terapeuty, który pracuje z taką grupą ludzi.

Ścieżki lub grupy duchowe

Jest jeszcze inne ciekawe zjawisko, na które również zwracamy uwagę naszym studentom: każda praktyka duchowa czy psychologiczna, której się przyglądaliśmy, zazwyczaj przyciąga ludzi, którzy mają tę samą nieświadomą rysę, która pobrzmiewa w praktyce i jej nauczycielach. Na przykład pewna dobrze znana praktyka przyciąga ludzi, którzy próbują uciec przed wszelkimi emocjami; inna praktyka przyciąga ludzi chcących uciec przed uczuciami seksualnymi; inna znowu jest atrakcyjna dla osób, które chcą manipulować ludźmi; kolejna przyciąga osoby mające potrzebę posiadania władzy itd. Rysę tę bardzo trudno wykryć u siebie – wtedy (zakładając, że problem istnieje) najlepiej zapytać osobę, która nie jest zainteresowana daną praktyką, ale zna ludzi z tego kręgu, by poszukała podstawowego wspólnego dla nich problemu.

Praktyki duchowe prowadzące do uszkodzeń

Na przestrzeni lat naszej działalności w tym obszarze widzieliśmy wielu klientów stosujących rozmaite praktyki czy techniki duchowe, które ich krzywdziły, wywołując dziwne uczucia w ciele, ból, paranoję, głosy i inne problemy. Rzecz jasna, nawet standardowe techniki medytacyjne mogą wywołać kryzysy duchowe i inne problemy. Tutaj jednak odnosimy się do technik, które bezpośrednio wchodzą w interakcję z komórkami prymarnymi niektórych osób je stosujących i nieświadomie je uszkadzają.

Pierwszym krokiem jest poproszenie klienta, by zaprzestał stosowania techniki – choć brzmi to jak coś oczywistego, wielu klientów nie może uwierzyć, że praktyka może być przyczyną problemu, często dlatego, że tak powiedział ich nauczyciel duchowy. Jeśli stan klienta nie ulegnie poprawie w ciągu mniej więcej tygodnia od zaprzestania praktyki, kolejnym krokiem jest pełna diagnoza problemu.

Problem ten nie ogranicza się tylko do technik „duchowych", gdyż wiele technik „psychologicznych" również wchodzi w interakcję z komórką prymarną. Jak wspomnieliśmy wcześniej, niektóre techniki psychologiczne odnoszą zamierzony skutek, uszkadzając jednak komórkę prymarną klienta. Czasami wynikłe z tego symptomy są subtelne, w innych przypadkach zaś są na tyle poważne, że w końcu zmuszają klienta do poszukiwania pomocy.

Problem stapiania się

Jak wspomnieliśmy, wiele osób nieświadomie (lub świadomie) próbuje krzywdzić innych za pośrednictwem różnych gatunków pasożytów – szczególnie, jeśli ta druga osoba wykazuje oczywiste oznaki posiadania stanów szczytowych lub jakiś niezwykły talent, zdolność lub dobrostan. Owe problemy z pasożytami są szczególnie niebezpieczne w przypadku większości uzdrowicieli i nauczycieli duchowych, gdyż zazwyczaj potrafią oni „stapiać się" swoją świadomością ze świadomością klienta lub ucznia. Nauczyciel/uzdrowiciel z dużym prawdopodobieństwem ulegnie „aktywacji" wskutek tego, co wyczuwa u innej osoby, a co gorsza, nauczycielom/uzdrowicielom zazwyczaj lepiej niż przeciętnej osobie udaje się szkodzić innym za pośrednictwem pasożytów. Oczywiście prawdziwe jest również twierdzenie odwrotne – klient/uczeń może uszkodzić w trakcie owego „stopienia się" nauczyciela/uzdrowiciela. Ten nieoczywisty i tajemniczy, ale niestety realny problem jest jednym z powodów, dla których Instytut nie uczy terapeutów „stapiania się".

Co zatem robić? Po pierwsze, nauczyciele/uzdrowiciele urodzeni ze stabilnym, trwającym całe życie stanem Ścieżki Piękna nie identyfikują się z pasożytami ani ich nie wykorzystują, niezależnie od uczuć wobec klienta. Toteż w przypadku tych osób nie występuje problem krzywdzenia innych. W pozostałych przypadkach najlepszym stabilnym rozwiązaniem jest pozbycie się wszystkich pasożytów, co jest obecnie przedmiotem naszych badań.

Kody ICD-10
Nie zidentyfikowano dotychczas żadnego konkretnego kodu.

CZĘŚĆ 5

DODATKI

IDENTYFIKACJA „ZABLOKOWANYCH" PRZEKONAŃ U TERAPEUTÓW

Gdy rozpoczynamy nowy moduł, prosimy najpierw naszych studentów-terapeutów, by poszukali i uzdrowili wszelkie problemy emocjonalne wobec materiału, którego zamierzają się uczyć. Widzieliśmy już wielokrotnie, że jeśli reakcje emocjonalne i „zablokowane" przekonania nie zostaną wyeliminowane, uczenie się i zdobywanie umiejętności przebiega powoli, a nawet ulega całkowitemu zatrzymaniu.

Trudność polega na sprawieniu, by student uświadomił sobie swoje problemy – okazuje się, że podanie studentom listy potencjalnych aktywatorów pomaga w tym procesie. Toteż z biegiem czasu zarejestrowaliśmy wiele problemów, które odkrywają w sobie nasi studenci (ich listę przedstawiamy poniżej). Prosimy ich, by przejrzeli listę i zaznaczyli te stwierdzenia, które mają dla nich ładunek emocjonalny lub też zapisali na kartce, jakie problemy osobiste odkryli lub sobie uświadomili. Oczywiście, wiele z tych problemów nie ma zupełnie sensu z logicznego punktu widzenia, a student czasami niechętnie przyznaje, że ma na nie reakcję emocjonalną.

Innym sposobem wykrycia problemów jest zastosowanie triku polegającego na wypowiedzeniu pozytywnego stwierdzenia lub frazy na dany temat. Należy zwrócić uwagę na wszelkie uczucia lub stwierdzenia przeciwne, które wypłyną do świadomości. Często stwierdzenia takie zaczynają się: „Tak, ale…" lub też: „Nie, ponieważ…". Oto kilka przykładów:

- Prowadzę (kieruję) klienta z dużą pewnością siebie
- Diagnoza i uzdrawianie jest szybkie i proste
- Jestem spokojny przed pracą z klientem
- Zawsze będę pamiętać o tym, by poprosić o podanie wskaźnika SUDS.

Jeszcze innym sposobem sprawdzenia, czy posiadamy „zablokowane" przekonania lub bazowe problemy, jest zbadanie, czy inni znajdują przykłady przeciwne do naszych przekonań.

Gdy problemy zostaną zidentyfikowane, studenci zazwyczaj na każdy z nich poświęcają kilka minut, ponieważ są one prawie zawsze wynikiem prostej traumy lub bazowych przekonań. Często uzdrowienie zidentyfikowanych przez studentów problemów zadajemy im jako pracę domową.

Ten system nie jest jednak niezawodny. Wielu studentów wciąż tłumi świadomość niektórych problemów, co oznacza, że będą się one pojawiać od czasu do czasu na zajęciach lub w pracy z klientami. Tak czy owak, system taki bardzo pomaga i warto go zrealizować.

Przekonania związane z pobieraniem opłat oraz z systemem „płatności za rezultat"
Terapeuci często żywią obawy związane z przejściem na system opłaty za rezultat. Pojawiają się tu też inne problemy.
* Czuję się winny, że pobieram tak wysokie opłaty za tak prosty/szybki proces.
* Czuję się winny, pobierając wyższą opłatę, by skompensować brak opłaty od klientów, którym nie mogę pomóc.
* A co będzie, jeśli klient zostanie uzdrowiony, ale stwierdzi, że wcale tak nie jest?
* Nie rozumiem, czego klient naprawdę chce – nie dostrzegam prawdziwego problemu.
* Boję się, że klient będzie ode mnie zbyt wiele oczekiwał.
* To zbyt skomplikowane.
* Boję się działań prawnych.
* Chcę skończyć sesję tak szybko, jak to możliwe, by dostać pieniądze.

Przekonania związane z umową i wywiadem wstępnym
* Boję się, że nie określę właściwego problemu.
* Zawsze będę pamiętać o tym, by poprosić o podanie wskaźnika SUDS.
* Nie rozumiem, czego klient naprawdę chce.
* Nie dostrzegam prawdziwego problemu.
* Bardziej mnie interesuje rozwiązanie ukrytego problemu niż prezentowanego przez klienta.
* Boję się, że stracę kontrolę nad sesją.
* Boję się, że klient będzie ode mnie zbyt wiele oczekiwał.
* Nie będę miał pomysłów, toteż klient utknie, ja będę zażenowany, a klient uzna mnie za osobę niekompetentną.
* Boję się, że poczuję się przed klientem zażenowany.

Przekonania dotyczące diagnozy
To często spotykane problemy, które przeszkadzają w umiejętności przeprowadzania diagnozy. Przeczytajcie całą listę i zidentyfikujcie te stwierdzenia, które wywołują jakieś uczucia. Następnie sprawdźcie, czy macie inne przekonania, których nie ma na liście. Dobrym pomysłem będzie uzdrowienie tych problemów, zanim podejmiecie próbę diagnozowania klientów.
* To zbyt skomplikowane.
* To musi zabierać mnóstwo czasu (być bardzo dokładne itd.).
* Boję się, że problemy klienta coś mi zaktywują.
* Boję się, że pozwolę klientowi dać się zwieść.

- Nie będę pamiętał przypadków ani ich symptomów.
- Boję się, że zrobię coś źle i uszkodzę klienta.
- Mogę mieć trudności ze zrozumieniem (języka, stylu) klienta.
- Rozprasza mnie historia, którą opowiada klient.
- Zapomnę wskazówek, których należy szukać.
- Boję się, że „wyciągnę pusty los".
- Boję się prowadzenia klienta.
- Dokonam błędnej diagnozy.
- Nie będę w stanie im pomóc.
- Czuję opór przed takim ustrukturyzowaniem diagnozy i uzdrawianiem.
- Boję się, że „skopiuję" problem klienta.
- Stracę koncentrację podczas diagnozy.
- Boję się, że wydam się niekompetentny albo głupi.
- Czegoś zapomnę.
- Nie jestem wystarczająco dobry.
- Odczuwam lęk związany z wykonaniem zadania.
- Jestem zdezorientowany, ponieważ nie rozumiem podstawowej struktury ani mechanizmów.
- Potrzebuję więcej informacji.
- Czuję niechęć przed prowadzeniem sesji.
- Boję się, że nie będę umiał wrócić do tematu i stracę kontrolę nad sesją.

Przekonania dotyczące bezpieczeństwa i kwestii etycznych
- Boję się, że klient opuści gabinet, gdy przeczyta formularz świadomej zgody.
- Czemu miałbym stosować formularz zgody? Nikt inny tego nie robi.
- Boję się, że odstraszę klienta.
- Muszę być w centrum uwagi (lub potrzebuję pieniędzy) do tego stopnia, że będę robić rzeczy niebezpieczne/nieetyczne/mało pomocne, by przyciągać ludzi.
- Uzdrawianie jest zawsze dobrym pomysłem.
- „Nigdy nie dostaje ci się więcej, niż jesteś w stanie sobie poradzić."
- Jestem tak zaawansowany/zdolny, że nigdy nic złego mi się nie przytrafi.

Problemy związane z relacją klient-terapeuta
Sprawdźcie, czy poniżej wymienione (a często spotykane u terapeutów) problemy was aktywują (trauma) lub wydają się prawdziwe (ewentualna trauma pokoleniowa, trauma bazowa i/lub trauma biograficzna).
- Boję się prowadzić klientów.
- Boję się działań prawnych.
- Boję się problemów klienta.
- Odczuwam lęk przed spotkaniem z innymi ekspertami.
- Nie jestem w stanie pomóc, czuję, że sytuacja mnie przerośnie.
- Boję się, że mnie wyśmieją.

- To zbyt skomplikowane.
- Nie wiem, co powiedzieć/o co zapytać.
- Lęk przed porażką lub przed pogorszeniem sytuacji klienta.
- Nie umiem/boję się „zarządzać" klientem.
- Jestem interesujący, zamiast być zainteresowanym.
- Tracę koncentrację na problemie.
- W nadmierny sposób chcę pomóc/matkować/współczuję.
- Nie zarobię wystarczająco/nie będę ceniony.
- Nie zdobędę wystarczająco wielu klientów (lub nie zdobędę ich w ogóle).
- Brak mi motywacji, by prowadzić dodatkowe działania, jak np. reklama.
- Byłbym zdruzgotany, gdybym skrzywdził klienta.

Problemy relacyjne z kolegami lub ekspertami
- Onieśmielają mnie osoby wysoce kompetentne.
- Wszyscy walczymy o tych samych klientów.
- Nie ma wystarczająco dużo, by się tym podzielić.
- Nie chcę być postrzegany jako osoba nieodpowiednia.
- Wykorzystają mnie.
- Jestem lepszy (gorszy) od innych profesjonalistów.
- Nie będę pracować w zespole z innymi profesjonalistami, ponieważ (będą mnie oceniać, nie jestem wystarczająco dobry, oni wszyscy są głupi…)
- Uważam, że jestem lepszy od lekarzy.

Problemy dotyczące bycia terapeutą
- Myślę, że popełniłem błąd, chcąc zostać terapeutą.
- Zawód terapeuty niesie ze sobą zbyt dużą odpowiedzialność.
- Czuję się obciążony przez rodzinę i klientów.
- Odczuwam konflikt priorytetów – rodzina czy klienci.
- Załamałbym się, gdyby mój klient popełnił samobójstwo.
- Chcę być sławny/potężny/wpływowy.
- Ja tylko prowadzę warsztaty – nie muszę być ekspertem.
- Nie jestem naukowcem/lekarze patrzą z góry na moją pracę i na mnie samego.
- Muszę się sprawdzić.
- Jestem coś wart tylko wtedy, gdy pomagam innym.

Problemy związane ze specjalizacją
- Trzeba ciężko pracować, by coś zarobić.
- Jeśli to dla mnie łatwe i radosne, nie zasługuję na to, by mi płacić.
- Tylko wtedy, gdy coś jest trudne, ma jakąś wartość – jeśli jest radosne i łatwe, nie ma żadnej wartości.
- Nie rozpoznaję moich talentów, ponieważ przychodzą mi tak łatwo i bez wysiłku. Czyż nie tak mają wszyscy?

- Nie mogę robić tego, co naprawdę chcę robić, gdyż jeśli się nie uda, całkowicie się załamię. Wybiorę więc „gorszą" opcję, by nie miało to aż takiego znaczenia.

Często spotykane problemy związane z treningiem i uzdrawianiem

Zarówno przekonania klienta, jak i terapeuty dotyczące uzdrawiania mogą przeszkadzać w procesie uzdrawiania. Dobrze jest także uzdrowić opór terapeuty przed zaakceptowaniem bólu lub odczuwaniem trudnych emocji w sobie samych (i co za tym idzie – u klientów).

Tak na marginesie – uzdrowienie tego rodzaju problemów może przydać się także klientom, którzy chcą poprawić procesy uczenia się. W poważnych przypadkach jednak należy sprawdzić, czy nie ma jakiegoś problemu z uszkodzeniem mózgu.

Problemy w uczeniem się lub treningiem w szkole
- Brakuje mi czasu.
- Materiał jest zbyt skomplikowany.

Przekonania dotyczące uzdrawiania
- Uzdrawianie jest powolne.
- Uzdrawianie jest bolesne.
- Uzdrawianie jest męczące.
- Jeśli klient nie zostanie uzdrowiony – nie zakładałem tego.
- To nie jest dobry czas na uzdrawianie.
- Klient nie jest gotowy, by odpuścić.
- Muszę to zrozumieć, by to uzdrowić.
- Tylko Jezus/lekarze mogą uzdrawiać.
- Potrzebuję wsparcia w uzdrawianiu/nie mogę uzdrawiać samodzielnie.
- Nigdy nie udaje mi się dojść do stanu pełnego spokoju/w pełni zakończyć sesji.
- Uzdrawianie jest niebezpieczne.
- Odczuwam frustrację, gdy nie mogę czegoś uzdrowić.
- To nie ja uzdrawiam, jestem kanałem dla Boga.
- Wierzę, że klient musi chcieć się zmienić.
- Powodem, dla którego klient się nie uzdrawia, jest brak chęci zmiany.
- Nie pamiętam, jak to zrobić.
- Nie potrafię kompletnie odpuścić mojego problemu.
- Muszę zapamiętać mój problem na przyszły raz.

PRZYKŁADY KONTRAKTÓW ZAWARTYCH NA ZASADZIE „OPŁATY ZA REZULTAT"

W dodatku tym przyjrzyjmy się kilku różnym stylom formułowania umów na zasadzie „opłaty za rezultat". Ich formy są różne – od umów prostych i nieformalnych po bardzo szczegółowe – zależnie od terapeuty i potrzeb klienta. W większości przypadków terapeuci po prostu stosują własny szablon i wprowadzają informacje uzyskane podczas pierwszego wywiadu (i być może diagnozy), tak że cały proces trwa kilka minut, po czym można od razu klientowi umowę wręczyć lub wysłać mejlem. Od terapeuty zależy, czy poprosi o zaliczkę lub o płatność po upływie jakiegoś czasu, a przyjęte rozwiązanie może różnić się w zależności od klienta.

Umowa ma służyć kilku celom – przede wszystkim ma określać kryteria sukcesu i wysokość opłaty. Ale co ważniejsze, pomaga zminimalizować ewentualne spory co do tego, czy problem został faktycznie uzdrowiony, czy nie. Może się tak zdarzyć ze względu na występowanie zjawiska apexu, polegającego na tym, że wielu klientów nie pamięta, iż miało problem, który został uzdrowiony podczas terapii. Umowa pozwala odnieść się do tego problemu (podobnie jak nagrania wideo lub audio wywiadu wstępnego). Rzadziej zdarza się sytuacja, w której klienci mają nierealistyczne oczekiwania, a określenie czarno na białym kryteriów sukcesu pomaga temu zaradzić w momencie, gdy klient narzeka, że jego „rzeczywisty" (a czasami zupełnie nowy) problem wcale nie zniknął. Jeśli „rzeczywisty" problem nie zniknął, nawet jeśli nie było o nim mowy w umowie, mądry terapeuta zazwyczaj zaoferuje uzdrowienie problemu lub zwrot wynagrodzenia (zapisując nowe kryteria sukcesu), nawet jeśli w rzeczywistości uzdrowił problem klienta. Pamiętajcie, że marketing szeptany jest waszym najlepszym przyjacielem – jeśli zabrakło wam doświadczenia, by zdać sobie sprawę z tego, o uzdrowienie jakiego problemu prosił was na początku klient, będzie to tanie i cenne doświadczenie.

Jeśli klient skontaktuje się z Instytutem z powodu sporu związanego z realizacją umowy, pierwszą rzeczą, jaką robimy, przeglądamy umowę, by sprawdzić, czy uzgodnione kryteria zostały spełnione. Jeśli terapeuta nie zapisał żadnego kryterium (być może nie wierząc w to, że klient może zapomnieć, iż miał taki problem!), wymagamy od terapeuty natychmiastowego zwrotu wynagrodzenia. Terapeuta również musi zwrócić pieniądze, jeśli warunki umowy nie zostały spełnione – na przykład, gdy kryteria

zostały zbyt szeroko i mgliście określone albo przedmiot umowy nie był tym, co terapeuta może faktycznie dostarczyć lub zweryfikować, albo też terapeuta zaoferował
zbyt dużo i częściowo nie zrealizował umowy. Terapeuci szybko uczą się sporządzania
bardziej dokładnych umów, gdy dochodzi do tego typu sytuacji.

W niektórych przypadkach klient zaproponuje datek za poświęcony czas, nawet
jeśli leczenie nie zakończyło się sukcesem. O ile taka propozycja płynie prosto z serca
i nie jest wynikiem subtelnego przymusu lub szantażu emocjonalnego, jest do przyjęcia. Dobrym i sensownym sposobem zareagowania na ich życzliwość jest przeznacze-
nie tych środków na pracę z klientami, dla których pracujemy *pro publico bono*.

Terapeuci certyfikowani przez Instytut stosują również umowy zawierające dwa
różne rodzaje kryteriów sukcesu: w pierwszym przypadku klient i terapeuta wspólnie
uzgadniają, co należy uzdrowić, w drugim zaś terapeuta stosuje proces licencjonowany
przez Instytut, w którym ustalone zostały zawczasu konkretne kryteria (by zapewnić
kontrolę jakości dla danego procesu terapeutycznego).

Typowy kontrakt zazwyczaj zawiera następujące elementy:
– cenę terapii
– dokładne słowa klienta opisujące, co chce uzdrowić (to może być później bardzo
  ważne!)
– przydaje się wpisanie bieżącego wskaźnika SUDS odczuwanego przez klienta
  w – stosunku do problemu – to się później przydaje, by pokazać klientowi,
  że owszem, naprawdę odczuwał ogromne emocje w związku z problemem
– czas spotkania
– kontakt do terapeuty na wypadek sytuacji kryzysowej
– sposób dokonania płatności (czy zostanie wpłacona zaliczka, czy też płatność
  zostanie dokonana po terapii lub inny układ)
– czas, jakim dysponuje klient na weryfikację, czy problem zniknął – przed upływem terminu płatności (w razie konieczności)
– postępowanie w razie powrotu symptomów (zwrot opłaty lub dalsze uzdrawianie,
  by sprawdzić, czy problem da się wyeliminować)
– sprawdzenie, czy klient podpisał formularz o odpowiedzialności i formularz świadomej zgody, i czy nie ma żadnych dodatkowych pytań (wypełnienie formularza
  historii pacjenta)
– sprawdzenie, czy klient wyraża zgodę na wykorzystanie jakiejkolwiek referencji
  klienta (z podaniem lub bez podania nazwiska).

Przykład: ogólna umowa terapeutyczna z podaniem symptomów

Oto przykład klienta, który chce wyeliminować konkretne symptomy fizyczne
(i powiązane z tym uczucia). Zauważcie, że w tym przypadku zastosowanie frazy
traumy nie jest istotne ani właściwe. Tego rodzaju umowa obejmuje wiele przypadków, od bólu, po ustawienie kręgosłupa i symptomy zespołu napięcia przedmiesiączkowego itd.

Szanowny kliencie!

W celu określenia kryteriów „opłaty za rezultat", postanawiamy uzdrowić i wyeliminować twój lęk i niepokój związany z byciem chorym, wymiotowaniem i skurczami jelit podczas przebywania w miejscach publicznych. Efekt uzdrawiania sprawdzisz, pokonując długie dystanse i przebywając wśród ludzi z dala od domu.

Planujemy przeprowadzić trzy sesje w okresie dwóch tygodni (wydłużonym w razie potrzeby o dodatkowy tydzień).

Jeśli wyeliminujemy problem, opłata wyniesie _____ zł. Jeśli postanowisz zrezygnować z terapii przed przeprowadzeniem trzeciej sesji (o ile będzie potrzebna), opłata za odstąpienie od umowy wynosi _____ zł. Płatności należy dokonać w ciągu 3 tygodni od chwili, gdy zauważymy istotne efekty terapii – jeśli tak się nie stanie, opłata nie zostanie pobrana.

Jeśli masz jakieś problemy związane z procesem terapii po jej rozpoczęciu, możesz się ze mną skontaktować w dowolnym momencie. Jeśli nie będę dostępny, skontaktuj się z _____ pod numerem _____ .

Dziękuję i cieszę się, że będziemy mogli razem pracować.

Podpisano: _____

Przykład: ogólna umowa terapeutyczna z podaniem frazy traumy

W wielu umowach podaje się prostą frazę aktywującą, by zidentyfikować problem w umyśle klienta.

Szanowna Pani!

Potwierdzam sesję w sobotę o godz. 12:30 Pani czasu (czasu środkowoamerykańskiego).Do maila dołączam oświadczenie o odpowiedzialności. Proszę o przeczytanie, podpisanie, złożenie oświadczenia przez świadka (może być nim dowolna osoba) oraz przesłanie go do mnie mailem na adres _____ .

W celu określenia kryteriów „opłaty za rezultat", postanawiamy uzdrowić poniższy problem i wyeliminować wszelkie uczucia związane ze zdaniem dotyczącym męża i poprzednich intymnych relacji:

„Muszę zajmować się daną osobą, inaczej umrę". Uczucia to panika i lęk, którym towarzyszy odczucie odrętwienia na ustach i w jamie ustnej wywołane przez te emocje. Obecny poziom bólu (SUDS od o do 10) wynosi _____ .

Efekty terapii sprawdzi Pani po pierwszej sesji, wysyłając mężowi dokumenty rozwodowe. Postanawiamy, że w razie potrzeby powtórzymy proces uzdrawiania w następny weekend. W razie potrzeby odbędziemy również trzecią, krótką sesję.

Jeśli nie uzdrowimy problemu w trzech sesjach, opłata nie zostanie pobrana. Jeśli wyeliminujemy problem, opłata wyniesie _____ zł. Jeśli postanowi Pani zrezygnować z terapii przed przeprowadzeniem trzeciej sesji (o ile będzie potrzebna), opłata za odstąpienie od umowy wynosi _____ zł.

Z poważaniem,

Podpisano: _____

Przykład: umowa z ustalonymi z góry kryteriami dla procesu Cichego Umysłu
Technika Cichego Umysłu to licencjonowany proces, który stosują certyfikowani terapeuci w celu eliminacji wszelkich głosów rybosomalnych. Dla tego procesu Instytut określił z góry konkretne kryteria, choć terapeuta może je skorygować w razie potrzeby, by dostosować się do sformułowań i sytuacji klienta (istnieje również kilka innych procesów Instytutu z określonymi z góry kryteriami).

Szanowny Panie!

Zgodnie z rozmową telefoniczną (wpisać datę), potrzebujemy jednego lub dwóch pańskich aktualnych zdjęć do naszych akt jeszcze przed rozpoczęciem terapii (wystarczy zdjęcie zrobione telefonem).
Dziękujemy za podpisanie formularzy o odpowiedzialności i świadomej zgody i wypełnienie formularza historii pacjenta.
Ustaliliśmy termin pracy z Panem na godzinę 18:00 (8:00 czasu australijskiego). Zgodnie z rozmową, będziemy musieli przeprowadzić uzdrawianie trzykrotnie – pierwszy raz powinien Pan pozbyć się głosów, ale mogą one powrócić następnego dnia. 2-4 dni później przeprowadzimy drugą sesję, a następnie ostateczne sprawdzenie (i w razie potrzeby niewielkie uzdrawianie) po około 2 tygodniach, by mieć pewność, że problem nie powróci.
Niniejsza umowa zostaje zawarta na zasadzie „opłaty za rezultat" – oznacza to, że jeśli nie spełnimy warunków umowy, opłata nie zostanie pobrana. Uwaga: nie zobowiązujemy się do wyeliminowania innych problemów – na przykład za pomocą tego procesu nie uzdrowimy problemów wynikających z nadużycia w okresie dzieciństwa. Zgodnie z naszą rozmową, nie wiemy, czy wzrokowe halucynacje zostaną wyeliminowane, czy nie. Nie należy oczekiwać, że po przeprowadzeniu procesu halucynacje te miną.

UMOWA
Zgadzamy się wyeliminować autonomiczną paplaninę umysłową, tj. pojawiające się w tle myśli, które słyszy klient podczas medytacji (i które brzmią jak głosy innych ludzi). Przetestujemy rezultaty prosząc klienta o to, by medytował przez kilka minut i słuchał. Głosy są odbierane z konkretnych miejsc w przestrzeni i mają stały ton emocjonalny.

Po procesie klient będzie miał wrażenie, że głowa jest pusta, wyciszona, otwarta i duża (jakby stał na pustej scenie). Uwaga: klient może szybko przyzwyczaić się do tego uczucia i później będzie mu trudno zwrócić uwagę na zmianę.

Opłata wynosi _____ zł i jest płatna w ciągu 3 tygodni od momentu, w którym zmiana zostanie uznana za stabilną. Jeśli głosy powrócą, opłata nie zostanie pobrana.

Jeśli uzdrawianie zakończy się sukcesem, może Pan odczuwać reakcję na utratę głosów. Choć nie zdarza się to często, niektórzy klienci odczuwają samotność po zniknięciu głosów. Jeśli ten problem u Pana wystąpi, prosimy o zwrócenie się z tym do nas, byśmy mogli wyeliminować problem w sesjach kontynuujących. U niektórych osób może się okazać, że ludzie, z którymi łączą ich bliskie relacje (szczególnie współmałżonkowie), będą czuli, że osoby poddane terapii są bardziej zdystansowane lub że trzymają się na uboczu, choć się nie zmieniły. To normalny rezultat terapii, będący wynikiem faktu, że osoba uzdrawiana nie nawiązuje z nimi więzi na poziomie nieświadomym w taki sam sposób jak wcześniej. Problem ten mija z czasem wraz z dostosowaniem się do nowych okoliczności.

W razie wystąpienia jakichkolwiek problemów będących bezpośrednim skutkiem terapii, prosimy o natychmiastowy kontakt z osobą pod numerem _____.

Z poważaniem,

Podpisano: _____

Przykład: umowa z ustalonymi z góry kryteriami dla procesu uzdrawiającego problem chronicznego zmęczenia

Proces ten jest obecnie dostępny tylko w klinikach Instytutu. Wraz z rozwojem nowych terapii zazwyczaj potrzeba roku lub dwóch, by taką terapię przetestować i zoptymalizować, zanim zostanie udostępniona certyfikowanym terapeutom.

Szanowny Panie!

Zgodnie z naszą rozmową telefoniczną (wpisać datę) przesyłam umowę dotyczącą uzdrawiania symptomów zespołu chronicznego zmęczenia. Proszę o przejrzenie umowy i ewentualne wprowadzenie zmian przed rozpoczęciem terapii, która nastąpi dn. _____ o godz. _____.

Za kwotę _____ zł, płatną po upływie trzech tygodni, w ciągu których nie wystąpiły symptomy, zgadzamy się uzdrowić zespół chronicznego zmęczenia, aby: „przytłaczające zmęczenie ustąpiło, wracając do normalnego poziomu występującego przed chorobą, z uwzględnieniem faktu, że przez długi czas nie uprawiałem żadnych ćwiczeń fizycznych i jestem starszy niż w chwili wystąpienia choroby" (mój symptom zespołu chronicznego zmęczenia: osłabiające zmęczenie = przykucie do łóżka). Proszę pamiętać, że nie będziemy uzdrawiać innych symptomów i nie powinien Pan zakładać, że symptomy te odejdą po przeprowadzeniu terapii. Niniejsza umowa nie obejmuje także żadnych problemów będących wynikiem chronicznego zmęczenia lub innych problemów, które wystąpiły przed i w trakcie choroby.

Podpisał Pan już formularz o odpowiedzialności, przeczytał Pan formularz świadomej zgody na stronie internetowej terapii stanów szczytowych i zrozumiał Pan jego treść bez dalszych pytań.

Po ustąpieniu symptomów (zakładając, że terapia zakończy się sukcesem), przeprowadzimy dwie dodatkowe sesje, by mieć pewność, że efekty są stabilne. Pierwsza z tych dwóch sesji odbędzie się prawdopodobnie w pierwszym tygodniu, druga zaś albo w kolejnym tygodniu albo w dwa tygodnie później. Nierzadko zdarza się, że problem powraca po pierwszym, udanym uzdrawianiu – dlatego też planujemy sesje sprawdzające, by wyeliminować wszystko, co mogliśmy przeoczyć.

Będziemy mogli wykorzystać pańską referencję na naszej stronie internetowej, by pomóc innym rozpoznać uzdrawiane przez nas symptomy, ale nie podamy imienia i nazwiska bez pańskiej zgody.

Jeśli ma Pan jakieś pytania lub nie zgadza się na powyższe warunki, proszę o kontakt przed rozpoczęciem terapii.

Z poważaniem,

Podpisano: _____

FORMULARZ ŚWIADOMEJ ZGODY

Nazwisko terapeuty:
Adres mailowy:
Telefon służbowy:
Służbowy adres mailowy:
Godziny pracy:

Witam serdecznie,

Naszą wspólną pracę zaczniemy od przejrzenia tego formularza – w wielu krajach jego podpisanie jest wymagane przez prawo. Warto go przeczytać i omówić – by wyjaśnić pewne aspekty naszej pracy i odpowiedzieć na różne pytania. Po omówieniu każdego punktu poproszę Pana/Panią o sprawdzenie, czy omówiliśmy go w wystarczającym stopniu. Oryginał zatrzymam, a Panu/Pani dam kopię.

Jakie mam kwalifikacje i jaką metodą pracuję jako terapeuta
Kiedy ktoś chce naprawić silnik samochodu, idzie do mechanika, który wie wszystko o silnikach – nie do specjalisty od skrzyni biegów. Tak samo terapeuci: specjalizują się i są lepsi w niektórych dziedzinach, a w zakresie innych zaburzeń/chorób nie mają odpowiedniego szkolenia. Jestem terapeutą traum i specjalizuję się w uzdrawianiu traumatycznych wspomnień, które (może Pan/Pani być tego świadomy lub nie) są źródłem Pana/Pani problemu. Podczas naszej dalszej dyskusji na temat „opłaty za rezultat", przyjrzymy się Pana/Pani problemom i zobaczymy, czy w moim odczuciu mogę pomóc, ale na razie, oto opis mojego wykształcenia/doświadczenia:
Kwalifikacje naukowe: _____
Certyfikat terapeuty lub doradcy został mi przyznany przez (w) _____
Jestem certyfikowanym terapeutą _____ i mogę używać ich technik.
Członkostwo zawodowe: _____
Metody terapeutyczne: _____

❏   Omówiliśmy kwalifikacje i metody terapeutyczne – wszystko jest dla mnie zrozumiałe.

Z jakimi problemami nie będę pracować

Istnieją problemy, z którymi nie mogę pracować i wtedy odeślę Pana/Panią do innego terapeuty. Najważniejszym z nich jest kwestia samobójstwa. Jeśli ma Pan/Pani myśli i uczucia samobójcze, próbował/ła Pan/Pani lub planuje je popełnić, musi Pan/Pani spotkać się z kimś, kto specjalizuje się w rozwiązywaniu tego rodzaju problemów. Jeśli takie odczucia pojawią się podczas naszej wspólnej pracy, zakończę nasze sesje i skieruję Pana/Panią do innego terapeuty (lub innego profesjonalisty), który pracuje z tego typu problemami.

Mogą pojawić się również problemy fizyczne związane z chorobami serca. Ponieważ terapia może wywołać silne emocjonalne i fizyczne reakcje, jeśli ma Pan/Pani jakiekolwiek problemy medyczne, które mogą zagrażać życiu, nie możemy rozpocząć terapii.

❏ Omówiliśmy obszary, z którymi mój terapeuta nie będzie pracować – rozumiem to i zgadzam się z tym. Nie mam żadnych problemów związanych z samobójstwem, o których mówiliśmy, ani nie mam żadnych poważnych dolegliwości fizycznych (takich jak problemy z sercem), które terapia może pogłębić.

Poufność i odstępstwa

Podczas naszych sesji mogę robić notatki lub nagrywać audio lub video. To pomoże mi zapamiętać, co osiągnęliśmy lub co jeszcze musimy zrobić, a Panu/Pani może pomóc przypomnieć sobie, nad czym pracowaliśmy, gdyż jednym z rezultatów nowoczesnych metod terapii jest zapominanie, jaki się miało problem (zjawisko apexu). Ten materiał jest poufny i nie jest udostępniany osobom trzecim, nawet po skończonej przez nas pracy. Jednakże istnieje od tego kilka wyjątków:

a)   jeśli jest lub może zaistnieć ryzyko, że dziecko będzie skrzywdzone lub zaniedbane, albo jeśli potrzebuje ochrony;

b)   jeśli będę uważać, że Panu/Pani lub innej osobie grozi krzywda;

c)   dla celów przestrzegania prawnego porządku, takiego jak wezwanie sądowe, lub jeśli ujawnienie danych jest w inny sposób wymagane lub zezwolone przez prawo;

d)   jeśli jest Pan/Pani u mnie na terapii par, proszę nie mówić mi nic, co chciałby/łaby Pan/Pani ukryć przed partnerem;

e)   mogę również ujawnić informacje w celu zawodowej konsultacji albo zawodowej prezentacji lub pracy naukowej, lecz w tym przypadku Pana/Pani tożsamość nie zostanie ujawniona;

f)   mogę także dzielić się anonimowymi danymi (długość, skuteczność, nietypowe problemy) z naszych sesji, by pomóc poprawić jakość procesów, których używamy;

g)   proszę być świadomym, że emaile lub telefony komórkowe mogą być monitorowane przez innych, więc proszę nie kontaktować się ze mną w ten sposób, jeśli chce Pan/Pani zachować poufność.

❏ Omówiliśmy odstępstwa od reguły poufności – rozumiem i wyrażam zgodę na te warunki terapii.

Korzyści i ryzyko związane z terapią traumy

Terapia oparta na traumie, którą będziemy przeprowadzać, ma na celu uzdrowienie konkretnych problemów, które wspólnie zdecydujemy się zaadresować w naszej umowie dotyczącej „opłaty za rezultat". Terapia traumy może także przynieść osobiste wglądy i głębszą świadomość, rozwiązania problemów, ich lepsze rozumienie oraz sposoby radzenia sobie z nimi, lepsze relacje, znaczne obniżenie odczucia niepokoju/cierpienia oraz większe wglądy w osobiste cele i wartości.

Jednak muszę ostrzec, że terapia traumy wymaga gotowości do przyjrzenia się i omówienia trudnych tematów lub chwil w swoim życiu, do doświadczania silniejszych niż zwykle emocji i wypróbowania nowego zachowania. Terapia może być momentami trudna – czasem trzeba zająć się niewygodnymi uczuciami i doświadczeniami (i można wtedy wówczas odczuwać złość, smutek, poczucie winy, żal, stratę, frustrację itp.), jak też fizycznym dyskomfortem lub bólem (mdłości, ból). Podczas uzdrawiania można najpierw poczuć się gorzej, zanim nastąpi poprawa. A ja mogę nie być w stanie Panu/Pani pomóc lub (w rzadkich przypadkach) sprawię, że poczuje się Pan/Pani gorzej niż na początku. Jednakże to Pan/Pani ostatecznie podejmuje decyzję, co omawiamy i z czym pracujemy. Jeśli w jakimkolwiek momencie poczuje się Pan/Pani niekomfortowo lub brak gotowości, by omówić konkretny problem, to jest w porządku.

W sesjach prawie na pewno będziemy używać jednej lub więcej najnowocześniejszych terapii, takich jak EMDR, EFT, TAT, TIR lub WHH, w zależności od rodzaju problemu i innych czynników (działają znacznie lepiej niż starsze techniki uzdrawiania traum). Muszę wspomnieć, że te techniki (mimo że powszechnie używane) nadal są w fazie eksperymentalnej i mogą wywoływać problemy, których dotychczas nie spotkaliśmy. Techniki, których nauczy się Pan/Pani podczas terapii, są tylko do własnego użytku i nie może Pan/Pani ich uczyć innych osób: partnerów, rodziny, przyjaciół, terapeutów czy klientów – chodzi o ich bezpieczeństwo. Niezbędne jest odbycie oficjalnego szkolenia, by dać sobie radę, gdyby coś poszło nie tak, a także dlatego, że niektóre z tych technik mają zastrzeżony znak towarowy.

Istnieją inne rodzaje terapii, które może Pan/Pani stosować. Na przykład może Pan/Pani bardziej potrzebować doradcy, który pomoże podjąć decyzję odnośnie Pan/Pani życia, a nie kogoś, z kim uzdrawia się uczucia związane z daną sytuacją. Jeśli zdecyduje się Pan/Pani kontynuować naszą współpracę, przyjrzymy się problemowi, który chce Pan/Pani uzdrowić i zdecydujemy, czy możemy się umówić na jego uzdrowienie i określimy wyznaczniki sukcesu. Oczywiście, po tej rozmowie może Pan/Pani dojść do wniosku, że kontynuacja współpracy nie jest dla Pana/Pani dobrym rozwiązaniem.

❏ Omówiliśmy korzyści płynące z terapii, ryzyko i inne dostępne możliwości – rozumiem i chcę kontynuować terapię traumy.

Korzyści i ryzyko związane z terapią traumy (alternatywa)

UWAGA DO STUDENTÓW: ta część jest bardziej szczegółową wersją poprzedniej części. Jej wadą jest więcej szczegółów, które dla twojego klienta mogą być nieistotne. Sam wybierz, którą część wolisz.

Ta część formularza świadomej zgody może być dla Pana/Pani zaskoczeniem (chyba że jest Pan/Pani terapeutą). Po pierwsze, każda technika terapeutyczna może uruchomić specyficzny materiał terapeutyczny, a niektóre z nich mogą spowodować dodatkowe problemy. Oczywiście, dobrze by było używać tylko terapii, które nie niosą ze sobą ryzyka, ale takie terapie nie istnieją. Kiedy omówimy korzyści i ryzyko, do Pana/Pani będzie należeć decyzja, czy możliwość uzdrowienia Pan/Pani problemu jest warta podjęcia znanego lub zapowiadanego ryzyka terapii traumy.

Więc na czym polega to ryzyko?

Zaczniemy od czegoś, czego być może nawet nie postrzegał Pan/Pani w kategoriach problemu – że terapia odnosi sukces i problem odchodzi. Dlaczego to może być problemem? Przecież właśnie dlatego tu Pan/Pani jest, prawda? Czasem dzieje się tak, że nie tylko znika problem, ale także osoba się zmienia. Na przykład, aktor, który często musi pokazywać smutek na scenie, po terapii nie potrafi już tego wzbudzić na życzenie. Albo też uprzednio wyraźne lub traumatyczne wspomnienia mogą się zatrzeć na tyle, że osoba nie będzie mogła szczegółowo opisać traumatycznego wydarzenia. Albo na tyle zmienią się zainteresowania i osobiste cele klienta, że będzie chciał rzucić pracę lub zmienić ścieżkę kariery. Mogą nagle zmienić się uczucia względem małżonka lub przyjaciół i osoba musi sobie poradzić z powstałymi problemami relacji międzyludzkich. Albo trzeba będzie się przystosować do nowych uczuć wewnętrznych lub pojawi się duchowe doświadczenie, które kłóci się z naukami wyznawanej przez klienta religii. Oczywiście, takie problemy mogą przydarzyć się również na skutek ważnych inspirujących wydarzeń, takich jak podróże, nauka lub spotkanie nowych ludzi – po prostu podczas terapii dzieje się to znacznie szybciej i częściej.

Podczas sesji najprawdopodobniej może Pan/Pani doświadczyć silnych emocji, trudnych wspomnień lub bólu fizycznego, a podczas lub po uzdrawianiu mogą pojawić się nowe emocje lub odczucia fizyczne, lub też dodatkowe nierozwiązane jeszcze wspomnienia. Te doświadczenia zwykle zdarzają się w każdej terapii i trzeba być na to przygotowanym lub w ogóle nie zaczynać terapii. Co więcej, jeśli te uczucia nie zostaną wyeliminowane przed końcem sesji, można mieć problemy z prowadzeniem samochodu ze względu na rozproszenie uwagi przez silne emocje lub zmęczenie, albo trzeba będzie poradzić sobie z nimi później w domu lub w pracy. Na szczęście, w większości przypadków te uczucia wyciszają się, nawet jeśli ich nie uzdrowi się od razu. Jednak jeśli stwierdzi Pan/Pani, że są one problemem, z którym niewygodnie czekać do następnej sesji, należy skontaktować się ze mną w celu uzyskania pomocy. Niekiedy (lecz rzadko) może pojawić się cała sekwencja traumatycznych wspomnień, tak jakby usunięto tamę w strumieniu. W zależności od sytuacji, może być konieczne uzdrowienie nowych problemów lub trzeba będzie po prostu przerwać dalsze uzdrawianie, aż ten przepływ się wyciszy.

W sesjach prawie na pewno będziemy używać jednej lub więcej najnowocześniejszych terapii, takich jak EMDR, EFT, TAT, TIR lub WHH, w zależności od rodzaju problemu i innych czynników (działają znacznie lepiej niż starsze techniki uzdrawiania traum). Muszę wspomnieć, że te techniki (mimo że powszechnie używane) nadal są w fazie eksperymentalnej i mogą wywoływać problemy, których dotychczas nie spotkaliśmy. Techniki, których nauczy się Pan/Pani podczas terapii, są tylko do własnego użytku i nie może Pan/Pani ich uczyć innych osób: partnerów, rodziny, przyjaciół, terapeutów czy klientów – chodzi o ich bezpieczeństwo. Niezbędne jest odbycie oficjalnego szkolenia, by dać sobie radę, gdyby coś poszło nie tak, a także dlatego, że niektóre z tych technik mają zastrzeżony znak towarowy.

Jest jeszcze kilka ryzykownych przypadków, które powinniśmy omówić. Co się dzieje, jeśli zdecyduje się Pan/Pani przerwać terapię przed jej zakończeniem? W tym przypadku można spodziewać się pogorszenia samopoczucia, przynajmniej na jakiś czas. Może się też zdarzyć, że terapia może nie działać i Pana/Pani problem pozostanie. Niestety nie ma gwarancji, że jakakolwiek terapia będzie w stanie pomóc. Mimo że to nie będzie finansowym obciążeniem, gdyż my pobieramy opłatę za rezultat, dla niektórych może być to bardzo przygnębiające. I można poczuć się gorzej niż na początku sesji ze względu na koncentrowanie się na problemie.

Ostatnie zagadnienie, jakie chcę omówić to ryzyko, że pod koniec terapii (w rzadkich przypadkach) może Pan/Pani czuć się gorzej, nie lepiej. Może tak się zdarzyć, kiedy Pana/Pani problem ma głębsze, bardziej traumatyczne źródło, którego nie mogliśmy uzdrowić, lub inny problem się zaktywował, albo też istnieje powód, którego nikt nie jest w stanie wyjaśnić. Mimo że to zdarza się rzadko, jest możliwe. W tych przypadkach nowy problem zazwyczaj wycisza się z czasem, kiedy ponownie odchodzi do nieświadomości, ale może się nie wyciszyć. Znam specjalistów, których bym wówczas poprosił o pomoc. Musimy również omówić przypadek, kiedy podczas uzdrawiania pojawią się samobójcze uczucia i myśli. Wówczas skieruję Pana/Panią do terapeuty, który pracuje z tego typu problemami.

Podsumowując, wiedząc teraz dużo więcej na temat ryzyka terapii (niektóre z nich są zdroworozsądkowe, a niektóre nieuświadomione przez ludzi) – może Pan/Pani ocenić, czy zaakceptować ryzyko, jakie niesie ze sobą ta interwencja. Jeśli nie – sugeruję spotkanie z psychologiem lub doradcą, a nie z terapeutą traumy.

❑ Omówiliśmy korzyści płynące z terapii, ryzyko i inne dostępne możliwości – rozumiem i chcę kontynuować terapię traumy.

Korzyści i ryzyko procesów stanów szczytowych

Istnieje inny rodzaj terapii, w której koncentrujemy się na zdobyciu pewnych „szczytowych stanów" świadomości. Na przykład, można na trwale uzyskać „cichy umysł" lub poczucie spokoju większe niż zazwyczaj.

Jakie są więc trudności lub ryzyko związane z używaniem tych procesów? Po pierwsze – obejmują one uzdrawianie traum przedporodowych, a jeśli nie uzdrowi się ich w pełni, można czuć się źle przez pewien czas (od kilku godzin do kilku dni lub niekiedy dłużej), dopóki te wspomnienia z powrotem i nie opuszczą świadomości. Po drugie – te procesy są stosunkowo nowe, wciąż w fazie eksperymentalnej i ich długotrwałe efekty nie zostały dostatecznie zbadane. Oznacza to, że zawsze istnieje możliwość wystąpienia problemów, z którymi wcześniej nigdy się nie spotkaliśmy i nie wiemy, jak je rozwiązać. Analogicznie – to jest jak nowy lek, który po kilku latach stosowania okazuje się mieć skutki uboczne, które dotykają tylko niektórych. Jeśli taki problem będzie miał miejsce, wezwę do pomocy specjalistę, ale może się okazać, że nawet on nie jest w stanie rozwiązać Pana/Pani problemu. Skoro tak, dlaczego ludzie chcą stosować taki proces? Powód jest taki sam, jak w przypadku nowego leku – może on dawać rezultaty, których ludzie pragną, nie przynosząc żadnych oczywistych problemów (przynajmniej na razie).

Oczywiście, ze względu na kwestie bezpieczeństwa, tych technik powinien używać tylko terapeuta wyszkolony w ich stosowaniu. Jeśli zdecyduje się Pan/Pani na ten rodzaj pracy, nie może Pan/Pani dzielić się nimi z innymi, w tym ze współmałżonkiem czy innymi terapeutami.

❑   Omówiliśmy korzyści i ryzyko związane z procesami Stanów Szczytowych. Rozumiem, że po zakończeniu procesu mogą pozostać pewne problemy (należy zakreślić jedną z odpowiedzi):
  • Tak, akceptuję ryzyko i jakiekolwiek konsekwencje, które mogą mieć miejsce, i decyduję się na stosowanie tych procesów. Zgadzam się nie dzielić się tymi technikami z innymi.
  • Nie, nie akceptuję ryzyka lub pełnej odpowiedzialności za to, co się stanie, więc nie będę stosować tych procesów.

Szczegóły praktyczne
Jeśli zdecyduje się Pan/Pani rozpocząć terapię, zaczniemy od napisania umowy o „opłacie za rezultat" odnośnie terapii. Sesje trwają zazwyczaj dwie godziny, ale mogą trwać dłużej i ustalimy terminarz odpowiedni dla nas obydwojga. Jeśli Pan/Pani opuści trzy sesje bez uprzedniego ich odwołania lub odwoła je z wyprzedzeniem mniejszym niż 24 godziny, lub odwoła terapię przed jej zakończeniem (do 5 sesji), może Pan/Pani stracić swój depozyt (jeśli jakikolwiek jest).

Zachęcam do kontaktowania się ze mną, jeśli między sesjami pojawią się jakiekolwiek nagłe sytuacje na skutek naszej pracy, ale o wszelkich innych wątpliwościach powinniśmy rozmawiać podczas naszych sesji terapeutycznych (mój numer telefonu znajduje się na końcu tego dokumentu). Podam też numer kontaktowy do osoby, która może Panu/Pani pomóc w razie mojej niedostępności. Jeśli zdarzy się sytuacja zagrażająca życiu, musi Pan/Pani zadzwonić pod numer gorącej linii związanej z udzielaniem pomocy w sytuacji kryzysowej/samobójstw pod numer _____, pod numer jednostki interwencji kryzysowej _____ w Pana/Pani mieście lub udać się do najbliższej jednostki natychmiastowej interwencji. Ja zapewniam jedynie usługi terapeutyczne podczas umówionych spotkań. W razie potrzeby dodatkowej pomocy, np. w kryzysie, mogę zwrócić się do innej organizacji, by ją otrzymać.

❑ Omówiliśmy szczegóły praktyczne naszej wspólnej pracy, zwłaszcza temat nagłych sytuacji – rozumiem podane warunki i zgadzam się na nie.

Przegląd, skierowania i zakończenie
Podczas terapii ma Pan/Pani prawo w każdej chwili:
a) dostać opis postępów swojej terapii oraz wszystkich tematów w tym formularzu;
b) uzyskać skierowanie do innego doradcy lub pracownika zajmującego się poprawą zdrowia;
c) cofnąć zgodę na zbieranie, używanie lub ujawnianie osobistych informacji, z wyjątkiem sytuacji wyłączonych/uniemożliwionych przez prawo;
d) zakończyć relację doradczą lub terapeutyczną (można w ten sposób stracić część lub całość swojego depozytu, ale suma będzie mniejsza lub równa standardowej cenie _____ za godzinę w odniesieniu do czasu, który już spędził Pan/Pani w terapii);
e) mieć dostęp lub dostać kopię informacji zawartych w Pana/Pani aktach podlegających wymogom prawnym.

Prawo uzyskania dostępu do informacji osobistych lub ich kopii przysługuje Panu/Pani jeszcze po zakończeniu relacji doradczej.

Zastrzegam sobie prawo do zakończenia terapii w każdym momencie. Może to się zdarzyć na przykład w sytuacji, gdy będę uważać, że nie jestem w stanie Panu/Pani pomóc. Jeśli tak się stanie, nie będzie Pan/Pani obciążony opłatami za naszą dotychczasową pracę, a depozyt (jeśli takowy istnieje) zostanie Panu/Pani zwrócony.

❑ Omówiliśmy moje prawa odnośnie zakończenia terapii, rozumiem jej warunki i wyrażam na nie zgodę.

Wątpliwości lub skargi
Jeśli ma Pan/Pani jakiekolwiek wątpliwości na temat jakiegokolwiek aspektu swojej terapii, proszę najpierw zwrócić się z tym do mnie. Jeśli jest to niemożliwe lub niebezpieczne, lub jeśli wątpliwości nie zostaną rozwiane podczas naszej dyskusji, proszę kontaktować się z Instytutem Badań nad Stanami Szczytowymi pod numerem +1-250-413-3211. Jeśli i to nie rozwiąże Pana/Pani problemu, proszę wówczas kontaktować się z lokalną jednostką zarządzającą, która „opiekuje się" terapeutami w Pana/Pani kraju.

❑ Omówiliśmy sposób radzenia sobie ze skargami i problemami dotyczącymi mojego terapeuty, rozumiem i zgadzam się na podane warunki.

Podpis

„Ja (*klient*), poniższym podpisem potwierdzam, że przeczytałem/łam powyższy formularz, miałem/łam możliwość przedyskutowania opisanych spraw z terapeutą, miałem/łam wystarczająco dużo czasu, by dokładnie je przemyśleć oraz otrzymałem/łam satysfakcjonujące odpowiedzi na moje pytania.

_____

Nazwisko klienta

_____

Podpis klienta

_____

Data podpisania

Korekta
2.1. 17 kwietnia 2010

Dodatek 4

PRAKTYCZNE PRZYKŁADY IDENTYFIKACJI
PRZYPADKÓW SUBKOMÓRKOWYCH

W tej części podajemy krótkie przykłady, które mogą posłużyć do przeegzaminowania studentów ze znajomości przypadków subkomórkowych. W trakcie szkolenia instruktor może odegrać rolę klienta, by pomóc studentowi w identyfikacji różnych przypadków.

„Czuję, że jestem w depresji"
- Czego dotyczy depresja? Odpowiedź: wszystkiego.
- Gdzie to odczuwasz w ciele? Odpowiedź: Nie rozumiem pytania, czuję się „ble".
Diagnoza: spłaszczone emocje

„Czuję, że jestem w depresji"
- Postawa ciała i wyraz twarzy sygnalizują smutek (żal, ciężkość w całym ciele, niski poziom energii, nie warto żyć).
- Kiedy to się zaczęło? Odpowiedź: kiedy opuścił mnie partner.
- Czy czujesz się zmęczony? Odpowiedź: Tak, w całym ciele (to nieprzydatny fakt w diagnozie różnicującej).
Diagnoza: utrata duszy

„Chcę iść na to fajne spotkanie, ale mam jednocześnie ochotę zostać w domu..."
Diagnoza: dylemat

„Czuję się ciężko"
- To trwa od kilku miesięcy.
- Możliwości: blokada plemienna, klątwa „kocykowa", kopia.
Diagnoza: blokada plemienna

„Widziałem coś"
- Mam problem, ale nie chcę tak naprawdę o tym rozmawiać. Brałem udział w warsztacie tantrycznym, wykonywałem pewne ćwiczenie i moja dziewczyna siedziała mi na kolanach. I zdarzyła się bardzo dziwna rzecz. Ona umarła. Jestem

dobrym chrześcijaninem. Czułem, jakby znajdowała się w moich ramionach i była martwa. Potem wróciłem do teraźniejszości i teraz odczuwam ogromny smutek. *Diagnoza: przebłysk przeszłego życia.*

„Obrażenia wojenne"
 - Ciągle przechodzę jakieś operacje tam, gdzie utkwiła kula, ale i tak nadal odczuwam w tym miejscu ból.
 - Poczuj tę kulę – czy słyszysz tam jakiś komunikat? Odpowiedź: Tak: „nienawidzę cię".
 Diagnoza: klątwa

Alergia: kichanie
 - Możliwości: asocjacja, trauma pokoleniowa (miałem to całe życie, wszyscy w rodzinie to mają), kopie.
 Diagnoza: trauma pokoleniowa.

„Stary, jest mi niedobrze, czuje się cały czas okropnie" (sposób mówienia osoby uzależnionej)
 Diagnoza: syndrom odstawienia heroiny.

Kobieta, lat 40, szczęśliwa, wesoła, ma na ciele coś, co przypomina ospę wietrzną.
 - Nie wiedziałem, że podjęła próbę samobójstwa (można dostrzec ślady poparzenia papierosami).
 Diagnoza: schizofrenia.

„Problem w pracy"
 - Mam prawdziwy problem w pracy. Nie jestem w stanie dobrze wykonywać moich zadań. Dzieją się dziwne rzeczy. Jestem nieszczęśliwy. Zaczynam myśleć o rzuceniu pracy.
 - Kiedy to się zaczęło? Odpowiedź: W nowej pracy. Nie cierpię tam pracować, lubię pracę, ale trudno mi się pracuje ze współpracownikami. Nie czuję bólu fizycznego.
 Diagnoza: sznurowanie.

„Odczuwam silne pragnienie, by przejechać się samochodem"
 - To czasami bywa problemem, gdy muszę iść do pracy, a dalej chcę jechać samochodem.
 Diagnoza: trauma pozytywna.

„Gdy jestem w biurze, odczuwam ogromny smutek".
 - Kiedy to się zaczęło? Odpowiedź: jesienią.
 - Co się wydarzyło jesienią? Odpowiedź: Nic szczególnego. Tak samo było ubiegłej

jesieni i odeszło z nastaniem wiosny. Po prostu nie jestem w stanie pokonać smutku. Czuję się smutna każdej zimy.
– Czy masz wrażenie, że tęsknisz za jakimś miejscem lub za kimś? Odpowiedź: nie.
– Kiedy po raz pierwszy się tak poczułaś? Odpowiedź: tej jesieni, kiedy przeprowadziłam się z prerii do Kolumbii Brytyjskiej.
Diagnoza: sezonowe zaburzenie afektywne.
Uwaga: w przypadku tego klienta problem został uzdrowiony za pomocą tapowania (przyczyną może być również asocjacja).

Nerwowość.
Diagnoza: dziura.

Niewłaściwe pożądanie seksualne.
Diagnoza: asocjacja na tonie emocjonalnym.

Problem z kolanami, obrażenia, trudność w poruszaniu się.
Diagnoza: struktura mózgu korony.

„Moja żona narzeka, że nie odczuwam zbyt wielu emocji".
Diagnoza: spłaszczone emocje lub proces wewnętrznego spokoju.

„Chcę być terapeutą".
Diagnoza: dążenie do uzyskania doświadczeń szczytowych dzięki pracy.

„Nie mogę przestać myśleć o mojej byłej partnerce. Wyobrażam sobie cały czas, że nadal z nią jestem".
– (To może być bardzo podchwytliwy przypadek, ale na szczęście uzyskaliśmy więcej informacji). W trakcie wyjazdu medytacyjnego, gdy ów mężczyzna znów o niej myślał, jego obraz samego siebie lub też tożsamość zniknęły i zostały zastąpione przez straszne uczucie, występujące w klatce piersiowej, uczucie bezdennej, wypełnionej brakiem pustki w okolicy serca.
Diagnoza: dziura (mężczyzna wyobrażał sobie, że nadal jest w związku z tą osobą, by zablokować uczucie pustki w klatce piersiowej).

STUDIA PRZYPADKÓW PRZYDATNE
W PRAKTYCE DIAGNOZY RÓŻNICUJĄCEJ

Poniższe przypadki dotyczą rzeczywistych klientów (usunęliśmy tylko informacje pozwalające na ustalenie ich tożsamości), którzy zostali uzdrowieni wraz z końcem sesji. Przypadki te mogą zostać wykorzystane przez instruktora na zajęciach – może on odczytać historię przypadku lub odegrać rolę klienta i poprosić studentów, by sprawdzili, czy potrafią zdiagnozować problem.

Problem przedstawiony przez klienta: Klient pragnie obfitości finansowej.

Historia: Klient pragnie stałego poziomu finansowej zamożności. Gdy myśli o zarabianiu pieniędzy, wykonywaniu zadań i o tym, że od tego zależy jego przetrwanie, odczuwa ciężkość i niepokój.

Diagnoza: blokada plemienna.

Problem przedstawiony przez klienta: Klient chce otworzyć szkołę i robić coś, co kocha, zarabiając pieniądze.

Historia: Klient odczuwa inspirację, by założyć szkołę o nazwie _____, ale czuje, że „brak mu tego, co potrzeba". Odczuwa blokadę, opór, lęk, brak pewności siebie i ma poczucie beznadziei (lęk, że to się nigdy nie stanie), by stworzyć taką szkołę.

Umowa opłaty za rezultat: eliminacja uczucia oporu (zmęczenie, mdłości, słabość).

Fraza aktywująca: „Brak ci tego, czego potrzeba, by zrealizować ten projekt/by stworzyć tę szkołę" (SUDS=9)

Diagnoza: blokada plemienna.

Problem przedstawiony przez klienta: Stałe poczucie nieszczęścia.

Historia: Klientka została uzdrowiona, ale nie jest zadowolona i wymyśla bez końca następne problemy, na które narzeka. Nie jest świadoma faktu, że jest uzależniona od cierpienia. Gdy tylko zaczyna odczuwać spokój – albo w swoim życiu, albo w trakcie sesji uzdrawiającej – zaczyna nieświadomie wyszukiwać kolejny problem lub dramat, dzięki któremu może cierpieć.

Klientka mówi, że szczęście ją przeraża. Boi się być szczęśliwa. Matka ulegała aktywacji, gdy ona ulegała aktywacji. Tak, odczuwa ten problem jako coś osobistego.

Fraza aktywująca: „Bezpiecznie jest zrezygnować z cierpienia".

Diagnoza: asocjacja (uczucie spokoju).

Problem przedstawiony przez klienta: Chcę odczuwać radość i żywiołowość.

Historia: Klient twierdzi, że „chce odczuwać radość i żywiołowość", ale to przykrywka dla stwierdzenia: „Nie jestem wystarczająco dobry, czegoś mi brak". Wielu klientów dążących do stanów szczytowych lub pozytywnych uczuć w rzeczywistości stosuje to dążenie jako strategię naprawy problemu, który mają całe życie i którego nie potrafią rozwiązać.

– „Dlaczego chcesz uzyskać dostęp do radości i żywiołowości?". Odpowiedź: „Myślę, że to mi pomoże nie czuć się źle w stosunku do samego siebie i ułatwi mi rozmawianie z ludźmi".

– „Co ci przeszkadza w tym, by czuć się dobrze w stosunku do samego siebie?". Odpowiedź: „Przez większość czasu uważam siebie za osobę niewystarczająco dobrą".

Fraza aktywująca: „Nie jestem wystarczająco dobry".

Diagnoza: trauma pokoleniowa.

Problem przedstawiony przez klienta: Klientka pragnie pełnej ekspresji seksualnej.

Historia: Klientka unika mówienia o seksie w trakcie sesji, ale ewidentnie czegoś chce. Wreszcie opowiedziała o tym, że już 7 lat temu zaczęła odczuwać spadek pożądania seksualnego. 15 lat temu była bardzo zajęta szkołą i zbyt wyczerpana, by uprawiać seks z mężem. Gdy poproszono ją o „wyczucie" męża, klientka odparła, że czuje, jakby mąż był „obojętny".

Umowa opłaty za rezultat: „Eliminacja blokady przeszkadzającej w pełnej ekspresji seksualnej wobec mojego męża".

Fraza aktywująca: „Muszę się poddać" (SUDS=8).

Diagnoza: sznurowanie (w uzdrawianiu zastosowano DPR).

Problem przedstawiony przez klienta: Nie bycie obecnym.

Historia: W jaki sposób odczuwasz problem z emocjonalnego punktu widzenia? Odpowiedź: „Głównie boję się tego, jacy są ludzie – nieprzewidywalni. Odczuwam smutek. Jestem niezdolny do nawiązania więzi, ponieważ nie funkcjonuję w tej samej rzeczywistości co inni ludzie".

– W jaki sposób to się przejawia? Odpowiedź: „Postrzeganie tego świata jest zamglone. Nie jestem w stanie pojąć, co się dzieje. Udaje mi się to, jeśli się naprawdę mocno skoncentruję. To jak być we śnie. Niczym dziecko, jak w grze, nie lubię wchodzić w rzeczywistość, znajduję się na innej płaszczyźnie".

– Kiedy to się zdarzyło po raz ostatni? Odpowiedź: „Nie byłem w stanie uzyskać

poczucia tego, co się dzieje wokół. Tak jakby rzeczywistość była zamglona. Moje zmysły nie funkcjonują dobrze – proces widzenia i interakcji".
Diagnoza: bańka.

Problem przedstawiony przez klienta: Chcę więcej zarabiać.
Historia: Odczuwam panikę w splocie słonecznym, a także lęk, gniew i nerwowość. Odczuwam lęk i gniew, że nie dostanę wystarczająco dużo".
– Czy odczuwasz opór? Odpowiedź: „Tak".
– Czy odczuwasz ciężkość? Odpowiedź: „Tak".
Fraza aktywująca: „Nie zapłacimy ci więcej". SUDS: 9.
Diagnoza: blokada plemienna.

Problem przedstawiony przez klienta: Ludzie są niedojrzali.
Historia: „Jestem arogancki, patrzę, jak ludzie narzekają na swój problem i myślę sobie: „ty słabeuszu", i odnoszę się do tej osoby w protekcjonalny sposób. Zaczynam oceniać. Pochodzę z kultury ciężko pracujących rybaków, kultury macho".
Umowa opłaty za rezultat: „Eliminacja reakcji w stylu macho na niedojrzałych ludzi.
Fraza aktywująca: „Zrób to teraz!".
Diagnoza: blokada plemienna.

Problem przedstawiony przez klienta: Niepokój.
Historia: „Gdy budzę się rano, odczuwam niepokój, któremu towarzyszy uczucie lęku. Odczuwam lęk przed brakiem sukcesu, niezdecydowaniem, rozproszeniem uwagi, niezdolnością do podjęcia decyzji, uczuciem rozdarcia, brakiem poczucia własnej wartości i pewności siebie. Normalnie jestem wysoko funkcjonującą osobą, ale nie ostatnio, może to kwestia menopauzy".
Umowa opłaty za rezultat: Pozbycie się stałego, bazowego uczucia niepokoju po przebudzeniu.
Fraza aktywująca: „Mogę umrzeć samotnie".
Diagnoza: trauma pokoleniowa i asocjacja.
Rezultaty: Symptomy znikły na kilka dni, ale powróciły z tym samym uczuciem niepokoju po przebudzeniu. Klientka budząc się czuje się dobrze, ale szybko pojawia się pełna niepokoju myśl, która sprawia, że zaczyna odczuwać niepokój i fizyczne symptomy w ciele (przyspieszone bicie serca, zespół jelita drażliwego).
Umowa opłaty za rezultat: jak w poprzedniej sesji.
Diagnoza: paplanina umysłowa; uzdrawianie za pomocą techniki asocjacji.

Problem przedstawiony przez klienta: Nie jestem zadowolony z mojej kariery.
Historia: „Czuję się zablokowany, sabotuję sam siebie, pracuję/piszę dla innych, zamiast dla siebie samego. Muszę ciężko pracować, by zarobić pieniądze".
Umowa opłaty za rezultat: „Gdy myślę o pracowaniu/pisaniu dla samego siebie, zamiast dla szefa, nie czuję się już zablokowany ani że się powstrzymuję".

Fraza aktywująca: „Gdy jestem w centrum uwagi, czuję się zdławiony".
Diagnoza: blokada plemienna.

Problem przedstawiony przez klienta: Uciążliwe głosy obecne przez większą część życia.
Historia: „Towarzyszy mi naprawdę negatywne gadanie ze sobą. To coś podświadomego, jakby głosy rodziców. Próbowałem hipnozy, ale wydaje się, że namieszała mi jeszcze bardziej. Wybór języka jest dość dziwny, brzmi także jak głos ego. Nie potrafię go zatrzymać, a on potrafi się rozkręcić. Czasami jest głośny i chce przejąć władzę. Pogrążam się w negatywnym gadaniu i odnoszę wrażenie, że to po prostu nie jest mój głos".
Umowa opłaty za rezultat: Wyeliminowanie trzech głosów: głosu ego o charakterze gniewnym i lękowym, głosu matki – negatywny, złośliwy, kontrolujący, pełny nienawiści, oraz głosu podświadomego umysłu o charakterze desperacji, upartego i aroganckiego.
Diagnoza: paplanina umysłowa; uzdrawianie za pomocą asocjacji (na jednej ręce).

Problem przedstawiony przez klienta: Zablokowanie łatwości oddychania.
Historia: Klientka od 13 lat ma w brzuchu metaliczną, nieorganiczną strukturę (klatka, belka, kaftan bezpieczeństwa, żelazna klamra, obcy implant). W konsekwencji trudno oddycha, czuje, że nie posiada swojego ciała, odczuwa przyduszenie, rozpacz, beznadzieję i wściekłość. W regresji pamięć klientki ulega zablokowaniu w momencie traumy. Klientka mówiła o wielu innych wydarzeniach. Wymagało to pewnego wysiłku – terapeuta zastosował zmodyfikowaną formę TIR, by namierzyć dokładny moment wystąpienia traumy. Klientka w wieku 34 lat przeżyła kłótnię, w której jej współmałżonek rzucał dookoła talerzami. Odczuwała gniew i nienawiść.
Diagnoza: struktura mózgu korony.

Problem przedstawiony przez klienta: Klient chce się umawiać na randki.
Historia: Klient-mężczyzna ma kłopoty z chodzeniem na randki. Gdy myśli o chodzeniu z atrakcyjnymi kobietami, odzywają się u niego fizyczne symptomy lęku, zakneblowania, ucisku w klatce piersiowej i paniki.
Fraza aktywująca: „Będę miał złamane serce"; SUDS = 10.
Diagnoza: prosta trauma, tapowanie uzdrowiło problem.

Problem przedstawiony przez klienta: Klient czuje się źle w związku z pożyczaniem pieniędzy.
Historia: Robotnik budowlany ma pewien wzorzec zarabiania pieniędzy i gdy kończy się praca, nie szuka nowej. Zamiast tego czuje się źle wobec konieczności pożyczania pieniędzy od innych. Odczuwa pozytywne uczucia w związku ze swoją decyzją niepracowania, której towarzyszy poczucie prawa do czegoś, arogancji i chojractwa.

Fraza aktywująca: „Czuję się niepełnowartościowy w mojej pracy".
Diagnoza: prosta trauma, tapowanie pozwoliło uzdrowić problem.

Problem przedstawiony przez klienta: Klientka nie chce wrócić do Europy.
Historia: Pewna czterdziestokilkuletnia kobieta przeprowadziła się z Europy do Kanady. Czuje się źle na myśl o powrocie do pracy w swoim ojczystym kraju w Europie – i czuje się tak od dziesięciu lat. Czuje, że kultura jest w jej kraju trudna i nieprzyjemna. Na myśl o powrocie doznaje bolesnego nacisku i ciężkości w okolicy szyi. Czuje się tam kontrolowana i ograniczana.
Diagnoza: poważny problem międzykulturowej blokady plemiennej, problem uzdrowiono za pomocą techniki Cichego Umysłu.

Problem przedstawiony przez klienta: Uczucie bycia kontrolowaną.
Historia: Symptomy klientki w wieku średnim zaczęły występować w ubiegłym tygodniu. Łatwo wpada w gniew, a nawet sięga po przemoc, i czuje, że wszyscy wokół na nią napadają. Mówi, że to „problem kontroli". „Reaguję na niektóre osoby w mojej przestrzeni". „Nie chcę negatywności w mojej przestrzeni". „Na zewnątrz występuje presja, by się zmienić lub być inną".
Fraza aktywująca: „Pierdolcie się!".
Diagnoza: blokada plemienna.

Problem przedstawiony przez klienta: Ja tu nie jestem w stanie przetrwać.
Historia: Pewną kobietę bardzo pociągała idea, by zamieszkać na pewnej wyspie, którą niegdyś odwiedziła, ale gdy w końcu tam się przeniosła (po kilku latach planowania), to była katastrofa. Finansowo nie była w stanie sobie poradzić, a jej oszczędności topniały. Okazało się, że w okresie, w którym wymyśliła przeprowadzkę na wyspę, usunęła ciążę.
Diagnoza: utrata duszy.

Problem przedstawiony przez klienta: Sukces finansowy.
Historia: Klient nie był szczęśliwy, ponieważ nie zarabiał wystarczająco dużo pieniędzy, by robić to, na co miał ochotę. „To jak termostat, dysponuję tylko dochodem w określonej wysokości".
Fraza aktywująca: „Coś nie pozwala mi doświadczać życia", SUDS=8.
Diagnoza: blokada plemienna.

Problem przedstawiony przez klienta: Mąż nie zwraca na mnie uwagi.
Historia: „Czuję się smutna, ponieważ mój mąż, nawet jeśli do mnie mówi, nie zwraca na mnie uwagi. Tym samym muszę porozmawiać z kimś innym, kto to robi". Uwaga klientki jest zawsze skierowana na troskę o to, „czy inni ludzie mnie lubią czy nie". „Jeśli poświęcają mi uwagę, czuję się dobrze i lubię z nimi rozmawiać".
Fraza aktywująca: „Celem mojego życia jest miłość".

Diagnoza: s-dziura; po uzdrowieniu uwaga i miłość przestały być bodźcem kierującym rozmowami klientki z ludźmi.

Problem przedstawiony przez klienta: Utrata pociągu seksualnego do męża po urodzeniu dziecka.

Historia: Wysoko funkcjonująca kobieta utraciła pociąg seksualny do męża trzy lata temu po urodzeniu dziecka. „On mnie odpycha". „Nie widzę w jego oczach, aby mnie pożądał".

Diagnoza: sznurowanie.

QUIZ

Ogólne pytania dotyczące diagnozy
1. Co to jest „fraza aktywująca" i czym różni się od opisu problemu przedstawionego przez klienta?
2. Jak długo należy słuchać historii klienta?
3. Jaką kategorię problemów może wywołać medytacja?
4. Jaki bardzo uciążliwy problem może wywołać wzrost świadomości (być może wskutek medytacji)?
5. Co oznacza termin „diagnoza różnicująca"?
6. Co może być przyczyną sytuacji, w której klient nagle traci symptomy w trakcie uzdrawiania?
7. Jak sprawdzić, czy trauma została uzdrowiona?
8. Jakie są pierwsze kroki diagnostyczne?
9. Jaki jest jeden ze sposobów wykrywania traum pokoleniowych, które prowadzą do pogarszania problemu klienta?
10. Kiedy należy podejrzewać, że źródłem problemu klienta jest blokada plemienna?
11. Jeśli klient posiada wspaniałe stany szczytowe, to czy nadal może mieć problemy, a jeśli tak, to dlaczego?
12. Czy klienci mogą znać przyczynę swojego niezwykłego problemu?
13. Gdy w trakcie uzdrawiania klienta wystąpią problemy z utkniętym genem różnego rodzaju (trauma biograficzna, trauma pokoleniowa, asocjacja), od której należy zazwyczaj zacząć i dlaczego?
14. Jaka jest różnica między problemem bazowym a dominującym?
15. Co to jest fraza traumy?
16. Co to jest doznanie zastępcze?

Pytania dotyczące konkretnych przypadków subkomórkowych
17. Na czym polega różnica między e-dziurą a zwykłą dziurą?
18. Na czym polega różnica między e-sznurem a zwykłym sznurem?
19. Dlaczego ludzie przesuwają swoją świadomość do baniek?

20. Jaki przypadek subkomórkowy diagnozowany jest w przypadku zjawiska channelingu?
21. Terapeuci zakładają, że doświadczenie klienta ma zawsze charakter negatywny, zazwyczaj spowodowany traumą. Jakie przykłady pokazują, że doświadczenia klienta mogą mieć charakter pozytywny?
22. Co może wywołać brak emocji u klienta?
23. Jaki przypadek subkomórkowy może wywołać napad furii u dziecka?
24. Co jest przyczyną zablokowanych przekonań u klienta?
25. Podaj jeden ze sposobów identyfikacji klasy pasożyta (lub kombinacji klas), którego oddziaływania doświadcza klient.

Pytania dotyczące bezpieczeństwa i etyki
26. Jaki jest tymczasowy, prosty sposób udzielenia niemal natychmiastowej pomocy klientowi doświadczającemu uczuć samobójczych?
27. Jakie wydarzenia rozwojowe prowadzą do uczuć samobójczych i dlaczego?
28. Jakie problemy mogą ulec aktywacji podczas terapii traumy?
29. Co zrobisz w momencie, gdy napotkasz u klienta problem, którego nie potrafisz uzdrowić?
30. Jakie przygotowania należy przeprowadzić przez sesją terapeutyczną przez Skype'a i dlaczego?
31. Czy rozmawiać z klientem o problemach pasożytów subkomórkowych i dlaczego?
32. Czy etyczne jest pobieranie wysokich opłat za bardzo szybkie procesy uzdrawiania?
33. Jakie problemy psychologiczne mogą wynikać z problemów o charakterze medycznym?
34. Jakie są dwie główne części umów sporządzanych w systemie „opłaty za rezultat"?
35. Dlaczego standardowe praktyki pobierania opłat są nieetyczne? (Podaj jeden powód).

Pytania dotyczące Instytutu
36. Czy Instytut zachęca, czy zniechęca do stosowania technik nieopracowanych przez Instytut?
37. Jeśli dana osoba uzyskała certyfikat Instytutu, czy musi pobierać opłatę w systemie „opłaty za rezultat" nawet wtedy, gdy stosuje techniki nieopracowane przez Instytut?

ODPOWIEDZI DO QUIZU

1. Co to jest „fraza aktywująca" i czym różni się od opisu problemu przedstawionego przez klienta?
   Odpowiedź: Fraza aktywująca ma wzbudzić reakcję emocjonalną u klienta, a nie opisywać problem lub historię.

2. Jak długo należy słuchać historii klienta?
   Odpowiedź: Zazwyczaj tylko 3-5 minut.

3. Jaką kategorię problemów może wywołać medytacja?
   Odpowiedź: Kryzysy duchowe.

4. Jaki bardzo uciążliwy problem może zostać spowodowany wzrost świadomości (być może wskutek medytacji)?
   Odpowiedź: Klient może uświadomić sobie obecność dziur.

5. Co oznacza termin „diagnoza różnicująca"?
   Odpowiedź: Symptom może być wywołany przez więcej niż jeden problem. Sprawdzamy inne symptomy, które są różne w różnych przypadkach, by zidentyfikować prawidłową przyczynę problemu.

6. Co może być przyczyną sytuacji, w której klient nagle traci symptomy w trakcie uzdrawiania?
   Odpowiedź: Klient może posiadać silny stan „bycia obecnym"; może też wytworzyć bypass traumy; albo też może odczuwać wyjątkowo silny stan kochania siebie i akceptacji; lub też oszukuje samego siebie (trzeba to sprawdzić).

7. Jak sprawdzić, czy trauma została uzdrowiona?
   Odpowiedź: Należy sprawdzić, czy występuje uczucie ciszy, spokoju i lekkości w chwili zdarzenia oraz czy klient jest „w ciele" w momencie traumy, gdy po raz pierwszy do niego powraca.

8. Jakie są pierwsze kroki diagnostyczne?
Odpowiedź: Należy określić frazę aktywującą i ilość punktów SUDS. Należy zdecydować, czy to prosta trauma biograficzna, czy pokoleniowa. Należy poszukać chwili, w której problem wystąpił po raz pierwszy. Czy na klienta działa tapowanie?

9. Jaki jest jeden ze sposobów wykrywania traum pokoleniowych, które prowadzą do pogarszania problemu klienta?
Odpowiedź: Czy uczucie robi wrażenie czegoś bardzo „osobistego" (to może być trudne do wyjaśnienia); lub czy klient czuje, że jest w nim coś wewnętrznie uszkodzonego, że po prostu ma jakieś braki; lub czy problem występuje u innych członków rodziny.

10. Kiedy należy podejrzewać, że źródłem problemu klienta jest blokada plemienna?
Odpowiedź: Gdy klient stara się zmienić lub rozwijać; jest osobą wysoko funkcjonującą; gdy dąży do uzyskania stanu szczytowego lub gdy towarzyszy mu uczucie ciężkości w życiu.

11. Jeśli klient posiada wspaniałe stany szczytowe, to czy nadal może mieć problemy, i jeśli tak, to dlaczego?
Odpowiedź: Tak. Może nadal mieć traumy. Problem ten szczególnie dotyczy nauczycieli duchowych (na przykład słynnych nauczycieli buddyzmu zen, którzy byli jednocześnie alkoholikami). Niektórzy ludzie w stanie Ścieżki Piękna mogą czuć, że piwo, wino lub mocne alkohole bardzo im smakują – w ekstremalnej sytuacji mogą być również alkoholikami.

12. Czy klienci mogą znać przyczynę swojego niezwykłego problemu?
Odpowiedź: Czasami.

13. Gdy w trakcie uzdrawiania klienta wystąpią problemy z utkniętym genem różnego rodzaju (trauma biograficzna, trauma pokoleniowa, asocjacja), od której należy zazwyczaj zacząć i dlaczego?
Odpowiedź: Zazwyczaj zaczynamy od traum pokoleniowych, gdyż zwykle to one mają największy wpływ na daną osobę (ponadto wywołują strukturalne problemy w komórce prymarnej, które z kolei mogą być źródłem innych symptomów). Następnie uzdrawiamy asocjacje, a potem traumy biograficzne. Odpowiada to uzdrawianiu genów od dolnych mózgów trójni ku górnym – mózg krocza dla traum pokoleniowych, mózg ciała dla asocjacji, mózg serca dla traum biograficznych (a nie w przypadkowy sposób lub z góry na dół).

14. Jaka jest różnica między problemem bazowym a dominującym?
Odpowiedź: Klient nie czuje problemu bazowego, ale odczuwa jego efekty

w życiu. Problem dominujący wywołuje u klienta dyskomfort (względnie stały) i cierpienie.

15. Co to jest fraza traumy?
    Odpowiedź: Momentowi traumy towarzyszy krótka fraza (od jednego do czterech słów) wyrażająca przekonanie lub decyzję powzięte w trakcie doświadczenia traumy. To słowne przetłumaczenie uczucia występującego w ciele w owym zatrzymanym momencie w czasie.

16. Co to jest doznanie zastępcze?
    Odpowiedź: Klient znajduje substytut w świecie lub w komórce prymarnej, który jest przez niego odczuwany tak samo, jak coś, co znajdowało się poza nim w trakcie wczesnej traumy prenatalnej. Jest to zazwyczaj asocjacja, której motorem jest próba przetrwania.

17. Na czym polega różnica między e-dziurą a zwykłą dziurą?
    Odpowiedź: Dziura to obszar pustki w ciele, wypełnionej brakiem. E-dziura to pusty obszar, ale wypełniony negatywnym uczuciem z odcieniem zła.

18. Na czym polega różnica między e-sznurem a zwykłym sznurem?
    Odpowiedź: Sznur łączy komplementarne traumy między ludźmi, wywołując odczucie, że druga osoba ma osobowość. E-sznur również łączy ludzi, ale wywołuje jedynie wrażenie, że druga osoba jest zła (w konkretnym miejscu w ciele).

19. Dlaczego ludzie przesuwają swoją świadomość do baniek?
    Odpowiedź: Daje to im nielogiczne poczucie bezpieczeństwa.

20. Jaki przypadek subkomórkowy diagnozowany jest w przypadku zjawiska channelingu?
    Odpowiedź: Głosy rybosomalne.

21. Terapeuci zakładają, że doświadczenie klienta ma zawsze charakter negatywny, zazwyczaj spowodowany traumą. Jakie przykłady pokazują, że doświadczenia klienta mogą mieć charakter pozytywny?
    Odpowiedź: Intuicja, szczególnie odczucie „spokojnej wiedzy"; doświadczenia lub stany szczytowe.

22. Co może wywołać brak emocji u klienta?
    Odpowiedź: Zatrzaśnięcie mózgu lub rzadziej szczytowy stan wewnętrznego spokoju.

23. Jaki przypadek subkomórkowy może wywołać napad furii u dziecka?
    Odpowiedź: Głosy rybosomalne w wyniku zmiany tonu emocjonalnego u rodzica.

24. Co jest przyczyną zablokowanych przekonań u klienta?
    Odpowiedź: Trauma biograficzna tworzy przekonania, których motorem jest ładunek emocjonalny. Problemy bazowe tworzą przekonania nie mające treści emocjonalnej.

25. Jakie są niektóre charakterystyczne cechy pasożytów?
    Odpowiedź: Insekty mają „posmak" metaliczny; grzyb sprawia, że dana osoba odczuwa mdłości; bakteria wywołuje uczucie zatrucia lub toksyczności. Większość ludzi automatycznie blokuje owe właściwości pasożytów, ale zazwyczaj odczuwa je, jeśli się nimi pokieruje. Należy to jednak robić rzadko, o ile w ogóle – lepiej jednak, by klient wchodził w interakcję z pasożytami jak najrzadziej.

26. Jaki jest tymczasowy, prosty sposób udzielenia niemal natychmiastowej pomocy klientowi doświadczającemu uczuć samobójczych?
    Odpowiedź: Klient powinien dotknąć pępka.

27. Jakie wydarzenia rozwojowe prowadzą do uczuć samobójczych i dlaczego?
    Odpowiedź: Śmierć łożyska – łożysko w trakcie porodu musi umrzeć, ale trauma blokuje to uczucie i może ulec wzbudzeniu w późniejszym życiu klienta.

28. Jakie problemy mogą ulec aktywacji podczas terapii traumy?
    Odpowiedź: Wypływ traumy, dekompensacja, odkrycie gorszych uczuć traumatycznych lub przypadki subkomórkowe, symptomy związane z pasożytami.

29 Co zrobisz w momencie, gdy napotkasz u klienta problem, którego nie potrafisz uzdrowić?
    Odpowiedź: Pomogę klientowi znaleźć kogoś, kto będzie w stanie mu pomóc; odeślę go do specjalisty, którego znalazłem na wypadek takiej ewentualności; jeśli mam certyfikat Instytutu, skontaktuję się z personelem Instytutu.

30. Jakie przygotowania należy przeprowadzić przed sesją terapeutyczną przez Skype'a i dlaczego?
    Odpowiedź: Należy mieć pewność, że posiadamy alternatywne sposoby kontynuowania sesji, jeśli internet przestanie działać; zadbać o obecność drugiej osoby, która mogłaby interweniować na wypadek problemów; zastosować standardowe formularze: świadomej zgody i o odpowiedzialności, by klient nie spanikował, jeśli coś się stanie.

31. Czy rozmawiać z klientem o problemach pasożytów subkomórkowych i dlaczego?

    Odpowiedź: Właściwie omawianie tego problemu to zły pomysł, ponieważ może wywołać panikę u klienta lub wzbudzić u niego niepotrzebne obawy, a nie pomoże uzdrawianiu. Może też sprawić, że klient będzie próbował samodzielnie wymyślać niebezpieczne metody uzdrawiania tego problemu.

32. Czy etyczne jest pobieranie wysokich opłat za bardzo szybkie procesy uzdrawiania?

    Odpowiedź: Tak. Umowa opiewa na dostarczenie usługi, a nie czas jej świadczenia. Klient już podjął decyzję co do wartości usługi. Pozwala to także pobierać niższe opłaty od klientów, u których uzdrawianie trwa dłużej – jeśli zdecydujemy się je przeprowadzić (system opłat stałych).

33. Jakie problemy psychologiczne mogą wynikać z problemów o charakterze medycznym?

    Odpowiedź: Uszkodzenie mózgu; efekty uboczne wywołane przez przepisane lekarstwa; obecność grzyba *candida* w przewodzie pokarmowym.

34. Jakie są dwie główne części umów sporządzanych w systemie „opłaty za rezultat"?

    Odpowiedź: Przed rozpoczęciem terapii należy określić kryteria sukcesu i całkowity koszt usługi. Jeśli kryteria nie zostaną spełnione, opłata nie zostaje pobrana. Pozwala to klientowi zdecydować, czy stosunek kosztów do korzyści sprawia, że warto podjąć uzdrawianie.

35. Dlaczego standardowe praktyki pobierania opłat są nieetyczne? (Podaj jeden powód).

    Odpowiedź: (Istnieje kilka problemów etycznych, na których klient może się skoncentrować). Podstawową motywacją klienta (nawet jeśli nie zostanie ona wyrażona) jest nadzieja, że czas spędzony z terapeutą pozwoli rozwiązać jego problem(y). Nieudane, częściowe lub przypadkowe uzdrowienie karmi się tą nadzieją bez spełnienia warunków zawartej umowy. Standardowe praktyki zazwyczaj korzystają ze słabości podatnych osób, wykorzystując podstawową motywację klienta, by uzyskać pieniądze bez realizacji owej milczącej umowy.

36. Czy Instytut zachęca, czy zniechęca do stosowania technik nieopracowanych przez Instytut?

    Odpowiedź: Zachęcamy do stosowania wszelkich działających skutecznych technik. Niestety, niektóre z nich przynoszą efekty, choć uszkadzają klienta i należy ich unikać.

37. Jeśli dana osoba uzyskała certyfikat Instytutu, czy nadal musi pobierać opłatę w systemie „opłaty za rezultat" nawet wtedy, gdy stosuje techniki nieopracowane przez Instytut?
Odpowiedź: Tak.

KLASY PASOŻYTÓW I WYWOŁYWANE PRZEZ NIE PRZYPADKI SUBKOMÓRKOWE

Pasożyty insektopodobne 1. klasy
- Bańka (w połączeniu z organizmem grzybowym)
- Problemy pasożytnicze wywoływane przez insekty
- Uszkodzone („zasłonięte") stany szczytowe

Pasożyty grzybowe 2. klasy
- Problemy z czakrami
- Kolumna Ja
- Sznury
- Problemy pasożytnicze wywołane przez grzyby
- Ścieżki życia
- MPD (osobowość wieloraka)
- Klątwa (kocykowa lub z grotem strzały)
- Trauma związana z przeszłym życiem
- Nadmierna identyfikacja ze Stwórcą
- Głosy rybosomalne
- Potłuczone kryształki
- S-dziury
- Pętle czasowe
- Blokada plemienna

Pasożyty bakteryjne 3. klasy
- Zespół Aspergera (w połączeniu z organizmem grzybowym)
- Problemy pasożytnicze wywołane przez bakterie
- Kopie
- E-dziury
- Obecność dziadków wokół ciała
- Pętle dźwiękowe
- Bypassy traumy

GDZIE ZNALEŹĆ TECHNIKI

Niniejszy podręcznik ma pomóc w przeprowadzaniu diagnozy terapeutom przeszkolonym w terapii regresji Uzdrawiania Całym Sercem (WHH) oraz w terapii stanów szczytowych. Niektóre konkretne techniki *nie* zostały opisane w niniejszym podręczniku. Zamiast tego odsyłamy czytelników do opublikowanych już podręczników lub do naszych kursów szkoleniowych. Poniżej przedstawiamy przewodnik, gdzie szukać omawianych technik (według stanu na 2014 rok):

Technika uzdrawiania asocjacji ciała: (nie opublikowano).

Technika projekcji Courteau: *The Whole-Hearted Healing™ Workbook*, Paula Courteau.

Technika wirów Crosby'ego: *The Whole-Hearted Healing™ Workbook*, Paula Courteau.

Uwalnianie osobowości na odległość (DPR): *The Basic Whole-Hearted Healing™ Manual*, Grant McFetridge i Mary Pellicer.

Technika Cichego Umysłu™: *Silence the Voices* (nie opublikowano).

Technika blokady plemiennej: (nie opublikowano).

Technika emocji bazowych Waisla: (nie opublikowano).

Uzdrawianie Całym Sercem (WHH): *The Basic Whole-Hearted Healing™ Manual*, Grant McFetridge i Mary Pellicer.

JAK OBLICZAĆ WYSOKOŚĆ OPŁAT W SYSTEMIE „OPŁATY ZA REZULTAT"

Jeśli stosujemy system „opłaty za rezultat", jak obliczamy wysokość stawki za świadczone usługi? W niniejszym dodatku omówimy najprostszą i najmniej ryzykowną metodę naliczania klientowi minimalnej możliwej stawki przy jednoczesnym spełnieniu przyjętych celów finansowych.

Po pierwsze, opłata jest podawana z góry w ofercie kontraktowej składanej klientowi w trakcie wywiadu wstępnego. Jeśli uda nam się spełnić warunki kontraktu, klient płaci nam podaną mu stawkę – jeśli tych warunków nie spełnimy lub spełnimy je tylko częściowo, klient nie płaci nam nic. Nie pobieramy również oddzielnie opłat za diagnozę lub konsultacje z klientami, którzy nie akceptują naszej oferty kontraktowej, nie pobieramy też opłaty od klientów, których nie udało nam się uzdrowić. Choć dla wielu terapeutów przyzwyczajonych do pobierania stawek godzinowych brzmi to dziwnie, niemożliwe do zastosowania, w wielu zawodach stosuje się taką właśnie metodę „opłaty za rezultat". W rzeczywistości spotykamy się z nią niemal codziennie! W końcu spodziewamy się, że sklep spożywczy będzie sprzedawał jedynie świeżą, zdrową żywność, nie przemieszaną z towarem starym, przegniłym czy zepsutym...

Obliczanie stałej stawki
W rzeczywistości większość terapeutów prowadzących praktykę ogólną i stosujących model „opłaty za rezultat" stosuje tę samą standardową, ustaloną stawkę za każdy zwykły problem terapeutyczny. Zasadniczo jest to metoda „stawki jednolitej". Nie ma znaczenia, jaki problem ma klient – terapeuta pobiera tę samą stawkę. Pobieranie stawki „płaskiej" minimalizuje ryzyko finansowe terapeuty, ponieważ ryzyko i nagroda są rozłożone równomiernie pomiędzy wszystkich klientów. Typowe stawki minimalne w terapii ogólnej mieszczą się w przedziale 250-350 dolarów, różnią się jednak zależnie od kraju i kosztów życia.

Co ciekawe, z naszego doświadczenia wynika, że większość klientów terapeutów stosujących metodę „opłaty za rezultat" nie ma nic przeciwko stałej stawce – zajmuje ich tylko kwestia wyeliminowania problemu (zazwyczaj to głównie terapeuci i inni „praktycy opieki zdrowotnej" mają problem z tą metodą pobierania opłat). Klienci dostrzegają fakt, że płacą za wiedzę i doświadczenie, a nie za czas. W gruncie rzeczy im krócej, tym lepiej – klienci są zmęczeni cierpieniem i chcą, by jak najszybciej wyeliminować problem. Podobnie jak w przypadku naprawy samochodu – klient jest szczęśliwy, jeśli uda się wykonać naprawę w godzinę, zamiast całego dnia. Podanie stawki zawczasu pozwala klientowi również oszacować stosunek kosztów do korzyści i wielkość budżetu związanego z terapią. I znowu, ponieważ mamy do czynienia z systemem „opłaty za rezultat", główne zmartwienie klienta, czyli perspektywa zmarnowania dużej ilości pieniędzy, przestaje być problemem. Tego rodzaju struktura opłat oznacza także, że od połowy klientów pobieramy mniej, a od połowy więcej niż w przypadku systemu stawek godzinowych. To pomaga klientom, z którymi praca przebiega wolniej i nie stanowi nadmiernego obciążenia dla klientów, z którymi praca idzie szybciej.

Jak zatem ustalić stałą stawkę? Podobnie jak w przypadku sklepu spożywczego, musimy wycenić usługi tak, by objąć wynagrodzeniem klientów, których uda się uzdrowić, i tych klientów, których uzdrowić się nie da. Choć nie da się przewidzieć, których konkretnie klientów uda się uzdrowić (i którzy tym samym przyniosą nam pieniądze), z czasem sukcesy i porażki uśredniają się do przyzwoicie stabilnej stawki. Przyjąwszy takie założenie możemy zapisać prosty sposób określenia potrzebnej nam stawki:

Równanie 10.1

$$\text{Opłata} = \text{pożądana stawka godzinowa} \times \left[\frac{\text{(całkowita liczba godzin kontaktu z klientem)}}{\text{(liczba uzdrowionych klientów)}}\right]$$

Ryc. 10.1 przedstawia zależność pomiędzy stałą stawką a stawką godzinową z równania 10.1. Nazwa wykresu „obciążony czas trwania terapii" oznacza, że średnia ta uwzględnia także czas poświęcony klientom, których nie udało nam się uzdrowić oraz czas poświęcony na wywiady wstępne. Zakładamy tu także pełne obciążenie pracą.

Zauważmy, że wysokość ustalanych opłat przynosi nam przychód oparty na liczbie *godzin kontaktu z klientem*. Pozostałe godziny przeznaczone na działania ogólne, jak sprzątanie biura czy pisanie materiałów reklamowych nie wpływa bezpośrednio na wysokość stawki. W praktyce prywatnej przyjmuje się zwyczajowo, że czas poświęcony na działanie ogólne jest uwzględniany w wybranej przez terapeutę ekwiwalentnej stawce godzinowej. Rzecz jasna wysokość pobieranej opłaty zależy do was (w ramach ograniczeń zasady „opłaty za rezultat").

Nikt nie twierdzi, że musicie pobierać standardową, stałą stawkę, jeżeli problem klienta został uzdrowiony szybko, co oznacza, że możecie pobrać niższą opłatę, jeśli chcecie – ale musicie uważać, gdyż wysokość waszych przychodów opiera się na tym, że część klientów uzdrawiacie szybciej, co pozwala zrekompensować dłuższe godziny pracy z tymi klientami, z którymi praca przebiega wolniej!

**Opłata a obciążony czas trwania terapii
(przy pełnym obłożeniu pracą)**

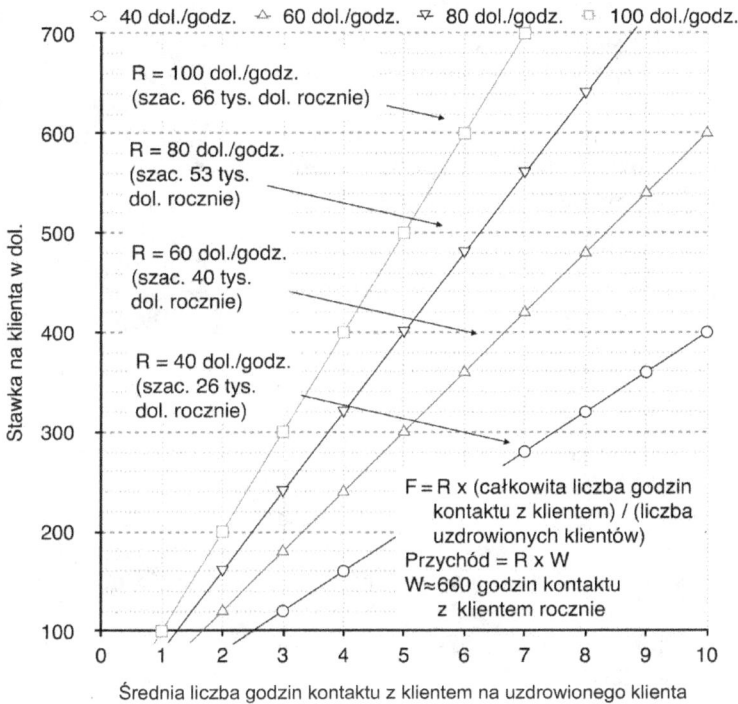

Ryc. 10.1. *Wykres stałej stawki (równanie 10.1) dla czterech różnych stawek godzinowych. Szacowane przychody roczne obliczono przy założeniu 660 godzin kontaktu z klientem rocznie.*

Przykład. Matematyka, fuj! Po prostu mi powiedz, jakie opłaty mam pobierać…
Stała stawka w wysokości około 350 dolarów to sensowny szacunek dla typowego początkującego terapeuty stosującego techniki subkomórkowe. Z czasem możecie zacząć wykorzystywać równanie 10.1 i dostosować wysokość stawki tak, by lepiej odzwierciedlała poziom waszych umiejętności oraz problemy klientów.

Jak zatem uzyskaliśmy ową kwotę 350 dolarów stałej stawki dla początkującego terapeuty? Oto kilka (mamy nadzieję) wykorzystanych przez nas sensownych parametrów. Chcemy uzyskać przychody roczne w wysokości 50 tys. dolarów i przepracujemy w ciągu roku 660 godzin kontaktu z klientem, co oznacza, że konieczna ekwiwalentna stawka godzinowa (R) wynosi 76 dolarów za godzinę. Średni czas diagnozy (T) wynosi 0,5 godziny, średni czas trwania terapii (A) wynosi 2 godziny; maksymalny czas odcięcia (C), po którym należy zrezygnować z dalszej terapii, wynosi 4 godziny (ten parametr wyjaśnimy później); odsetek klientów rozpoczynających terapię po wstępnym wywiadzie (Pt) wynosi 80%, a wskaźnik sukcesu (P) w przypadku klientów, którzy rozpoczęli terapię, to 70%. Tym samym, po podstawieniu zmiennych do równania 10.1, otrzymujemy 4,6 całkowitej liczby godzin kontaktu z klientem na uzdrowionego klienta.

Uwzględniwszy te wielkości, musielibyśmy pracować z 256 klientami rocznie, co oznacza 6 nowych klientów tygodniowo (jeśli pracujemy 5 dni w tygodniu, przy 15,2 godzinach kontaktu z klientem tygodniowo rozłożonych na 217 dni robocze przez 43,4 tygodnie rocznie). Jeśli nie uda nam się zdobyć tylu nowych klientów, musimy albo zaakceptować niższe przychody (np. jeśli mamy 10% mniej klientów przychody będą o 10% niższe), albo podnieść stawkę, by zrekompensować tę stratę (np. jeśli mamy 10% mniej klientów, podnosimy stawkę o 10%).

Obserwowanie wyników finansowych
Proste równanie 10.1 sugeruje, że aby określić stałą opłatę jednolitą, musimy tylko obserwować całkowitą liczbę godzin poświęconych *wszystkim* klientom, przy jednoczesnym obserwowaniu liczby klientów, których udało nam się uzdrowić. Jedyną rzeczą, którą musimy wiedzieć zawczasu, jest pożądana stawka godzinowa R (powiedzmy 75 dolarów za godzinę). Wraz z upływem kolejnych tygodni, po prostu dodajemy kolejne wartości do uzyskanej już sumy, by mieć pewność, że pobieramy opłatę w odpowiedniej wysokości.

Możemy także przekształcić równanie, by mieć pewność, że pożądana stawka godzinowa jest stabilna. Proste, prawda?

Równanie 10.2 (w dolarach za godzinę)

$$R = \frac{\text{całkowite przychody z opłat}}{\text{całkowita liczba godzin kontaktu z klientem}} = \frac{\text{Opłata x (liczba uzdrowionych klientów)}}{\text{całkowita liczba godzin kontaktu z klientem}}$$

W rzeczywistości z czasem wskaźnik sukcesu rośnie, a następnie osiąga stabilną wartość wraz z nabieraniem umiejętności; później znowu rośnie wraz z rozwojem nowych technik i identyfikacji przypadków subkomórkowych. Jeśli jesteś początkującym terapeutą, pamiętaj że terapeuci przeszkoleni przez nas w technikach subkomórkowych szybko podnoszą swoje umiejętności w pracy z pierwszymi 20 klientami. Tym samym okaże się, że możesz obniżyć wysokość opłaty i nadal zrealizować docelową stawkę przychodów godzinowych. Doświadczeni terapeuci mają większe umiejętności, ale często zaczynają przyjmować (lub przyciągać) trudniejszych klientów, z którymi praca trwa dłużej. Tym samym wzrost tempa pracy zostaje zrównoważony trudniejszymi przypadkami, co czasami wymaga skorygowania opłaty tak, by utrzymać wysokość docelowej stawki godzinowej.

Dokonywanie wyborów związanych z prowadzoną praktyką

Oszacowanie liczby godzin kontaktu z klientem (W)
Jako terapeuta z prywatną praktyką musisz zdecydować, ile godzin pracy z klientem chcesz odbyć tygodniowo. Musisz także uwzględnić czas poświęcony na działalność biznesową (telefony, spotkania, reklama, rozmowy z potencjalnymi organizacjami, aktualizacja rejestrów, ubezpieczenia, opłacenie rachunków itd.). Jeśli pracujesz pełne 8 godzin dziennie, dobrze jest przyjąć 2 godziny dziennie na owe pozostałe zadania.
    Inną kwestią jest też czas wolny. Potrzebujecie dni wolnych, a klienci często nie przychodzą w określonych okresach roku. Na przykład miesiące letnie i miesiąc po Bożym Narodzeniu to okresy, w których trudno liczyć na pełne obłożenie pracą. Tym samym – choć różnie z tym bywa – w najlepszym razie możecie oczekiwać 10 miesięcy pracy pełnoetatowej przez 30 godzin tygodniowo czasu poświęconego na kontakt z klientem oraz 40 godzin całkowitego czasu pracy. Tym samym pracujemy przez około 217 dni, czyli 43,4 tygodnie przy 5 dniach pracy w tygodniu. To daje nam maksimum 1320 godzin kontaktu z klientem – i co możliwe, tych godzin kontaktu będzie mniej, gdyż prawdopodobnie nie będziecie mieli ciągłego napływu klientów. Przyjęcie obłożenia pracą przez połowę tego czasu to prawdopodobnie rozsądny maksymalny szacunek (choć może być to znacznie mniej, zwłaszcza na początku działalności). Przy takich szacunkach musimy przyjąć 660 godzin kontaktu z klientem (i około 220 godzin przeznaczonych na pozostałe zadania) w ciągu roku w ramach prywatnej praktyki. To niewiele w przypadku terapeuty zatrudnionego w instytucji, ale to realistyczny szacunek dla terapeuty prowadzącego prywatną praktykę.
    Jeśli pracujemy przez około 660 godzin kontaktu z klientem rocznie, oznacza to około 3 godziny kontaktu z klientem w dniu roboczym. (Przyjmując dodatkowe 220 godzin rocznie na pozostałe zadania, oznacza to 4,1 godzin pracy w dniu roboczym). Taki harmonogram na pół dnia pracy nie jest nieuzasadniony, gdyż czynnikiem ograniczającym jest liczba klientów poszukujących naszych usług, a praca polegająca na uzdrawianiu traum jest bardzo wymagająca. Pozwala to terapeucie zajmującemu się uzdrawianiem traum bardzo łatwo wziąć nadgodziny – coś, co w tego rodzaju pracy zdarza się bardzo często. Pozwala też terapeucie pracować dłużej w tygodniach, kiedy przychodzi dużo klientów, a krócej, kiedy tych klientów jest mniej.

Ustalenie pożądanej ekwiwalentnej stawki godzinowej (R)
W systemie „opłaty za rezultat" ustalasz cenę za zadanie, a nie za godzinę. Jednak, uśredniając liczbę klientów, możesz spojrzeć na swój dochód tak, jakbyś wykonywał pracę, za którą otrzymujesz odpowiednik stawki godzinowej R – całkowitą kwotę, którą zarabiasz podzieloną przez czas spędzony ze wszystkimi klientami (tj. dol./godz.). Ta koncepcja jest pomocna pod kilkoma względami. Pozwala obliczyć wynagrodzenie na podstawie pożądanej stawki płac, umożliwia porównanie przychodu z przychodem innych terapeutów oraz daje prosty sposób obliczenia przychodu rocznego.

Po pierwsze, możecie wybrać ekwiwalentną stawkę godzinową R na podstawie porównań stawek godzinowych innych terapeutów. Ustalcie, jakie stawki stosują psychoterapeuci w waszej dziedzinie (zarówno w dolnych, jak i górnych segmentach rynku). Następnie zdecydujcie, gdzie poziom waszych umiejętności i zdolność nawiązywania więzi z ludźmi plasuje was w lokalnym przedziale stawek godzinowych (często zdolność sprawiania, że ludzie czują się dobrze ze sobą i ich relacja z wami są ważniejsze, jeśli chodzi o możliwość pobierania wyższych opłat niż kompetencja w uzdrawianiu klientów). Gdy już ustalicie wysokość stawki, sprawdźcie, czy pozwala ona zrealizować roczne cele finansowe – policzcie, ile zarobicie na koniec roku i sprawdźcie, czy to wystarczy.

Drugim sposobem wybrania ekwiwalentnej stawki godzinowej R jest wyjście od pożądanego rocznego dochodu i obliczenie stawki niezbędnej, by zrealizować ten cel. Rzecz jasna nie obędzie się bez pewnych kompromisów – będziecie musieli ustalić typowy zakres stawek w waszym regionie, by sprawdzić, czy wasze żądania są uzasadnione.

Równanie 10.3 (w dolarach za godzinę)

$$R = \frac{1}{W} = \frac{\text{(pożądany roczny dochód)}}{\text{(liczba godzin kontaktu z klientem rocznie)}}$$

Według ankiety Amerykańskiego Towarzystwa Psychologicznego (ATP) z 2009 roku mediana dochodu dla licencjonowanego terapeuty z dyplomem magistra prowadzącego prywatną praktykę z psychologii klinicznej wynosi 40,5 tys. dolarów (SD=27 tys.). Dla średniej liczby 660 godzin kontaktu z klientem oznacza to R = 61 dol./godz. Mediana dochodu dla licencjonowanego terapeuty z dyplomem magistra prowadzącego prywatną praktykę z psychologii doradztwa wynosi 55 tys. dolarów. Dla średniej liczby 660 godzin kontaktu z klientem oznacza to R = 83 dol./godz. Istnieje spora wariacja dochodów zależnie od posiadanego doświadczenia.

Niezależnie od tego, jaką ustalicie stawkę, pamiętajcie, że oferujecie klientom ogólnym dwie wyjątkowe opcje, które sprawiają, że wasze usługi mają większą wartość niż usługi oferowane przez waszych kolegów. Po pierwsze, polityka „opłaty za rezultat" eliminuje ryzyko finansowe po stronie klienta. To najbardziej wartościowy element waszej oferty (szczególnie w przypadku klientów z problemami o charakterze chronicznym, którzy pewnie zmarnowali ograniczone oszczędności na bezowocne próby uzdrowienia). Po drugie, wasze umiejętności w zakresie subkomórkowych technik psychobiologicznych oznaczają, że możecie pomóc wielu klientom tradycyjnej terapii, którzy bardzo cierpią i nie mogą uzyskać pomocy gdzie indziej.

Przykład. Ile powinna wynosić moja ekwiwalentna stawka godzinowa
Ponieważ twoja praktyka jest nowa, postanawiasz, że stawka bazowa powinna znajdować się w połowie zakresu stawek psychoterapeutycznych w twoim regionie. Okazuje się, że jest to 75 dol./godz. Jeśli przyjmiesz obłożenie pracą na poziomie połowy etatu i tę samą średnią ekwiwalentną stawkę godzinową R równą 80 dol. za godzinę, możesz spodziewać się przychodu rocznego brutto równego 75 dol./godz. × 660 godzin = 49 500 dol.

Jeśli zamiast tego zdecydujesz, że pożądany przychód roczny wynosi 100 tys. dol. (co jest bezzasadnie wysoką kwotą w przypadku większości terapeutów ogólnych, ale jest bardziej osiągalne w przypadku terapeutów wyspecjalizowanych), będziesz musiał pobierać ekwiwalentną stawkę godzinową R równą 100 000 dol./660 godz. = 151 dol./godz. Ponieważ jednak oferujesz bardzo skuteczną terapię z polityką „opłaty za rezultat", możesz być tyle wart(a) – ale trochę to potrwa, zanim ludzie poznają cię na tyle dobrze, by stanowiło to jakąś różnicę dla twojej bazy klientów.

Pobieranie różnych opłat za różne usługi
Dodatek ten powstał po to, by pomóc wam zrozumieć, ile zarobicie w przypadku modelu prostej „godzinowej stawki za wszystko", który stosuje większość psychoterapeutów w praktyce ogólnej. Innymi słowy, w podanych wzorach zakładamy, że pobieracie tę samą ekwiwalentną stawkę godzinową R niezależnie od rodzaju problemu klienta.

Jeśli jednak praktyk ogólny okazjonalnie wyleczy niektóre specjalistyczne, szczególne problemy – jak eliminacja schizofrenicznych „głosów" – może zastosować inną, wyższą opłatę stałą za ów konkretny problem, szczególnie jeśli jest to określony z góry, standardowy, ale czasochłonny proces. Zasadniczo znajduje się on we własnej kategorii czasowej i powinien zostać rozliczony jako taki.

Ponadto niektóre unikatowe usługi, które jest w stanie zaoferować certyfikowany terapeuta stanów szczytowych (jak procesy stanów szczytowych lub uzdrawianie „nieuleczalnych" schorzeń), są znacznie bardziej wartościowe od terapii standardowej i można za nie pobierać wyższe stawki. Choć zabrzmi to nieco interesownie, poświęciliście wiele czasu i pieniędzy, by nauczyć się tych nowoczesnych technik, które mogą pomóc klientowi wtedy, gdy nie pomaga mu już nic innego – a klient może zdecydować, czy w jego przypadku koszt jest tego wart. I pamiętajcie, nie macie monopolu, ponieważ Instytut robi, co może, by jak najszybciej spopularyzować nowy sposób pracy. Tym samym wasz klient może zawsze zrezygnować ze współpracy z wami i znaleźć innego certyfikowanego terapeutę, którego stawki będą dla niego bardziej do przyjęcia.

Specjalizacja

Doświadczeni terapeuci szybko specjalizują się w dziedzinie, która ich szczególnie pasjonuje. To bardzo ułatwia uzyskanie potrzebnego strumienia klientów, zwłaszcza jeśli terapeuta może pracować przez Internet, uzyskać referencje dzięki swej specjalności lub ma gabinet w więcej niż jednym miejscu. Specjalizacja zazwyczaj bardziej się opłaca niż terapia ogólna (eksperci pobierają wyższe opłaty za swoje doświadczenie i przeszkolenie) i pozwala na dłuższy czas terapii bez podwyższenia ryzyka finansowego.

Stała struktura stawek jest szczególnie odpowiednia w przypadku terapeutów, którzy są przede wszystkim specjalistami. Zazwyczaj ustalają oni wyższe niż przeciętne stawki za swoją pracę; a ponieważ specjalista może zgromadzić doświadczenie w przewidywaniu czasu trwania podejmowanej terapii, łatwiej mu również – jeśli się na to zdecyduje – zróżnicować ceny, dostosowując je do problemu klienta.

Specjaliści także (zazwyczaj) wykonują lepszą pracę (podnoszą swój wskaźnik sukcesu) w dziedzinie wybranej specjalizacji niż terapeuci ogólni; a także – co ważniejsze z punktu widzenia długofalowego zadowolenia z pracy – budzą się rano ciesząc się na pracę, która ich czeka tego dnia i czerpią z niej więcej przyjemności!

Czas odcięcia

Istnieje jednak pewien mały problem...

Wiąże się on z czasem, który poświęcamy próbując uzdrowić klienta, zanim się poddamy. Wiecie, że niektórych klientów nie uda się uzdrowić, i to zazwyczaj dlatego, że obecny stan wiedzy nie pozwala pomóc wszystkim. Im więcej czasu poświęcamy tym klientom, tym więcej czasu tracimy, nie zarabiając lub nie lecząc klientów, którym moglibyśmy pomóc. Ponieważ owi niemożliwi do uzdrowienia klienci nie mają tego wypisanego na czole – są przemieszani z klientami, którym rzeczywiście możemy pomóc – jak sobie z tym poradzić?

Odpowiedź brzmi – „czas odcięcia". Oznacza to, że rezygnujemy z dalszych prób pomocy klientowi, jeśli całkowity czas mu poświęcony przekracza ów limit. Tym samym, innym istotnym elementem ustalania wysokości opłat jest ustalenie zawczasu, w którym momencie rezygnujemy i godzimy się z faktem, że nie możemy pomóc klientowi (i nic na tym nie zarobimy).

Zgoda, powiecie, ale jak ów czas ustalić? Cóż, okazuje się, że wybrany przez nas czas odcięcia ma rzeczywisty wpływ na wysokość wynagrodzenia. Jeśli czas ten okaże się zbyt krótki, będziemy musieli pobrać zbyt wysoką opłatę, by uwzględnić wszystkich klientów, z których zrezygnowaliśmy. Przy zbyt długim czasie odcięcia będziemy musieli znów pobierać zbyt wysokie opłaty, by uwzględnić wysoką liczbą godzin poświęconych klientom, których nie da się uzdrowić. Istnieje zatem pewien „punkt optymalny", czas odcięcia właściwy dla każdego z nas, przy którym stała stawka jest możliwie najniższa, przy jednoczesnym uzyskaniu najlepszej ekwiwalentnej stawki godzinowej (średniego przychodu w dolarach za godzinę kontaktu z klientem).

Czy jednak idea odcięcia nie oznacza, że niektórych klientów dałoby się uzdrowić, gdyby terapia trwała dłużej? Czy takie postępowanie jest etyczne? Po pierwsze, bardzo niewielu klientów wpada do tej kategorii (zaledwie około 8% według rozkładu Gaussa). Poza tym, nie jest tak, że wyrzucamy klientów, których nie możemy uzdrowić, na ulicę! Przekazujemy ich specjalistom pracującym nad trudnymi przypadkami, takim jak personel kliniczny Instytutu. Oznacza to konieczność kontaktu z kolegami, by ustalić, kto daje nadzieję na udzielenie pomocy w trudniejszych przypadkach. Ogólnie rzecz biorąc, jeśli specjalista odniesie sukces w terapii klienta, dzieli się z wami częścią przychodów w podziękowaniu za odesłanie do niego klienta, na czym zyskują wszystkie strony.

Jedna uwaga końcowa – wraz ze zdobywaniem doświadczenia, zaczniecie w trakcie diagnozy rozpoznawać klientów, którym nie będziecie w stanie pomóc. Na przykład będą oni cierpieć na chorobę, której nie będziecie umieli wyleczyć, jak na przykład zaburzenia obsesyjno-kompulsywne (OCD), i nie będą zainteresowani płaceniem za to, co możecie uzdrowić, jak np. zredukowanie uczuć związanych z posiadaniem problemu. Tym samym (z czasem) wasze ogólne tempo terapii i wskaźnik sukcesu wzrośnie, ponieważ będziecie wiedzieli, kiedy nawet nie należy próbować.

W następnej części omówimy wybór „optimum", statystycznie wyprowadzonego czasu odcięcia – co nie oznacza, że musicie go stosować! Powiedzmy, że chcecie zawsze podjąć próbę i pomóc kilku klientom, przy których praca trwa dłużej niż zazwyczaj; równania 10.1 oraz 10.2 nadal pomogą wam w obliczeniu wymaganej stałej stawki. Wasze przychody będą nieco mniej stabilne, niż gdybyście zdecydowali się na wartość optymalną, ale prawdopodobnie zmiana nie będzie zbyt duża. A wasza stawka będzie musiała być wyższa, niż gdybyście dokonali optymalizacji, ale znowu – prawdopodobnie nie wzrośnie znacząco. Być może po prostu wolicie ominąć całe to zawracanie głowy z pomiarami i arbitralnie wybrać parametry, które wydają wam się prawidłowe. Możecie nadal obliczyć stawkę, a potem w następnym miesiącu dostosować ją do rzeczywistości.

Przewidywanie statystycznie optymalnego czasu odcięcia, stawki i liczby klientów

Wielu doświadczonych terapeutów ma już dobre wyczucie, kiedy zrezygnować z dalszych prób uzdrowienia klienta. Osoby początkujące, a nawet doświadczeni terapeuci, skorzystają na znajomości wyprowadzonego statystycznie czasu odcięcia, dzięki czemu lepiej zrozumieją dokonywane przez nich intuicyjne wybory czasowe. Rzecz jasna, możecie użyć dowolnego czasu odcięcia i obliczyć zgodne z nim stawki, ale przedstawiony poniżej „proces" zazwyczaj pomaga w przybliżeniu się do „punktu optymalnego".

W tym celu poprosimy was o wykonaniu kilku działań bez konieczności rozumienia kryjącej się za nimi matematyki. (Jeśli chcecie poznać szczegóły i dobrze rozeznajecie się w matematyce i statystyce, możecie zapoznać się ze szczegółowym artykułem poświęconym temu tematowi na naszej stronie internetowej PeakStates.com).

Jest pewien błąd, który łatwo popełnić – czas odcięcia *nie* obejmuje czasu diagnozy. Czas odcięcia naliczamy od momentu rozpoczęcia leczenia klienta. Należy uważać diagnozę za całkowicie odmienne działanie, nawet jeśli podejmujemy terapię od razu po zawarciu kontraktu.

Rada – *nie zapomnijcie o liczeniu czasu według „zasady trzech razy"* – ze względu na (nie tak znowu rzadki) problem pominiętych lub niewłaściwie uzdrowionych traum, terapeuci przeprowadzają sesje sprawdzające po wyeliminowaniu wszystkich symptomów, by mieć pewność, że problem już nie powraca. Taką sesję zazwyczaj odbywa się w kilka dni po ukończeniu terapii, a potem odbywa się jeszcze rozmowę przez telefon 2-3 tygodnie po terapii, by ponownie sprawdzić, jak zadziałała terapia. Pamiętajcie, by uwzględnić ów „dodatkowy" czas w pomiarze czasu trwania sesji.

- *Krok 1. Zapisz czas trwania pracy z klientem*
  Zarejestruj, jaki czas zabrało ci uzdrowienie (z sukcesem) 10 kolejnych klientów (im więcej – do 20 osób – tym lepiej, ale 10 osób to wystarczająco dużo). W przypadku trudniejszych klientów, zanim zrezygnujesz, popracuj z nimi przez mniej więcej dodatkową godzinę dłużej niż normalnie – uzyskasz lepsze dane. Zarejestruj także czas potrzebny na postawienie diagnozy u każdej osoby, która odwiedziła twój gabinet, aż do ostatniego z sukcesem uzdrowionego klienta.

  Przykład (a). Zarejestrowałeś wszystkie czasy potrzebne na postawienie diagnozy w minutach: 25, 35, 40, 26, 37, 22, 40, 28, 38, 15, 17, 50, 28, 40, 20. Zarejestrowałeś czas trwania terapii w godzinach: 0,5, ∞, 4,0, 1,5, 2,5, 1,0, 3,0, 1,5, ∞, 2,5, 2,0, 2,5 (symbol nieskończoności dotyczy tych klientów, których nie udało ci się uzdrowić).

- *Krok 2. Oblicz średnią i odchylenie standardowe*
  Użyj kalkulatora lub programu internetowego, który oblicza średnią (m) i odchylenie standardowe (s) dla zarejestrowanych czasów trwania *terapii* (nie diagnozy). Zastosuj opcję „odchylenie standardowe z próby", jeśli masz taką możliwość. „Odchylenie standardowe w populacji" jest wystarczająco dobrym przybliżeniem, jeśli brak wspomnianej wyżej opcji. W przypadku tych obliczeń ignorujesz klientów, których nie udało się uzdrowić.

  Przykład (b). Kalkulator podręczny podaje wartość m=2,1 godzin oraz s=1,02 godziny dla 10 wartości czasu trwania terapii.

- *Krok 3. Oblicz czas odcięcia*
  Stosując „regułę przybliżoną", czas odcięcia $C = m + (1,35 \times s)$. To średnia, która nie pasuje do wszystkich przypadków, ale jest wystarczająco dobrym przybliżeniem dla większości terapeutów.
  Jeśli chcesz sprawdzić, czy większa precyzja ma znaczenie:
  (1) jeśli większość klientów udaje się uzdrowić wcześnie lub w połowie zakresu czasowego (czyli, mówiąc statystycznie, mamy do czynienia z rozkładem Gaussa lub rozkładem prawostronnie (dodatnio) skośnym), zastosuj

wzór C = m + s × [2,04 × (liczba uzdrowionych klientów) ÷ (liczba podjętych prób uzdrowienia) − 0,13)];

(2) gdy u większości klientów uzdrawianie trwa podobnie długo, a niewielu klientów udaje się uzdrowić szybko (rozkład lewostronnie (ujemnie) skośny), zastosuj wzór C = m + (1,5 × s).

Równanie 10.4

$$C = m + (1{,}35 \times s)$$

Przykład (c). C = 2,1 + 1,35 × 1,02 = 3,48 godziny. Zaokrąglając do części dziesiętnych, C = 3,5 godziny.

Ponieważ mamy bardzo niewielu klientów, w przypadku których uzdrawianie trwa wolno, testujemy bardziej dokładny wzór: C = 2,1 + 1,02 × (2,04 × 9/12 − 0,13) = 2,1 + 1,02 (1,4) = 3,53. Różnica jest znikoma.

- *Krok 4. Dodaj czasy diagnozy*
Dodaj wszystkie czasy diagnozy dla każdego klienta, który odwiedził gabinet (= Td). Zarejestruj całkowitą liczbę osób odwiedzających gabinet (= Na).

Przykład (d). Przekształciłeś wartości w godziny i dodałeś. Td = 7,69 godzin. Liczba osób odwiedzających gabinet Na = 15.

Dla zabawy obliczamy średni czas diagnozy T = 7,69 ÷ 15 = 0,513 godzin − nieźle, ale przy większym doświadczeniu można ten czas skrócić.

- *Krok 5. Dodaj czasy trwania terapii*
By wykonać ten krok, musicie najpierw dodać cały czas poświęcony na próbę uzdrowienia klientów. To nieco podchwytliwa część − wszystkie czasy trwania terapii *dłuższe* niż czas odcięcia zastępujemy w sumowaniu czasem odcięcia (to sprawia, że obliczenie będzie wyglądało tak, jakby miało miejsce w przyszłości, gdy rzeczywiście zaczniecie stosować w pracy z klientami czas odcięcia).

Przykład (e). A teraz dodajmy wszystkie czasy. Już policzyliśmy całkowity czas diagnozy w kroku 2, toteż znamy jego wartość Td = 7,69 godzin. Teraz musimy dodać czasy trwania terapii, tak więc Tt = 0,5 + 1,5 + 2,5 + 1,0 + 3,0 + 1,5 + 2,5 + 2,0 + 2,5 + 3,53 + 3,53 + 3,53 = 27,6 godzin.

Zauważcie, że pamiętaliśmy o owym podchwytliwym elemencie i zastąpiliśmy klienta, dla którego czas terapii wynosił 4,0 godziny krótszym czasem odcięcia, zastąpiliśmy czasem odcięcia również czasy przyjęte dla dwóch osób, których nie udało się uzdrowić (osoby, które zapisaliśmy jako ∞).

- **Krok 6. Oblicz stałą stawkę**
  Z równania 10.1, stawka F = (ekwiwalentna stawka godzinowa) × (całkowita liczba godzin pracy z klientem) ÷ (liczba uzdrowionych klientów). *Przykład (f)*. Załóżmy, że chcemy zarabiać 75 dol./godz. (co daje roczny dochód wynoszący około 50 000 dolarów). Po podstawieniu wszystkich wartości do wzoru F = 75 × (7,69 + 27,62) ÷ (9) = 293 dol.

- **Krok 7. Oblicz, ilu nowych klientów potrzebujesz**
  Z równania 10.5, i po podstawieniu wartości 660 godzin kontaktu z klientem rocznie, otrzymamy wymaganą liczbę nowych klientów rocznie będącą prognozowaną roczną liczbą godzin kontaktu z klientem podzieloną przez średni czas poświęcony nowemu klientowi. Tym samym Ny= (W × Na)÷ (Td + Tt) – to równanie 10.5.

  Przykład (g). Ny = (660 × 15) ÷ (7,69 + 27,6)] = 660 godz./rocznie ÷ (2,35 godz./klienta) = 280,5 nowych klientów rocznie. Dla 43,4 tygodni w roku oznacza to, że potrzebujemy 280,5/43,4 = 6,46 nowych klientów tygodniowo.

  To całkiem sporo, toteż być może będziecie musieli skorygować ceny w górę, by dostosować się do mniejszej, faktycznej średniej liczby nowych klientów, których przyciągacie do praktyki (zob. Inne opcje – opłaty zmienne).

Możecie swobodnie zignorować poniższy fragment...

Na tym etapie wszystkie działania, których potrzebujemy, zostały wykonane w powyższych przykładach (a-g), ale jeśli kogoś interesuje matematyka oraz wartości stawek i przychodów dla innych czasów odcięcia, przedstawiamy je poniżej w postaci graficznej.

Obliczenia średniej i odchylenia standardowego dokonane w kroku 2. dla przykładu (b) zostały nałożone na wykres 10.2 przedstawiony poniżej. Statystycznie optymalny czas odcięcia dla przykładu (c) znajduje się na wykresie w punkcie 1,4σ.

W kroku z przykładu (f) obliczyliśmy stałą stawkę, którą powinniśmy stosować dla statystycznie wyprowadzonego czasu odcięcia. Możemy również obliczyć stawki oraz ekwiwalentną stawkę godzinową, jaką byśmy otrzymali, za pomocą danych rzeczywiście zmierzonych dla każdego potencjalnego czasu odcięcia. Przedstawiamy te obliczenia na ryc. 10.2. (b) na następnej stronie.

To ciekawe móc zobaczyć w postaci graficznej, że najniższa stawka daje najwyższy dochód na godzinę dla szeregu czasów odcięcia. Zauważcie, że statystycznie optymalny wybór dla punktu odcięcia – „punkt optymalny" – przypada na „dołek". Jest to prawdopodobnie wynik zbyt małej próby – przewidujemy, że przy większej liczbie klientów krzywa uległaby „wygładzeniu" i sprawiłaby, że wybór byłby bliższy optimum.

Przykład: czas trwania terapii (m̄=2.1, s=1.02)

▓ Liczba klientów   -○ Rozkład Gaussa

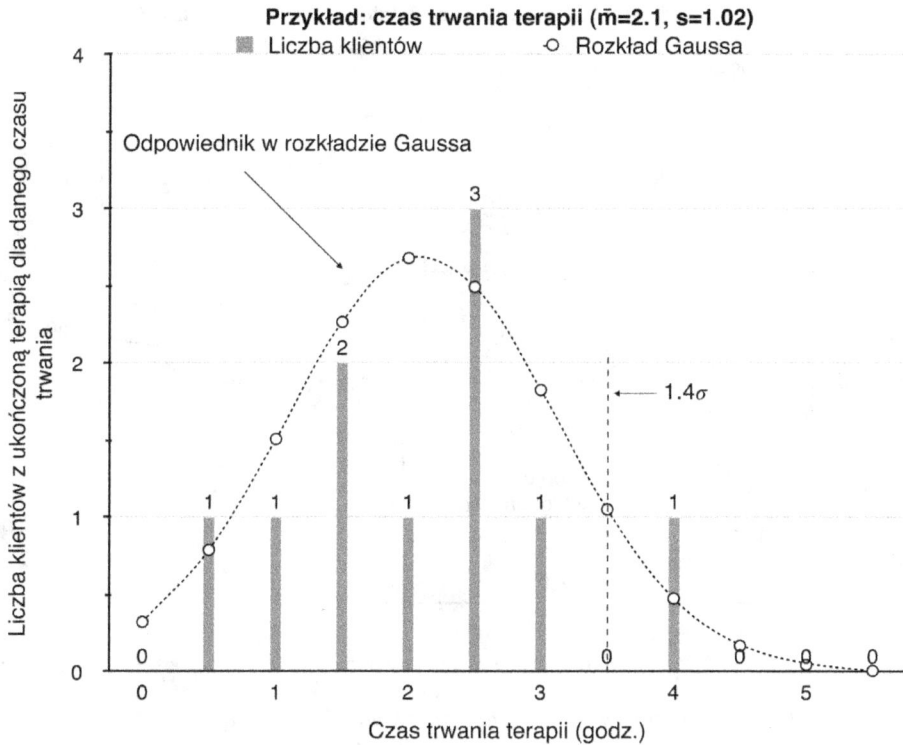

Czas trwania terapii (godz.)

Ryc. 10.2. (a) Z danych z przykładu wyprowadzono wykres częstości dla 10 czasów trwania terapii. Na wykres słupkowy nałożona została krzywa Gaussa dla tej samej średniej i odchylenia standardowego. Statystycznie optymalny punkt odcięcia przedstawiono w postaci linii przerywanej w punkcie 1,4σ.

Zauważcie również, że dla tego konkretnego rozkładu możemy wybrać punkt odcięcia w dowolnym miejscu pomiędzy 3,5 a 4 godzinami i uzyskać niemal te same wyniki finansowe. Zastosowanie dłuższego czasu pozwoli również uzdrowić większy odsetek klientów – możecie też zróżnicować nieco ten czas, gdy postanawiacie zrezygnować z pracy z danym klientem, i nadal uzyskać te same zwroty finansowe. Po przekroczeniu 4 godzin wskaźnik niepowodzenia (odsetek klientów, których nie da się uzdrowić) sprawia, że dochody spadają (dla danej stawki) – a jeśli wasz wskaźnik niepowodzenia byłby wyższy niż 17% użyte w przykładzie, dochody zaczną spadać szybciej w odniesieniu do punktu odcięcia.

Rycina ta uwzględnia również wyniki z kroku 7. dla liczby klientów tygodniowo (dla 660 godzin kontaktu z klientem rocznie), z którymi podjęlibyście pracę dla danego czasu odcięcia. Zauważcie, że liczba klientów jest mniej więcej taka sama dla sensownych czasów odcięcia.

Przykład: Stawka opłat a czasy odcięcia (m=2,1, s=1,02)

△ Opłata (dla 75 dol./godz.)   ○ Stawka (dla F=293 dol.)
◇ Liczba nowych klientów tygodniowo

Ekwiwalentna stawka godzinowa (w dol./godz.)

450   43

Opłata (w dol.)

78   79
73   74   77   75   73

310   308

Opłata (w dol.)

1,4σ

51
48

225   229   233   240
217   218   225

Liczba nowych
klientów tygodniowo

30

Założenia:
Pożądana stawka: 75 dol./godz.
660 godzin kontaktu z klientem
43,4 tygodnie pracy rocznie

21
16.3

11.7   9.3   8.0   7.1   6.7   6.4   6.2   6.0   5.9   5.7

R – ekwiwalentna stawka godzinowa (w dol./godz.)

C – czas odcięcia (w godz.)

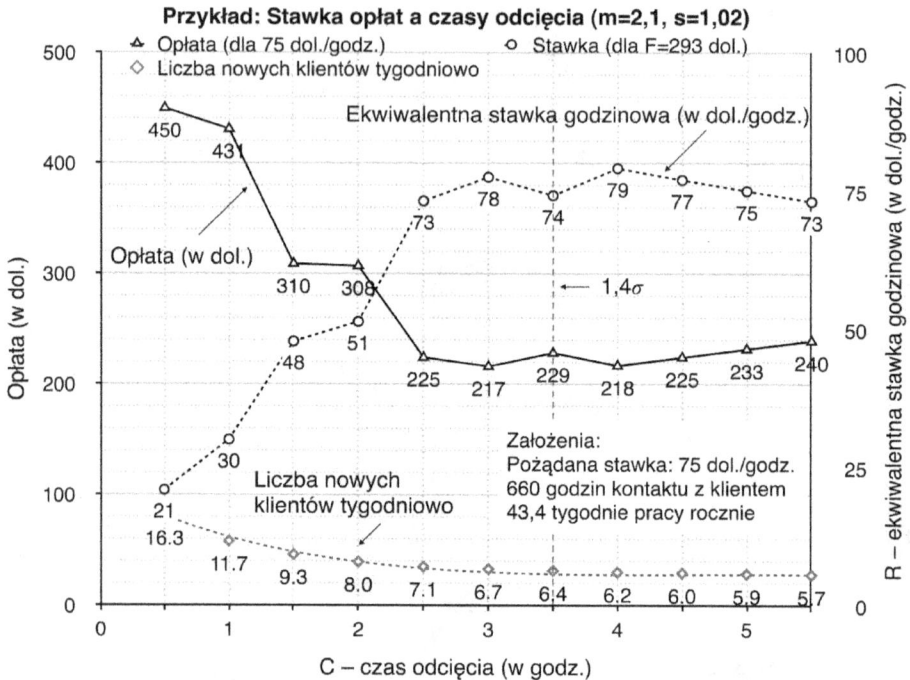

Ryc. 10.2. (b) Wykresy stawek opłat (dla ekwiwalentnej stawki godzinowej
równej 75 dol./godz.), ekwiwalentnej stawki godzinowej
(dla stałej stawki opłat równej 293 dolary) oraz koniecznej liczby
nowych klientów – dla różnych punktów odcięcia.

Jak obliczyć stawki opłat przy niższym (niż pełne) obłożeniu

Do tego momentu we wszystkich wzorach w załączniku zakładaliśmy, że pracujecie przy pełnym obłożeniu. Niestety w przypadku typowego terapeuty może być inaczej. W tej części omawiamy to zagadnienie.

Prawdopodobnie największym zaskoczeniem dla nowych terapeutów będzie liczba nowych klientów, z którymi będą musieli podjąć pracę, by zarobić na życie. Wynika to z faktu, że nowsze terapie traumy – a w jeszcze większym stopniu jest tak w przypadku nowych technik biologii subkomórkowej – klientów uzdrawiamy albo bardzo szybko, albo szybko odkrywamy, że nie jesteśmy w stanie im pomóc. Tym samym rotacja klientów jest bardzo wysoka, a gabinet terapeuty musi odwiedzać wiele osób, które zapełnią wolne terminy w kalendarzu. Co robić, jeśli nie udaje nam się na stałe przyciągnąć tak wielu nowych klientów?

Jak dotąd najlepszą odpowiedzią jest współpraca z inną instytucją, która odsyła do nas klientów w ramach naszej specjalizacji. Możemy też po prostu się wyspecjalizować i skoncentrować na tym, na czym faktycznie nam zależy, gdzie możemy pobierać większe opłaty za unikatowy wkład w życie klienta. Założywszy jednak, że nie mamy żadnej „zaprzyjaźnionej" z nami instytucji i nadal pracujemy w ramach praktyki ogólnej, albo musimy podnieść wysokość stawek, albo zaakceptować fakt, że zarobimy w skali roku mniej, albo też znaleźć drugą pracę.

Innym rozwiązaniem jest zaakceptowanie zmienności w przypływach i odpływach klientów w ramach praktyki. Obliczona przez nas stawka nie uwzględnia nie zapełnionych godzin w kalendarzu – toteż jeśli mamy klienta, jest to właściwa stawka, jeśli go jednak brak, nie próbujemy tego nadrobić, pobierając wyższą opłatę – po prostu czekamy, aż przyjdzie kolejny klient. Być może po prostu pracujemy więcej w te tygodnie, gdy ruch w interesie jest większy. Rzecz jasna, nadal musicie opłacać rachunki, toteż dobrze jest prowadzić rejestr liczby godzin i uzyskiwanych dochodów, by sprawdzić, czy realizujecie swoje cele finansowe.

Obliczenie liczby klientów przy pełnym obłożeniu pracą

A zatem, o ilu nowych klientach mówimy? Zacznijmy od obliczenia, ile czasu poświęcamy *średnio* każdej osobie, która odwiedza nasz gabinet. Oznacza to podzielenie całkowitej liczby godzin kontaktu z klientem – poświęconych na diagnozę, uzdrawianie i niepowodzenia – przez liczbę nowych klientów (lub starych klientów przychodzących z nowymi problemami odwiedzających gabinet. To właśnie jest „średni czas na nowego klienta" w równaniu 10.5 poniżej. Tym samym dla N_Y = (liczba nowych klientów rocznie), możemy przyjrzeć się naszym rejestrom i obliczyć wyrazy we wzorach:

Równanie 10.5 (liczba klientów rocznie)

$$N_Y = \frac{\text{(planowana liczba godzin kontaktu z klientem rocznie)}}{\text{(średni czas poświęcony nowemu klientowi)}} = \frac{W \times N_a}{(T_d + T_t)}$$

$$= \frac{\text{(planowana całk. l. godz. kontaktu z klientem rocznie) x (l. klientów odwiedzających gabinet)}}{\text{(całkowita liczba godzin kontaktu z klientem)}}$$

Ujmując to nieco prościej, możemy wyrazić N_Y w bardziej zrozumiałej postaci „liczby klientów tygodniowo", dzieląc ten wskaźnik przez liczbę tygodni, w które zamierzamy pracować. To po prostu liczba nowych (lub powracających) klientów, z którymi musimy pracować w każdym tygodniu. Jak mówiliśmy już w części dotyczącej oszacowania liczby godzin kontaktu z klientem, jeśli założymy, że prowadzicie praktykę prywatną i bierzecie około dwa miesiące wolnego (w okresach, gdy większość klientów i tak nie chodzi do terapeuty), będziecie pracować 217 dni lub też 43,4 tygodnie (przy założeniu pracy przez 5 dni w tygodniu).

Równanie 10.6 (liczba klientów tygodniowo)

$$N_W = \frac{N_Y}{(217 \text{ dni roboczych})/(5 \text{ dni w tygodniu})} = \frac{N_Y}{(43{,}4 \text{ tygodnie})}$$

Rzecz jasna, że w waszym przypadku konkretne okoliczności mogą wyglądać inaczej – pokazaliśmy owe proste wzory po to, byście mogli podstawić wasze dane i obliczyć wyniki dla waszej sytuacji.

Dostosowanie opłat do lżejszego obłożenia pracą

Jeśli zdecydujesz się podnieść stawki, by skompensować brak klientów, korekta taka jest prosta – procentowa zmiana w optymalnej liczbie klientów jest procentową zmianą wysokości stawki optymalnej. Innymi słowy, jeśli masz mniej klientów, stawka opłaty musi wzrosnąć o ten sam procent. To samo dotyczy czasu – jeśli przewidziałeś 15 godzin kontaktu z klientem tygodniowo, ale średnio spędzasz z klientami tylko 10 godzin, twoje wynagrodzenie musi wzrosnąć o (15-10)/15 = 33%, by skompensować różnicę.

Równanie 10.7

$$\text{Nowa stawka} = (\text{stawka przy pełnym obłożeniu}) \times \frac{(\text{rzeczywista liczba klientów})}{(\text{liczba klientów przy pełnym obłożeniu})}$$

$$= (\text{stawka przy pełnym obłożeniu}) \times \frac{(\text{liczba godzin przy pełnym obłożeniu})}{(\text{rzeczywista liczba godzin})}$$

Innym sposobem obliczenia stawki jest dodanie czasu, którego nie poświęcacie klientom (ale planowaliście), do całkowitej liczby godzin kontaktu z klientem. Wtedy stawka wynosi:

Równanie 10.8

$$F = (\text{pożądana stawka godzinowa}) \times \left[\frac{\left(\begin{array}{c}\text{całkowita liczba}\\\text{godzin kontaktu z klientem}\end{array}\right) + \left(\begin{array}{c}\text{całkowita liczba}\\\text{pustych godzin}\end{array}\right)}{(\text{liczba uzdrowionych klientów})} \right]$$

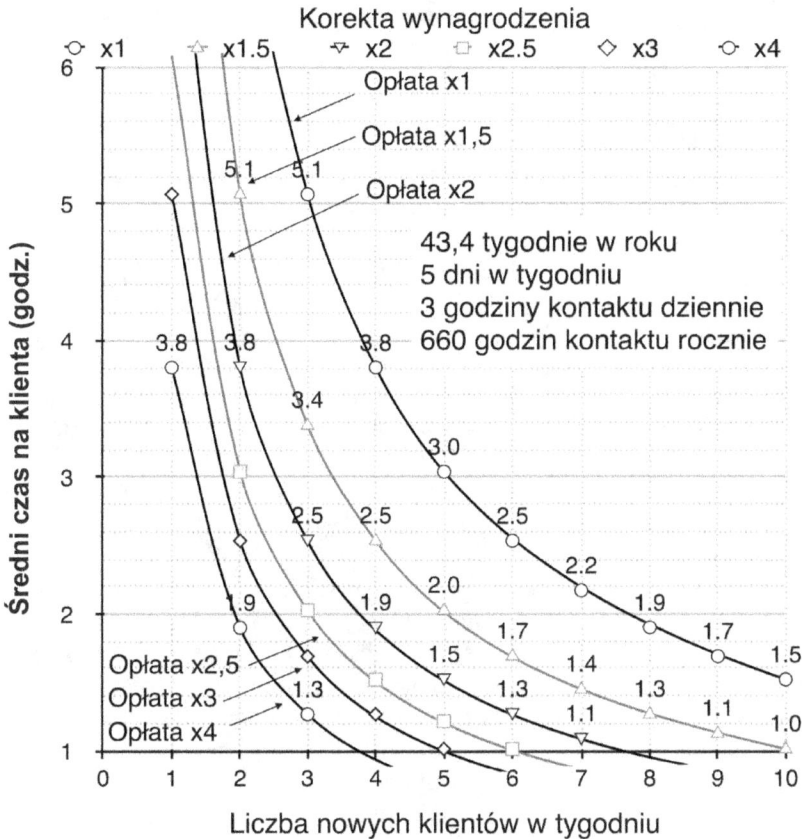

Ryc. 10.3. Diagram przedstawiający, ile razy trzeba podnieść opłatę w przypadku braku pełnego obłożenia (lub zgodzić się na niższy przychód). Krzywa u góry po prawej stronie jest krzywą dla pełnego obłożenia przy 660 godzinach kontaktu z klientem rocznie.

Przykład. Wysokość stawek a liczba klientów tygodniowo

Ryc. 10.3 ilustruje skalę problemu polegającego na zapotrzebowaniu na nowych klientów. Wysokość opłaty została zoptymalizowana z myślą o pełnym obłożeniu pracą. Przyjmijmy, że średni czas poświęcony nowemu klientowi (wraz z diagnozą) jest krótki i wynosi 2,5 godziny. Oznacza to, że średnio będziesz potrzebować 6 nowych klientów tygodniowo, w każdym tygodniu roboczym, by móc pracować (pełne obłożenie zostało oznaczone jako Opłata ×1). Powiedzmy jednak, że możesz zdobyć średnio tak naprawdę tylko 3 nowych klientów tygodniowo?

Cóż, albo zarobisz połowę zakładanej kwoty (6/3 = 0,5), albo musisz podwoić wysokość opłaty, by zrekompensować utracone możliwości pracy. Na diagramie przedstawia to krzywa Opłata ×2.

Inne opcje – opłaty zmienne

Terapeuci przyzwyczajeni do pobierania opłaty za godzinę często zadają pytanie: „A może zamiast ustalania jednej stałej stawki określić je na podstawie szacowanego czasu trwania terapii?".

Ogólnie rzecz biorąc, nie zalecamy takiego podejścia – a oto wyjaśnienie dlaczego. Pobieranie stałej stawki minimalizuje ryzyko finansowe terapeuty, ponieważ ryzyko i nagroda są równo rozłożone pomiędzy wszystkich klientów. Nowi terapeuci żywią (uzasadnione) obawy, że na tyle brak im dużego doświadczenia, by móc właściwie ocenić, ile czasu potrwa uzdrowienie klienta, ani nawet ustalić, czy w ogóle będą w stanie klientowi pomóc. Niestety, niemożność uzdrowienia klientów przy wyższych stawkach ma duży wpływ na dochody – niewielkie błędy w szacunkach i założeniach mają o wiele większe znaczenie niż w przypadku stosowania stałych stawek. Tym samym dla wielu terapeutów kontrakty o zmiennych stawkach mogą stać się finansowym koszmarem.

Co gorsza, szacowane stawki oparte na czasie trwania terapii mogą być zdecydowanie za wysokie dla tej połowy klientów, z którymi praca przebiega wolniej – a najwolniejsi klienci płaciliby dwa lub trzy razy więcej niż stawka średnia. 300 dolarów to sporo – ale 600 czy 900 albo i więcej dolarów to zupełnie inny próg bólu dla osób, które być może i tak z trudem opłacają rachunki. Wielu z tych klientów po prostu nie będzie w stanie sobie na to pozwolić, nawet jeśli posiadają ubezpieczenie.

Terapeuci będący głównie specjalistami mogą rozważyć stosowanie stawek zmiennych, ale ich sytuacja różni się od sytuacji terapeuty ogólnego. Specjaliści zazwyczaj ustalają wyższe niż przeciętne stawki opłat za swoją pracę. Ponieważ jednak są w stanie zakumulować skoncentrowane doświadczenie w przewidywaniu czasu trwania terapii, łatwiej im jest różnicować ceny, dostosowując je do problemu klienta, jeśli się na to zdecydują.

Jeśli postanowicie poeksperymentować ze stawkami zmiennymi, zalecamy opracowanie przewodnika „standardowych czasów" dla różnych problemów, z którymi się stykacie. Rzecz jasna, terapeucie ogólnemu przyjdzie to z większym trudem niż specjaliście, choć jest to możliwe. I wraz z doświadczeniem możecie nabrać wyczucia problemów klienta i czasu trwania ich uzdrawiania, i pracować bazując na intuicji – ale jeśli się na to zdecydujecie, sugerujemy ścisłą obserwację skumulowanej ekwiwalentnej stawki godzinowej!

Końcowe refleksje na temat stawek

W systemie „opłaty za rezultat" chodzi o etyczne działanie i życie zgodnie ze złotą zasadą – „nie czyń drugiemu, co tobie niemiłe". W dodatku tym pokazaliśmy, że jest to możliwe przy jednoczesnym zarabianiu na życie – wiecie już dokładnie, jak pobierać najmniejszą możliwą opłatę od klientów przy minimalizacji ryzyka finansowego i maksymalizacji dochodów.

W praktyce możecie naginać nieco zasady stałej stawki, ale do tego momentu powinniście mieć już dobre wyczucie alternatywnych opcji czasowych. Na przykład, zdecydujecie się pobierać niższe opłaty od niektórych „łatwiejszych" klientów, a wyższe – od klientów „trudniejszych". Lub też postanowicie pracować dłużej z klientem, z którym praca jest waszym zdaniem prawie skończona, a krócej z klientem, co do którego odkryliście, że nie możecie mu pomóc (i musicie przekazać go specjaliście lub jednej z naszych klinik). Możecie też zarezerwować część czasu dla klientów, z którymi będziecie pracować na zasadzie charytatywnej (to praktyka, do której was zachęcamy i sami to robimy), pobierając od innych stawkę wyższą niż minimalną, by pokryć koszty pracy z niepłacącymi klientami.

Rzecz jasna, sposób pobierania opłat od klientów zależy tylko od was i od ograniczeń, jakie nakładacie waszej praktyce. Jeden z komentarzy, który słyszeliśmy, dotyczył tego, że terapeuta wystawia wiele faktur instytucjom ubezpieczeniowym i nie jest w stanie przy ubezpieczeniu przejść na politykę „opłaty za rezultat" – ale czy zadzwoniliście do ubezpieczyciela i zapytaliście o to? W końcu dla firmy ubezpieczeniowej praca w tym systemie to czysta korzyść! Możecie też twierdzić, że nie musicie zmieniać metody pobierania opłaty, gdyż udzielanie gwarancji jest w waszym miejscu zamieszkania „nielegalne". Niestety kilku terapeutów stosowało ten argument, by uniknąć zmiany – w rzeczywistości prawa zostały napisane po to, by zaradzić problemowi działalności „szarlatanów", oferujących lekarstwa, które nie działają – gdzie nie chodzi o pobieranie opłat za rezultaty.

Choć sposób pobierania opłat jest kwestią bardzo osobistą – na przykład niektórzy pracują za darmo, niektórzy przyjmują za swoją pracę tylko darowizny – w gruncie rzeczy zachęcamy terapeutów do pobierania wyższych opłat za nowe, unikatowe terapie, stosując politykę „opłaty za rezultat" (Instytut nie otrzymuje z tego żadnej prowizji). Dlaczego? Ponieważ chcemy, by nowy paradygmat rozpowszechnił się z ostateczną korzyścią dla wszystkich. Wprowadzenie nowych idei lub form terapii jest bardzo trudne, nawet gdy brak konfliktów na poziomie paradygmatu – na przykład wiele lat zajęło lekarzom zaakceptowanie faktu, że powodem wrzodów były infekcje bakteryjne, nawet jeśli szybko i łatwo dowiedziono tego faktu za pomocą leczenia tetracykliną. Mamy nadzieję, że z czasem altruistyczne pragnienie niesienia pomocy klientom doprowadzi do rozpowszechnienia metod psychobiologii subkomórkowej. Niestety jednak silnym czynnikiem motywującym w większości społeczeństw zachodnich jest po prostu interes własny. Tym samym mamy nadzieję na wykorzystanie tego czynnika dzięki posiadaniu lepiej płatnych terapii, co w naszym oczekiwaniu skłoni osoby, które normalnie nie wykorzystałyby tego materiału, do przyjęcia w swej praktyce naszych metod pracy. Wraz z rozpowszechnianiem się naszych modeli więcej ludzi powinno móc uzyskać pomoc, co da innym bodziec finansowy do rozwijania nowych terapii dla innych chorób i problemów. A także do tego, by raczej szybko obniżyć cenę dla klientów oraz zachęcić do popularyzacji tych metod w różnych państwowych systemach opieki zdrowotnej.

Sugerowana dalsza lektura

„Pay for Results – Statistical and Mathematical Modeling for Fee Calculations",
Dr. Grant McFetridge, na stronie internetowej www.PeakStates.com. W dokumencie
tym wyprowadzone zostały równania i modele statystyczne obliczania optymalnych
stawek wykorzystanych w niniejszym dodatku do ustalania stałych i zmiennych stawek
opłat przez terapeutów.

ICD-10
(Międzynarodowa klasyfikacja chorób i zaburzeń)
ORAZ PRZYPADKI SUBKOMÓRKOWE

Podane poniżej kategorie zaburzeń psychicznych i zaburzeń zachowania (F00-F99) pochodzą ze strony WHO (Światowa Organizacja Zdrowia). Dla poszczególnych kategorii (jednostek chorobowych) podajemy odpowiednie przypadki subkomórkowe, które można z powodzeniem uzdrawiać za pomocą naszych technik. Pominęliśmy te kategorie, których przyczyny nie są nam jeszcze znane (np. zaburzenie dwubiegunowe lub tiki) lub nie mieliśmy do czynienia z klientami, na których mogliśmy przetestować nasze podejście w leczeniu danych kondycji. Wiele kategorii ICD ma wielorakie przyczyny, dlatego WHO organizuje je według grup symptomów, nie biorąc pod uwagę etiologii.

Niezależnie od kategorii, leczenie będzie obejmowało uzdrawianie traumy i „kopii", ponieważ powodują one wiele krzyżowych symptomów i już same w sobie mogą być przyczyną zaburzenia, albo są wtórnymi jego objawami, których nie można zignorować.

Uwaga: skrót BNO oznacza „bliżej nie określone".

(F00–F09) Zaburzenia psychiczne organiczne, włącznie z zespołami objawowymi

    (F00) Otępienie w chorobie Alzheimera
    (F01) Otępienie naczyniowe
        (F01.1) Otępienie wielozawałowe
    (F02) Otępienie w innych chorobach sklasyfikowanych gdzie indziej
        (F02.0) Otępienie w chorobie Picka
        (F02.1) Otępienie w chorobie Creutzfeldta-Jakoba
        (F02.2) Otępienie w pląsawicy (chorobie Huntingtona)
        (F02.3) Otępienie w chorobie Parkinsona
    (F02.4) Otępienie w chorobie wywołanej przez ludzki wirus upośledzenia odporności [HIV]

(F03) Otępienie bliżej nieokreślone

(F04) Organiczny zespół amnestyczny nie wywołany alkoholem i innymi substancjami psychoaktywnymi

(F05) Majaczenie nie wywołane alkoholem lub innymi substancjami psychoaktywnymi

(F06) Inne zaburzenia psychiczne spowodowane uszkodzeniem lub dysfunkcją mózgu i chorobą somatyczną

    (F06.0) Halucynoza organiczna

    (F06.1) Organiczne zaburzenia katatoniczne

    (F06.2) Organiczne zaburzenia urojeniowe [podobne do schizofrenii]

    (F06.3) Organiczne zaburzenia nastroju

    (F06.4) Organiczne zaburzenia lękowe

    (F06.5) Organiczne zaburzenia dysocjacyjne

    (F06.6) Organiczna chwiejność afektywna [asteniczna]

    (F06.7) Łagodne zaburzenia procesów poznawczych

    (F06.8) Inne określone zaburzenia psychiczne spowodowane uszkodzeniem i dysfunkcją mózgu lub chorobą somatyczną

    (F06.9) Nieokreślone zaburzenia psychiczne spowodowane uszkodzeniem i dysfunkcją mózgu lub chorobą somatyczną

    • Organiczny zespół mózgowy BNO

(F07) Zaburzenia osobowości i zachowania spowodowane chorobą, uszkodzeniem lub dysfunkcją mózgu

    (F07.0) Organiczne zaburzenie osobowości

    (F07.1) Zespół po zapaleniu mózgu

↓—— *zob. przypadek subkomórkowy: uszkodzenie mózgu, str. 208*

    (F07.2) Zespół po wstrząśnieniu mózgu

    (F07.8) Inne organiczne zaburzenia osobowości i zachowania spowodowane chorobą, uszkodzeniem lub dysfunkcją mózgu

    (F07.9) Nieokreślone organiczne zaburzenia osobowości i zachowania spowodowane chorobą, uszkodzeniem lub dysfunkcją mózgu

(F09) Nieokreślone zaburzenia psychiczne organiczne lub objawowe

(F10-F19) Zaburzenia psychiczne i zachowania spowodowane używaniem środków [substancji] psychoaktywnych

↓   *zob. zastosowanie: uzależnienia, str. 282*

    (F10) Zaburzenia psychiczne i zaburzenia zachowania spowodowane użyciem alkoholu

    (F11) Zaburzenia psychiczne i zaburzenia zachowania spowodowane używaniem opiatów

    (F12) Zaburzenia psychiczne i zaburzenia zachowania spowodowane używaniem kanabinoli

(F13) Zaburzenia psychiczne i zaburzenia zachowania spowodowane przyjmowaniem substancji nasennych i uspakajających

(F14) Zaburzenia psychiczne i zaburzenia zachowania spowodowane używaniem
kokainy

(F15) Zaburzenia psychiczne i zaburzenia zachowania spowodowane używaniem
innych niż kokaina środków pobudzających w tym kofeiny

↓—— *zob. zastosowanie: środki halucynogenne, str. 286*

(F16) Zaburzenia psychiczne i zaburzenia zachowania spowodowane używaniem
halucynogenów

(F17) Zaburzenia psychiczne i zaburzenia zachowania spowodowane paleniem
tytoniu

(F18) Zaburzenia psychiczne i zaburzenia zachowania spowodowane odurzaniem
się lotnymi rozpuszczalnikami organicznymi

(F19) Zaburzenia psychiczne i zaburzenia zachowania spowodowane naprzemien-
nym przyjmowaniem środków wyżej wymienionych (F10-F18) i innych
substancji psychoaktywnych

    (F1x.0) Ostre zatrucie

    (F1x.1) Następstwa szkodliwego używania substancji

    (F1x.2) Zespół uzależnienia

    (F1x.3) Zespół abstynencyjny

    (F1x.4) Zespół abstynencyjny z majaczeniem

    (F1x.5) Zaburzenia psychotyczne

    (F1x.6) Zespół amnestyczny

    (F1x.7) Rezydualne i późno ujawniające się zaburzenia psychotyczne

    (F1x.8) Inne zaburzenia psychiczne i zaburzenia zachowania

    (F1x.9) Zaburzenia psychiczne i zaburzenia zachowania, nieokreślone

(F20–F29) Schizofrenia, zaburzenia schizotypowe i urojeniowe

↓   *zob. przypadek subkomórkowy: głosy rybosomalne, str. 149*

    (F20) Schizofrenia

        (F20.0) Schizofrenia paranoidalna

        (F20.1) Schizofrenia hebefreniczna

        (F20.2) Schizofrenia katatoniczna

        (F20.3) Schizofrenia niezróżnicowana

        (F20.4) Depresja poschizofreniczna

        (F20.5) Schizofrenia rezydualna

        (F20.6) Schizofrenia prosta

        (F20.8) Schizofrenia innego rodzaju

           • Schizofrenia cenestopatyczna

           • Zaburzenie podobne do schizofrenii BNO

           • Psychoza podobna do schizofrenii BNO

(F20.9) Schizofrenia, nieokreślona
(F21) Zaburzenie schizotypowe
(F22) Uporczywe zaburzenia urojeniowe
↓── *zob. przypadek subkomórkowy: obrazy archetypiczne, str. 204*
   (F22.0) Zaburzenie urojeniowe
   (F22.8) Inne uporczywe zaburzenia urojeniowe
- Urojeniowa dysmorfofobia
- Inwolucyjny stan paranoidalny
- Paranoja pieniacza
   (F22.9) Uporczywe zaburzenia urojeniowe, nieokreślone

↓   *zob. zastosowanie: duchowy kryzys, str. 308 (nie obejmuje wszystkich zaburzeń urojeniowych)*
(F23) Ostre i przemijające zaburzenia psychotyczne
   (F23.0) Ostre wielopostaciowe zaburzenie psychotyczne bez objawów schizofrenii
   (F23.1) Ostre wielopostaciowe zaburzenie psychotyczne z objawami schizofrenii
   (F23.2) Ostre zaburzenie psychotyczne podobne do schizofrenii
   (F23.3) Inne ostre zaburzenie psychotyczne z przewagą urojeń
   (F23.8) Inne ostre i przemijające zaburzenia psychotyczne
   (F23.9) Ostre i przemijające zaburzenia psychotyczne, nieokreślone

↓   *zob. przypadki subkomórkowe: s-dziury, str. 156; ból głowy wywołany siateczką wirusową, str. 249*
(F24) Indukowane zaburzenie urojeniowe
- Folie à deux
- Indukowane zaburzenie paranoidalne
- Indukowane zaburzenie psychotyczne
(F25) Zaburzenia schizoafektywne
   (F25.0) Zaburzenie schizoafektywne, typ maniakalny
   (F25.1) Zaburzenie schizoafektywne, typ depresyjny
   (F25.2) Zaburzenie schizoafektywne, typ mieszany
   (F25.8) Inne zaburzenia schizoafektywne
   (F25.9) Zaburzenia schizoafektywne, nieokreślone
(F28) Inne nieorganiczne zaburzenia psychotyczne
- Przewlekła psychoza omamowa
(F29) Nieokreślona psychoza nieorganiczna

(F30–F39) Zaburzenia nastroju [afektywne]

(F30) Epizod maniakalny
    (F30.0) Hipomania
    (F30.1) Mania bez objawów psychotycznych
    (F30.2) Mania z objawami psychotycznymi
    (F30.8) Inne epizody maniakalne
    (F30.9) Epizod maniakalny, nieokreślony
(F31) Zaburzenia afektywne dwubiegunowe
    (F31.0) Zaburzenie afektywne dwubiegunowe, obecnie epizod hipomanii
    (F31.1) Zaburzenie afektywne dwubiegunowe, obecnie epizod maniakalny bez objawów psychotycznych
    (F31.2) Zaburzenie afektywne dwubiegunowe, obecnie epizod maniakalny z objawami psychotycznymi
    (F31.3) Zaburzenie afektywne dwubiegunowe, obecnie epizod depresji o łagodnym lub umiarkowanym nasileniu
    (F31.4) Zaburzenie afektywne dwubiegunowe, obecnie epizod ciężkiej depresji bez objawów psychotycznych
    (F31.5) Zaburzenie afektywne dwubiegunowe, obecnie epizod ciężkiej depresji z objawami psychotycznymi
    (F31.6) Zaburzenie afektywne dwubiegunowe, obecnie epizod mieszany
    (F31.7) Zaburzenie afektywne dwubiegunowe, obecnie remisja
    (F31.8) Inne zaburzenia afektywne dwubiegunowe
    (F31.9) Zaburzenia afektywne dwubiegunowe, nieokreślone

↓   *zob. przypadek subkomórkowy: utrata duszy, str. 153*
(F32) Epizod depresyjny
    (F32.0) Epizod depresji łagodny
    (F32.1) Epizod depresji umiarkowany
    (F32.2) Epizod depresji ciężki, bez objawów psychotycznych
    (F32.3) Epizod depresji ciężki, z objawami psychotycznymi
    (F32.8) Inne epizody depresyjne
       • Depresja atypowa
       • Pojedyncze epizody depresji maskowanej BNO
    (F32.9) Epizod depresyjny, nieokreślony

↓   *zob. przypadki subkomórkowe: depresja, str. 284 oraz utrata duszy, str. 153*
(F33) Zaburzenia depresyjne nawracające
    (F33.0) Zaburzenie depresyjne nawracające, obecnie epizod depresyjny łagodny

(F33.1) Zaburzenie depresyjne nawracające, obecnie epizod depresyjny umiarkowany

(F33.2) Zaburzenie depresyjne nawracające, obecnie epizod depresji ciężkiej bez objawów psychotycznych

(F33.3) Zaburzenie depresyjne nawracające, obecnie epizod depresji ciężkiej z objawami psychotycznymi

(F33.4) Zaburzenie depresyjne nawracające, obecnie stan remisji

(F33.8) Inne nawracające zaburzenia depresyjne

(F33.9) Nawracające zaburzenia depresyjne, nieokreślone

(F34) Uporczywe zaburzenia nastroju [afektywne]

    F34.0 Cyklotymia

↓— *zob. zastosowanie: depresja, str. 284; zob. przypadki subkomórkowe: utrata duszy, str. 153 oraz spłaszczone emocje, str. 222*

    F34.1 Dystymia

    F34.8 Inne uporczywe zaburzenia nastroju [afektywne]

    F34.9 Uporczywe zaburzenia nastroju [afektywne], nieokreślone

(F38) Inne zaburzenia nastroju [afektywne]

(F38.0) Inne występujące pojedynczo zaburzenia nastroju [afektywne]

- Epizod mieszanych zaburzeń afektywnych

(F38.1) Inne nawracające zaburzenia nastroju [afektywne]

- Nawracające krótkie epizody depresyjne

(F38.8) Inne określone zaburzenia nastroju [afektywne]

(F39) Zaburzenia nastroju [afektywne], nieokreślone

(F40–F48) Zaburzenia nerwicowe, związane ze stresem i pod postacią somatyczną

↓ *zob. zastosowanie: niepokój/lęk,str. 283*

(F40) Zaburzenia lękowe w postaci fobii

(F40.0) Agorafobia

(F40.1) Fobie społeczne

- Antropofobia
- Nerwica społeczna

(F40.2) Specyficzne (izolowane) postacie fobii

- Akrofobia
- Fobie związane ze zwierzętami
- Klaustrofobia
- Prosta fobia

(F40.8) Inne zaburzenia lękowe w postaci fobii

(F40.9) Fobie nieokreślone

- Fobia BNO
- Stan fobii BNO

↓   *zob. zastosowanie: niepokój/lęk,str. 283*
(F41) Inne zaburzenia lękowe
   (F41.0) Zaburzenie lękowe z napadami lęku [lęk paniczny]
   (F41.1) Zaburzenia lękowe uogólnione
(F42) Zaburzenia obsesyjno-kompulsywne

↓   *zob. przypadki subkomórkowe: trauma biograficzna, str. 129 oraz trauma poko-*
leniowa, str. 135
(F43) Reakcja na ciężki stres i zaburzenia adaptacyjne
   (F43.0) Ostra reakcja na stres
   (F43.1) Zaburzenie stresowe pourazowe
   ↓——   *zob. przypadki subkomórkowe: blokada plemienna, str.159 oraz*
         pustka w kolumnie Ja, str. 173
   (F43.2) Zaburzenia adaptacyjne

↓   *zob. przypadek subkomórkowy: trauma pokoleniowa, str. 135*
(F44) Zaburzenia dysocjacyjne [konwersyjne]
↓——   *zob. przypadek subkomórkowy: osobowość wieloraka MPD, str. 235*
   (F44.0) Amnezja dysocjacyjna
   (F44.1) Fuga dysocjacyjna
   ↓——   *zob. przypadek subkomórkowy: głosy rybosomalne, str. 149; zob.*
         zastosowanie: doświadczenie zła, str. 303
   (F44.3) Trans i opętanie
   (F44.4) Dysocjacyjne zaburzenia ruchu
   (F44.5) Drgawki dysocjacyjne
   (F44.6) Znieczulenie dysocjacyjne z utratą czucia
   (F44.7) Mieszane zaburzenia dysocjacyjne [konwersyjne]
   ↓——   *zob. przypadek subkomórkowy: osobowość wieloraka (MPD),*
         str. 235
   (F44.8) Inne zaburzenia dysocjacyjne [konwersyjne]
      • Zespół Gansera
      • Osobowość mnoga
   ↓——   *zob. przypadek subkomórkowy: bańka, str. 210*
   (F44.9) Zaburzenia dysocjacyjne [konwersyjne], nieokreślone

↓   *zob. przypadki subkomórkowe: problemy z pasożytami insektopodobnymi, str.*
169; trauma biograficzna, str. 129; kopia, str. 143; problem z czakrą, str. 215;
Medyczne problemy: infekcja candidą
(F45) Zaburzenia występujące pod maską somatyczną
   (F45.0) Zaburzenie z somatyzacją
      • Zespół Briqueta
      • Złożone zaburzenia psychosomatyczne

(F45.1) Niezróżnicowane zaburzenie psychosomatyczne
(F45.2) Zaburzenie hipochondryczne
  • Zaburzenia obrazu ciała
  • Dysmorfofobia (nieurojeniowa)
  • Nerwica hipochondryczna
  • Hipochondriaza
  • Nozofobia
(F45.3) Zaburzenia wegetatywne występujące pod postacią somatyczną
  • Nerwica serca
  • Zespół Da Costy
  • Nerwica żołądka
  • Astenia nerwowo-krążeniowa
↓—— *zob. przypadek subkomórkowy: klątwa, str. 179*
F45.4 Uporczywe bóle psychogenne
  • Psychalgia
F45.8 Inne zaburzenia występujące pod postacią somatyczną
F45.9 Zaburzenia występujące pod postacią somatyczną, nieokreślone
(F48) Inne zaburzenia nerwicowe
↓—— *zob. zespół chronicznego zmęczenia w III. tomie Szczytowych stanów świadomości*
(F48.0) Neurastenia
  ↓——   *zob. przypadek subkomórkowy: OBE z powodu traumy (trauma*
    biograficzna, trauma pokoleniowa, asocjacje ciała) str. 127
(F48.1) Zespół depersonalizacji-derealizacji
(F48.8) Inne określone zaburzenia nerwicowe
  • Zespół Dhat
  • Nerwica zawodowa, w tym kurcz pisarza
  • Psychastenia
  • Nerwica psychasteniczna
  • Omdlenie psychogenne
(F48.9) Zaburzenia nerwicowe, nieokreślone
  • Nerwica BNO

(F50-F59) Zespoły behawioralne związane z zaburzeniami fizjologicznymi i czynnikami fizycznymi

(F50) Zaburzenia odżywiania
  (F50.0) Jadłowstręt psychiczny
  (F50.1) Jadłowstręt psychiczny atypowy
  (F50.2) Żarłoczność psychiczna
  (F50.3) Żarłoczność psychiczna atypowa
  (F50.4) Przejadanie się związane z innymi czynnikami psychologicznymi
  (F50.5) Wymioty związane z innymi czynnikami psychologicznymi

(F50.8) Inne zaburzenia odżywiania
- Pica u dorosłych

(F50.9) Zaburzenia odżywiania, nieokreślone

↓ *zob. przypadki subkomórkowe: kundalini, str.231; trauma biograficzna, str. 129; zob. zastosowanie: marzenia senne, str. 285*

(F51) Nieorganiczne zaburzenia snu
    (F51.0) Bezsenność nieorganiczna
    (F51.1) Nieorganiczna hipersomnia
    (F51.2) Nieorganiczne zaburzenia rytmu snu i czuwania
    (F51.3) Somnambulizm [sennowłóctwo]
    (F51.4) Lęki nocne
    (F51.5) Koszmary senne

↓ *zob. przypadki subkomórkowe: sznury, str. 146; trauma biograficzna (po narodzeniu lub w poczęciu/koalescencji), str. 129; zob. zastosowanie: problemy w relacjach, str. 291*

(F52) Zaburzenia seksualne niespowodowane zaburzeniem organicznym ani chorobą somatyczną
    (F52.0) Brak lub utrata potrzeb seksualnych
- Osłabienie popędu seksualnego
- Oziębłość

    (F52.1) Awersja seksualna i brak przyjemności seksualnej
- Anhedonia (seksualna)

    (F52.2) Brak reakcji genitalnej
- Zaburzenie podniecenia seksualnego u kobiet
- Zaburzenie erekcji u mężczyzn
- Impotencja psychogenna

    (F52.3) Zaburzenia orgazmu
- Zablokowany orgazm (u mężczyzn)(u kobiet)
- Anorgazmia psychogenna

    (F52.4) Wytrysk przedwczesny
    (F52.5) Pochwica nieorganiczna
    (F52.6) Dyspareunia nieorganiczna
    (F52.7) Nadmierny popęd seksualny
    (F52.9) Nieokreślona dysfunkcja seksualna, niespowodowana przez zaburzenia organiczne ani inną chorobę

(F53) Zaburzenia psychiczne i zaburzenia zachowania związane z połogiem, niesklasyfikowane gdzie indziej
    (F53.0) Łagodne zaburzenia psychiczne i zaburzenia zachowania związane z połogiem, niesklasyfikowane gdzie indziej depresja poporodowa BNO

(F53.1) Ciężkie zaburzenia psychiczne i zaburzenia zachowania związane z połogiem, niesklasyfikowane gdzie indziej psychoza poporodowa BNO

(F54) Czynniki psychologiczne lub behawioralne związane z zaburzeniami lub chorobami sklasyfikowanymi gdzie indziej

(F55) Nadużywanie substancji, które nie powodują uzależnienia

(F59) Nieokreślone zespoły behawioralne związane z zaburzeniami fizjologicznymi i czynnikami fizycznymi

(F60-F69) Zaburzenia osobowości i zachowania dorosłych

(F60) Specyficzne zaburzenia osobowości
    (F60.0) Osobowość paranoiczna
    (F60.1) Osobowość schizoidalna

↓— *zob. przypadek subkomórkowy: zatrzaśnięcie mózgu trójni, str. 247*
    (F60.2) Osobowość dyssocjalna

↓— *zob. przypadki subkomórkowe: s-dziury, str. 156; siateczka wirusowa, str. 249*
    (F60.3) Osobowość chwiejna emocjonalnie
      • Osobowość borderline
    (F60.4) Osobowość histrioniczna
    (F60.5) Osobowość anankastyczna
      • Obsesyjno-kompulsywne zaburzenie osobowości

↓— *zob. przypadek subkomórkowy: niepokój/lęk, str. 283*
    (F60.6) Osobowość lękliwa (unikająca)
    (F60.7) Osobowość zależna

↓— *zob. przypadek subkomórkowy: pierścień egoizmu, str. 240*
    (F60.8) Inne określone zaburzenia osobowości
      • Osobowość ekscentryczna
      • Osobowość „haltlose"
      • Osobowość niedojrzała
      • Osobowość narcystyczna
      • Osobowość pasywno-agresywna
      • Osobowość psychoneurotyczna

↓— *zob. przypadek subkomórkowy: zatrzaśnięcie mózgu trójni, str. 247*
    (F60.9) Zaburzenia osobowości BNO
(F61) Zaburzenia osobowości mieszane i inne

↓   *zob. przypadki subkomórkowe: osobowość wieloraka (MPD), str. 235; trauma biograficzna, str. 129*
(F62) Trwałe zmiany osobowości niewynikające z uszkodzenia ani z choroby mózgu

(F63) Zaburzenia nawyków i popędów

↓— *zob. przypadek subkomórkowy: asocjacje ciała, str. 132*

    (F63.0) Patologiczne uprawianie hazardu

    (F63.1) Patologiczne podpalanie (piromania)

    (F63.2) Patologiczne kradzenie (kleptomania)

    (F63.3) Patologiczne wyrywanie włosów (trichotillomania)

(F64) Zaburzenia identyfikacji płciowej

    (F64.0) Transseksualizm

    (F64.1) Transwestytyzm o typie podwójnej roli

    (F64.2) Zaburzenia identyfikacji płciowej w dzieciństwie

(F65) Zaburzenia preferencji seksualnych

    (F65.0) Fetyszyzm

    (F65.1) Transwestytyzm fetyszystyczny

    (F65.2) Ekshibicjonizm

    (F65.3) Oglądactwo

    (F65.4) Pedofilia

    (F65.5) Sadomasochizm

    (F65.6) Złożone zaburzenia preferencji seksualnej

    (F65.8) Inne zaburzenia preferencji seksualnych

       • Froteryzm

       • Nekrofilia

       • Zoofilia

(F66) Zaburzenia psychologiczne i zaburzenia zachowania związane z rozwojem i orientacją seksualną

    (F66.0) Zaburzenia dojrzewania seksualnego

    (F66.1) Orientacja seksualna egodystoniczna

    (F66.2) Zaburzenie związków seksualnych

    (F66.8) Inne zaburzenia rozwoju psychoseksualnego

    (F66.9) Zaburzenia rozwoju psychoseksualnego, nieokreślone

(F68) Inne zaburzenia osobowości i zachowania u dorosłych

    (F68.0) Objawy fizyczne wtórne do zaburzeń psychologicznych

    (F68.1) Zamierzone wytwarzanie lub naśladowanie objawów lub niewydolności fizycznych bądź psychicznych [zaburzenie pozorowane]

       • Zespół Münchhausena

    (F68.8) Inne określone zaburzenia osobowości i zachowania u dorosłych

(F69) Nieokreślone zaburzenia osobowości i zachowania u dorosłych

(F70–F79) Upośledzenie umysłowe

↓   *zob. przypadki subkomórkowe: uszkodzenie mózgu trójni, str. 244; przerost grzyba, str. 225; bańka, str. 210*

(F70) Upośledzenie umysłowe lekkiego stopnia

(F71) Upośledzenie umysłowe umiarkowanego stopnia
(F72) Upośledzenie umysłowe znacznego stopnia
(F73) Upośledzenie umysłowe głębokiego stopnia
(F78) Inne upośledzenie umysłowe
(F79) Nieokreślone upośledzenie umysłowe

(F80–F89) Zaburzenia rozwoju psychologicznego

↓   *zob. przypadki subkomórkowe: zespół Aspergera, str. 206; uszkodzenie mózgu trójni, str. 244, potłuczone kryształki (deficyt uwagi), str. 242; bańka, str. 210*
(F80) Specyficzne zaburzenia rozwoju mowy i języka
    (F80.0 Specyficzne zaburzenia artykulacji
    (F80.1 Zaburzenia ekspresji mowy
    (F80.2 Zaburzenie rozumienia mowy
    •   afazja typu recepcyjnego
    •   afazja Wernickego
    (F80.3) Nabyta afazja z padaczką [zespół Landaua-Kleffnera]
    (F80.8) Inne zaburzenia rozwoju mowy i języka
    •   Seplenienie
    (F80.9) Zaburzenie rozwoju mowy i języka, nieokreślone
(F81) Specyficzne zaburzenia rozwoju umiejętności szkolnych
    (F81.0) Specyficzne zaburzenia czytania
    •   Dysleksja rozwojowa
    (F81.1) Specyficzne zaburzenia ortograficzne
    (F81.2) Specyficzne zaburzenia umiejętności arytmetycznych
    •   Rozwojowa akalkulia
    •   Rozwojowy zespół Gerstmanna
    (F81.3) Mieszane zaburzenia umiejętności szkolnych
    (F81.8) Inne zaburzenia rozwojowe umiejętności szkolnych
    (F81.9) Zaburzenie rozwojowe umiejętności szkolnych, nieokreślone
(F82) Specyficzne zaburzenia rozwojowe funkcji motorycznych
    •   Rozwojowe zaburzenia koordynacji
    •   Rozwojowa dyspraksja
(F83) Mieszane specyficzne zaburzenia rozwojowe
(F84) Całościowe zaburzenia rozwojowe
    (F84.0) Autyzm dziecięcy
    (F84.1) Autyzm atypowy
    (F84.2) Zespół Retta
    (F84.3) Inne dziecięce zaburzenia dezintegracyjne
    (F84.4) Zaburzenie hiperkinetyczne z towarzyszącym upośledzeniem umysłowym i ruchami stereotypowymi
    (F84.5) Zespół Aspergera

(F88) Inne zaburzenia rozwoju psychologicznego
(F89) Nieokreślone zaburzenia rozwoju psychologicznego

(F90–F98) Zaburzenia zachowania i emocji rozpoczynające się zwykle w dzieciństwie i w wieku młodzieńczym

↓   *zob. przypadek subkomórkowy: potłuczone kryształki (zaburzenie deficytu uwagi), str. 242*
(F90) Zaburzenia hiperkinetyczne
(F90.0) Zaburzenie aktywności i uwag
  • zaburzenie z deficytem uwagi
  • zaburzenie z deficytem uwagi i nadmierną aktywnością
(F90.1) Hiperkinetyczne zaburzenie zachowania
(F90.8) Inne zaburzenia hiperkinetyczne
(F90.9) Zaburzenie hiperkinetyczne, nieokreślone
(F91) Zaburzenia zachowania
(F91.0) Zaburzenie zachowania ograniczone do środowiska rodzinnego
(F91.1) Zaburzenie zachowania z nieprawidłowym procesem socjalizacji
(F91.2) Zaburzenie zachowania z prawidłowym procesem socjalizacji
(F91.3) Zaburzenie opozycyjno-buntownicze
(F91.8) Inne zaburzenia zachowania
(F91.9) Zaburzenia zachowania, nieokreślone
(F92) Mieszane zaburzenia zachowania i emocji
(F92.0) Depresyjne zaburzenie zachowania
(F92.8) Inne mieszane zaburzenia zachowania i emocji
(F92.9) Mieszane zaburzenia zachowania i emocji, nieokreślone

↓   *zob. przypadki subkomórkowe: trauma biograficzna (wykorzystanie, trauma prenatalna), str. 129; asocjacje ciała (uzależnienia), str. 132; kopia, str. 143*
(F93) Zaburzenia emocjonalne rozpoczynające się zwykle w dzieciństwie
(F93.0) Lęk przed separacją w dzieciństwie
  • zaburzenie lękowe o typie fobii w dzieciństwie (F93.1)
(F93.1) Zaburzenie lękowe o typie fobii w dzieciństwie
(F93.2) Lęk społeczny w dzieciństwie
(F93.3) Zaburzenie związane z rywalizacją w rodzeństwie
(F93.8) Inne zaburzenia emocjonalne okresu dzieciństwa
  • Zaburzenie tożsamości
  • Nadmierny lęk
(F93.9) Zaburzenia emocjonalne okresu dzieciństwa, nieokreślone

↓   *zob. przypadki subkomórkowe: zespół Aspergera, str. 206 oraz trauma biograficzna, str. 129*

(F94) Zaburzenia funkcjonowania społecznego rozpoczynające się zwykle w dzieciństwie lub w wieku młodzieńczym

    (F94.0) Mutyzm wybiórczy

    (F94.1) Reaktywne utrudnienie nawiązywania relacji społecznych w dzieciństwie

↓— *zob. przypadek subkomórkowy: s-dziura, str. 156*

    (F94.2) Nadmierna łatwość w nawiązywaniu relacji społecznych w dzieciństwie

    (F94.8) Inne zaburzenia funkcjonowania społecznego wieku dziecięcego

    (F94.9) Dziecięce zaburzenia funkcjonowania społecznego, nieokreślone

(F95) Tiki

    (F95.0) Tiki przemijające

    (F95.1) Przewlekłe tiki ruchowe lub głosowe (wokalne)

    (F95.2) Zespół tików głosowych i ruchowych [Gilles'a de la Tourette]

    (F95.8) Inne tiki

    (F95.9) Tiki, nieokreślone

(F98) Inne zaburzenia zachowania i emocji rozpoczynające się zwykle w dzieciństwie i w wieku młodzieńczym

    (F98.0) Moczenie mimowolne nieorganiczne

    (F98.1) Zanieczyszczanie się kałem nieorganiczne

    (F98.2) Zaburzenia odżywiania u niemowląt i dzieci

    (F98.3) Pica u niemowląt i dzieci

    (F98.5) Jąkanie [zacinanie się]

    (F98.6) Mowa bezładna

    (F98.8) Inne określone zaburzenia zachowania i emocji rozpoczynające się zwykle w dzieciństwie i w wieku młodzieńczym

      • Zaburzenia uwagi bez nadaktywności

      • Nadmierna masturbacja

      • Obgryzanie paznokci

      • Dłubanie w nosie

      • Ssanie kciuka

    (F98.9) Nieokreślone zaburzenia zachowania i emocji rozpoczynające się zwykle w dzieciństwie lub w wieku młodzieńczym

Uwaga: tej kategorii odpowiada wiele przypadków traumy, przypadków subkomórkowych lub problemów z pasożytami

    (F99) Zaburzenie psychiczne nieokreślone inaczej

G40-47 Zaburzenia okresowe i napadowe

↓   *zob. przypadki subkomórkowe: siateczka wirusowa, str. 249 oraz bóle głowy, str. 287*

   (G43) Migrena

      (G43.0) Migrena bez aury [migrena prosta]

      (G43.1) Migrena z aurą [migrena klasyczna]

Migrena:
* z aurą bez bólu głowy
* podstawna
* równoważna
* rodzinna z porażeniem połowiczym
* z:
  – aurą o ostrym początku
  – przedłużoną aurą
  – typową aurą

(G43.2) Stan migrenowy

(G43.3) Migrena powikłana

(G43.8) Inne migreny (migrena okoporaźna, migrena siatkówkowa)

(G43.9) Migrena, nieokreślona

(G44) Inne zespoły bólu głowy
Nie obejmuje:
* nietypowy ból twarzy (G50.1)
* ból głowy BNO (R51)
* nerwoból nerwu trójdzielnego (G50.0)

(G44.0) Klasterowe bóle głowy
* Przewlekłe
  – okresowe

(G44.1) Naczyniowe bóle głowy niesklasyfikowane gdzie indziej

(G44.2) Ból głowy typu napięciowego (Przewlekłe bóle głowy typu napięciowego, Okresowe bóle głowy typu napięciowego, Ból głowy typu napięciowego BNO)

(G44.3) Przewlekły pourazowy ból głowy

(G44.4) Polekowy ból głowy niesklasyfikowany gdzie indziej (należy zastosować dodatkowy kod przyczyny zewnętrznej(rozdział XX).

(G44.8) Inne określone zespoły bólu głowy

(R20–R23) Objawy i cechy chorobowe dotyczące skóry i tkanki podskórnej

(R20) Zaburzenia czucia skórnego
Nie obejmuje:
* znieczulenie dysocjacyjne z utratą czucia (F44.6)
* zaburzenia psychogenne (F45.8)

(R20.0) Brak czucia

(R20.1) Osłabienie czucia

↓── *zob. przypadek subkomórkowy: pasożyty insektopodobne, str. 169*

(R20.2) Parestezje (mrowienie, pieczenie i kłucie, drętwienie)
Nie obejmuje:
* akroparestezja (I73.8)

(R20.3) Przeczulica

(R20.8) Inne i nieokreślone zaburzenia czucia skórnego

(R40-R46) Objawy i cechy chorobowe dotyczące poznawania, postrzegania, stanu emocjonalnego i zachowania

(Nie obejmuje: F00-F99)

(R40) Senność, osłupienie i śpiączka (Nie obejmuje: śpiączka)

   (R40.0) Senność (ospałość)

   (R40.1) Osłupienie (półśpiączka)

   Nie obejmuje: osłupienie

- katatoniczne (F20.2)
- depresyjne (F31–F33)
- dysocjacyjne (F44.2)
- maniakalne (F30.2)

   (R40.2) Śpiączka, nieokreślona (Stan utraty świadomości BNO)

(R41) Inne objawy i dolegliwości dotyczące funkcji poznawczych i świadomości

   Nie obejmuje: zaburzenia dysocjacyjne [konwersyjne] (F44.–)

↓—— *zob. przypadek subkomórkowy: kolumna Ja – bańki, str. 218*

   (R41.0) Dezorientacja, nieokreślona (Splątanie BNO)

      Nie obejmuje: dezorientacja psychogenna (F44.8)

   (R41.1) Amnezja następowa

   (R41.2) Amnezja wsteczna

   (R41.3) Inne rodzaje amnezji

   Nie obejmuje: zespół amnestyczny

- spowodowany zastosowaniem substancji psychoaktywnej (F10–F19 ze wspólnym czwartym znakiem kodu .6)
- organiczny (F04)
- przemijająca niepamięć całkowita (G45.4)

   (R41.8) Inne i nieokreślone objawy i dolegliwości dotyczące funkcji poznawczych i świadomości

↓   *zob. przypadek subkomórkowy: wir, str. 199*

(R42) Zawroty głowy i odurzenie (Lekkie zawroty głowy, Zawroty głowy z uczuciem wirowania BNO)

   Nie obejmuje: zespoły zawrotów głowy (H81.–)

(R43) Zaburzenia węchu i smaku

   (R43.0) Brak węchu

   (R43.1) Węch opaczny

   (R43.2) Opaczne odczuwanie smaku

   (R43.8) Inne i nieokreślone zaburzenia czucia węchu i smaku (Mieszane zaburzenia węchu i smaku)

↓ *zob. przypadek subkomórkowy: głosy rybosomalne, str. 149*
(R44) Inne objawy i dolegliwości dotyczące odczuwania i spostrzegania
Nie obejmuje: zaburzenia czucia skórnego (R20.–)
(R44.0) Omamy słuchowe
(R44.1) Omamy wzrokowe
(R44.2) Inne omamy
(R44.3) Omamy, nieokreślone
(R44.8) Inne i nieokreślone objawy i dolegliwości dotyczące odczuwania i spostrzegania

↓ *zob. przypadki subkomórkowe: trauma biograficzna, str. 129 oraz trauma pokoleniowa, str. 135*
(R45) Objawy i dolegliwości dotyczące stanu emocjonalnego
↓— *zob. zastosowanie: niepokój/lęk, str. 283*
(R45.0) Nerwowość (Napięcie nerwowe)
(R45.1) Niepokój i pobudzenie
(R45.2) Zmartwienie (Zatroskanie BNO)
(R45.3) Demoralizacja i apatia
(R45.4) Drażliwość i łatwe wpadanie w gniew
(R45.5) Wrogość
(R45.6) Przemoc fizyczna
(R45.7) Stan szoku emocjonalnego i stresu, nieokreślony
↓— *zob. przypadek subkomórkowy: uczucia i tendencje samobójcze, str. 294*
(R45.8) Inne objawy i dolegliwości dotyczące stanu emocjonalnego (Myśli/tendencje samobójcze)
Nie obejmuje: myśli samobójcze stanowiące część zaburzeń psychicznych (F00–F99)
(R46) Objawy i dolegliwości dotyczące powierzchowności i zachowania
(R46.0) Bardzo niski poziom higieny osobistej
(R46.1) Dziwaczna powierzchowność osobista
(R46.2) Dziwne i niejasne zachowanie
(R46.3) Nadmierna aktywność
(R46.4) Spowolnienie i słaba reakcja na bodźce
• Nie obejmuje: osłupienie (R40.1)
(R46.5) Podejrzliwość i wyraźna skłonność do unikania
(R46.6) Nadmierny niepokój i skupianie się na wydarzeniach stresowych
(R46.7) Słowotok i przepełnienie rozmowy wątkami pobocznymi przesłaniającymi przyczynę wizyty
(R46.8) Inne objawy i dolegliwości dotyczące powierzchowności i zachowania

(R50-R69) Objawy i cechy chorobowe ogólne

↓   *zob. przypadek subkomórkowy: siateczka wirusowa, str. 249; zob. zastosowanie: bóle głowy, str. 287*
    (R51) Ból głowy
       Obejmuje: ból twarzy BNO
       Nie obejmuje: nietypowy ból twarzy (G50.1); migrena i inne zespoły z bólem głowy (G43–G44), nerwoból nerwu trójdzielnego (G50.0)
    (R52) Ból niesklasyfikowany gdzie indziej

↓   *zob. przypadki subkomórkowe: pasożyty insektopodobne, str.169; struktura mózgu korony, str. 176; problem z czakrą, str. 215; zob. zastosowanie: ból chroniczny, str. 288*
    Obejmuje:
      • ból, którego nie można odnieść do jednego narządu lub obszaru
    Nie obejmuje:
      • zespół zaburzeń osobowości wtórny do bólu przewlekłego (F62.8)
      • ból głowy (R51)
      • ból: brzucha (R10.–), pleców (M54.9), piersi (N64.4), w klatce piersiowej (R07.1–R07.4); ucha (H92.0), oka (H57.1), stawu (M25.5), kończyny (M79.6), w okolicy lędźwiowej (M54.5), w okolicy miednicy i krocza (R10.2), psychogenny (F45.4), barku (M75.8), kręgosłupa (M54.–), gardła (R07.0), języka (K14.6), zęba (K08.8), kolka nerkowa (N23)
    (R52.0) Ból ostry
    (R52.1) Przewlekły ból nieustępujący
    (R52.2) Inny ból przewlekły
    (R52.9) Ból, nieokreślony (Ból uogólniony BNO)

(Z80-Z99) Osoby z potencjalnym zagrożeniem zdrowia związanym z wywiadem medycznym lub rodzinnym oraz określonymi problemami wpływającymi na stan zdrowia

    (Z91) Narażenie na czynniki ryzyka niesklasyfikowane gdzie indziej w wywiadzie
       Nie obejmuje: narażenie na zanieczyszczenia i inne problemy związane ze środowiskiem fizycznym (Z58.–); narażenie zawodowe na czynniki ryzyka (Z57.–); nadużywanie substancji psychoaktywnych w wywiadzie (Z86.4)
    (Z91.0) Uczulenie na czynniki inne niż leki i substancje biologiczne w wywiadzie
       Nie obejmuje: uczulenia na leki, środki farmakologiczne i substancje biologiczne w wywiadzie dotyczącym danej osoby (Z88.–)
    (Z91.1) Niestosowanie się do zaleceń i dyscypliny leczniczej w wywiadzie

(Z91.2) Niski poziom higieny osobistej w wywiadzie

(Z91.3) Niezdrowy rozkład snu i czuwania w wywiadzie

Nie obejmuje: zaburzenia snu (G47.–)

(Z91.4) Uraz psychiczny niesklasyfikowany gdzie indziej w wywiadzie

↓— *zob. zastosowanie: uczucia i tendencje samobójcze str.294*

(Z91.5) Samouszkodzenia w wywiadzie

- Pozorna próba samobójcza
- Otrucie samego siebie
- Próba samobójcza

(Z91.6) Inne urazy psychiczne w wywiadzie

(Z91.8) Narażenie na inne określone czynniki ryzyka niesklasyfikowane gdzie indziej w wywiadzie

- Nadużywanie BNO
- Maltretowanie BNO

Słownik

Asocjacja ciała: Mózg ciała tworzy nielogiczne skojarzenia podczas doświadczania traumy, które potem bezpośrednio wpływają na nasze życie – przykładem jest reakcja psów Pawłowa na dźwięk dzwonka sygnalizującego jedzenie.

Bańka: Struktura grzybowa wyglądająca jak bańka w komórce, w której może utknąć świadomość, powodując częściowe lub całkowite upośledzenie pewnych funkcji; znajduje się wewnątrz merkaby, w rdzeniu jądra komórki prymarnej.

Blastocysta: Etap rozwoju embrionalnego, który zaczyna się około czwartego dnia od momentu poczęcia i kończy na implantacji. Charakteryzuje się powstaniem jamy w moruli (podzielone komórki zarodka), której zewnętrzna warstwa staje się potem łożyskiem, a wewnętrzna – płodem.

Blokada plemienna: Wpływ kultury na ludzi. Jest przyczyną powstawania konfliktów i wrogości pomiędzy członkami różnych kultur, narodowości. Infekcja grzybowa komórki prymarnej.

BSFF (Be Set Free Fast): Terapia meridianowa, w której używa się tylko kilku punktów na ręku do uzdrowienia traum strzegących, by wyeliminować odwrócenie psychologiczne. W wariacji tej techniki wykorzystuje się kluczowe słowo w procesie uzdrawiania.

Bypass traumy: *zob.* Obejście traumy.

COEX (*Condensed Experience* – skondensowane doświadczenie): Termin stworzony przez dr. Stanislava Grofa, opisuje zjawisko w uzdrawianiu regresyjnym, polegające na tym, że traumy podobne pod względem doznań są ze sobą powiązane i aktywowane razem.

CPL (*Calm, Peace, Light* – spokój, cisza, lekkość): Końcowy moment uzdrawiania traumy, kiedy klient wraca do teraźniejszości, który zwykle trwa krótko.

CŚ (COA): Centrum Świadomości, które możesz odnaleźć poprzez wskazanie palcem, gdzie „TY jesteś" w swoim ciele. Może to być konkretny punkt lub rozproszony obszar, jedna lub więcej lokalizacji, a także wewnątrz lub na zewnątrz ciała.

Czakry: Organizm grzybowy znajdujący się na błonie jądrowej, który daje doświadczenie „centrów energetycznych", rozmieszczonych wzdłuż środkowej osi ciała. Owe centra zawierają uszkodzony materiał krystaliczny, który koresponduje z traumami.

Destabilizacja: Gdy po uzdrowieniu problemu, pojawiają się symptomy innego problemu, może to oznaczać, że przedstawiony problem był przykrywką dla innego, głębszego, bardziej bolesnego problemu, którego klient unikał. Dlatego uzdrowienie „zdestabilizowało" klienta.

Diagnoza różnicująca: Gdy objaw może mieć różne przyczyny, terapeuta zawęża liczbę tych możliwości, sprawdzając, czy inne objawy odpowiadają jednemu z możliwych wyborów.

Diagram Perry: Diagram używający kół do zobrazowania stopnia połączenia świadomości poszczególnych mózgów trójni.

Dominujący problem: Trauma, która blokuje możliwość odczuwania stanów szczytowych u osoby.

DPR (*Distant Personality Release* – Uwalnianie Osobowości na Odległość): Technika ISPS stosowana do wyeliminowania przeniesienia i przeciwprzeniesienia pomiędzy ludźmi, dzięki rozpuszczeniu „sznurów" między nimi.

Dziury: Czasami klienci mogą zobaczyć coś, co „wygląda" jak czarne dziury w ciele, w których odczuwa się brak i pustkę, a które spowodowane są fizycznymi uszkodzeniami ciała. Ludzie stają się ich świadomi podczas niektórych terapii.

EFT (*Emotional Freedom Technique* – Technika Wolności Emocjonalnej): Terapia polegająca na opukiwaniu punktów meridianowych w celu wyeliminowania emocjonalnego i fizycznego dyskomfortu. Klasyfikowana jako terapia mocy, należąca do subkategorii terapii „energetycznej" lub „meridianowej".

EMDR (*Eye Movement Desensitization and Reprocessing*): Terapia traumy polegająca na regresji i powtarzanym ruchu przenoszenia uwagi z lewej strony na prawą (i odwrotnie) albo za pomocą oczu, albo dotykając ciała.

Fraza traumy: Krótki zwrot, zazwyczaj od 1 do 3 słów, które wyrażają wrażenia ciała w momencie doświadczania traumy. Jest stosowane w terapii WHH, gdy uzdrawianie nie jest dokończone.

Fraza wyzwalająca: Krótkie zdanie, zwrot, które wywołuje maksymalny dyskomfort u klienta (tj. najwyższą ocenę na skali SUDS).

Koalescencja: Organelle przedkomórkowe łączą się, aby utworzyć komórkę zalążka pierwotnego na etapie koalescencji. Dzieje się to w rodzicu, który jest jeszcze zarodkiem w swojej matce, czyli naszej babci.

Kolumny Mamy/Taty: Dwie dodatkowe kolumny, oprócz kolumny Ja, posiada je większość osób. Odczuwane są odpowiednio jako Mama/Tata, ponieważ jest to pozostałość ich świadomości, która powinna się w pełni połączyć podczas poczęcia, by utworzyć nową świadomość dziecka. Owe kolumny, zwłaszcza gdy są podobnych rozmiarów co kolumna Ja, powodują problemy w życiu osoby. Jest to struktura grzybowa.

Komendy Gai: Wydarzenia rozwojowe składają się z biologicznych etapów, z których każdy może być opisany przez krótką frazę. W regresji owe frazy doświadczane są jak komendy słane nam przez zewnętrzne źródło, które nazywamy Gają – żyjącą samoświadomą biosferę naszej planety, która prowadzi nas w wydarzeniach rozwojowych w rzeczywistym czasie.

Komórka eukariotyczna: Komórka, która zawiera jądro i inne organelle. Wszystkie organizmy wielokomórkowe składają się z komórek eukariotycznych.

Komórka prymarna: Jedyna komórka w ciele, która zawiera świadomość i zarządza całym organizmem (działa jak główny wzorzec dla innych komórek). Formuje się w czwartym podziale zapłodnionej komórki jajowej.

Komórka zalążka pierwotnego (PGC): Początkowa komórka, która dojrzewa i staje się plemnikiem albo komórką jajową. Uformowana zostaje w koalescencji wewnątrz rodzica, który jest jeszcze zarodkiem w babci.

Kryzys duchowy: Doświadczenie duchowe, mistyczne lub szamańskie, które przeradza się w kryzys psychiczny i życiowy. Nie jest to kryzys wiary.

Kundalini: Charakteryzuje się wrażeniem małego obszaru gorąca (średnicy ok. 2,5 cm), powoli przesuwającego się w górę kręgosłupa. Może to trwać miesiącami, a w niektórych przypadkach, nawet latami. Kundalini stymuluje traumy oraz inne „duchowe" doświadczenia, powodując niekiedy bardzo poważne problemy, m.in. bezsenność.

Łańcuch: Struktura wewnątrz rdzenia jądra, która wygląda jak łańcuch łączący „pierścień" z „merkabą". Jest źródłem rdzennych przekonań (uszkodzenia w kręgosłupie). Kinestetycznie odczuwana jest w kolumnie kręgosłupa.

Meridiany: Kanały energetyczne rozprzestrzenione w ciele. Używane w terapiach takich, jak akupunktura czy EFT. Znajdują się w komórce prymarnej jako fizyczne struktury, przyłączone do czakr (grzybowego pochodzenia) na membranie jądrowej.

Merkaba: Organizm grzybowy, który wygląda jak trójwymiarowa geometryczna merkaba, znajdująca się w rdzeniu jadra komórki.

Mitochondria: Każda komórka posiada setki małych organelli w cytoplazmie, które wyglądają jak hot-dogi. Owe struktury korespondują z mózgiem splotu słonecznego. Wytwarzają chemiczny ekwiwalent tlenu, którego komórka potrzebuje, by „oddychać".

Model biologii transpersonalnej: Zaktywowane zdarzenia rozwojowe i odpowiadające im struktury w komórce prymarnej są źródłem wszystkich doświadczeń transpersonalnych. Występują tu dwa punkty widzenia: jeden oparty na świadomości bez składnika biologicznego; drugi, w którym świadomość ma odpowiadające sobie struktury biologiczne w komórce.

Model wydarzeń rozwojowych: Wyjaśnia obecność lub brak stanów szczytowych, doświadczeń i zdolności spowodowanych traumą prenatalną lub jej brakiem, jak też tłumaczy psychiczne i fizyczne choroby.

Mózg ciała: Mózg gadzi znajdujący się w podstawie czaszki; myśli za pomocą całościowych wrażeń cielesnych (w Focusingu zwanych „odczuwanym wrażeniem") i doświadcza siebie w dolnym brzuchu; w języku japońskim *hara;* właśnie z tym mózgiem komunikujemy się podczas używania wahadełka i testu mięśniowego.

Mózg kręgosłupowy: Samoświadomy mózg trójni, którego wielokomórkowym odpowiednikiem jest kręgosłup. Odpowiada on mózgowi ogonka plemnika w plemniku oraz lizosomom w dorosłych komórkach.

Mózg krocza (perineum): Samoświadomość perineum (krocza).

Mózg łożyska: Samoświadomość łożyska – odpowiada aparatowi Golgiego w komórce, czasami nazywany „mózgiem pępka".

Mózg serca: System limbiczny lub mózg ssaków; myśli sekwencjami emocji i doświadcza siebie pośrodku klatki piersiowej.

Mózg trójjedny (trójnia mózgu): Pełna nazwa to „Model trójni mózgu Papeza-McLeana". Mózg zbudowany jest z trzech głównych, biologicznie oddzielnych mózgów uformowanych w drodze ewolucji, którymi są: mózg gadzi (ciało), system limbiczny (serce) i kora nowa (umysł). Są samoświadome, myślą za pomocą doznań, uczuć i myśli, a każdy z nich jest stworzony do innych celów. Tłumaczą fenomen podświadomości. W szczególnym stanie świadomości można się z nimi bezpośrednio komunikować.

Mózg trzeciego oka: Samoświadomy mózg, którego głównym obszarem funkcjonowania jest środek czoła. Powinien połączyć się z mózgiem łożyska, ale zdarza się to rzadko z powodu infekcji grzybowej.

Mózg umysłu: Kora nowa, mózg naczelnych; działa za pomocą myśli i doświadcza siebie w głowie; na poziomie subkomórkowym jest to jądro komórkowe.

Mózgi: Termin odnosi się od poszczególnych części mózgu, które posiadają swoje odrębne samoświadomości: umysł (naczelnych), serce (ssaczy), ciało (gadzi). Ich świadomość jest rozszerzeniem „organelli" w komórce prymarnej, które z kolei są rozszerzeniem bloków świętych bytów. Dotyczy też rozszerzonego modelu mózgu trójjednego: perineum, ciała, splotu słonecznego, serca, umysłu, trzeciego oka, korony, pępka (łożyska) oraz kręgosłupa (ogonka plemnika).

MPD (Multiple Personality Disorder): W ICD-10 (Międzynarodowej Klasyfikacji Chorób i Problemów Zdrowotnych) nazywany „dysocjacyjnym zaburzeniem osobowości". Opisuje osoby mające różne osobowości, które mogą „przejąć stery" w momentach, gdy świadomość osoby nie przebywa w osobowości głównej.

Nadmierna identyfikacja ze Stwórcą: Niektórzy ludzie umieszczają swoją świadomość w strukturze pasożytów (grzybów) w komórce, co powoduje, że tracą ludzką perspektywę i nie chcą pomagać innym cierpiącym.

OBE (*Out of Body Experience*): Świadomość osoby może przesunąć się poza ciało fizyczne. Owo zjawisko najłatwiej zauważyć z pozycji traumy, której obraz widziany jest z perspektywy OBE, czyli spoza ciała.

Obejście traumy (*bypass*): Struktura w jądrze komórki prymarnej, która przykrywa utknięty gen u podstawy nici traumy; blokuje odczucia traumy, nie lecząc problemu. Może być wynikiem stosowania NLP lub innych metod uzdrawiania traumy (nazywana też „bypassem traumy").

Organelle: Różne rodzaje struktur wewnątrz komórki, które działają jak jej poszczególne „organy".

Organelle mózgów: W plemniku, komórce jajowej oraz zapłodnionej komórce znajdują się samoświadome organelle. Istnieje siedem samoświadomych organelli w plemniku lub komórce jajowej oraz 9 połączonych organelli w zygocie i w dojrzałych komórkach. Dzielą świadomość z odpowiadającymi im wielokomórkowymi mózgami trójni. Nazwa zwykle skrócona jest do terminu „organelle" w kontekście samoświadomych struktur komórki.

Organelle przedkomórkowe: Samoświadome organelle przed połączeniem, by stworzyć komórkę zalążka pierwotnego. Różne ich typy zidentyfikowane są przez ich biologiczną nazwę w komórce lub przez mózg trójjedny, z którym dzielą swą świadomość (czyli ciało, serce itd.)

Organellum ogonka plemnika: Lizosom w komórce prymarnej, we wczesnym prenatalnym rozwoju jest to samoświadomość ogonka plemnika, a jego wielokomórkowym odpowiednikiem jest kręgosłup.

Osobowość: Jest tym, co inni wyczuwają w jakiejś osobie, kiedy zwrócą na nią swą uwagę. Nie jest to tylko mentalne wyobrażenie obserwatora, ale autentyczne doświadczenie danej traumy w obserwowanej osobie w realnym czasie; powodowane przez grzyba borga. Proces DPR rozpuszcza to połączenie.

Pętla czasowa: Struktura w komórce prymarnej, znajdująca się w szyszce w rdzeniu jądrowym, która powoduje powrót problemu po jego uzdrowieniu. Doświadcza się jej w ciele lub obok ciała jako struktury o kształcie jajka albo też w regresji jako czasu płynącego w powtarzającej się pętli.

Pierścień: Organizm grzybowy, który może wyglądać jak pierścień lub kula, znajdujący się wewnątrz rdzenia jądra komórki prymarnej. W nim powstaje krystaliczna struktura kolumny Ja we wczesnym stadium rozwoju świadomości.

Pory jądrowe: Otwory w błonie jądrowej, które mają zwieracze, przypominające migawkę aparatu fotograficznego. W jądrze komórek prymarnych występuje ok. 4-5 tysięcy porów.

Poszerzony model trójni mózgu: Oparty na modelu trójni mózgu wg Papeza--McLeana, opisuje strukturę mózgu składającą się z 9 części. Części te powszechnie nazywane są perineum, ciało, łożysko, splot słoneczny, serce, kręgosłup, umysł, trzecie oko i mózg korony.

Potłuczone kryształki: Świadomość może być „rozbita", co powoduje duże trudności w skupianiu uwagi. Wyglądają jak rozbite kryształy lub potłuczone szkło w cytoplazmie komórki prymarnej.

Priony: Priony są zakaźnymi czynnikami chorobotwórczymi, które są przyczyną całej grupy ciężkich chorób neurodegeneracyjnych. Priony pozbawione są kwasu nukleinowego i wydają się być złożone wyłącznie ze zmodyfikowanego białka. Podejrzewamy, że priony to pasożyty typu 1. (insektopodobne) widoczne w komórce prymarnej.

Problemy strukturalne: To sytuacja, gdy emocje lub symptomy fizyczne klienta nie wynikają bezpośrednio z traumy, ale raczej z problemów strukturalnych w komórce prymarnej, np. zawroty głowy wywołują uszkodzone mitochondria.

Prokarionty: Klasa prostych, jednokomórkowych organizmów, które nie mają organelli (takich jak jądro), np. bakterie.

Przeszłe żywota: Napotyka się na nie w niektórych terapiach, jest to doświadczenie życia w przeszłości lub przyszłości, w innym ciele i z inną osobowością. Jest to zjawisko różne od wspomnień (pokoleniowych) przodków. Tworzone przez grzybową strukturę na wewnętrznej stronie membrany komórkowej.

Psychobiologia subkomórkowa: Wiele objawów psychologicznych (i fizycznych) wywołują zaburzenia biologiczne lub choroby komórki prymarnej. Problemy subkomórkowe są leczone różnymi technikami psychologicznymi, które bezpośrednio oddziałują na struktury subkomórkowe; albo technikami uzdrawiania traumy naprawiającymi wczesne uszkodzenia rozwojowe, które bezpośrednio lub pośrednio spowodowały późniejsze subkomórkowe problemy.

Psychologiczne odwrócenie: Gdy opukiwanie meridianowe nie działa, często przyczyną może być nieuświadomiona potrzeba posiadania danego problemu. Zastosowanie procedury masowania tzw. punktów psychologicznego odwrócenia na klatce piersiowej lub wyeliminowanie traumy strzegącej zazwyczaj usuwa blokadę i pozwala kontynuować uzdrawianie.

Psychoza: Gdy klient traci/utracił kontakt z zewnętrzną rzeczywistością. Mianem tym określa się wiele różnych i niepowiązanych ze sobą problemów (*zob.* „potłuczone kryształki").

PTSD (*Post Traumatic Stress Disorder* – Zespół stresu pourazowego): Jest to psychologiczny termin określający ostrą, długo trwającą reakcję na traumatyczne zdarzenie.

Rasowe i zbiorowe doświadczenia: *zob.* Zbiorowe doświadczenia.

Rdzeń jądra: Pusta przestrzeń wewnątrz jądra komórki prymarnej, zawierająca podstawowe struktury świadomości.

Skan: W przypadku klientów trudnych do zdiagnozowania przy użyciu tylko pytań i odpowiedzi można zbadać ich komórkę prymarną pod kątem niektórych typowych problemów strukturalnych, używając umiejętności szczytowej.

Spłaszczone emocje: Stan, w którym klient ma znacznie mniejszą zdolność odczuwania emocji. Może wciąż czuć pozytywne i negatywne uczucia, ale odczuwa je tak, jakby ktoś ściszył ich „głośność".

Struktura bramy wejścia: Te struktury subkomórkowe działają jak bramy do przeszłych, szamańskich lub duchowych wydarzeń. Najbardziej znane są rybosomy na nici mRNA, które działają jak bramy do wydarzeń w przeszłości.

Struktury mózgu korony: „Wyglądają" jak druty, kawałki metalu lub innego materiału wewnątrz lub na zewnątrz ciała, albo też jak widziane na filmach „implanty kosmitów". Mózg korony tworzy je podczas pewnego rodzaju traumy; zwykle powodują ból fizyczny.

Substytut odczucia: Podczas traumatycznego zdarzenia świadomość mózgu ciała kojarzy to, co go otacza, z przeżyciem. To powoduje, że w późniejszym życiu osoba otacza się substytutami owego środowiska, by czuć się bezpiecznie – czyli podobnie odczuwanymi jakościami, jak w momencie traumy (owe substytuty są obecne nie tylko w realnym życiu, ale też w środowisku subkomórkowym).

SUDS (*Subjective Units of Distress Scale* – Skala subiektywnego niepokoju): Używana do względnego oszacowania stopnia bólu lub emocjonalnego dyskomfortu, w zakresie od 0 (brak bólu) do 10 (maksymalny możliwy ból).

Szczytowe doświadczenie: Krótko trwające, niezwykłe, wyjątkowo pozytywne doświadczenie, poprawiające jakość funkcjonowania.

Szczytowy stan: Stabilne, długo trwające doświadczenie szczytowe (z ponad setki różnych typów) – od wyjątkowych fizycznych możliwości do permanentnie utrzymujących się pozytywnych odczuć – nie mieści się w zachodnim systemie poglądów.

Sznur: Sznur opisuje dysfunkcjonalne połączenie pomiędzy dwiema osobami (tak naprawdę pomiędzy traumami w każdej z nich), który może być widziany jako „tuba" lub „sznur". To stwarza realne wrażenie, że inni mają „osobowość" wobec nas (emocjonalny ton), kiedy się o nich myśli. Tak naprawdę są to wypustki grzybowej struktury, która penetruje komórkę.

Szyszka: Struktura grzybowa podobna do szyszki sosnowej, która zawiera małe „bańki"; znajduje się w rdzeniu jądrowym.

Świadomość zbiorowa: Świadomość składająca się z indywidualnych jednostek świadomości, ale ma inne cechy niż jej składowe i nie mieszka w żadnej z nich. Niektóre przykłady to Gaja, plemnik, mitochondria i „ponaddusze". Inne terminy dla tego zjawiska to „umysł grupowy" lub „świadomość złożona".

Świadomość złożona: zob. Świadomość zbiorowa.

Święte byty: Mózgi trójni mają swoje odpowiedniki w niezwykle maleńkich strukturach znajdujących się w centrum rdzenia jądra komórki. Te święte bloczki (każdy w kształcie sześcianu), które „wyglądają" jak totem lub pagoda, postrzegają siebie w Wymiarze Świętości.

Terapia mocy: Termin wynaleziony przez dr. Figleya, który zapoczątkował również kategorię w psychologii zwaną zespół stresu pourazowego (PTSD). Odnosi się do wyjątkowo efektywnych terapii (początkowo EMDR, TIR, TFT oraz VKD), które usuwają symptomy PTSD i innych problemów.

Terapia psychodeliczna: Terapia polega na stosowaniu bardzo wysokich dawek leków psychodelicznych, w celu wywołania transcendentalnych, ekstatycznych, religijnych lub mistycznych stanów szczytowych. Przez większość czasu mocnego działania lekarstwa pacjenci leżą z zamkniętymi oczami, słuchając muzyki nielirycznej i badając swoje wewnętrzne doświadczenia. W trakcie takiej sesji dialog z terapeutami jest skąpy, ale istotny podczas spotkań psychoterapeutycznych przed i po doświadczeniu narkotyków.

Terapia psycholityczna: Terapia obejmuje wielokrotne stosowanie dawek leków psychodelicznych w małych i średnich dawkach, w odstępach 1-2 tygodni (Grof). Terapeuta jest obecny podczas szczytowych doświadczeń pacjenta, a także potem, jeśli to konieczne, by pomóc pacjentowi w przetwarzaniu materiału, który się ujawni, i w razie potrzeby oferuje wsparcie.

Test mięśniowy: Komunikowanie się z mózgiem ciała za pomocą siły mięśni jako wskazówki. Działa tu ten sam mechanizm co w kinezjologii stosowanej i terminy te używane są zamiennie.

TIR (*Traumatic Incident Reduction* – Redukcja Wydarzenia Traumatycznego): Terapia mocy używająca regresji.

Toksyczność (komórka): Komórka prymarna może mieć toksyczne obszary (w płynach lub w błonach), które „wyglądają" szaro lub czarno. Powoduje to u pacjenta objawy, takie jak nudności, choroby i osłabienie. Podstawowe płyny komórkowe i membrany powinny być przezroczyste – jednak jest to rzadkie zjawisko.

Tożsamość mózgu: Każdy z biologicznych mózgów udaje kogoś lub coś innego. Owa potrzeba udawania powodowana jest dyskomfortem w rdzeniu trójni mózgu, wynikającym z niemożności prawidłowego wykonywania swojej funkcji.

Tożsamości udawane: Odpowiednik „tożsamości mózgu trójjednego" – tożsamości, przyjmowane przez poszczególne mózgi trójni.

Tożsamości wyprojektowane: Zwykle każdy z mózgów trójni projektuje tożsamości na pozostałe mózgi trójni, zazwyczaj z tendencją bardzo negatywną np. mózg ciała zwykle odczuwany jest przez pozostałe mózgi jako bóg lub potwór.

Trauma: Moment w czasie (lub sekwencja momentów), kiedy doznania, emocje i myśli z bolesnych, trudnych lub przyjemnych doświadczeń zostają „zamrożone". Tworzą one programy/wzorce, które niewłaściwie kierują zachowaniem. Poważna, ciężka trauma wywołuje zespół stresu pourazowego.

Trauma pokoleniowa: Subkomórkowy problem strukturalny pochodzący z linii rodowej rodziny. Powoduje on emocje, odczuwane bardzo osobiście, że coś jest nie tak z daną osobą. Można ją uzdrowić różnymi technikami.

Trauma przedkomórkowa: Trauma, czyli uszkodzenie, które miało miejsce w organellach przedkomórkowych.

Trauma strzegąca: Trauma powodująca, że osoba nie chce uwolnić (całkowicie lub częściowo) problemu. Jest przyczyną zjawiska „psychologicznego odwrócenia". Osoba może mieć kilka warstw takich traum.

Umysł grupowy: *zob.* Świadomość zbiorowa.

Utrata duszy: Termin szamański opisujący „kawałki" świadomości, które opuściły osobę. Taka osoba zwykle czuje się samotna, smutna i tęskni za osobą, która wywołała ten problem.

Uzdrawianie regeneracyjne: Szczególny rodzaj bardzo szybkiego uzdrawiania (w ciągu sekund lub minut) właściwie każdego problemu fizycznego – od blizn do złamanych kości. Uzdrawiać można siebie lub zdalnie klientów. Jest to niezwykle rzadkie zjawisko, u podstawy którego leży zupełnie inny mechanizm niż uzdrawianie traumy.

WHH (Whole-Hearted Healing – Uzdrawianie Całym Sercem): Technika regresji, która do uzdrawiania wykorzystuje świadomość doświadczenia bycia poza ciałem w momencie traumy.

Wspomnienia komórkowe: Wspomnienia plemnika, komórki jajowej i zygoty, najczęściej mające traumatyczną naturę. Zawierają wrażenia, uczucia i myśli. W literaturze odnoszą się zwykle tylko do świadomości ciała.

Wymiar piekła: Podczas regresji do pewnych momentów rozwojowych (lub w pewnych miejscach w komórce prymarnej) osoba może doświadczać czegoś, co można by nazwać byciem w piekle, byciem otoczonym przez czyste zło. Jest to spowodowane przez bakterię, pasożyta znajdującego się pod osobą.

Wymiar świętości: Niektórzy klienci mają dostęp do poziomu świadomości, gdzie otoczenie wygląda jak ciemna przestrzeń, oświetlona fluorescencyjnym czarnym światłem. Tak właśnie święte byty (sacred beings) postrzegają otoczenie. Więcej szczegółów można znaleźć w książce *The Vision* Toma Browna Juniora.

Zalanie traumą: Stan spowodowany aktywacją i uświadomieniem sobie wielu traum jednocześnie.

Zasada trzech razy: Kiedy problem klienta zostanie w pełni uzdrowiony, terapeuta planuje jeszcze dwie sprawdzające sesje, aby upewnić się, że efekt leczenia jest stabilny – pierwszą sesję na kilka dni później, a drugą po tygodniu lub dwóch (może być kontakt telefoniczny lub mailowy), by zapobiec późniejszym problemom wynikającym z aktywacji genów podpowierzchniowych i pętli czasowych po sesji.

Zatrzaśnięcie mózgu: Mózgi trójni mogą się częściowo lub całkowicie wyłączyć. Kiedy to się stanie, osoba traci zdolność, jaką dany mózg posiadał. Na przykład zatrzaśnięcie mózgu umysłu spowoduje utratę możliwości szacowania i dokonywania osądu, a zatrzaśnięcie mózgu serca spowoduje, że dana osoba będzie odczuwała ludzi jak przedmioty itd.

Zbiorowe doświadczenia: Osoba czuje ból jakiejś grupy ludzi, np. cierpienie wszystkich więźniów, którzy byli torturowani, czy też agonię wszystkich matek, które zmarły rodząc dzieci itp. Nie jest to trauma pokoleniowa. Czasami zalicza się je do duchowego kryzysu. Grof nazywał je „rasowymi i zbiorowymi doświadczeniami". Uzdrawia się je techniką projekcji Courteau.

Zjawisko Apexu: Termin stworzony przez dr. Rogera Callahana. Odnosi się do powszechnego zjawiska polegającego na tym, że po wyeliminowaniu problemu poprzez terapię, klient próbuje wyjaśnić te zmiany za pomocą czegoś, co ma dla niego sens (np. stało się to przez odwrócenie uwagi), nawet jeśli wyjaśnienie to nie pasuje. Definicja została tu poszerzona o fenomen polegający na tym, że klient zapomina, iż uzdrowiony problem kiedykolwiek istniał (wręcz niedowierza).

Zło: Doznanie adekwatnie przedstawiane w horrorach. Nie jest to typ zachowania w kontekście naszej pracy, ale raczej jakość doświadczenia.

Zygota: Komórka powstała w wyniku połączenia komórki jajowej i plemnika w trakcie poczęcia. Etap zygoty kończy się wraz z pierwszym podziałem komórki (choć czasem mówi się, że wielokomórkowy organizm zawarty jest w zygocie).

Indeks

Z

www.ingramcontent.com/pod-product-compliance
Lightning Source LLC
Chambersburg PA
CBHW071828270326
41929CB00013B/1931